U0322914
科学探险漫画书
黑暗洞穴
大探险
[韩]洪在彻 / 编文 [韩]李珍择 / 绘
林玉葳 / 译
APGTIME
时代出版
时代出版传媒股份有限公司
安徽少年儿童出版社

序 言

惊险刺激的 洞穴探险

我们在日常生活中，很少有机会接触到天然的洞穴。通常，洞穴都深藏在暗无天日的地下，因此，一般人对洞穴总是比较陌生。然而你知道吗，人类和洞穴的联系可是由来已久呢！

例如，远古时代的人们就懂得利用天然的洞穴来遮蔽风雨；在历史上战事频繁的年代，人们为了躲避战乱等危机，也会将洞穴当成避难所。远古时代的人们，常会在洞穴的岩壁上刻画图案，像动物、人和一些具有某种意义的符号等。我们可以据此发现和了解当时人们的生活方式及其思想感情，这对于历史文明的传承有着很重要的作用。此外，某些洞穴还是珍贵的艺术宝库，例如位于西班牙北部的阿尔塔米拉洞穴中的壁画，就以洞穴艺术而闻名世界；而我国的敦煌莫高窟，更是一座石建筑、雕塑、壁画三者结合的艺术宫殿。

另外，当我们进入黑暗的洞穴时，总会觉得在这样恶劣的环境中是不会有动物生存下来的，但事实上，人们发现，竟有数百种动物栖息在洞穴中，这些受环境限制的穴居动物居然能生存下来，实在是令人惊奇！而且里面还有许多珍贵稀有的活化石呢！除此之外，石笋以及石柱等洞穴里的天然美景，也是经历了数万年的岁月才形成的哟！

如今，经过许多探险家的努力探索和推广，洞穴探险已经成为一种非常热门的户外运动，同时也带动了洞穴学的研究和发展，而这一点也是洞穴学不同于其他科学领域的地方。

我们在进行洞穴探险之前，总不能对洞穴的知识一无所知吧！所以，我们在进行洞穴探险之前，一定要做好充分的准备。

现在，就让我们与本书的主角白雪、查鲁以及救援队长一起，开始惊险有趣的洞穴探险之旅吧！

人物介绍

查 鲁

满脑子鬼主意、凡事总爱争先的行动派，所以在洞穴探险的过程中常常闯祸，让所有人都为他捏一把汗。

身　份　小学五年级学生
专　长　一口气可以吃好几碗饭，是消化能力很强的健康宝贝

白 雪

机灵聪明，拥有坚强的意志，但有时也会任性。

身　份　小学五年级学生
专　长　对自己超级有信心

冷静、勇敢，拥有丰富的洞穴探险知识，常幻想自己是洞穴超人。

身　份 救援队长
专　长 有多年洞穴探险的经验

救援队长

查鲁和白雪的老师。教学尽心，非常关心学生，脸上总是挂着亲切的笑容，但生气时也非常可怕。

老 师

管理员爷爷

7 号公园的管理员，是最让救援队长头痛的人物。因为每当救援队长严格训练查鲁和白雪时，他便会跳出来阻止。

目 录

4

第一章
校外教学
出发喽！
噗——噗
星星小学－洞穴教学观摩车
各位同学，我们快要到达目的地喽！
好棒哟！
真开心！
哇，洞穴到了吔！

不会吧？已经到了吗？

自强隧道
噗

呵呵，查鲁啊，这可不是洞穴哟，这只是隧道！
啪

所谓洞穴，是指在地下形成的天然洞穴。
好可怕的惩罚！
抖抖
啪
笨蛋

老师，那么像人为的地洞或是矿坑，就不能称为洞穴了吗？

没错！白雪还知道举一反三，真聪明！
谢谢老师！
哈哈
她将来一定是个优秀的女孩！

各位同学，洞穴到了，准备下车吧！

司机

洞穴商店
洞穴餐厅
欢迎来到
观光洞穴
星星小学－洞穴教学观摩车
噗
各位同学，我们要下车了，你们要跟着老师走哟！
真正的笨蛋
好！
唉……
洞穴是什么样的啊？
这个吗？
老师怎么怪怪的？
真正的笨蛋
举步维艰

听说洞穴里面可能有妖怪出没！
呜呜
好吓人呐！
笨蛋

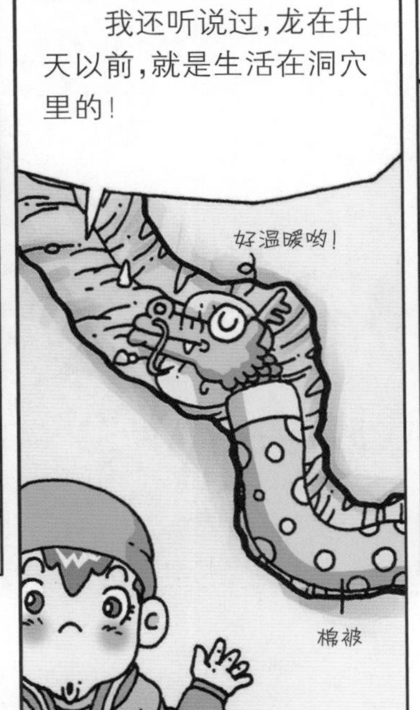
我还听说过，龙在升天以前，就是生活在洞穴里的！
好温暖哟！
棉被

难、难道说……

我是今天刚搬来的，请多多指教！
欢迎欢迎！
那龙和妖怪应该算亲戚啦！
你们还真会联想啊！
对了！你们带手电筒了吧？

各位同学，这里是观光洞穴，用不到手电筒啊！
奇怪，他们在忙什么啊？
白雪，我希望和你一组！
白雪，你好漂亮啊！
大家都好喜欢我哪！
这个礼物送你吧！
啊，需要手电筒吗？我们都没有带啊！
呵呵，我带了好几只呢！

同学们，洞穴的入口到啦！

哇，那就快溜吧！
逃跑
唉！
跌倒

好大的洞穴呀！

哇！
左顾右盼

现在我要告诉大家参观洞穴需要注意的事，你们要仔细听好啊！

吵吵闹闹
你看！
这里好诡异啊！
嗯！
像甜筒！

这些小鬼，没听到我说的话吗？

你们再吵个不停，就通通去蹲马步！
我好像太凶了！

我们不敢啦！
哎哟，气死我啦！
摇晃

如果你们还不遵守纪律的话,下次就不带你们出来上课了!
是!

首先，在洞穴内禁止发出尖叫、吹口哨一类高频率的声音。
我想吃便当!
冒冷汗

第二，不能随便触摸洞穴里的动物和钟乳石等沉积物。

第三，不能在洞穴里嬉戏、打闹。

第四,不能乱丢垃圾。

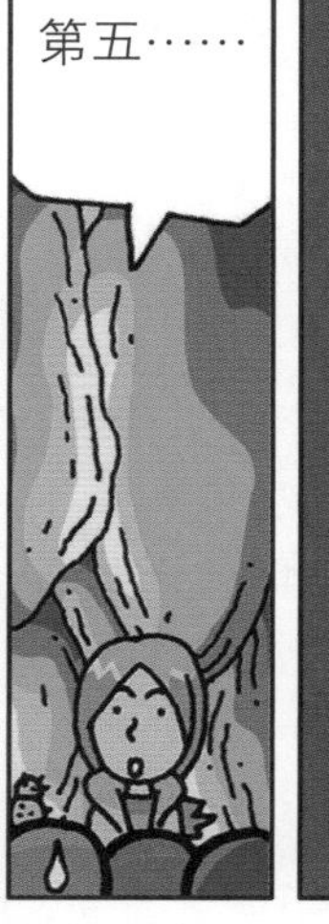
第五……

在进入或离开洞穴之前,应该先调整自己的眼睛,可先闭眼睛一分钟,否则很容易伤害眼睛。
第十一,禁止在洞穴内涂鸦。
老师,天快亮啦!
好啊!
来照相吧!
这小孩还真能睡!
准备回家吧!
滔滔不绝

洞穴的定义

“洞穴”是指较深的洞窟。依照洞穴形成的原因，可分为天然洞穴和人工洞穴两种。天然洞穴是大自然的力量所为，它的长度从几米一直到几百千米都有，因此也常常有人在洞穴里进行探险活动。但是，如果是因为经济或军事上的需要而开凿的人工洞穴，是不能从事探险活动的哟！

此外，还可依据洞穴的行进方向，将洞穴分成垂直洞穴与水平洞穴。

洞穴的种类

天然洞穴可分为石灰岩洞穴、熔岩洞穴和海蚀洞穴等。

● 石灰岩洞穴

石灰岩洞穴是弱酸性的雨水侵蚀石灰岩层而形成的洞穴，是喀斯特地貌的特征之一。

● 熔岩洞穴

火山爆发时，从火山口喷出的岩浆会聚到地表，高温的岩浆遇到冷空气后，会在瞬间冷却而形成火山碎屑，例如火山砾等。当这些火山碎屑不断地累积、增高时，就可能形成熔岩洞穴。

● 海蚀洞穴

海蚀洞穴是海崖上的岩石裂缝因不断受海浪冲击，岩石不断碎落而形成的空洞，是一种机械侵蚀的产物。这种类型的洞穴多分布在海岸边。

第二章
参观石灰岩洞穴
哇,终于看到洞穴的真面目了！
好期待啊！
你们要跟紧老师呀！
是！
有谁知道这是什么洞穴吗?
我
我！
呵呵,看样子你们都很有自信心啊！那大家一起来说吧！
可怕的洞穴！
黑漆漆的洞穴！
恐怖的洞穴！
神秘的洞穴！
应该是黑洞啦！

不，我还有更准确的说法。
嗯，还是班长聪明！
左右摇晃

这是个既可怕又神秘的黑洞！
老师，冷静啊！

各位同学，这是因水溶蚀石灰岩层而形成的石灰岩洞穴。
水能够侵蚀石灰岩吗？

准确地说，应该是弱酸性的地下水，才能够溶蚀石灰岩层。
真是个好问题吧！下次选班长时我会推荐你的！
好开心啊！

石灰岩体本身就有不少裂缝。
下任班长，以后请多照顾啊！
你这个小人！
贿赂

而在弱酸性的水的溶解作用下，裂缝渐渐扩大为洞穴。
吓
你们在做什么啊？
啊
活该！

查鲁，对不起，我们现在的任务是要好好学习！
白雪真是个好孩子！
又在演戏了！
白雪！
咻
好了，各位同学，请你们注意听啊！
地下水持续侵蚀石灰岩时，便逐渐形成了石灰岩洞穴以及各种石灰岩质的沉积物。
哇，太惊人了！
这些石头的造型真是鬼斧神工啊！

那根长得好像冰柱吔！
哇，好大的石头！
天哪！
孩子们，这些可不是一般的石头啊！
这些都是洞穴许多年的沉积物哟！
唉，真是个笨蛋！
又不是只有我说是石头！
石钟乳
石柱
石笋
钟乳牙
而且它们还有自己的名字呢！
……
因为这些沉积物都是由弱酸性的水溶蚀所形成的，所以它们也可以算是亲戚呢！
钟乳牙的直径和饮料的吸管差不多。
就是那个吔！
?
你怎么还是没变聪明啊？真奇怪！
那你也来被石头打打看啊！
叩叩

钟乳牙变粗之后，就
形成石钟乳了，而且它们
都是由上往下生长的哟！

而石笋则是从石钟乳上滴落
的水滴沉积而成的。
长成这样要
花多久的时间啊？
至少也要
数千年吧！

石笋和石钟乳
连接在一起便形成
了石柱。
那就像
合体了吧！
石钟
乳是爸爸。
石笋
是妈妈。
石柱就
是小孩啰！

它们的关系就像下面的图表一样哟！
这样就明白多了！
难道……
钟乳牙
石钟乳
石笋
石柱

老师，这个石笋好像
被敲破了一个洞吧！
啊，这可能是
被小偷破坏的吧！
好像
马蹄的形
状吧！

你是说小偷吗？
哇，
吓人啊！

唉，在保护洞穴的法规出台以前，常有小偷到洞穴里进行偷盗和破坏。
像这样吗？
偷偷摸摸
他们盗卖珍贵的石钟乳，从中牟取暴利，因此有许多洞穴都遭到了破坏。
小偷真可恶！
在洞穴里生长的东西，当然应该留在洞穴里啊！
如果我们将它带到外面，会因为湿度的变化而改变它原本的质地，最后便被毁坏了。
哇，这就好像老师一样吔！
老师在昏暗的灯光下看起来就很漂亮，但是一到光亮的地方，看起来就有点……
气死我啦！

石灰岩洞穴的形成

石灰岩洞穴也叫溶洞，主要分布在石灰岩地区，是该地区雨水和地下水长期溶蚀的结果，也是喀斯特地貌的特征之一。

空气中的二氧化碳溶解在水中，使雨水本身呈弱酸性，当它降落时，这些弱酸性的水，能够溶解石灰岩质中最主要的成分——碳酸钙。

雨水在石灰岩的地层间不断溶蚀，形成了缝隙，日积月累之后便慢慢形成了渗穴，这就是洞穴形成的第一步。接着，这些弱酸性的地下水，再慢慢地渗透到洞穴的底层，当水分中所溶解的碳酸钙过于饱和时便会产生沉淀，形成石灰岩洞穴中丰富多样的沉积物，例如最常见的石钟乳、石笋等。

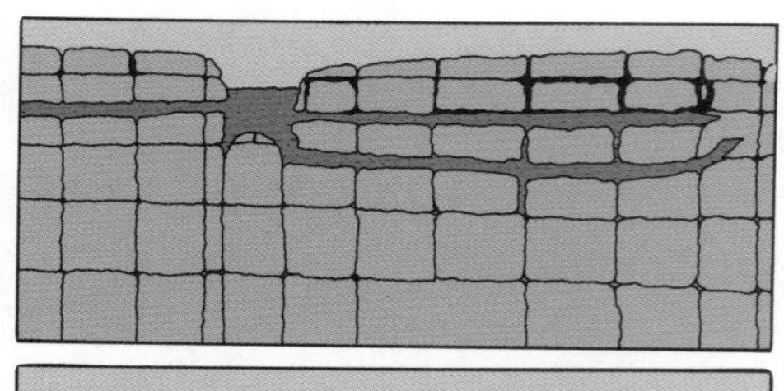

弱酸性的地下水能够溶解石灰岩层，因此在日积月累的溶蚀下，石灰岩体的地表便被侵蚀出一道溶蚀缝隙。

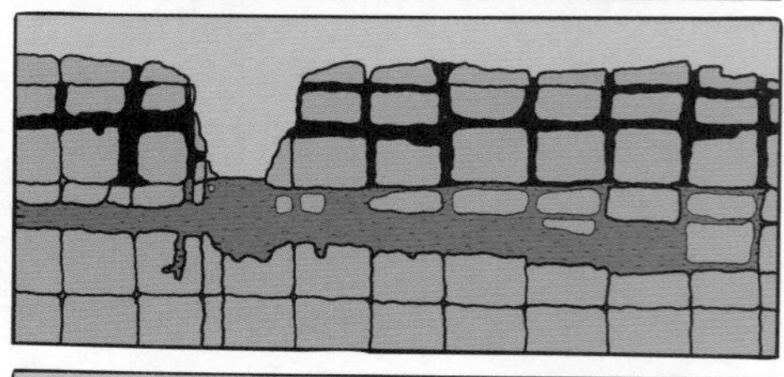

地下水会溶蚀更深处的石灰岩层，逐渐形成渗穴。

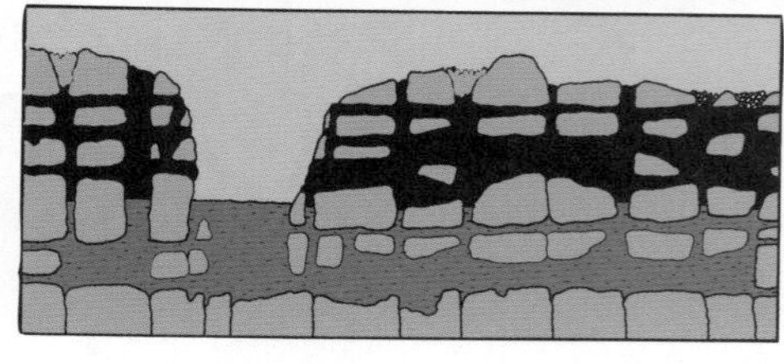

随着地下水侵蚀作用的加剧，这些水会继续向前渗透并找到新的出口与通道，最后便形成了连续且构造复杂的洞穴。

石灰岩洞穴的沉淀物种类

● 洞穴上方滴下的水所形成的沉淀物

钟乳牙：钟乳牙的直径和常见的吸管差不多，约5毫米左右，其内部是空的，颜色则呈乳白色。

石钟乳：钟乳牙变粗的话就会形成石钟乳，会从洞穴上方一直往下生长。

石　笋：含有石灰质的水滴从洞穴滴到地面，使沉淀物堆积并逐渐增高。因为沉淀物形似竹笋，因此得名。

石　柱：当石钟乳不断向下生长，而石笋不断向上堆积，最后这两种沉淀物便会连接在一起，形成石柱。

石　幕：地下水会从岩壁的上方渗出，但并没有固定的流动方向，因此在经过蒸发作用之后，便形成很多个石钟乳，看起来就像帘幕一样。

● 地下水沿着倾斜的地面流过所形成的沉淀物

缘　石：地下水会在洞穴内形成洼地，水满外溢时，在洼地外围形成的小块沉淀物就是缘石，它们增加了洼地周边的高度。

石灰华阶地：当洞内的缘石增加时，便会形成倾斜的台阶状地面，而地下水会继续沿着倾斜面向低处流动，经过长时间的堆叠，便形成了石灰华阶地。中国黄龙自然保护区的石灰华地貌无论单体还是群体数量都非常庞大。

● 由其他原因形成的沉淀物

洞穴珍珠：洞穴的地表上有许多凹陷的小洞，当从岩壁上方渗出的地下水滴入这些小洞时，水滴会在小洞中逐渐沉积，形成表面光滑、状似珍珠般的沉淀物。

曲　石：一般是指没有固定生长方向及形状较特殊的沉淀物。

石　花：岩壁上聚集了近似树枝状的沉淀物，因为看起来就像花一样色泽洁白、晶莹剔透，故取名为“石花”。

第三章

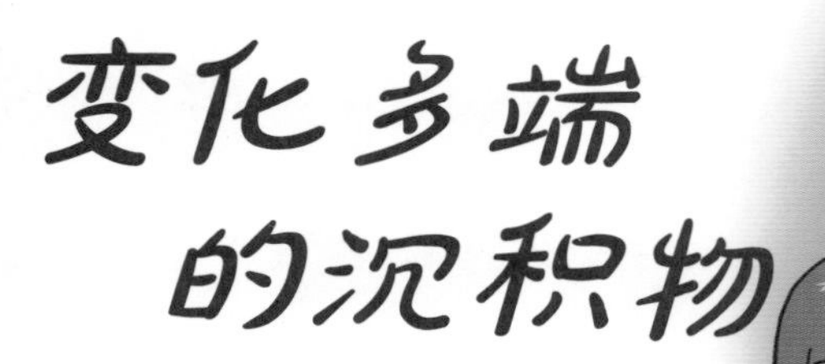
变化多端
的沉积物

哇，好漂亮啊！这是什么啊？
这是由树枝状的石灰岩沉积物堆积而成的，因为看起来很像花朵，所以称为石花。
这跟你的绰号很像吔！
?
快点跟上来！
好神秘的气氛啊！
真是漂亮！
哇，好深的洞穴！

石头啊！
呵呵，那这就是石花啰！
哼,气死我啦！
老师，那一片长得像帘幕的东西是什么啊？
嗯,其实答案就在你的问题里哟！
哈哈，我知道了！
答案是“一片”吧！
这么简单的话也听不懂吗？答案应该是“草席”！
啪
YA!
你们都答错了！正确答案是石幕。
啪
最后的胜利者！
因为这种沉积物看起来很像帘幕，所以才称为石幕。
哇！
下次不要再乱发问了！
嗯！

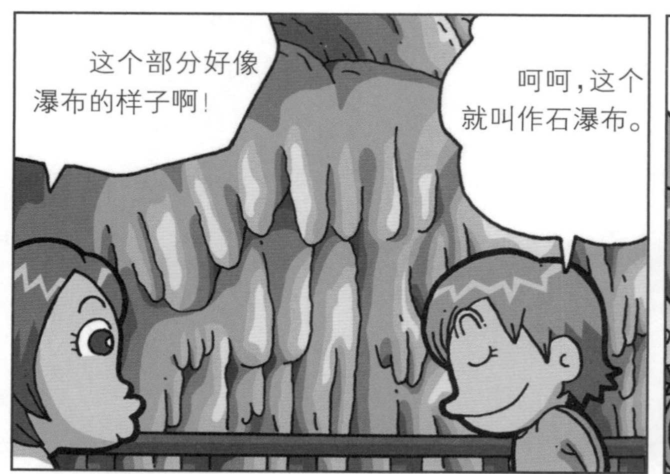
这个部分好像瀑布的样子啊！
呵呵，这个就叫作石瀑布。

石瀑布是地下水沿着岩壁不断流淌而沉淀出来的石钟乳啊！
查鲁，你怎么会知道啊！

这个就是石瀑布。
是地下水沿着岩壁流下而形成的沉淀物。
嗯嗯！
偷听
！

原来你在偷听别人说话啊！
我是想让白雪对我刮目相看嘛！

各位同学，老师要开始出题目啦！有谁知道石灰岩地形又称为什么？
那你也不能不懂装懂呀！
对不起嘛！

我们突然觉得头好痛啊！
放心吧，我会给你们提示的！
头昏脑涨！
听不懂！

一、考斯特地形。
答案是考斯特地形!

当!
请你们先将选项听完再回答!
一、考斯特地形。
二、加斯特地形。
三、喀斯特地形。

答案是喀斯特地形。

答对了!
吔!成功!
解答
石灰岩地形又称为喀斯特地形
真气人啊!

19世纪末,西方学者鉴于前南斯拉夫西北部伊斯特半岛上的喀斯特高原上石灰岩地形最为典型,就叫它“喀斯特地貌”。
唉,真会被你们气死啊!
你们在听吗?
呼 呼 呼 呼

石灰岩地形最主要的特征有石灰岩洞穴、渗穴以及盲谷等。
……

雨水对石灰岩地表的溶蚀,会形成倒漏斗状凹陷的渗穴。

渗穴的剖面图就像这样!
渗穴
地层
洞穴
这样就清楚多了!

当数个渗穴连接在一起之后,便形成了盲谷哟!
啊,流血了!
我来帮你擦药!
受伤

老师,还有比这里更大的洞穴吗?
当然有啦!

听说美国的某个洞穴，长度达数十千米呢!
哇!

在洞穴里面还有餐厅和旅馆，说不定还可以在里面建起一个社区呢!
旅馆
餐厅

同学们，你们看这个！
你愿意当我的女朋友吗？
别做梦了！
真是没有公德！
志明、春娇到此一游！
老师可能是在妒忌吧！
老师，你看查鲁！
嘘，不要说啦！
真爱
对不起啦！我一时文思泉涌，所以才……
我不是说过禁止涂鸦吗？
抖抖
老师和查鲁到此一游！
老师，这留给您做个纪念吧！
哎呀，我可怜的洞穴啊！
老师和查鲁到此一游

石灰岩洞穴奇观

石灰岩洞穴

位于洞穴上方的钟乳石群

钟乳牙❶ 每根钟乳牙上都还挂着水滴

钟乳牙❷ 沉积方向由上往下

钟乳牙❸ 直径 0.5 厘米左右

钟乳牙❹ 钟乳牙持续沉积,就会变成石钟乳

第四章

在洞穴中迷路

查鲁，我们一起进这个洞穴探险吧！
不行！

老师说单独行动是很危险的哟！
……
那里好黑呀！

我拿这么多巧克力和你交换陪我一起进去！

可以、可以！探险本来就是很好的活动啊！
哇
真是善变！

我们走吧！
嗯，这才是真正的探险哟！

查鲁,这里好暗哪!
白雪,你害怕了吗?

放心吧，我可是个专业冒险家啊!
啪
啪
刚才还在发抖呢!

砰

砰
查鲁，小心啊!

咔
吓

头昏
哈哈，没事、没事!我们继续走吧!
真是会被你吓死吔!

老天爷，你为什么要一直折磨我?
滑倒
我好像选错伙伴了!

咦，地上怎么会有泥土呢?
大概是下雨天和雨水一起流进来的吧!

哇，你看那个！

这些岩壁被光一照，就像黄金般闪闪发亮，真是漂亮啊！

这时候，如果有照相机就好了！
插

哇，好刺激呀！我们再往深处继续探险吧！
好啊！

啊！这是岔路吔！
要往哪里走呢？
这个时候，为了避免迷路，我们应该在入口处做个记号！

嗯

臭
臭
用大便来做记号,不论是利用视觉还是嗅觉,都能够让我们轻松找到出路!哈哈哈……
臭死人啦!

你早上是不是吃了大蒜炒蛋啊?
咦,你怎么知道?
因为你的大便都是大蒜的气味。

哇,洞穴里怎么会有这么陡峭的岩壁啊?
看起来很危险啊!

嗯,趁这个机会,让白雪见识一下我攀岩的实力!
这可是我的强项!
窃喜

首先用手抓住突起的岩壁,
然后,再将脚踩在岩壁的缝隙或突起的地方。

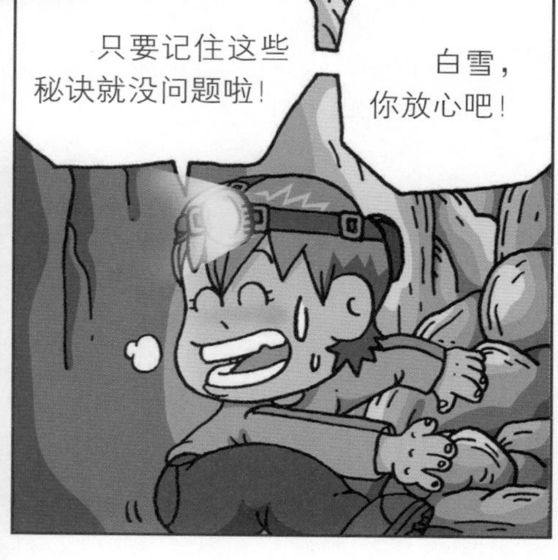
只要记住这些秘诀就没问题啦!
白雪,你放心吧!

喂，你动作很慢吔！
咦，你怎么比我还快啊？
这边有一条比较好走的路啊！
苦笑
平缓的路
在洞穴探险时，一定要查看四周的环境，选一条最安全的路来走。

你很累吗？
没看过身体这么差的男生！
不、不累！
呼
呼
快喘不过气了……

哇，查鲁，你快来看，这个好漂亮啊！

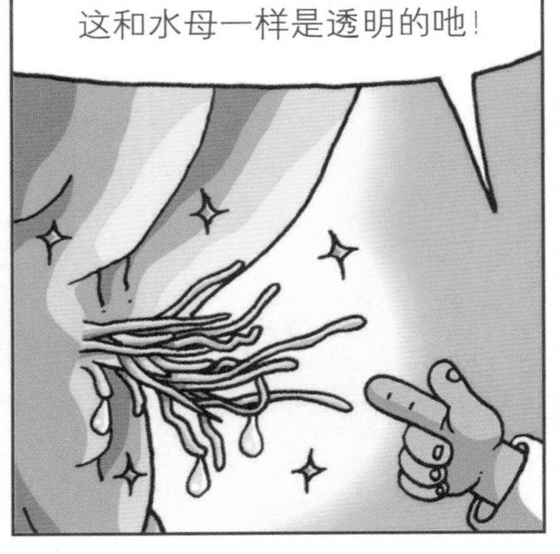
这和水母一样是透明的吔！

嗯，照理说钟乳石应该是向下生长才对啊，它怎么会任意生长呢？
这个嘛……

啊，我失忆了！

唉，这……又是岔路吔！
！

你还真厉害呀!
小意思啦!

糟糕,没路可走啦!
我们可以往下爬啊!

嗯,知道了!
白雪,我先下去,你小心地跟着我啊!
咔
啊!
哎呀!
查鲁,不好意思啊!
噗
没、没关系啦!你又不是很重!
抖
抖

我不是说这个呀！
噗

反正公主放的屁都是香的！我肚子不太舒服……
呼

突然觉得肚子好饿呀！我们还是快点出去吧！
哎哟……
惨

好臭哇……
惨

10分钟后
嗯，应该往这边走！
闻

完……完蛋了！
啊？

都是因为你的屁太臭了，所以我现在根本就闻不到刚才用来做记号的大便味啦！

咦，你好像踩到什么了！
啊！

20分钟后
我们刚刚好像走过这里了吧！
抖
抖

30分钟后
走这边看看吧！
不是吧，应该往这边！

40分钟后
啊——我们一定是迷路啦！
腿软

惊

天哪，有、有蛇啊！
你们知道怎么出去吗?我肚子好饿呀！

石灰岩洞穴沉淀物

石笋 由下往上生长的石灰岩洞穴沉淀物，因形似竹笋而得名

石柱 是石钟乳与石笋连接起来而形成的

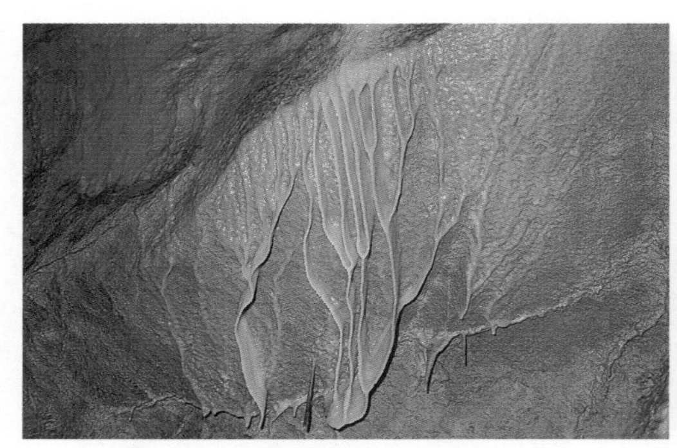

石幕 很像有褶皱的帘幕

石花 岩壁上花状沉淀物

卷曲石 晶莹剔透的白色结晶体，目前尚未知其堆积的方式

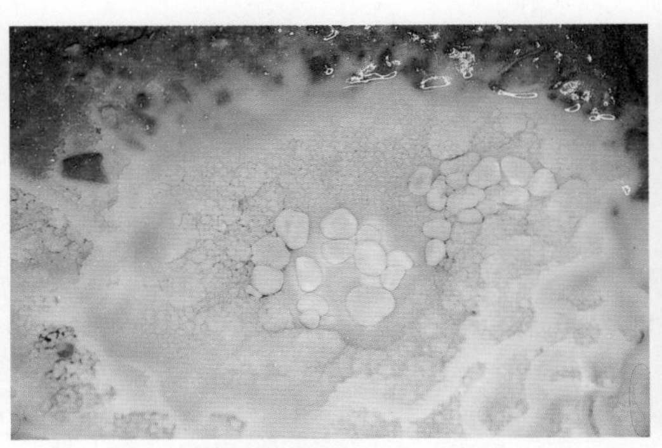
石洞穴珍珠　水珠滴落在洼地上堆积形成

石洞穴珊瑚　堆积的形态很像珊瑚

卷曲石　形状随岩壁地形改变而改变，沉淀物的色泽也相应变化

石灰华阶地　地下水沿地表倾斜面而形成的阶梯般的坡地

高山造型沉淀物　是梅雨季节雨水溶蚀洞穴内的岩壁所形成的特殊景观

第五章

洞穴超人出动

今天大家来参观洞穴，开不开心呀？
开心！

咦，是不是有人还没到啊？来，报数！
1
2
3

14
15完毕！
啊，还少两个人，查鲁和白雪不见了！

大家快点找找看！有谁知道他们去哪里了吗？

他们不可能在这些地方！
奇怪，到哪里去了呢？
没有！
没有啊！
老师，那你在做什么？
啊？我……
垃圾箱
什么？有学生在洞穴里失踪了！
那快去通知救援队长吧！
洞穴管理处
哇，效率还真高啊！
叭
观光洞穴
真不愧是救援队长！
急
队长——请等等我啊！
原来是个要找厕所的人！
跺脚
你好！我是……
什么？
闷
嗯，我现在没空啊！这些钱你拿去买点心吃吧！
哎呀，你真是好人啊！
但是，我……
你听不懂普通话吗？

我是听说这里有小孩失踪。
闪
闪
你、你是救援队长吗?
是有两个小孩失踪吗?
是的!
怎么一点都看不出来?
洞穴里
亮
不是走这条路!
哇,好犀利的眼神!
看,孩子们就是从那里进去的!
哇,果然是专家!你是怎么知道的呢?好厉害!
偶像!

老师,你没看到地上的脚印吗?
踩
踩
……

队长,你从事洞穴探险有多久了啊?
15年了!
噢!

咦，脚印到这里就没有了！
紧张
啊，有岔路吔！
……
我们往这条路走！
你怎么这么肯定呢？
老师，你看看自己踩到什么东西啦！
哎呀，是大便啊！
这堆大便还温温的，所以他们应该还在这附近！
恶心！
吸
再闻闻味道！
肯定
哇，这里看起来比观光洞穴还要神秘啊！
当然啦，因为观光洞穴里都有人工照明设施啊！

我想，孩子们应该就在这附近吧？老师，请你大声喊喊看！
嗯嗯！

啵—咿—啵！
不要乱叫啦！

你、你不是叫我喊喊看吗？
我还以为……
……

咦，那边有灯光！我们快去看看！
孩子会在那里吗？

老师！
查鲁、白雪！你们没有受伤吧？

气死我了！谁叫你们乱跑的啊！
看招！
啪

各位同学，我们给救援队长一个爱的鼓励吧！
呵呵，不用客气啦！
一出洞穴就一副无精打采的样子！
啪啪
棒！

咳咳，各位同学请注意啦！如果你在洞穴里迷路了，一定要记住以下几点。

首先，千万不能乱跑！你应该待在原地，等救援队来救你。
……
……

第二，要节省手电筒的电。
先关了吧！
嗯！
咔

第三，如果觉得很冷，可以先用毛巾包住头部和颈部。
这样可以避免冻伤！
好温暖哪！

第四，石灰岩洞穴是由地下水溶蚀而成的，所以也可以顺着水流的方向，找到出口。
终于可以出去喽！
嗯，果然有水流！
淙淙

还有最重要的一点：绝对不要单独进入洞穴探险，而应该有专业人员陪同！
这些重点都要用荧光笔画起来啊！

大家再见喽！
您慢走啊！
队长，谢谢您啦！

巴士来了！大家准备上车啊！
叭！
站牌
好！

洞穴探险真的好有趣呀！
嗯，也很刺激！

咦，老师，这好像不是我们来的路啊！

什、什么！

司机大哥，不好意思啊，我们好像搭错车了！麻烦你再绕回去好吗？
不行，我们出发已经超过一小时了！
时速60km

洞穴求生守则

当我们在洞穴内探险的时候,会发现有许多不同大小的岔口。在这种情况下,如果我们只凭感觉胡乱行走,是很危险的,因为你很快就会迷失方向。所以,在洞穴内探险时,我们应该要保持固定的行进方向。

此外,我们也要时常观察洞穴内景观的变化,并且利用特殊的地形、地貌作为参照以免迷路,也可以在沿途放置一些具有反光效果的路标来指示方向。但是,千万别在岩壁上乱涂记号,那样会对岩壁造成很大的破坏。

即使你真的找不到正确的方向,也千万不要慌张,因为没有目标地胡乱走动,最容易消耗体力。这个时候,你应该待在原地等待救援,并且让自己保持温暖,因为洞穴内的温度较低,身体很容易因寒冷而受伤,甚至威胁生命安全。

深藏于地下的洞穴,具有不可抗拒的神秘魅力,但也是充满危险的地方。如果我们没有足够的洞穴知识和求生的基本常识,那就很有可能乘兴而来、败兴而归了。所以要提醒小朋友,有关于洞穴求生的守则,你一定要牢牢记住!

第六章

拜访救援队长

哇,巨人白雪!
洞穴探险

唉,好无聊啊!

嗯,去白雪家玩好了!

白雪,你在做手工啊!
对啊,我在插花。

你说你在插花?那明天的太阳要打西边出来啰!
哈
哈哈
偶然经过的小猫咪
呵
呵
呵

你找揍啊?
……

唉，真的好无聊啊！
插花也没啥意思！

查鲁！
白雪！

嗯……
嗯……

我们再去洞穴探险好不好啊！
那才叫刺激啊！
赞成！

一想到要去探险，我的精神就来喽！
可是，怎么去呢?

我们可以利用先进科技来搜集洞穴探险的资料啊！
嗯，这倒是个好主意！

电话簿
嗯……洞穴探险家……在第几页呢?
怎么都找不到啊?
你这个笨蛋,利用网络搜索不就行了嘛!
砰
啊
只要输入"洞穴探险"几个字,就可以开始搜索了。
好快的打字速度!
熟练的指法
搜索
哇,这是洞穴珍珠吧!真漂亮啊!
洞穴探险前的准备工作
装备:御寒衣物、绳索、手电筒、指南针、急救用品……
洞穴生态知识……

哇，好紧张啊！真想立刻出发！
我们赶快去买和洞穴有关的书回来看吧！
书里面一定有更专业、详细的介绍！

周年店庆
欣欣书店

请问，和洞穴相关的书籍放在哪里呢？
噢，就放在第二层书柜上。

咦，查鲁跑到哪里去了？
左顾右盼

啊！
儿童漫画类
5折出售
查鲁

你是不是忘了我们来书店的目的啊？
这个嘛……
洞穴历险记

我们是为了要买洞穴探险的书才来的！
可是，关于洞穴探险的书都好难看啊！
洞穴探险

专业图书上有很多攀登岩壁的方法。
哇，原来洞穴是这样生成的！
白雪，我等不及了，我们立刻出发吧！
激动
可是我们对于洞穴的了解还很不够啊！
快逃
对了，我们可以去拜访救援队长啊！
你好，请问救援队长的电话是多少？
是0935××××
洞穴管理处
丁零——丁零——
电话快烧掉啦！
咦？原来是手机在响，我还以为是闹钟呢！
丁零
来啦、来啦！

熔岩洞穴

熔岩洞穴是由火山运动形成的。当火山爆发时，岩浆会沿着地表的倾斜面流动。当炙热的岩浆接触到空气时，表面会冷却变硬，但是中央部分却不会冷却，它继续往地势较低的地方流动，而在这两者间所产生的空间就是熔岩洞穴。

熔岩往地底流动时所释放出来的火山气体，会堆积在隧道的顶部，起支撑隧道的作用。但是，有时候也会因为气体压力的关系，熔岩洞穴顶部的厚度变薄，洞穴易发生崩塌，甚至会发生多次崩塌，不过洞穴的入口也是这样形成的。

火山爆发时，岩浆会沿着地表的倾斜面流出。

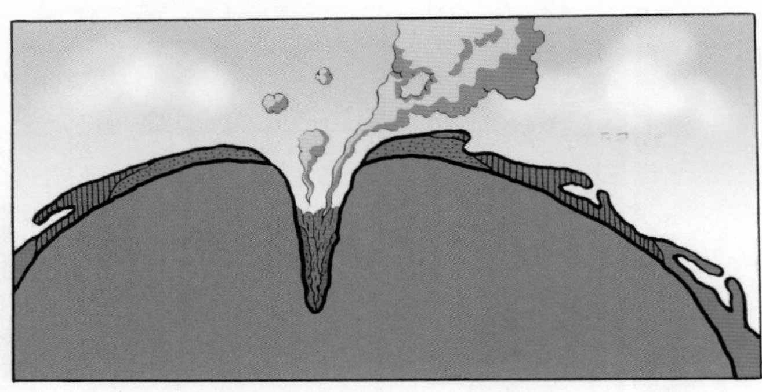

岩浆冷却之后便会形成沉淀物，堆积在火山的四周。

第七章

体能特训

喂!
还是用固定电话比较省钱。

喂,队长,我是查鲁啊,有一件事想请您帮忙……
哦,有什么事啊?

我和白雪想去洞穴探险,想请队长带我们去啊!

!

您拨的电话号码是空号,请查明后再拨,谢谢!嘟嘟嘟嘟……

嘟嘟嘟
队长！队长！

说什么要去洞穴探险，这些小朋友真是不知天高地厚！
开什么玩笑啊！

太过分了，队长居然挂断我的电话！
我们一定要坚持下去，绝不轻言放弃！

几天后

喂，您好啊！
哇，又是你们！
洞穴管理处

队长，我们是经过爸妈的同意才来找您的。
对啊，请您带我们去洞穴探险嘛！拜托啦！
不行！这太危险了！
阻隔攻去的墨镜
哀怨的泪光攻去

好，除非队长答应我们，不然，我们两个就在这里一步也不动！

哦！

好啊，如果你们动的话就乖乖回家！
放大镜

一个小时后

哈哈哈……我们没有移动哟!
队长,您累不累啊!
厉害吧!
哼,算你们狠!

既然你们这么想去洞穴,
那只要通过测验,我就答应带你们去。

你们要从这里跑到那棵树下,来回跑10次!
什么?跑那么远!

40分钟后
我们……已经跑完……了!现在应该……及格了吧?
呼
呼
眼冒金星!
累死我啦!
呼
呼

嗯,热身运动结束了,现在先跟我回去吧!
这才是热身运动?
查鲁啊,我不行了!
你说什么呢!我们都已经到这里了吔!
嘻,看你们还能撑多久!

你只要看着我的背走，就不会觉得累啦！
意志还蛮坚定的嘛！
加油！
加油！
知道啦！
在偶像面前，我是绝对不能丧气的！
斗志
队长，快要到了吗？
嗯，就在前面了。
呼
呼
呼
白雪，你该有点耐心吧！连这点苦都吃不了，还说什探险呢！
本来……就是嘛！
你竟敢这样对我说话！
握拳
砰！

!
咚
呵呵，谢谢
大力士白雪！
少走好多路！
搞什么啊！
最后只要再通过吊单杠的测试，就算你们合格了。
有没有搞错啊！
什么，吊单杠？
计时30分钟，预备——开始！
嗯，不错哟！时间快到了。
好，你们合格了！
快把地上的针球拿走哇！
这简直就是酷刑嘛！
好嘛，不要急哟！
慢条斯理

洞穴学的起源

由于洞穴大多受不到阳光照射，再加上各种和鬼怪有关的传说，洞穴被蒙上一层神秘的面纱，所以一般人对洞穴总是望而却步。

洞穴探险起源于19世纪。当时法国著名的洞穴学家们为了进行学术调研而开始研究洞穴，因此在欧洲掀起一阵研究洞穴的风气以及洞穴探险的热潮。

洞穴探险不同于其他探险运动。因为洞穴的地形、地貌都非常特殊，所以在进行洞穴探险之前，一定要事先了解和洞穴相关的知识，并准备完善的求生装备，这样才能以不变应万变，在保证安全的前提下，充分享受洞穴探险的惊险、刺激等乐趣。

所谓洞穴学，是利用科学的方法来探究洞穴的形成、特征以及发展演化等。有关洞穴的研究大致可以分成下列几种：

1. 洞穴形态学：研究洞穴的形态及其形成原因；
2. 洞穴生物学：研究栖息在洞穴内的生物；
3. 洞穴古生物学：研究洞穴内古生物的遗迹；
4. 洞穴地形学：研究洞穴内的地形；
5. 洞穴沉积学：研究洞穴内沉淀物的学问。

第八章

辨识方位

4
1000
800

从现在开始，我就是你们的洞穴探险老师！

你们愿意相信我并跟随我吗？
洞穴探险学校
愿意！

啊，你这小子！

你穿着鞋子站在椅子上做什么啊！
哇，好痛！
打
洞穴探险学校
7号公园
嘻！
欢迎

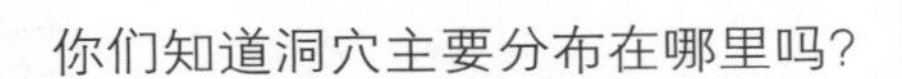

呵呵……其实在山上常常可以发现洞穴哟!

哦,是这样啊!

嗯

※在进行洞穴探险活动时,一定要有专业的导游带领,千万不能单独行动!

所谓读图法,是指根据地图来解读地形的高低起伏及河流的走向,

叩

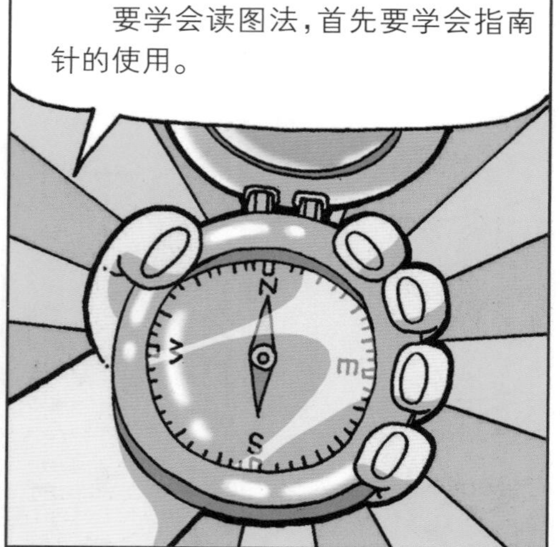

指南针是用来辨别方向的工具，如果有夜光功能的话，会更加方便。

接下来就是地图了。
我也会画地图！
你乱画的地图谁敢用啊！

地图有地形图、海图、旅游图、气象图以及经济地图等。
要拿地图吗？
窸窣

而我们所需要的地图是指将地形依照比例缩小的等高线地形图。哈哈哈……
超人
还不赖吧！
好丑的超人啊！

等高线地形图上间距较窄的地方，表示地势陡峭；较宽的地方则表示地形较平缓。
老师！
哇，查鲁要提问了！

我们去吃饭吧！
原来如此！
砰

我实在无法忍受满脑子都是吃的学生！
捏
人家肚子饿嘛！
咕噜！
炸酱面送来喽！
等一下！
你是饿鬼投胎吗？
帮我加腌萝卜了吗？
加了！
外卖
为什么没有我们的饭？
你们的？
禁止靠近

你们的在那里！
啊？

你们就带着这张地形图，
美味佳肴
4
900
800

以及指南针，去找东西吃吧！
你怎么忍心让我们独自行动呢?
因为我对你们有信心，我相信你们一定会找到的！
老师终于承认我们的实力了！
握拳
那是因为你们要去找东西吃！
老师还真了解我们。
快走吧！
噢！
丢脸
30分钟后
应该是在这附近啊！
哎哟，肚子好饿！
咕噜
啊，就在那里！
宝藏
什、什么?
宝藏
请从这里向东前进500米！加油！
救援队长签名

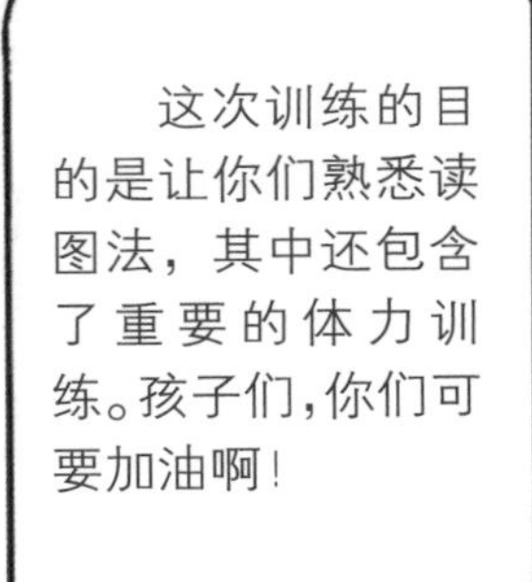
这次训练的目的是让你们熟悉读图法，其中还包含了重要的体力训练。孩子们，你们可要加油啊！

肚子好饱啊！不知他们找到了没有！
嗝

啊，又是告示牌！
宝藏
请由此向西300米。

两个小时后
终于找到啦！
宝藏
美味佳肴在此！

奇怪，怎么这么轻呢？
快打开吧！

不要啊！

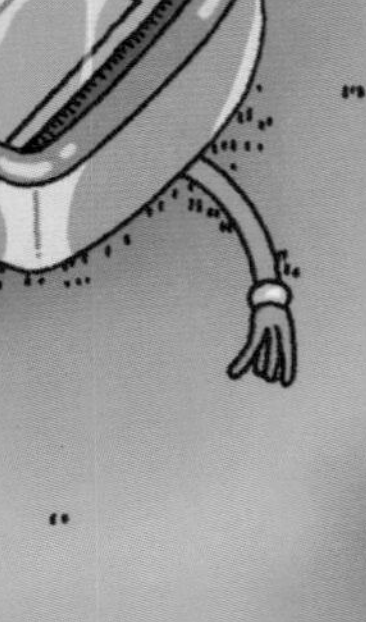
老师，我恨你啊！

哇，耳朵好痒！是谁在说我坏话？

在野外怎样辨别方向

由于地面上的事物不可能依照原来的大小绘制到平面图上，因此为了清楚地传达地表信息，必须将地形依照一定的比例缩小并绘制到纸上，这就是所谓的地图。

地图不但能表示地形，同时也包含了许多其他的信息，例如交通路线、村落位置等，所以，我们只要掌握读图的方法，就可以找到正确的方位。

但是，当我们没有带地图的时候，如何才能找到正确的方向呢？以下将告诉你如何利用身边的资源，来找到正确的方向！

北方

● 利用手表

先将一根火柴棒垂直立在手表的表面，并将时针调到火柴棒的影子所在的位置，然后再画出时针与手表上12点刻度的夹角分角线，分角线所指的方向就是正北方。

● 利用太阳

太阳每天都从东方升起，每到正午，在北半球，太阳所处位置为正南；在南半球时，为正北。

● 利用植物

树的年轮间距较宽的一方是朝向南方的，间距较窄的一方则朝向北方。此外，树木的枝叶或是苔藓较茂密的一方是南方，较稀疏的一方是北方。

● 利用北极星

在晴朗的夜空中很容易找到像“勺子”一样的大熊星座，我们可以先将“勺子”的前两颗星连起来，并且往外延伸约5倍的长度，会找到一颗非常明亮的星星，那就是北极星，而北极星所在的方向就是正北方。

第九章

有趣的结绳法

左顾右盼
有什么情况吗?
该不会是……

踏

还是站在椅子上讲比较有气势！哈哈！
孩子们，今天我要教你们结绳法。
原来是在看老爷爷在不在啊！
拜托！

绳子是一种非常方便的工具，平常我们在捆东西时也都会用到，但洞穴探险则不一定会用到。
用不到啊，那我们走吧！
嗯！
慢点！

但如果在攀登垂直洞穴以及涉水时，为了确保安全，一定要学会结绳法啊！
吼！
哦，早说嘛！
对啊！

老师，什么是垂直洞穴啊？
那里在卖吃的吗？
满脑子都是吃！

垂直洞穴是指洞穴的延伸方向是垂直的。当人们在垂直洞穴内进行探险时，为了确保安全，就会在石柱上绑一个绳结来支撑自己的重量。
下降
结绳

那结绳的方法有几种呢？
结绳的方法有好几十种，但是你们只要学会最基本的就可以了。
如果技法不熟练的话，用起来就会手忙脚乱的哟！
绑紧
抗议

老师，我们要抗议您所说的话，您不应该低估我们的实力啊！
抗议
您不应该说我们没用，也不应该轻视我们，难道肚子饿也有错吗？老师，请您好好反省吧！
反省！反省！
抗议
抗议
你们欠揍啊！
砰
砰
管理员爷爷，快来救我们！
不管在哪里，只要有人需要我时……
呵呵，老爷爷，我们好想念您哟！
哎哟，我的宝贝，你们还好吧？
哈
哈

哼,只会欺负小孩子!
哼!
老爷爷,您慢走啊!

现在,我们先来学一种固定的结绳法,叫作“反手结”。
嘻嘻,看你们怎么叫人来救命!
呜!
竟给我们贴胶带!

雕虫小技啦!
咄
咄
就是说哇!
算你们厉害!

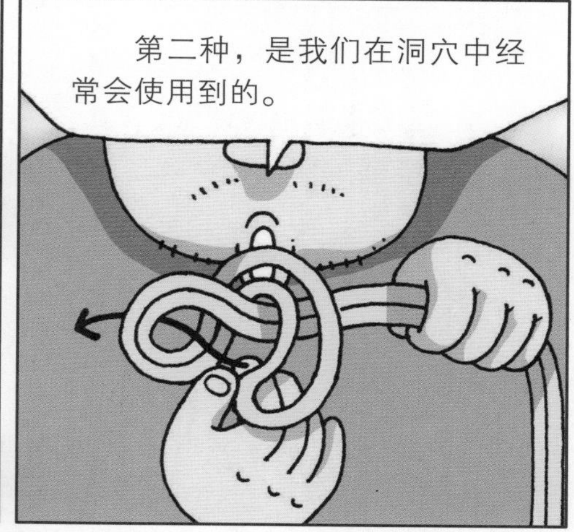
第二种,是我们在洞穴中经常会使用到的。

这一种结绳法虽然简单,却很牢固。

你们知道这是什么结绳法吗?
我来试试看这个绳结牢不牢!
这个嘛……

断
哎呀，真倒霉啊！一定是我的八字不好！
咚

没错，就是八字结！查鲁，你还真厉害哋！
痛
？
这两个人的毛病还真像啊！

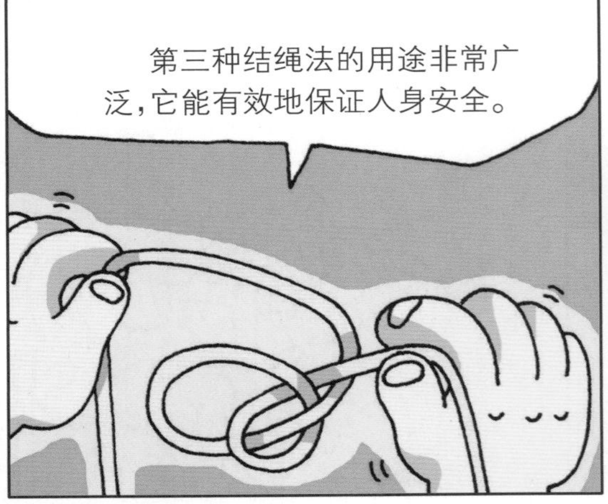
第三种结绳法的用途非常广泛，它能有效地保证人身安全。

是直接固定在身体或是物体上，因此叫作“称人结”。

我来试试这个结牢不牢。
哇，这么用力拉也不会松掉吔！

哈哈哈，不好意思啊，都是我不好！
哎哟喂！
松掉
咚

因为这是有弹性的绳子，很容易松开，所以最后还要加打一个反手结来固定才保险啊！
哈哈
屁股好痛哟！
老师一定是故意的！

第四种是不论在什么情况下都能快速完成的“双套结”！

双套结的大小可以做适度的调整，最常使用的系于木桩、桅杆或是另一条绳子上，这可是最基本的结绳法啊！
基本就是很简单的意思吗？
大概是吧！

嗯，今天的课就上到这里吧！你们回去以后，一定要多练习今天所教的结绳法啊！
又饿了！
卡通片快开始了！

还有，要根据使用的场所和物体的性质，来灵活运用结绳的技巧，知道吗？
突然有种不祥的预感！

最后，我们再来说明什么时候要用哪种绳结，以及为什么要选用那种绳结……
……
……

看我的双套结！

救命啊！

唰

原来牛仔也会用双套结啊！

VHS

结绳法

在洞穴探险时，我们无法预知会遇到什么样的地形和情况，尤其是面临垂直构造的洞穴，或者是要通过溪流以及攀登岩壁时，如果懂得使用正确的结绳技巧，将使你事半功倍，所以结绳法绝对是探险活动中必备的技能。

● 反手结（半结、单结）

这是绳结的基本打法。反手结在日常生活中经常使用到，例如防止滑动或是用来暂时避免绳索松脱等；其唯一的缺点就是当结打得太紧或是被弄湿时，就很难解开了。

反手结

反手结收尾

● 八字结

主要是系在安全吊带上用来固定以及防滑的，是目前攀登岩壁时最常用的结绳法。八字结的结法相当简单，就算绳结的两端拉得很紧仍然可以轻松地解开！

● 双套结

用于将绳索系于木桩、桅杆或另一条绳索上，因为技法简单，所以在任何情况下都可以轻易地完成和解开。此外，还可以轻易调整绳索的长度。

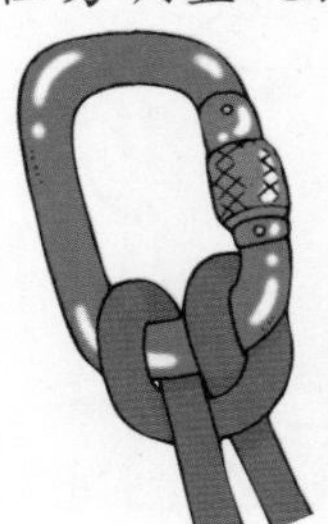

第十章

奇妙的洞穴动物

你知道洞穴里有多少种动物吗?
洞穴的环境那么险恶，我想大概只有十几种吧!

有数百种哪!
虽然洞穴里能够提供的养分有限,但仍然有数百种动物生存在其中!
叫这么大声,吓我一跳!
哇,真是惊人!

洞穴里大多数都是小动物，没有大型动物。

听说,洞穴里还有很多的鬼怪吔!

上课迟到,还敢插嘴啊!
生气
砰

为什么每次都要打我，我再也不要来上课啦！
委屈
真可惜，这礼拜我们就要去洞穴探险了哟！
对啊，好可惜啊！
不要再说了，我已经决定啦！
白雪，我们走吧！以后再也不要受这个老头的气了！
倒退走
哇，查鲁可以出国比赛了！
说到洞穴里的动物……
拜托！拜托！
反省
你们会想到什么呢？
蝙蝠！
嗯？
蜈蚣！
这才是我真正的面目！
很多人都误以为蝙蝠是有害的动物，其实蝙蝠一个晚上可以吃掉数百只蚊虫！
天哪！

我很像阿诺吧！
哇，我最崇拜阿诺啦！偶像！偶像！
老师又在幻想了！哈哈！
另外，蝙蝠的粪便还是其他洞穴动物的食物来源哪！
哇，那蝙蝠的功劳可不小呢！
是啊！
你好，蝙蝠老师！
你好，美丽的蝙蝠小姐！
!
?
哎呀，又被揍啦！
查鲁实在是太欠揍了！
耶~
全世界的蝙蝠种类有近千种，大概只有两极地区才没有它们的踪影。
那你知道黄金蝙蝠吗？
黄金蝙蝠正式的名称为“金黄鼠耳蝠”，因为它的体毛颜色与黄金相近，所以又被称为黄金蝙蝠。

哇，好神秘的蝙蝠啊！我们也想去看看哪！
咔
咦，肩膀突然有点酸啊！

蝙蝠平常都是倒吊着睡觉的……
用力点！
是！

此外，蝙蝠因为体形较小，所以保暖能力较差，因此有冬眠的习性！
?
哇，那蝙蝠和查鲁还蛮像的嘛！

?
因为每到冬天，查鲁就会因为赖床而迟到呢！
哪有啊！

查鲁，小心！
叩

呜呜
他已经习惯啦！
哼！

蝙蝠也是唯一会飞的哺乳类动物！
还真看不出来吔！
嘎嘎
它们还会倒吊着喂蝙蝠宝宝喝奶呢！
哇，好像在玩特技呢！
现在，我要问你们一个问题：谁知道蝙蝠是靠什么来辨别方向和追捕猎物的？
不是靠眼睛吗？
搔头
当
我知道！
又装作一副什么都知道的样子！
抖
……
是脚吧！
还是把他敲昏吧！
唉！
其实蝙蝠会发出超声波，它可以利用超声波反射的方向和所需的时间来掌握地形的变化和猎物的位置。
居然睡着了！
是……是啊！
呼呼
搔

老师，我们怎么区分这数百种洞穴动物呢？

洞穴动物依据居住在洞穴的原因，
以及适应程度的不同，大致上可以分成3种类型。

第一种是寄居性动物，属于临时寄居在洞穴内的动物。

它们大多是在偶然的情况下进入洞穴内的，因此还会回到洞穴外去生活。
青蛙
蝙蝠

那寄居性动物能够长期在洞穴中存活吗？
如果它们没有食物的来源，就会饿死啊！
咕噜

第二种是喜洞穴性动物，它们主要在洞穴内繁殖。

即使是在洞穴外，只要同样是潮湿黑暗的环境，它们也能够生存。
我是蜘蛛
我是蜈蚣
哇，好强的生命力！
是啊！
奇怪！
老师在找什么啊？
第三种就是真洞穴性动物，平常我们在洞穴外是看不到这些动物的，它们只生活在洞穴里。
超人变身！
由于真洞穴性动物已经完全适应了洞穴的生活，所以视力和翅膀都退化了，但它们的触角和脚比较发达。
我是步行虫
还有，即使吃得很少，它们也能活……活得很久！
哇，真厉害！
当超人比想象中还累啊！
咦，你什么时候清醒的？
我只要肚子饿自然就会醒来啦！
我就知道！

孩子们，你们知道明天是什么日子吗?
咦，我生日还没到啊!
我的也没到啊!
明天就是你们期待已久的洞穴探险日了!
探险装备我都准备好了，你们只要人来就可以了!
咔！快被自己说的大话压扁了!
呀呼!
黄金蝙蝠我来了!
有那么开心吗?
飞上天
蹦
跳
老爷爷，您误会啦!
你这家伙，怎么老是欺负小孩呢!
哎呀，不是这样啊!
老爷爷……
踏
咔咔
哇呜!
踏

洞穴里的动物（一）

洞穴里完全感受不到阳光，湿度又大，再加上没有足够的食物来源，生存条件比较恶劣，所以大型动物根本无法在洞穴内长期存活。然而，在这么险恶的环境里，仍然有数百种动物在其中生活，很不可思议吧？现在就让我们一起去看看吧！

跳虫　弹尾目昆虫，栖息在洞穴底部的土壤层或是蝙蝠的粪便中

尺蛾　是生活在洞穴的蛾类中最具代表性的

蝼蛄　是真洞穴性动物，最擅长钻地挖洞

壁虎　栖息在较深的洞穴内，体色暗淡

蜈蚣　这种蜈蚣没有眼睛，行动较迟缓

灶马蟋　属于喜洞穴性动物，主要栖息在较深的洞穴里

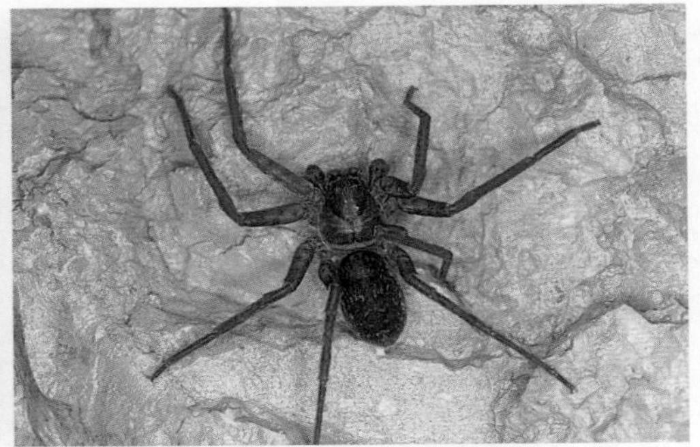

蜘蛛　是洞穴中较具生存优势的动物之一

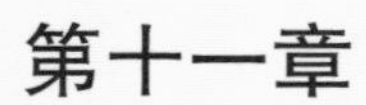

第十一章

首次探险

白雪，快起床！你今天不是要去参加洞穴探险吗？
喔喔喔
啊！嗯！

妈，你怎么不早点叫我起床啊？
差点就睡过头啦！
白雪的家

你、你们这是什么装扮啊？

我们不是要去洞穴探险吗？
这是今年最流行的款式哟！
啦啦

我们要去探险的地方是位于三星山的一个小型洞穴。
三星山不是很近吗？
今天就搭我的爱车去吧！出发喽——
骄
傲
你们在干吗？
出租车！
我可不想年纪轻轻就……
你们很兴奋吧！
嘻嘻！
啦啦！
才出发5分钟，车子就抛锚了！
再用点力推，车子就快要发动了！
音响开小一点啦！
啦
啦
啦
噗噗

其实，我曾经到英国研究过洞穴呢！
哇，真的吗？
噗
噗
当时我只是个大学二年级的学生，也没考虑什么，买了张机票就飞去了！
好像是真的呀！

那段日子可真是辛苦啊！
你是说你肚子饿吗？
画脚
指手

后来，我就开始一边打工一边进行洞穴探险的活动。
你已经打破好几个了！
对不起！
哐当

那时候，大家会约在每个星期六组成探险团去探险。
我也要去！
好啊！
洞穴探险

我在那段时间里，不但获得许多探险知识，也接触到各种类型的洞穴。你们一定想听听老师的探险故事吧！

咦？
呼呼大睡！

呵呵，这些孩子一定是因为要去探险，昨晚兴奋得没睡好吧！
转弯
咚
老师，车子怎么会歪来歪去的啊？
是山路不好走哇！
平路
砰砰
车子好像怪怪的吔！
该不会又要下去推车吧！
砰砰
老师，我们推不动车子啦！
三星山
快到啦！就在那座山上！
还要多久啊？
砰砰
为了保护洞穴，禁止在洞穴里大小便。你们先去上厕所吧！
你上次在洞穴里……
唉，一切都过去了！
来，你们先换上合适的服装，里面还要穿一条……
啊，是裤袜！
奇怪老师！
抖

因为我们的装备很多，所以要在腰间系一根皮带。

手电筒拿在手里容易掉地上，会摔坏的；而且只用一只手攀岩，是绝对不行的！

还有巧克力派、果汁和泡面啊！

还说自己的食量很小！

那这些是什么？

这是我买的啦！呜呜——

巧克力

钳子

都准备好了吗?
准备好了!
出发!
你们怎么不走?
老师从出发就一直嘲笑我们，害得我们没心情去啦!
不会是想大便吧!
生气
走得好累呀!
呼呼
查鲁,你帮老师拿一下背包吧?

老师,不好意思,因为白雪说她很累,所以我要背她吔!
嘻嘻
好险呀!
哼，算你们狠!

查鲁,虽然你头脑简单,但是四肢还挺发达的啊!呵呵呵……
你说什么?

走路要看着前方！你是想要把我摔下去吗？
白雪公主，饶命啊！
这些孩子……
应该在这附近了……
就是这里！
哇，终于到达洞穴了！
在进入洞穴之前，我们先来喊个口号吧！
好兴奋啊！
嗨哟！
这里！
嗨哟！
嗨哟！
怎么会有人在这里施工啊？
锵锵
嗒嗒
施工中，造成不便敬请见谅！
安
安全
全

洞穴探险装备

洞穴探险装备应根据洞穴的特点来选择，但这些装备都必须具备防水、防潮的特性。此外，有时必须在洞穴内匍匐前进，若携带过多的装备反而事倍功半，所以装备并非越多越好，主要在于性能。

● 照明设备

洞穴中没有光线，在进入洞穴之前，一定要携带头灯、备用手电筒以及备用电池。

头灯

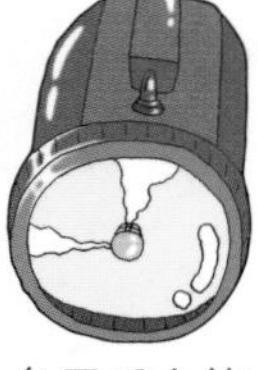

备用手电筒

● 安全帽

在洞穴内探险时，我们往往比较注意地面的情况，容易忽略保护头部。所以，为了防止碰撞或被突然掉落的岩石击中头部，配戴安全帽是绝对必要的。此外，安全帽还有给头部保暖的作用。

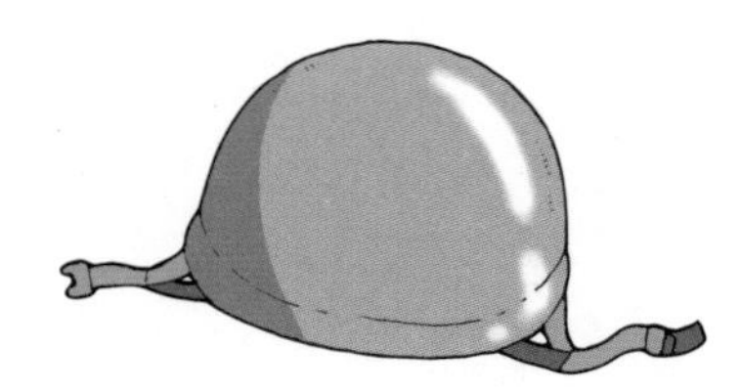

安全帽

● 背包

背包大多为圆筒或是椭圆形，外表应没有容易被钩拉住的口袋或缝合的褶皱等，以便在匍匐前进时，也能轻松地起身而不易被挂住。

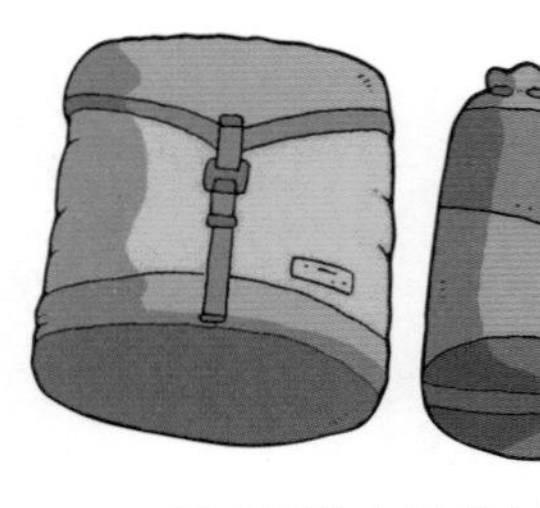

洞穴探险专用背包

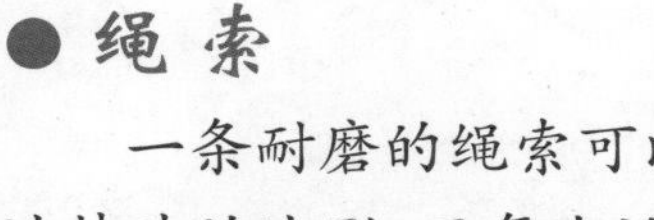

● 绳 索

一条耐磨的绳索可以帮助我们轻松地通过特殊的地形，而每次活动结束之后，要及时清洗绳索，并仔细检查绳索的磨损程度。

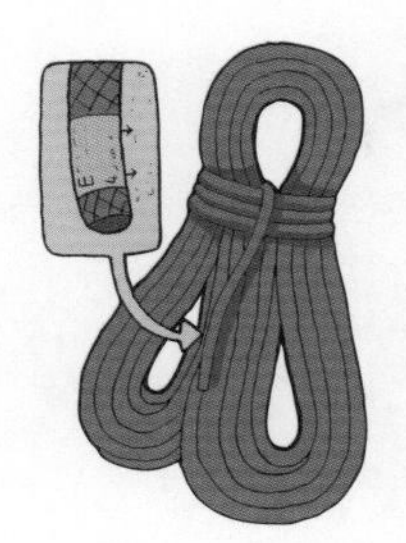

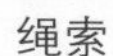
绳索

洞穴探险服装

洞穴里地形特殊，探险服装必须具有防水、耐磨的性能。此外，如果穿着分体式衣裤，很容易在穿越窄小的洞穴时被掀起或被东西钩住，所以在进行洞穴探险时，一定要穿连体衣裤。

● 外 套

必须穿着具有防水、保暖、透气性能的外套，以应付洞穴内低温潮湿的环境。此外，外套上的口袋必须完全缝合，这样才可避免被外物钩扯而发生意外。

● 内 衣

要选用纯棉质料的内衣，以便保暖、排汗，避免因流汗而降低身体温度的情况发生。

● 手 套

在攀登岩壁或是在洞穴内匍匐前进时，如果能够戴一双耐磨的手套，就可以避免双手被尖锐的岩石割伤，而手套同时也有保暖的作用。

第十二章

深入天然洞穴

好紧张啊！
把头灯调亮点，你们要紧跟着我！
是！
亮
惊
你们看，那里有蝙蝠！
哇，蝙蝠真的是倒挂着吔！
果然跟观光洞穴里的气氛完全不同！
当然啦！这可是天然洞穴！
我是说这里连一个人也没有哇！
这种地方有人才奇怪呢！
左顾右盼

你们知道岩壁上这黑黑的痕迹是什么吗?

这个吗?
挖

嗯,味道有点咸咸的!
嗯

这就是蝠粪,是蝙蝠的大便。
呸!
呸!
看你还敢不敢乱吃!

蝙蝠的粪便是生活在洞穴里的动物很好的食物来源哪!
恶心!我吃到大便啦!
那蝙蝠就是洞穴营养师啰!

哎呀,我的鞋子都沾满了泥土!
对啊,洞穴里的地形很复杂,所以才需要一双合适的鞋子!

老师,我、我好想尿尿啊!
你刚才在洞外不是已经上过厕所了吗?

算了，那你去小溪那儿解决吧！
淙淙

在会流动的溪水中小便，总比你尿在洞穴内好吧！
啊，真畅快！
哗啦啦

哇，老师好爱护大自然啊！
哈哈，这是应该的嘛！

可是从他的长相却一点都看不出来呢！
你说什么！
冷静！冷静！
天哪，你们看那、那个！
这么狭窄的洞穴怎么通过啊？
我们利用“烟囱式攀岩法”就可以通过了。
烟囱式攀岩法？

像这样，利用手脚并用的方式，慢慢通过岩石间的缝隙。
踩

这里的高度不高，距离也不会很远，你们尽管放心试试吧！
知道了！

哇，好好玩啊！
还蛮像回事呢！
扶
踩

白雪，如果累的话，也可以稍微靠着岩壁休息一下啊！
呼——好累啊！先休息一下吧！
白雪你好靓啊！

谢谢！
大家辛苦了！
好有成就感哪！
奖励！
呵
呵
蹦

啊，又是一个好窄的洞穴！
像这种窄小的洞穴，就称为“狗洞”，我们可以采用匍匐前进的方式慢慢通过。

大家要小心头部哟！
老师，您放心吧，我的头很硬的！
笨蛋，老师是叫你不要撞坏了头顶上面的石钟乳！

孩子们，不好意思哟！
什么事啊？

噗

……
窒息
哇，这个洞穴真是漂亮！
其实每个洞穴都有它的迷人之处！

只要爬过这道岩壁，就可以到达出口啦！
这次要攀岩啊！

你们记着，要先沿着有缺口的岩壁慢慢往上爬。

然后将绳索固定好，

再将绳子缠住身体，

一步一步地向下走。
绕着绳子的那条腿要先走！

这就是攀岩技巧中最常使用的一种。
好像飞虎队啊！
哇！
当然啰！
真帅！
!
踏

攀岩时要抓紧绳子，脚踩稳后，再一步一步地向上爬，千万不能心急哟！
好强啊！

白雪，你先上来吧！
是！
白雪加油！
身体要平均用力，抓好绳子！对，就是这样！
呼——比想象中还累呢！
查鲁，今天表现得不错嘛！
小意思啦！
孩子们，今天的洞穴探险圆满成功啦！
哇，我们成功啦！
我们先在这里休息一下吧！
你们觉得洞穴探险好玩吗？
好好玩啊！
哇，外面的空气好新鲜哪，和洞穴里真是差太多了！
是啊！
嗯嗯！

老师，我们换好衣服了，现在可以准备回家了吧？
不行！我们要先把装备整理好才可以回家。
如果不尽快将沾在装备上的泥土清理干净，那就会影响装备的性能！
绳索和衣服不能用洗洁剂清洗，用清水将沾在上面的泥土洗干净，再晾干就可以了。
而金属类的装备在清洗过后，还要涂上保养液。
保养液
嗨！
你又跑哪里鬼混啦？
我临时有急事啊！
唉，又去偷吃东西了！
没办法，我肚子饿了嘛！
嗝！
咦，那不是我的泡面吗？
泡面
啪

洞穴探险基本方法

洞穴有不同的构造和形态。有些洞穴内的地势较平缓，可以轻松地通过；在有些洞穴里要攀爬陡峭的岩壁，甚至还要涉水。此外，我们还有可能会遇到洞口比较低矮、窄小的洞穴，这时候就只能趴在地上匍匐前进了。

为了适应洞穴内不同的地形，我们一定要熟悉基本的攀爬技巧，这样才能安全、顺利地完成探险任务。

● 匍匐前进

在洞穴里常会碰到被称为“狗洞”的地形，因为这种洞穴非常低矮、狭窄，只能利用匍匐前进的方式通过。有时，为了避免破坏岩壁顶端的石钟乳，甚至要先将安全帽脱掉。

当我们在“狗洞”内爬行时，难免会遇到尖锐的岩石，不合适的服装和装备会给自己带来很大的麻烦，所以在进洞穴探险前，一定要穿上合适的服装、携带合适的装备。

● 烟囱式攀岩法

在规模较大的洞穴里，常能碰到峡谷型的地形，这时可以利用烟囱式攀岩法来通过。有的人可能会因为有恐高症而感到害怕，其实你只要踏稳脚步，慢慢地往上爬，就可以成功了。

此外，因为洞穴内较为潮湿，岩壁会变得非常湿滑，所以在攀爬时千万不要心急，不然可能会摔得很惨哟！

烟囱式攀岩法❶

烟囱式攀岩法❷（适合较宽的空间）

烟囱式攀岩法❸（适合较窄的空间）

第十三章

寻找黄金蝙蝠

5分钟后
喂，你是谁啊？怎么乱打电话啊！
我是你的恩人！嘟——

哼，还敢打来！
看我不骂死你！
丁零！
你这家伙，真的很惹人厌吔！
老师，我是查鲁啦！

你是查理王子，那我就是布什啦！大、笨、蛋！

我不是查理王子呀！我是查鲁！
啪
什么？是查鲁呀！呵呵！

老师，离上次探险都已经过了两个礼拜了，我们什么时候再去探险啊！
呵呵呵……你们这么心急啊！让我先查一下我的日程表啊！
呼噜

老师，这段时间我都和白雪一起锻炼身体呢！

叮咚

叮咚
叮咚

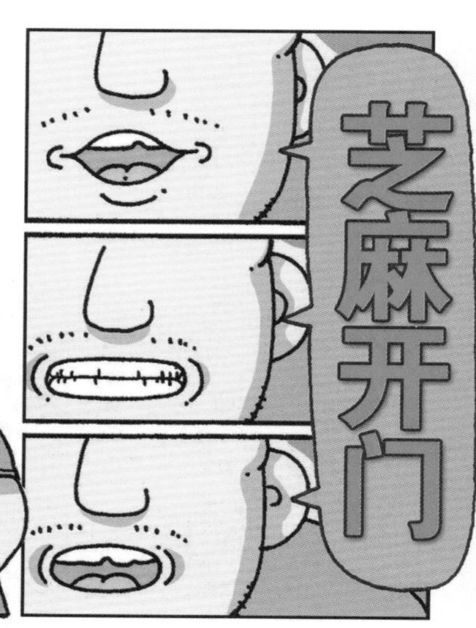
芝麻开门

学长！
你是当年和我共赴洞穴探险的小武学弟吗？

学弟！
学长！
学长还是和当年一样的强壮啊！
好久不见啊！

砰
咦，人到哪去了？
学长煮拉面的手艺真是令人怀念啊！
吸

好怀念当初和学长一起去探险的日子呀！
哈哈，我也时常想起那时的情景呢！

我还记得那时候您担任我们的活动课组长，还有一个外号叫“毒蛇”呢！
嗞

学长，当年您那临危不惧的精神，小弟我永难忘怀啊！
这都是很重要的经验啊！
哇，大学时代的活动记录还留着啊！
活动记录

如果没有这些经验的积累，我也不可能顺利完成探险任务啊！
好强壮的肌肉啊！

呵呵呵，学长果然是当今探险领域实力最强的人啊！
你唤起我的本性了！
活动组

哈哈！我现在因为年纪的关系，也很少去洞穴探险了！
是吗？
真倒霉，白白挨了一顿打！
都是你刺激我！

对了，学长，上个礼拜我在仙人洞发现了黄金蝙蝠呢！

孩子们，猜猜看，这次我们要去哪里探险啊？

要去仙人洞穴找宝藏啊！

给你们一个惊喜！

我们在这里买些吃的再走吧！
超级市场
全场半价
剎！

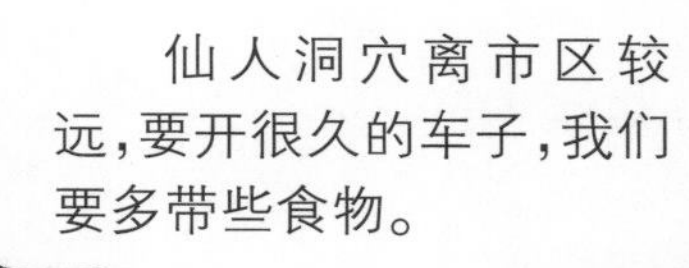
仙人洞穴离市区较远，要开很久的车子，我们要多带些食物。

哇，有我最喜欢的拉面吧！
还有巧克力吧！

户外野炊最有意思了！今天就让你们见识一下我最拿手的拉面！
哇，好想吃哟！
呵呵

噢，差点忘了！
刘大队长吗？是我呀！
古董手机！

还真重啊！
我今天要去仙人洞穴探险，如果下午4点我还没跟你联络的话，记得来找我啊！
OK
老师真念旧！

在去洞穴探险之前，一定要先跟救援大队联络。
嘿咻！
万一在途中遇到危险，才能及时获得救援！
手机还可以健身啊！
哇，好发达的肌肉啊！

对了，我跟你们提过以前我去攀岩时遇到蛇的事情吗？
没有啊！

是几年前的事情。当时我前往一处位于崖壁上的洞穴进行探险。
洞穴

就在我快要接近那洞穴时，
熟练

突然有一个东西出现在我的眼前！
嗞——
?

我一看，居然是一条张着血盆大口的蛇！这可真把我吓坏啦！
哇
有蛇啊！
有人啊！

还好，没多久，蛇就转头离开了。
哇，差点就被吃了！
吓死我了！
落荒而逃

哈哈哈，真是太胆小了！
你们是在笑我吗？
好好笑哟！
哈哈！

不是，是在笑那条蛇！
老师，为什么有平路不走，却要走难走的路？
哼，我高兴！
哎哟，屁股痛死啦！
砰砰
平路
仙人洞穴就在这座山里！
哇，好高的山呀！
好了，快换衣服准备出发！
咦？
为了符合公主的形象，我特地准备了华丽的洞穴服呢！
我还是喜欢紧身裤袜！

神秘的蝙蝠

全世界有近千种蝙蝠,几乎占哺乳动物种数的四分之一,除了极地,蝙蝠的踪迹遍布所有的陆地。

蝙蝠的食性十分多样,大部分以捕食昆虫为生。据说一只蝙蝠可以在一个晚上捕食近百只昆虫。此外,也有部分蝙蝠以植物果实、花粉或花蜜等为食。在热带地区还有一种吸血蝙蝠,它们的犬齿特别锐利,它们的唾液含有抗凝血物质,可以让其顺利吸血。

此外,蝙蝠也是唯一可以飞行的哺乳类动物,它们的体形有很大的差异:体形最大的蝙蝠翼展可达 1.5 米,而最小的蝙蝠翼展却不到 15 厘米。

虽然蝙蝠的一生绝大部分时间都是在睡眠中度过的,但并不是每一种蝙蝠都有冬眠的习性。位于热带地区的蝙蝠因为食物充足,所以并没有冬眠的习性;而生活在温带地区的蝙蝠则因为冬季较冷、食物不足,所以才有冬眠的习性。

蝙蝠因为长相凶恶丑陋,又属夜行性动物,所以在西方多被视为不祥之物;但是在中国,因为"蝠"与"福"同音,蝙蝠反而被视为吉祥之物。同样的动物在不同地区的待遇却是天壤之别,这反映了不同国家和民族的文化差异。

● 蝙蝠与洞穴生态

蝙蝠的活动量很大,因此它们的食量也不小。根据实验得知,一只蝙蝠可以在15分钟内吃下相当于自己体重十分之一的昆虫。

蝙蝠的粪便被称为“蝠粪”。蝠粪里除了含有水分外,还有氮、磷酸、碳酸钾等丰富的矿物质,是洞穴里各种动物以及微生物最好的食物来源。此外,洞穴里蕴藏着磷酸盐矿,是蝠粪和洞穴里的物质化合而成的,于是在生存条件非常差的洞穴里,蝠粪的存在就变得非常重要,所以有蝙蝠存在的洞穴又被称为“活的洞穴”。

● 蝙蝠与超声波

曾经有研究报告指出,蝙蝠可以利用喉部的肌肉收缩来制造超声波,然后再经由嘴或鼻子发射出去,所以大多数的蝙蝠都拥有相当复杂的鼻状叶结构。

蝙蝠具有极佳的回声定位能力,这种能力可以让蝙蝠准确判明猎物的方向和大小,以及周围的障碍物与自己的距离。

蝙蝠所发出的超声波频率,除了使它们在夜间轻松猎捕昆虫外,还能使它们自由自在地住在漆黑的洞穴里,以避免肉食性动物的捕捉,而且蝙蝠与其幼蝠也是利用超声波来沟通的。不过,有时超声波的效果也会因为环境过于潮湿而大打折扣。

第十四章

发现沙参

这段山路比较难走，白雪，你走在中间。
为什么？

因为你的体力比较差，万一倒下的话，后面还有查鲁可以扶你啊！

哼，我体力哪里差呀！不，我要走在最后面！
又耍小性子了！

哎呀，老师，这样说是行不通的呀！
那要怎么说呢？

老师爬得那么快，步伐又很大，我们小孩子怎么可能跟得上嘛！

慢一点走哇！

抖抖

咔

小心，
有落石啊！
咔

落石？

这个
就是落石！
好险！
咚

当前面的人不小心踩落石头时，为了提醒后面的人，都会大声地喊“有落石”哟！

那如果是查鲁跌下来的话，我们就喊：“有大型落石喽！”
喂！
铁头功

啊，终于爬上来了！我们在这里休息一下再走吧！
哇，真不敢相信我能爬上来啊！
我想尿尿呐！

老师，攀岩好累啊！
是啊！
有时候遇到比较陡峭的岩壁，还会花费更多的体力呢！等到达洞穴时，力气早就没了。
难怪老师一直强调体能训练的重要性！

老师，您退休以后想要做什么呢？

当然继续研究洞穴啰！跟国外比起来，我们的洞穴研究实在是太少了！
加油！

首先，我要成立儿童洞穴探险营！
美梦成真啦——
哇，我实在是太伟大了！

哇，那以后我和查鲁就能常到洞穴探险啦！
当然啦！

有人参啊！

咦，那是查鲁的叫声！是说“人参”吗？

哇,有人参吔!
呀呀!

人参啊!

我刚才尿尿时,突然看到眼前出现一株人参啊!
查鲁!请你先冷静点!

啊!
查鲁啊!
真受不了啊!
先把裤子穿起来吧!
不好意思!

人参有5片叶子,这应该是沙参才对。

不过,我在好几年前,也的确在洞穴探险的过程中发现过野人参。
老师好幸运啊!
而且还是4株呢!

人参、人参,得第一呀!
人参好,人参妙,人参呱呱叫!
啦!
啦!

冷——
知道了！
我们快走吧！
哇，终于到达山顶了！咦，怎么还没看到洞穴呢？
因为洞穴在下面！
哇，是开玩笑吗？
老师，小心啊！
滑！
老师，你还好吧？
一定很痛吧！
撞
呵呵，人有失足马有失蹄嘛！
老师属马哟！
!
别理他！走吧！
遵命！
小马来啦！
……

嗯……虽然这也是洞，
但不是我们要找的洞。
老师，洞穴在哪里呀？
!
快逃啊！
还要走多远啊？
我们好像走过头了吧！再看看那边吧！
不是这里！
也不是那里啊！
老师，洞穴在这里啊！
不是那里！
也不是这里啊！
老师还真会搞笑吔！
大概是他肚子饿了吧！

中国的岩溶洞穴

我国的可溶岩分布面积广泛，裸露于地表的碳酸盐岩面积达91万平方千米，加上覆盖与埋藏于地下的碳酸盐岩，其面积可达340万平方千米。在碳酸盐岩分布地区，由于地面、地下水的溶蚀作用，可形成各种形态的喀斯特岩溶现象。贵州、云南、广西、四川、湖南、湖北、广东以及台湾等为最重要的岩溶区，碳酸盐岩沉积总厚度在一万米以上，几乎分布于各个地质时代；加上适宜的多种多样的气候条件，使我国成为世界上岩溶洞穴资源最为丰富的国家。

中国部分洞穴简表

名称	位置
雪玉洞	重庆市丰都县
玉华洞	福建省三明市将乐县
芙蓉洞	重庆市武隆县
本溪水洞	辽宁省本溪市
黄龙洞	湖南省张家界市
织金洞	贵州省毕节市织金县

这些奇特的石灰岩洞穴固然美好，但要将这些大自然的资源永远保存下去则是一件更重要的事情！因为这些景观无法自己移动，所以最容易受到一些人为的破坏，例如常有人为了留念而在岩壁上任意涂写，或者是随手破坏堆积了数百年的沉淀物等，这些都是非常不文明和不负责任的行为。如果我们不能够遵守保护大自然的原则，那么这些特殊的景观将会很快消失。

小朋友，下次若有机会前去洞穴参观，一定要记得珍惜和保护这些珍贵的自然资源啊！

第十五章

稀奇的透明虾

这个洞穴入口是陡降式的，你们下来时要小心哪！
嗯！

滑
小心！

老师有丰富的洞穴探险经验，光看洞口的特征，就可以大概知道洞穴的结构了。
好黑的洞穴啊！
老师好专业啊！

老师，那这个洞穴的结构大致是什么样的呢？

这是一处天然的石灰岩洞穴，
是受到雨水长期的侵蚀而形成的。
这我也
看得出来！
真不
给我面子
啊！
孩子们，
你们快来看！
照亮
这就是透明虾。
哇，好
特别啊！
每次当我看到在这么恶劣的洞
穴环境中努力求生的小动物们，
内心总是对它们充满
了敬佩！
好有学问
的一番话啊！
令人敬佩
老师，让您
觉得最开心的
是什么事呢？
这个嘛——

应该是我第一次到
观音洞探险的事啊！
那时
候的心情
真是兴奋
极了！

这种感觉我能体会。嗯……就像便秘了一个礼拜之后，突然拉出所有的大便一样，对吧？

等等我嘛！
这是什么烂比喻啊！
溜

哇，洞穴里竟然有湖泊吔！

这湖水不深。你们跟着我慢慢从洞壁上爬过去吧！
抓
不要丢下我们……

记住要手脚并用！

脚步要踏稳，千万不能性急！

终于通过喽!
帅
哇,老师好像蜘蛛人吔!
哼,有什么了不起,这我也会啊!
白雪,你看我啊!
抓
用力
滑
扑通
查鲁,你还好吧?有没有哪里受伤啊?
嘻嘻!
真是个爱逞强的家伙!
查鲁,既然你全身都湿了,那就顺便背我过去吧!
装可爱
没问题!
搞什么啊?

查鲁，你真是个男子汉！
这没什么！为女生服务是我的荣幸啊！
真是个大笨蛋！

这就是石灰华阶地。

哇，这里好像电影院的座位！

这也是因为地下水溶蚀石灰岩层而形成的地形，最宽的甚至可达十几米。
好滑呀！
对啊！

老师，我们演电影给您看啊！
?

还真像在
电影院里啊！
哈哈哈……
你不要
离开我啊！
我已经
不爱你了！

看这种电影也
要花 100 元吗?我
被骗啦！呜呜——
我们
等会儿去
买零食吃
吧！
钱包

从我们进来开始,我就一直觉
得这个洞穴里好像有风在吹呢。
真奇
怪啊！
嗯！

以我丰富的洞穴探险经验
来看，这应该是 5 级左右的强
风,绝对错不了的！
闪
亮
啊？
不懂装懂！

一定是有人在走道里
放了 3 台电风扇！

洞穴里有风是因为气流会从
气压高的地方往气压低的地方流
动,这是气压差异带来的结果。
是啊！

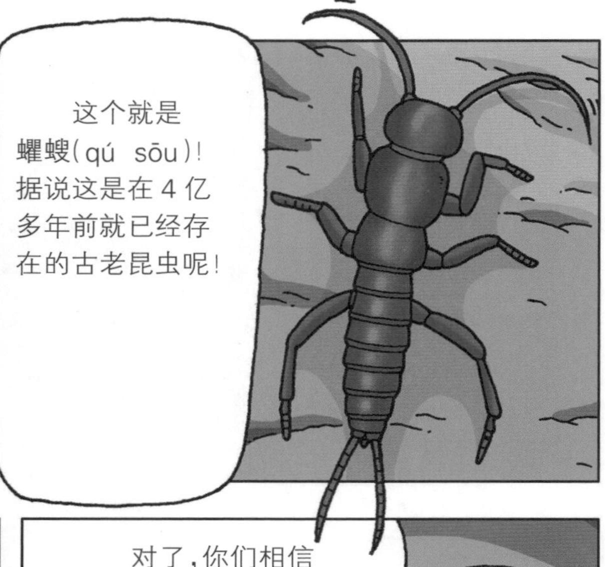

几年前，我曾经在一处洞穴里发现过骨头呢！

老、老师不要说了……

※故事里的“老爷爷的影子”纯粹是老师的恶作剧。

30秒后
石头掉下去已经30秒了！
我的腿都软了！
嗯，真的很深！
咚

白雪，你不要怕！我会在你身边保护你的！嘻嘻……
咔

哎呀！

头灯掉下去啦！

1分钟后
哇，居然超过1分钟才听到落地的声音。
查鲁，你不要再闹啦！
这个家伙，怎么老是出纰漏啊！
咚

你先把手电筒打开，等到了安全的地方再说吧！
嗯！
嗒

我拿备用的头灯给你。
唉，好累哟！

查鲁，你先把安全帽脱下来。
为什么？
还敢问为什么！我不是叫你要小心点吗？
打头神功！

不要啊！

痛

我的手好痛啊！
您忘了查鲁是铁头吗？
铁头

照明设备很重要，没有它，我们根本无法安全离开洞穴。
手还在隐隐作痛！

在黑漆漆的洞穴里，要是没有光线根本就寸步难行。
没那么严重吧！
跳舞
小心！
滑倒！
啊！
砰
查鲁，你不要紧吧？
我没事啦！还好，我戴了安全帽！
哈哈！
居然还笑得出来！
我的心脏快受不了啦！

洞穴里的动物(二)

● 透明虾

透明虾栖息在洞穴内的地下水中,有时候也会爬到潮湿的岩石上。因为长期处于没有阳光照射的洞穴中,它们的身体呈现无色透明状,和我们常见的青色虾子有很大差别。此外,在黑暗中,因为用不到眼睛,所以它们的眼睛已经退化了。

● 蠼螋

蠼螋属于革翅目昆虫,因为喜欢在夜间活动,所以适合在洞穴里生活。它们中有些种类是蝙蝠和鼠类的体外寄生者,而雌虫则具有护卵育幼的特殊习性。蠼螋的最大特征为呈钳状的尾须,这是它自卫的武器。当受惊吓时,它会反举腹部并张开尾须以示威吓;但当遭遇劲敌时,则往往装死不动。

第十六章

挑战烟囱式攀岩法

为什么叫烟囱式攀岩法呢？

难道要叫嫦娥奔月吗？

我们可以利用烟囱式攀岩法来通过，这里地形比较险恶，你们要小心地跟着我！

我们快要到了，加油哇！
呼
好刺激啊！啦啦……

脚要踏稳啊！
孩子们，千万别碰到下面这些岩石！

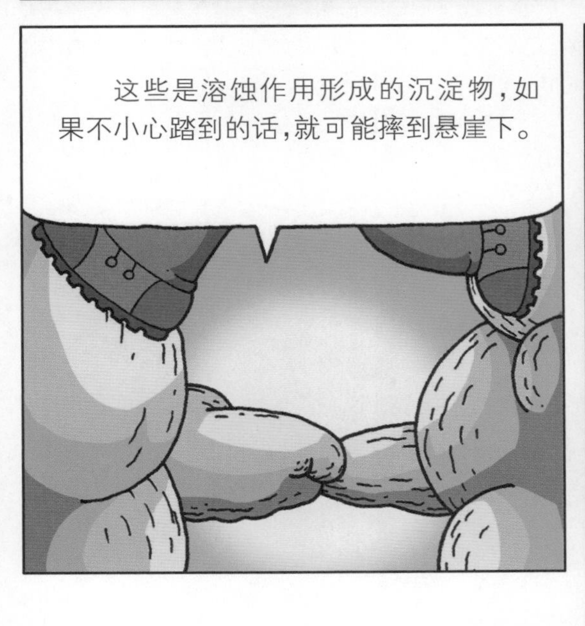
这些是溶蚀作用形成的沉淀物，如果不小心踏到的话，就可能摔到悬崖下。

呼，休息一下再走。
白雪啊！

怎么了?
虽然在这里跟你说那个会有点不好意思……

难道查鲁是要跟我表白吗?
羞
羞

人家还没心理准……备!
我是要说你的裤子裂开啦!

天哪!

岩石的位置改变了!
……
嘻

烟囱式攀岩法还真消耗体力啊!

辛苦你们了，现在可以好好休息一下啦！

为什么那样看着我？
咕噜

哦，我知道啦！

接
接
跳起来

不是说有拉面吗？
我要吃饭！
待会儿再弄给你们吃嘛！
给我饭吃，其余免谈！

又是“待会儿”，到底还要等多久啊！

糟糕，没路了！
放心吧，看我的！
先将绳子的一端固定好，
再将绳子的另一端系在腰上，
然后踩在岩石缝中攀爬就可以了。
还有，要注意先前固定的柱子一定要能够支撑自己的重量。

不用害怕，我已经固定好绳子了，现在你们可以过来了！
白雪，加油啊！
掉下去就死定了！
不要看下面！
啊！
咔
老师！

白雪，你不要紧吧！
呜呜，差一点就掉下去了！
白雪，你要勇敢点！
晃
抖
抖

呜呜，我没有办法走……

嘻

你如果还在犹豫，就表示你愿意当我女朋友哟！
逮到机会！

抓
抓
抓
健步如飞
踏
踏
踏
踏

白雪，你很优秀嘛！
老师，我通过了！

我到底应该高兴
还是难过啊！
我现在
要出征！
我一定
要出征！
健步如飞
踏
踏
查鲁，你真是个勇敢的孩子！
这个小意思啦！
哈哈哈……
嘿，才说你胖
就喘起来了！
我哪胖啊！
孩子们，我们来找个地方吃饭吧！
……
哇！
我的天哪！

我们该不是要从这里下去吧？
这里太危险了，我们从那个洞穴下去吧！
不用担心！
那条路很好走。
现在就利用这个控制绳子下降的制缆索来组装下降的设备。
制缆索
首先在石柱上打个牢固的结，
并且用保险扣环扣住腰带，
保险扣环
然后再将绳索穿过制缆索。

最后再把扣
环和腰带扣起来，
就做成了SRT下
降的装备啦！

不行，你要留
下来保护公主啊！
我也好
想试试看！

查鲁，你再
走过来就要掉下
去啦！
真想
试试看！
绳索
保护带

孩子
们，我们待
会见喽！
好！

唉，白白浪费了
我强健的体魄！
你不觉得强健的
体魄能够用来保护公
主是你的光荣吗！
这些小孩……

自恋病应该
没药治吧？
你想挨揍啊！
白雪的
确是有点自
恋！

我就在这里等他们吧！

老师不在，我觉得有点害怕啊！
别怕，还有我在嘛！
碰

你怎么可以随便碰公主的玉体呢！
咔嚓
公主饶命啊！

呜呜——呜呜！你们在干什么呢？
这声音是……
不会是真的有鬼吧？

难道是老师说的那个老爷爷的影子吗？
声音好像是从那里出来的……
呜呜！

嘿嘿嘿，你们这些小鬼头！

偷偷摸摸

抓到了，
赶快开灯！
哎呀！
收到！
咦，这不是
老师吗？
我本来以为抓到了真的
鬼，还可以跟朋友炫耀一下，
唉，这下没希望了！
好、好可
怕的小孩啊！

我不放
心，才回来找
你们的。
还要多久才能吃饭
啊，我们快要饿死了！

再走一会儿就到了。
真的有
那么饿吗？

我走不动了！
给我们饭
吃，其余免谈！
抗议
哼
哼

这里
实在不是
个吃饭的
好地方。
有了！

这是我最喜欢的饼干吔！
啊,还有巧克力！
呵呵呵……
引诱策略成功！
丢
呼,终于到了！
主洞口到了，我们在这里吃饭吧！
哇，这里好宽敞啊！
水呢？
那里就有啊！
淙淙
我只煮了一点点哟！
啊？
你这个笨蛋，如果煮太多而没有吃完的话，难道要丢在洞穴里吗？
大
小
小
烧
烧

在洞穴里吃的……
拉面味道……
赞一个!

哇,吃饱了就想要大便!
真没水准!
噗!

老师,那个……
啊?

老师,您把整包卫生纸都带来啦!

卫生纸拿去用,请你不要污染了洞穴。
老师!

麻烦再给我几张卫生纸……
你拉快点好不好!
真是“懒人屎尿”多啊!
噗
噗
嘻嘻!

SRT(单绳上升、下降技术)

SRT是英文single rope technique的缩写,可译为“单绳技术”,是指能在一根绳上实现自如上下的技术。单绳技术可分为两种,一种是只利用绳索和身体之间的摩擦力,来达到上升或下降的目的;另一种则是利用专业的单绳升降器,来辅助完成上升或下降的动作。

● 利用单根绳索下降

这种方法在洞穴探险的早期就被广泛运用，因为只需要一根专业的攀登主绳就可以完成了。

下降时,首先将绳索先后绕过大腿内侧、背部、肩膀和腋下,让绳索在身体前后形成一个S形,然后利用身体和绳索间的摩擦力一步步向下走,这个时候千万不可以用跳跃的方式下降,因为这样很可能发生致命的危险。

但是,如果下降的距离较长,身体可能会因为和绳索之间的过度摩擦而产生伤害,所以在下降距离较长时,或者不知道地面高度的情况下,是不适合使用这种下降方式的。

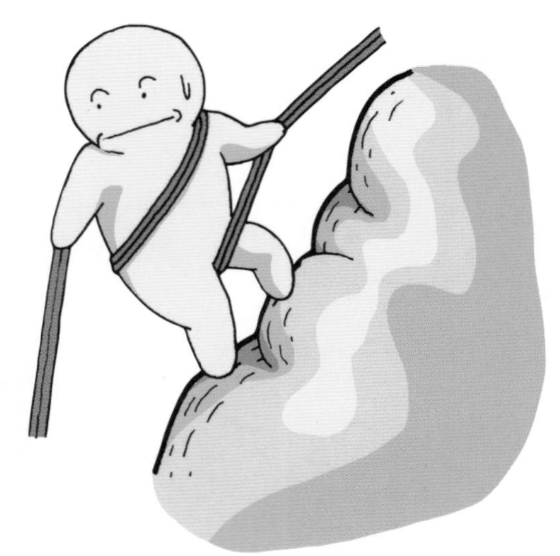

● 利用制缆索

在垂直洞穴探险时，常将绳索与制缆索结合成灵活的下降工具。制缆索有一个制扣环，可以让我们停在想要停止的地方，并且还能兼顾到后方人员的安全，因此是一种方便又安全的下降方式。

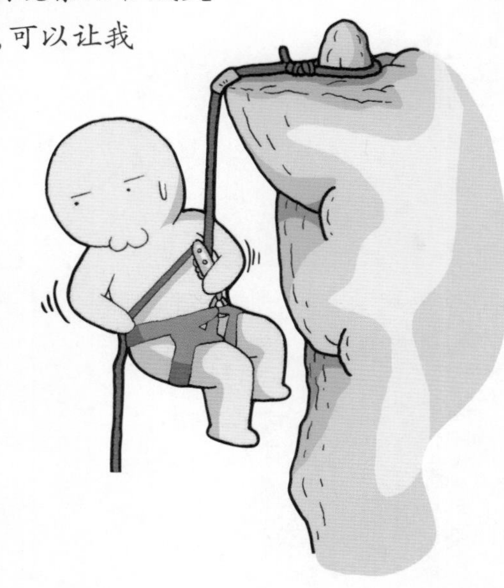

这种运动方式所需要的绳索长度为 10 米~15 米。操作中，为了防止瞬间滑落，一定要用手控制、调节下降的速度；如果在中途想要先停止再下降时，也要用手紧紧抓着绳索，以防突然下降而造成危险。

此外，每次探险活动必须对装备做好事前检查和事后维护与保养，这样才能保证万无一失。

第十七章

发现黄金蝙蝠

我把大便都装好了，请您顺便帮我带一包吧！
……

现在应该装得下吧！
查鲁带来的其他东西。

我们现在可以出发了吗？
可以！

地上很滑，走路要小心啊！
遵命！

来，抓着我的手！
不用啦！

哎呀，干吗害羞啊！快抓住我的手吧！
我说不用了！
啊？

呜呜……老师，你看白雪呀！

……
白雪，怎么了？
紧张

为什么你们都欺负我啊？
只要一靠近就能闻到恶心的大便味，能不逃吗，笨蛋！
你真的不知道吗？

又遇到狗洞了！
讨厌！

这里本来是个非常狭小的通道，经过我的开凿后，现在已经可以通行了。
开凿？

就是利用简单的钻岩方式，将通道钻开一些。

在进入洞穴前，我们先来做预备动作！
？

这样就可以避免在洞穴内吸到废气啦！
没错！
噗
噗

嗯

如果觉得累或是全身不舒服时，可以做做伸腿运动。
腿快抽筋了！
伸
好像在游泳呢！
行动自如
你们快看右边！
哇，好漂亮啊！
LEE JIN TEAG
好像把石灰岩洞的景观缩小后再放进来的吧！
从现在开始，洞穴会越来越窄，大家要小心啊！
是！

呃

糟糕！我
装大便的……
熏——熏——

你们
等……等我！
憋气
快速
爬行

你们太
过分了！
呼——
得救了！

大不了我先
把大便放在里
面，等知道了路
后再回去拿嘛！
害怕被冷落！

对呀，你还真聪明啊！
哼！

在前面不远处，会有令人惊奇的景致！
？
哇，真是太神奇啦！
在洞穴里面竟然有瀑布，真奇妙啊！
好想下去泡泡脚哇！
你休想！
谁能想象到，在洞穴里竟然有这么美丽的瀑布呢？
想象是很自由的哟！
就是说啊！
在洞穴探险的技术中，还有一种叫洞穴潜水，这是在必须涉过较深的水道时所采用的技术。
最讨厌插嘴的学生！
叩

以潜水的方式来确认通道是一件非常辛苦又危险的事情，只有洞穴探险和潜水经验丰富的人才能这么做。
要注意呀！
扑通
头好痛啊！
哇！

洞穴潜水刚好就是我最擅长的项目啊！哈哈哈……
又来了……

老师的话绕了半天，原来只是为了标榜自己厉害啊！
嘻嘻……不好意思啦！

看招！
请慢用！
嘻
叩
呀！

好了，我们准备出发吧！
好疼！
肿痛

怎么还没发现黄金蝙蝠呢！
左顾右盼

老师！您看那、那里！

那里有……通道吔！
你是故意在耍我吗？
我还以为找到黄金蝙蝠了！

唉，你们可能没有福气看到黄金蝙蝠了！
呜呜——好失望！

孩子们！

黄金蝙蝠！

终于看见了！
叮咚！
好可爱呀！

要不要和黄金蝙蝠拍照留念啊？
洞穴专用相机
要！

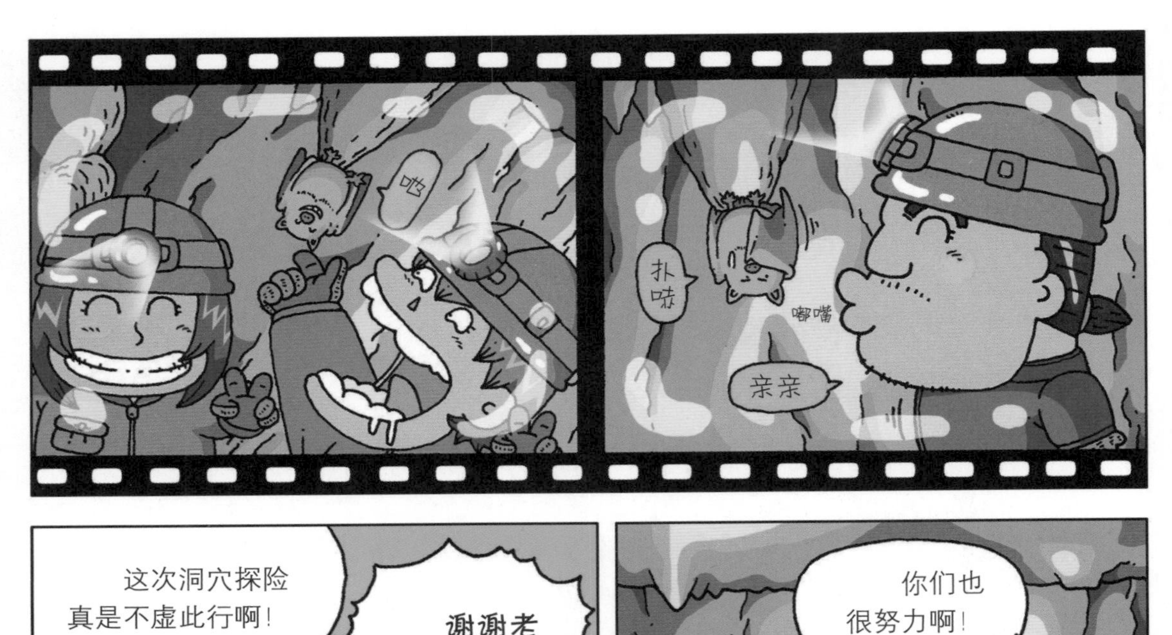
啪
扑哧
嘟嘴
亲亲
这次洞穴探险
真是不虚此行啊！
谢谢老
师的照顾！
你们也
很努力啊！

以后，我们还要
进行洞穴探险！
我们就是洞穴
探险的小尖兵！
加油

黄金蝙蝠(金黄鼠耳蝠)

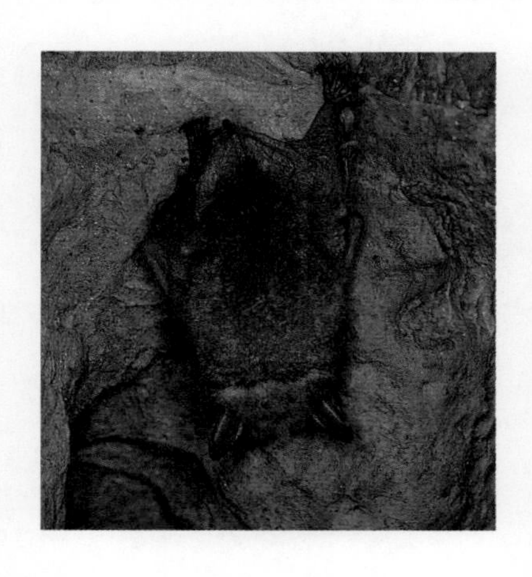

黄金蝙蝠,学名金黄鼠耳蝠,身上披着一层金黄色的毛,十分漂亮。

黄金蝙蝠以捕食昆虫为生,如蚊子、苍蝇或蝗虫等害虫,对农作物有很大的益处!由于雌性黄金蝙蝠数量远远少于雄性,再加上繁殖力很低,所以其总体数量非常少,十分珍贵,目前已被列为保护动物之一。

小朋友,如果你很幸运地发现了它们的踪迹,可不要打扰它们啊!

● 部分濒危动物一览

名称	科别	分布
黄金蝙蝠	蝙蝠科	中国台湾新竹等地
金丝猴	猴科	中国四川、陕西等地
白鳍豚	喙豚科	长江中下游地区
佛罗里达美洲狮	猫科	美国佛罗里达州南部
海獭	鼬科	北太平洋寒冷海域
非洲象	象科	产于非洲
朱鹮	鹮科	中国陕西等地
扬子鳄	短吻鳄科	长江中下游地区
褐鸡	雉科	中国河北西北部,山西西部、北部
北美海牛	儒艮科	墨西哥湾等地

第十八章

洞穴探险成功

查鲁,保
持距离！

不要这样啊！
我不靠近你们就
是了嘛！

会
很臭吗?

戳

戳

呼——呼！
我们好像毛毛虫哟！
快到了！

每次爬完“狗洞”，全身都脏兮兮的。
所以才叫“狗洞”嘛！
我的背好痒啊！

告诉你们一件事：好几年前，我一个人到洞穴来探险时……
你们不可以学啊！

因为实在太累了，所以就从下午4点开始睡。

等我醒来时，看手表还是4点，我还以为自己睡了十几个小时，便想赶快离开洞穴……

结果没想到，我居然昏睡了整整3天！
太夸张了！

能够在洞穴里睡那么久很神奇吧！
原来老师也是睡猪啊！
谁是睡猪啊？
呵呵……开玩笑的！
好大的胆子！
不要生气嘛！
老师，您在洞穴里睡觉不会害怕吗？
害怕？洞穴里很安静，真是好睡得很呢！
我还是不想试！
想试试看吗？
老师好勇敢！
普通勇敢而已啦，哈哈哈！
勇敢！
刚刚还在生气呢！
老师还真好哄吔！
现在我要跟你们分开走了。
请不要把我们丢在这里呀！求您啦……呜呜！
那你们也想爬这根绳子上去吗？
危险！
好像不太稳！
那算了！
摇头
摇头

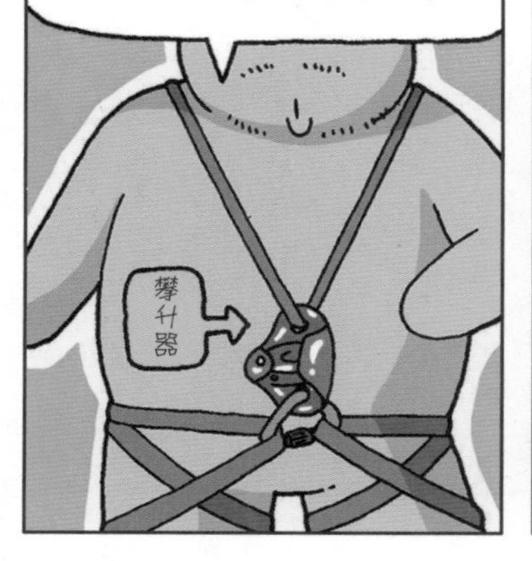

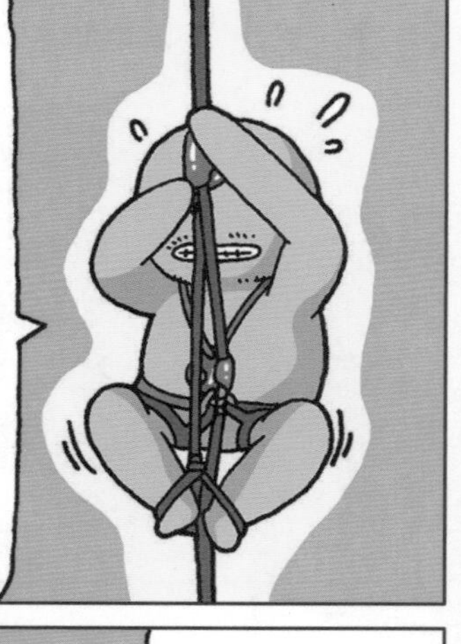

在向上攀登的过程中，一定要保持身体的平衡，尽量避免晃动。

你们
有点慢呢!
没办法啊,
后面跟了一个婢
(bì)女嘛!

白雪被说成是婢女
居然还不生气，你们刚
才究竟发生什么事啦?

你敢说出
来就死定了!
你说什么啊?

王子，请
饶命啊!
哈哈哈!
下次要注意自
己的言行哟!
嗯?

终于出来啦!
厉害!

你们觉得这次
洞穴探险如何啊?
真是太……
太好玩了!
……

查鲁，
白雪到底
是怎么了?
白雪因为一
直忍着不去小便，
后来就尿在裤子
上了……

你们以后还想去洞穴探险吗?
精力充沛的孩子!
当然想啦!
我们会像老师一样继续认真研究洞穴的奥妙!
婢女，准备好了吗?
好了，王子!
洞穴探险成功啦!
松
LEE JIN TEAG
呵呵，可爱的孩子!
查鲁啊!
呀?

作者洞穴体验记

为了画洞穴探险的漫画，所以要亲自去体验吗？
是的！
老板

于是，我便去拜访了洞穴探险专家。
你要相信我并跟着我！
是！
老板

第一次探险就经历了从雪坡上滚下来的惨剧。
救命啊！

哇，好漂亮的洞穴啊！

石灰岩洞穴内的各种沉积物真是鬼斧神工啊！
神奇

这是陪伴我参加洞穴探险的专用鞋。
惨不忍睹！

唉！
疼痛
我也要贴！

有多深啊？
20米！
后来我挑战垂直洞穴。

真不知道当初是哪来的勇气……
战斗！

这可不是闹着玩的！
精神恍惚！
爬到中途时是最痛苦的……
不要分心啊！

那一天，我哭喊着……
如果我再到洞穴来，我就不是人！

现在已经完稿的我，却……
下次要到哪个洞穴去呢？

享受山地车运动的乐趣，
探寻丝绸之路的历史与古迹！

乘着热气球，探索令人
惊奇的高空世界！

飞翔的梦想可以成真！

充满挑战与刺激的
“白色沙漠”！

一起潜入海底，寻找宝物吧！

在波涛汹涌的大海上，
随时迎接险恶的挑战！

著作权登记号:皖登字 1201500 号
레포츠 만화 과학상식 2: 암흑동굴 탐험하기
Comic Leisure Sports Science Vol. 2: Exploring Dark Caves

图书在版编目(CIP)数据

黑暗洞穴大探险 / [韩] 洪在彻编文;[韩]李珍择绘;林玉葳译. —合肥:安徽少年儿童出版社,2008.01(2019.6 重印)
(科学探险漫画书)
ISBN 978-7-5397-3456-9

Ⅰ. ①黑… Ⅱ. ①洪… ②李… ③林… Ⅲ. ①溶洞-探险-少年读物 Ⅳ. ①P931.5-49

中国版本图书馆 CIP 数据核字(2007)第 200158 号

KEXUE TANXIAN MANHUA SHU HEI'AN DONGXUE DA TANXIAN
科学探险漫画书·黑暗洞穴大探险

[韩]洪在彻 / 编文
[韩]李珍择 / 绘
林玉葳 / 译

出 版 人:徐凤梅　版权运作:王　利　古宏霞　责任印制:朱一之
责任编辑:邵雅芸　王笑非　丁　倩　曾文丽　责任校对:邬晓燕
装帧设计:唐　悦
出版发行:时代出版传媒股份有限公司　http://www.press-mart.com
安徽少年儿童出版社　E-mail:ahse1984@163.com
新浪官方微博:http://weibo.com/ahsecbs
(安徽省合肥市翡翠路 1118 号出版传媒广场　邮政编码:230071)
出版部电话:(0551)63533536(办公室)　63533533(传真)
(如发现印装质量问题,影响阅读,请与本社出版部联系调换)
印　　制:合肥远东印务有限责任公司
开　　本:787mm×1092mm　1/16　印张:11　字数:140 千字
版　　次:2008 年 3 月第 1 版　2019 年 6 月第 5 次印刷

ISBN 978-7-5397-3456-9　定价:28.00 元

21世纪职业院校规划教材

数控技术与实训教程

主　编　宋昌才　贾小伟
副主编　吴玉娟　张丽丽　曹步霄
参　编　肖善华　孙　伟　游　凡　刘晖晖

机 械 工 业 出 版 社

本教材主要介绍了数控编程的基础方法、数控装置的轨迹控制原理、数控机床伺服驱动系统工作原理、计算机数控系统的软硬件结构等，在内容上力求做到体系完整，通俗易懂。本教材主要内容包括：绪论，数控程序编制，计算机数控系统，伺服系统，数控机床的机械结构，数控机床的调试与维护。

本教材可供高等职业学校数控技术专业、机械制造及自动化专业、机电一体化专业师生使用，也可供相关企业工程技术人员参考。

图书在版编目（CIP）数据

数控技术与实训教程/宋昌才，贾小伟主编．—北京：机械工业出版社，2015.12

21世纪职业院校规划教材

ISBN 978-7-111-50457-3

Ⅰ.①数…　Ⅱ.①宋…②贾…　Ⅲ.①数控机床-高等职业教育-教材　Ⅳ.①TG659

中国版本图书馆CIP数据核字（2015）第247748号

机械工业出版社（北京市百万庄大街22号　邮政编码100037）

策划编辑：赵磊磊　责任编辑：赵磊磊

版式设计：赵颖喆　责任校对：张　薇

封面设计：陈　沛　责任印制：乔　宇

北京玥实印刷有限公司印刷

2016年1月第1版第1次印刷

184mm×260mm·16印张·392千字

0001—3000册

标准书号：ISBN 978-7-111-50457-3

定价：39.80元

前　言

数控技术是通过计算机用数字化信息控制生产过程的一门自动化技术。数控技术是数控机床的核心技术，是机械制造业技术改造和技术更新的必由之路，是未来工厂自动化的重要基础。数控技术的应用和发展正在改变着机械制造业的面貌。随着制造业的发展，社会对掌握数控技术人才的需求越来越大，要求也越来越高。

为满足高等职业学校数控技术专业及相关专业学生的学习需求，我们编写了本教材。本教材以就业为导向，尽量体现“以职业岗位能力为本位，以工作过程为主线，以应用为重点”的特色。

本教材主要介绍了数控编程的基础方法、数控装置的轨迹控制原理、数控机床伺服驱动系统工作原理、计算机数控系统的软硬件结构等，在内容上力求做到体系完整，通俗易懂。本教材主要内容包括：绪论，数控程序编制，计算机数控系统，伺服系统，数控机床的机械结构，数控机床的调试与维护。

本教材由江苏大学机械工程学院宋昌才和江苏农林职业技术学院机电工程系贾小伟担任主编，江苏农林职业技术学院机电工程系吴玉娟、张丽丽，镇江高等专科学校机械系曹步霄担任副主编，四川宜宾职业技术学院肖善华、安徽机电职业技术学院孙伟、咸宁职业技术学院游凡和华中科技大学文华学院刘晖晖参加编写。

本教材可供高等职业学校数控技术专业、机械制造及自动化专业、机电一体化专业师生使用，也可供相关企业工程技术人员参考。

由于编者水平所限，书中难免有欠妥之处，恳请广大读者批评指正。

编　者

目　录

第1章　绪　论

机械制造业作为国民工业的基础，产品精度要求越来越高，形状也更为复杂，而且批量较小，加工时需要经常改装或调整设备，普通机床或专业化程度高的自动化机床无法达到这些要求。与此同时，随着市场竞争的日益加剧，生产企业也迫切需要进一步提高生产效率，提高产品质量及降低生产成本。数控技术在这种背景下应运而生，它综合应用了计算机、自动控制、伺服驱动、精密测量等多方面的技术成果。

1.1　数控机床的组成与工作原理

1.1.1　数控技术概述

数字控制简称数控，是以数字化信息对机床运动及加工过程进行控制的一种方法。数控技术是采用数字控制的方法对某一工作过程实现自动控制的技术。数控技术综合运用了微电子、计算机、自动控制、精密检测、机械设计和机械制造等方面的最新成果，通过程序来实现设备运动过程和先后顺序的自动控制，位移和相对坐标的自动控制，速度、转速及各种辅助功能的自动控制。

计算机数控（简称 CNC）是采用计算机实现数字程序控制的技术。这种技术用计算机按事先存储的控制程序来执行对设备运动轨迹和外设操作时序的控制功能。由于用计算机替代了原先由硬件逻辑电路组成的数控装置，因此存储、处理、运算、逻辑判断等各种控制机能均可通过计算机软件来完成。

数控系统是指利用数控技术实现自动控制的系统，是用来实现数字化信息控制的硬件和软件的整体。

数控机床就是用数控技术实现自动控制的机床，即用数字化的代码将零件加工过程中所需的各种操作和步骤以及刀具加工轨迹等信息记录在程序介质上，送入数控系统进行译码、运算及处理，控制机床的刀具与工件的相对运动，加工出所需要的工件。它是一种综合应用计算机技术、自动控制技术、精密测量技术、通信技术和精密机械技术等先进技术的典型的机电一体化产品。国际信息处理联合会（简称 IFIP）第五技术委员会对数控机床作了如下定义：数控机床是一种装有程序控制系统的机床，该系统能逻辑地处理具有特定代码和其他符号编码指令规定的程序。

1.1.2　数控机床的组成

数控机床一般由控制介质、输入/输出装置、数控装置、伺服系统、反馈系统、辅助控制装置、机床本体组成。如图 1-1 所示是数控机床的组成框图。

1. 控制介质

数控系统工作时，不需要操作工人直接操纵机床，但机床又必须执行人的意图，这就需要在人与机床之间建立某种联系，这种联系的中间媒介物即称为控制介质。在控制介质上存储加工零件所需要的全部操作信息和刀具相对于工件的位移信息，因此，控制介质就是将零件加工信息传送到数控装置的信息载体。控制介质有多种形式，它随着数控装置类型的不同而不同，常用的有穿孔纸带、穿孔卡、磁带、磁盘和USB接口介质等。控制介质上记载的加工信息要经过输入装置传送给数控装置，常用的输入装置有光电纸带输入机、磁带录音机、磁盘驱动器和USB接口等。

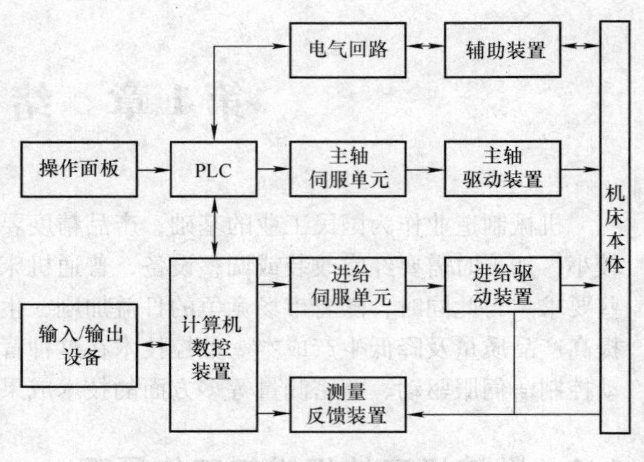

图1-1　数控机床的组成框图

除了上述几种控制介质外，还有一部分数控机床采用数码拨盘、数码插销或利用键盘直接输入程序和数据。另外，随着CAD/CAM技术的发展，有些数控设备利用CAD/CAM软件在其他计算机上编程，然后通过计算机与数控系统通信（如局域网），将程序和数据直接传送给数控装置。

2. 输入/输出装置

输入装置将数控代码变成相应的电脉冲信号，传递并存入数控装置内。输入方式主要有通过手工（MDI）方式用键盘直接输入数控系统，或通过程序载体读取设备输入数控系统，或通过网络通信的方式输入数控系统。目前，简单短小的数控程序一般用数控系统操作面板上的键盘直接输入；比较复杂的零件加工一般用CAD/CAM软件自动生成程序，然后用程序载体读取设备输入或网络通信传入数控系统。

输出指输出内部工作参数（含机床正常、理想工作状态下的原始参数，故障诊断参数等），一般在机床刚开始工作的状态需输出这些参数进行保存，待工作一段时间后，再将输出资料与原始资料作比较、对照，可帮助判断机床工作是否正常。

3. 数控装置

数控装置是数控系统的核心。它由输入/输出接口线路、控制器、运算器和存储器等部分组成。机床控制器的主要作用是实现对机床辅助功能、主轴转速功能和刀具功能的控制。为了完成各种形状的零件加工，数控装置必须具备多种功能，包括多坐标控制、函数插补、程序编辑和修改、刀具补偿、故障诊断、机床辅助动作控制、通信和联网等。

数控装置接受输入装置送来的脉冲信号，经过编译、运算和逻辑处理后，输出各种信号和指令来控制机床的各部分，并按程序要求实现规定的、有序的动作。

4. 伺服系统

伺服系统的作用是接收数控装置输出的指令信号（微弱电信号），经功率放大器变为较强的电信号，然后转为模拟信号后驱动电动机，电动机带动机床各个执行部件，按制定的速度、位置进行加工。指令信号是脉冲信号的体现，每个脉冲使机床移动部件产生的位移量叫做脉冲当量δ。

伺服系统是数控机床的关键部件。它的性能将直接影响数控机床的生产效率、加工精度和表面加工质量。伺服驱动的精度和动态响应性能是影响数控机床加工进度、表面质量和生产率的重要因素。

5. 反馈系统

反馈系统运用各种灵敏的位移、速度传感器检测机床工作台的运动方向、速率、距离等参数，并将位移、速度等物理量转变成对应的电信号显示出来，并且送到机床数控装置中进行处理和计算，实现数控系统工作的反馈控制，同时数控装置能够校核机床的理论位置及实际位置是否一致。闭环数控系统一般利用理论位置与实际位置的差值进行工作，并由机床数控装置发出指令，修正理论位置与实际位置的偏差。没有反馈装置的系统称为开环控制系统。

6. 辅助控制装置

辅助控制装置是介于数控装置和机床机械、液压部件之间的强电控制装置，主要作用是接收数控装置输出的开关量指令信号，经过编译、逻辑判别和运动，经功率放大后驱动相应的电器，带动机床的机械、液压、气动等辅助装置完成指令规定的开关量动作。辅助控制装置通常由 PLC 和强电控制回路构成。

PLC 是对主轴单元实现控制，将程序中的转速指令进行处理而控制主轴转速；管理刀库，进行自动刀具交换、选刀方式、刀具累积使用次数、刀具剩余寿命及刀具刃磨次数等管理；控制主轴正反转和停止、准停、切削液开关、卡盘夹紧松开、机械手取送刀等动作；还对机床外部开关进行控制，对输出信号进行控制。

强电控制回路主要功能是接受数控装置所控制的内装型 PLC 输出的主轴变速、换向、起动或停止，刀具的选择和更换，分度工作台的转位和锁紧，工件的夹紧或松开，切削液的开或关等辅助操作的信号，经功率放大直接驱动相应的执行元件，诸如接触器、电磁阀等，从而实现数控机床在加工过程中的全部自动操作。

7. 机床本体

机床本体是数控机床的主体，用于完成各种切削加工。机床本体由主传动系统、进给传动系统、床身、工作台以及辅助运动装置、液压气动系统、润滑系统、冷却装置等部分组成。但为了满足数控机床的要求和充分发挥数控机床性能，它在整体布局、外观造型、传动系统结构、刀具系统以及操作性能方面都已发生了很大的变化。

1.1.3 数控机床的工作原理

数控机床是一种高度自动化的机床，在加工工艺与加工表面形成方法上与普通机床基本相同，基本的不同在于用数字化的信息来实现自动化控制的原理与方法。数控机床使用数字化的信息来实现自动控制。将与加工零件有关的信息——工件与刀具相对运动轨迹的尺寸参数（进给尺寸）、切削加工的工艺参数（主运动和进给运动的速度、吃刀量）、各种辅助操作（变速、换刀、冷却润滑、工件夹紧松开）用规定的文字、数字和字符组成的代码，按一定的格式编写成加工程序单（数字化），将加工程序通过控制介质输入到数控装置中，由数控装置经过分析处理后，发出与加工程序相对应的信号和指令，控制机床进行自动加工。

数控机床加工零件，首先必须将被加工零件的几何数据及工艺信息数字化，再用规定的代码和程序格式编写加工程序，然后将所编写的程序指令输入到机床的数控装置中，数控装置再将程序（代码）进行存储、译码、运算，向机床各个坐标的伺服机构输出进给脉冲信号，向辅助控制装置发出开关信号，以驱动机床各运动部件，达到所需要的运动效果，最后加工出合格零件。

从外部特征来看，CNC 系统是由硬件（通用硬件和专用硬件）和软件（数控操作系统）两大部分组成的，数控机床的加工操作是由系统硬件和软件共同完成的。

从自动控制的角度来看，数控系统是一种位置（轨迹）、速度（还包括电流）控制系统，其本质是以多个执行部件（各运动轴）的位移量、速度为控制对象并使其协调运动的自动控制系统，是一种配有专用操作系统的计算机控制系统。

数控机床的工作流程如下：

1. 数控加工程序编制

数控加工程序是使数控机床工作的一项重要技术文件，理想的数控程序不仅应该保证加工出符合零件图样要求的合格零件，还应该使数控机床的功能得到合理的应用与充分发挥，使机床能安全、可靠、高效地工作。对于简单的零件，通常采用手工编程；对于形状复杂的零件，则在编程机上进行自动编程，或者在计算机上用 CAD/CAM 软件自动生成零件加工程序。

2. 程序输入

当数控机床具备了正常工作条件后，开始输入零件的数控加工程序并存储到系统内存中，可采用光电阅读机、键盘、磁盘、连接上级计算机的 DNC 接口、网络等多种形式。CNC 装置在输入过程中通常还要完成无效码删除、代码校验和代码转换等工作。输入工作方式通常有两种，一种是边输入边加工，即在前一个程序段加工时，输入后一个程序段的内容；另一种是一次性地将整个零件加工程序输入到数控装置的内部存储器中，加工时再把一个个程序段从存储器中调用，进行处理。

3. 刀具补偿

零件加工程序通常是按零件轮廓轨迹编制的。刀具补偿的作用是把零件轮廓轨迹转换成刀具中心运动轨迹，加工出所要求的零件轮廓。刀具补偿包括刀具半径补偿和刀具长度补偿。通常 CNC 装置的零件程序以零件轮廓轨迹编程，刀具补偿作用是把零件轮廓轨迹转换成刀具中心轨迹。目前在比较好的 CNC 装置中，刀具补偿的工件还包括程序段之间的自动转接和过切削判别，这就是所谓的 C 刀具补偿。

4. 进给速度处理

编程所给的刀具移动速度，是在各坐标的合成方向上的速度。速度处理首先要做的工作是根据合成速度来计算各运动坐标的分速度。在有些 CNC 装置中，对于机床允许的最低速度和最高速度的限制、软件的自动加减速等也在这里处理。

5. 插补

插补就是根据给定进给速度和给定轮廓线形的要求，在轮廓的已知点之间计算中间点的方法。插补计算是 CNC 系统中最重要的计算工作之一。在传统的 NC 装置中，采用硬件电路（插补器）来实现各种轨迹的插补。

6. 位置控制

位置控制处在伺服回路的位置环上，这部分工作可以由软件实现，也可以由硬件完成。它的主要任务是在每个采样周期内，将理论位置与实际反馈位置相比较，用其差值去控制伺服电动机。在位置控制中通常还要完成位置回路的增益调整、各坐标方向的螺距误差补偿和反向间隙补偿，以提高机床的定位精度。

7. I/O 处理

I/O 处理主要处理 CNC 装置面板开关信号，机床电气信号的输入、输出和控制（如换刀、换档、冷却等）。在数控机床中起传递信号的作用，也可以说是信号中转站。MDI 面板、接近开关等输入信号要经过 I/O 模块才送到 CNC 系统，同样，一些继电器的输出，如润滑冷却，先由 CNC 送到 I/O 模块，再输出控制。

8. 显示

CNC 装置的显示主要为操作者提供方便，通常用于零件程序的显示、参数显示、刀具位置显示、机床状态显示、报警显示等。有些 CNC 装置中还有刀具加工轨迹的静态和动态图形显示。

9. 诊断

对系统中出现的不正常情况进行检查、定位，包括联机诊断和脱机诊断。联机诊断是指 CNC 装置中的自诊断程序。另外，CNC 装置配备有各种脱机诊断程序，以检查存储器、外围设备和 I/O 接口等。脱机诊断还可以采用远程通信方式，所谓的远程诊断，通过网络将 CNC 系统与远程通信诊断中心的计算机相连，对 CNC 装置进行诊断，故障定位和修复。

1.2　数控机床的特点及分类

1.2.1　数控机床的特点

数控机床是新型的自动化机床，它具有广泛的通用性和很高的自动化程度。数控机床是实现柔性自动化最重要的环节，是发展柔性生产的基础。数控机床对零件的加工过程是严格按照加工程序所规定的参数及动作执行的。它是一种高效能自动或半自动机床，与普通机床相比，具有以下明显特点。

1. 柔性高

柔性是指机床适应加工对象变化的能力。提高数控机床柔性化正朝着两个方向努力：一是提高数控机床的单机柔性化，二是向单元柔性化和系统柔性化发展。数控机床可以加工普通机床难以加工或根本不能制造的复杂零件。在数控机床上加工零件，主要取决于加工程序，它与普通机床不同，不必制造、更换许多工具、夹具，不需要经常调整机床。因此，数控机床适用于零件频繁更换的场合。也就是适合单件、小批量生产及新产品的开发，缩短了生产周期，节省了大量工艺设备的费用。

2. 精度高

数控机床的加工精度，一般可达到 0.005 ~ 0.1mm，数控机床是按数字信号形式控制的，数控装置每输出一个脉冲信号，则机床移动部件移动一个脉冲当量（一般为 0.001mm），而且机床进给传动链的反向间隙与丝杠螺距平均误差可由数控装置进行补偿，因此，数控机床定位精度比较高。故可以获得比机床本身精度还要高的加工精度和重复精度。通过机床结构设计优化、机床零部件的超精加工和精密装配、采用高精度的全闭环控制、温度和振动等动态误差补偿技术，提高机床加工的几何精度，降低几何误差、表面粗超度等，从而进入亚微米、纳米级超精加工时代。

3. 加工质量稳定

加工同一批零件，在同一机床、相同加工条件下，使用相同刀具和加工程序，刀具的走刀轨迹完全相同，零件的一致性好，质量稳定。数控机床结构刚性和热稳定性都较好，能保证制造精度。其自动加工方式避免了操作者的人为操作误差，合格率高，同批加工的零件几何尺寸一致性好。数控机床能实现多轴联动，可以加工普通机床很难加工甚至不可能加工的复杂曲面。

4. 生产率高

数控机床可有效地减少零件的加工时间和辅助时间，数控机床的主轴转速和进给量的范围大，允许机床进行大切削量的强力切削，数控机床目前正进入高速加工时代，数控机床移动部件的快速移动和定位及高速切削加工，减少了半成品的工序间周转时间，提高了生产效率。

5. 改善劳动条件

加工前数控机床经调整好后，输入程序并起动，机床就能自动连续地进行加工，直至加工结束。操作者主要是进行程序的输入、编辑、装卸零件、刀具准备、加工状态的观测，零件的检验等工作，劳动强度大大降低，机床操作者的劳动趋于智力型工作。另外，机床一般是封闭式加工，既清洁，又安全。

6. 多功能化

现代数控系统由于采用了多 CPU 结构和分级中断控制方式，因此在一台数控机床上可以同时进行零件加工和程序编制。一般的控制系统都具有 RS-232C 和 RS-422 高速远距离串行接口，通过网卡连成局域网，可以实现几台数控机床之间的数据通信，也可以直接对几台数控机床进行控制。

7. 可获得良好的经济效率

虽然数控机床分摊到每个零件上的设备费（包括折旧费、维修费、动力消耗费等）较高，但生产效率高，单件、小批量生产时节省辅助时间（如画线、机床调整、加工检验等），节省生产费用。数控机床加工精度稳定，减少了废品率，使生产成本进一步降低。

8. 利于生产管理现代化

数控机床使用数字信息与标准代码处理、传递信息，特别是在数控机床上使用计算机控制，为计算机辅助设计、制造以及管理一体化奠定了基础。数控机床的加工，可预先精确估计加工时间，所使用的刀具、夹具可进行规范化、现代化管理。数控机床使用数字信号与标准代码作为控制信息，易于实现加工信息的标准化，目前已与计算机辅助设计与制造（CAD/CAM）有机地结合起来，是现代集成制造技术的基础。

1.2.2　数控机床的分类

当前数控机床的品种很多，结构、功能各不相同，通常可以按下述方法进行分类。

1. 按机床运动轨迹进行分类

按机床运动轨迹不同，可分为点位控制数控机床、直线控制数控机床和轮廓控制数控机床。

（1）点位控制数控机床　点位控制又称为点到点控制。刀具从某一位置向另一位置移动时，不管中间的移动轨迹如何，只要刀具最后能正确到达目标位置，就称为点位控制。

点位控制机床的特点是只控制移动部件由一个位置到另一个位置的精确定位，而对它们运动过程中的轨迹没有严格要求，在移动和定位过程中不进行任何加工。因此，为了尽可能地减少移动部件的运动时间和定位时间，两相关点之间的移动先以快速移动到接近新点位的位置，然后进行连续降速或分级降速，使之慢速趋近定位点，以保证其定位精度。点位控制加工示意图如图1-2所示。

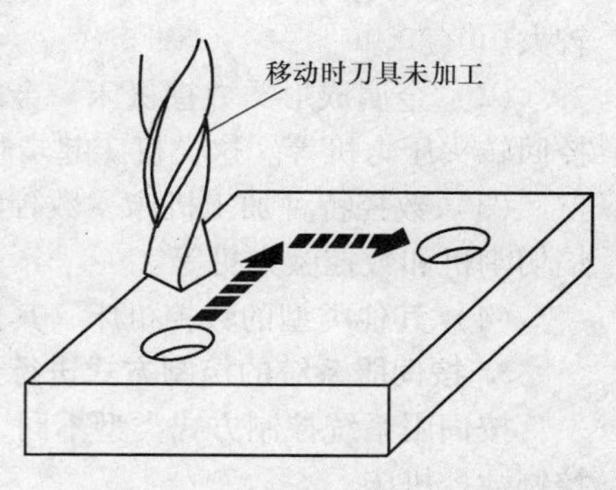

图1-2　点位控制加工示意图

点位控制数控机床主要有数控坐标镗床、数控钻床、数控点焊机和数控折弯机等，其相应的数控装置称为点位控制数控装置。

（2）直线控制数控机床　直线控制又称为平行切削控制。这类控制除了控制点到点的准确位置之外，还要保证两点之间移动的轨迹是一条直线，而且对移动的速度也有控制，因为这一类机床在两点之间移动时，要进行切削加工。

直线控制数控机床的特点是刀具相对于工件的运动不仅要控制两相关点的准确位置（距离），还要控制两相关点之间移动的速度和轨迹，其轨迹一般由与各轴线平行的直线段组成。它和点位控制数控机床的区别在于当机床移动部件移动时，可以沿一个坐标轴的方向进行切削加工，而且其辅助功能比点位控制的数控机床多。直线控制加工示意图如图1-3所示。

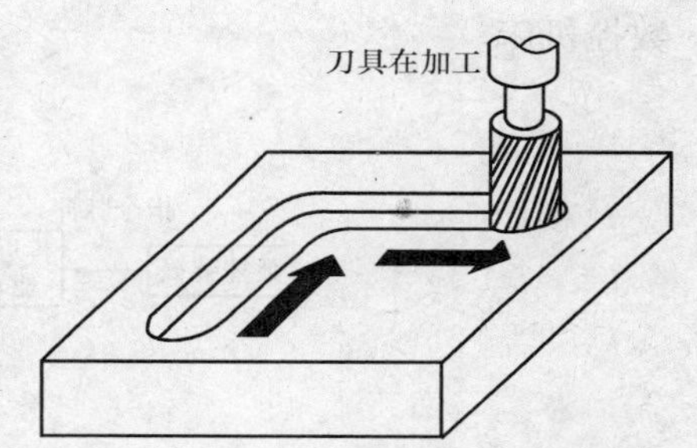

图1-3　直线控制加工示意图

直线控制数控机床主要有数控坐标车床、数控磨床和数控镗铣床等，其相应的数控装置称为直线控制数控装置。

（3）轮廓控制数控机床　轮廓控制又称连续控制，大多数数控机床具有轮廓控制功能。轮廓控制数控机床的特点是能同时控制两个以上的轴联动，具有插补功能。它不仅要控制加工过程中每一点的位置和刀具移动速度，还要加工出任意形状的曲线或曲面。轮廓控制加工示意图如图1-4所示。

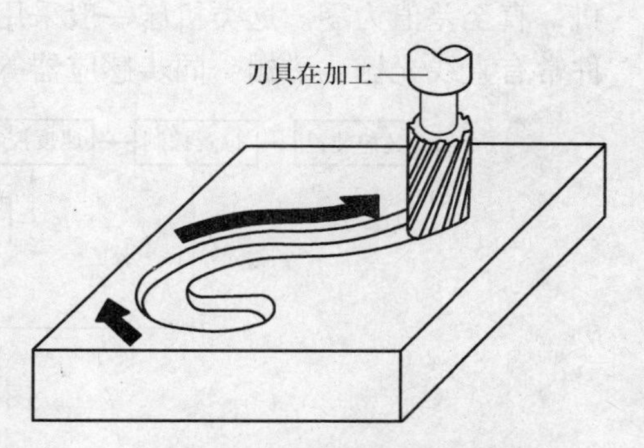

图1-4　轮廓控制加工示意图

轮廓控制机床主要有数控坐标车床、数控铣床、加工中心等。其相应的数控装置称为轮廓控制装置。轮廓控制装置比点位、直线控制装置结构复杂得多，功能齐全得多。

2. 按工艺用途进行分类

按工艺用途不同，可分为金属切削类数控机床、金属成形类数控机床、数控特种加工机床和其他类型的数控机床。

（1）金属切削类数控机床　金属切削类数控机床包括数控车床、数控钻床、数控铣床、数控磨床、数控镗床以及加工中心。切削类机床发展最早，目前种类繁多，功能差异也较大。

（2）金属成形类数控机床　金属成形类数控机床包括数控折弯机、数控组合冲床和数控回转头压力机等。这类机床起步晚，但目前发展很快。

（3）数控特种加工机床　数控特种加工机床有线切割机床、数控电火花加工机床、火焰切割机和数控激光机等。

（4）其他类型的数控机床　其他类型的数控机床有数控三坐标测量机床等。

3. 按伺服系统的控制方式进行分类

按伺服系统控制方式类型不同，可分为开环控制数控机床、闭环控制数控机床和半闭环控制数控机床。

（1）开环控制数控机床　开环控制数控机床通常不带位置检测元件，伺服驱动元件一般为步进电动机。数控装置每发出一个进给脉冲后，脉冲便经过放大，并驱动步进电动机转动一个固定角度，再通过机械传动驱动工作台运动。开环伺服系统如图 1-5 所示。这种系统没有被控对象的反馈值，系统的精度完全取决于步进电动机的步距精度和机械传动的精度，其控制线路简单，调节方便，精度较低（一般可达 ±0.02mm），通常应用于小型或经济型数控机床。

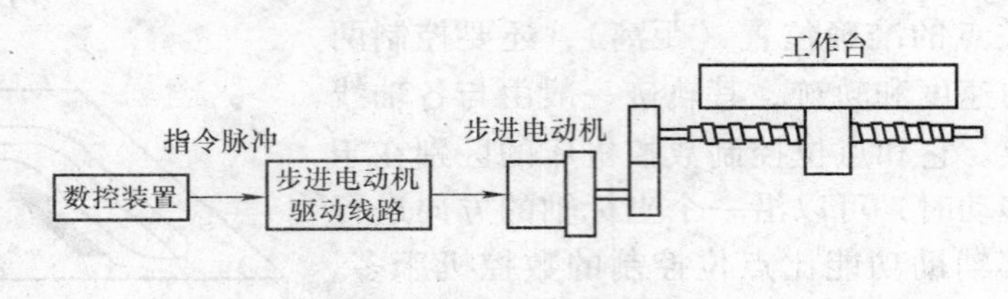

图 1-5　开环伺服系统

（2）闭环控制数控机床　闭环控制数控机床通常带位置检测元件，随时可以检测出工作台的实际位移并反馈给数控装置，与设定的指令值进行比较后，利用其差值控制伺服电动机，直至差值为零。这类机床一般采用直流伺服电动机或交流伺服电动机驱动。位置检测元件常有直线光栅、磁栅、同步感应器等。闭环伺服系统如图 1-6 所示。

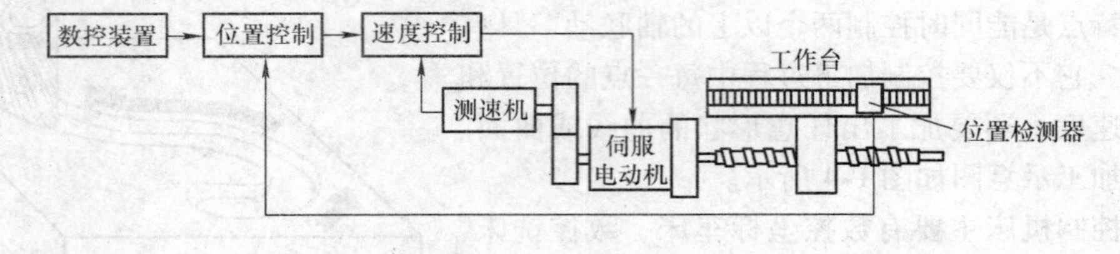

图 1-6　闭环伺服系统

由闭环伺服系统的工作原理可以看出，系统精度主要取决于位置检测装置的精度，从理论上讲，它完全可以消除由于传动部件制造中存在的误差给工件加工带来的影响，所以这种系统可以得到很高的加工精度。闭环伺服系统的设计和调整都有很大的难度，直线位移检测元件的价格比较昂贵，主要用于一些精度要求较高的镗铣床、超精车床和加工中心。

（3）半闭环控制数控机床　半闭环控制数控机床通常将位置检测元件安装在伺服电动机的轴上或滚珠丝杠的端部，不直接反馈机床的位移量，而是检测伺服系统的转角，将此信号反馈给数控装置进行指令比较，用差值控制伺服电动机。半闭环伺服系统如图1-7所示。

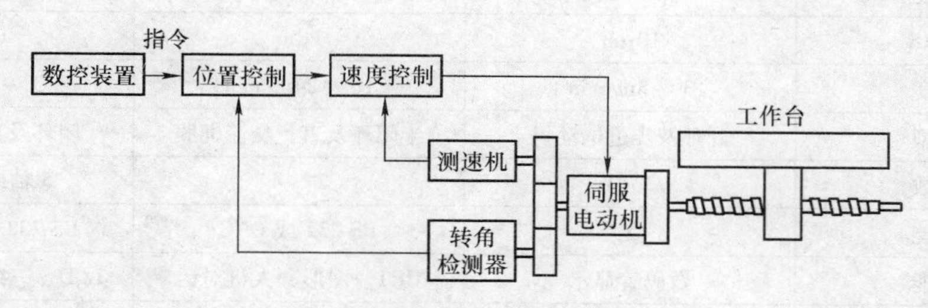

图1-7　半闭环伺服系统

因为半闭环伺服系统的反馈信号取自电动机轴的回转，因此，系统中的机械传动装置处于反馈回路之外，其刚度、间歇等非线性因素对系统稳定性没有影响，调试方便。同样，机床的定位精度主要取决于机械传动装置的精度，但是现在的数控装置均有螺距误差补偿和间歇补偿功能，不需要将传动装置各种零件的精度提得很高，通过补偿就能将精度提高到绝大多数用户都能接受的程度。再加上直线位移检测装置比角位移检测装置昂贵得多，因此，除了对定位精度要求特别高或行程特别长，不能采用滚珠丝杠的大型机床外，绝大多数数控机床均采用半闭环伺服系统。

4. 按数控装置的构成方式进行分类

按所用数控装置的构成方式不同，可分为硬线数控系统和软线数控系统。

（1）硬线数控系统　硬线数控系统使用硬线数控装置，它的输入处理、插补运算和控制功能，都由专用的固定组合逻辑电路来实现，不同功能的机床，其组合逻辑电路也不相同。改变或增减控制、运算功能时，需要改变数控装置的硬件电路。因此，该系统通用性和灵活性差，制造周期长，成本高。20世纪70年代初期以前的数控机床基本属于这种类型。

（2）软线数控系统　软线数控系统也称计算机数控系统，它使用软线数控装置。这种数控装置的硬件电路由小型或微型计算机再加上通用或专用的大规模集成电路制成，数控机床的主要功能几乎全部由系统软件来实现，所以不同功能的数控机床其系统软件也就不同，而修改或增减系统功能时，也不需要改动硬件电路，只需要改变系统软件。因此，该系统具有较高的灵活性，同时，由于硬件电路基本是通用的，这就有利于大量生产、提高质量和可靠性，缩短制造周期和降低成本。20世纪70年代中期以后，随着微电子技术的发展和微型计算机的出现，以及集成电路的集成度不断提高，计算机数控系统才得到不断发展和提高，目前几乎所有的数控机床都采用软线数控系统。

5. 按数控系统功能水平进行分类

按数控系统的功能水平，通常把数控系统分为低、中、高三档。低、中、高三档的界限是相对的，不同时期，划分标准也会不同。就目前的发展水平看，可以根据表1-1中所列的一些功能及指标，将各种类型的数控系统分为低、中、高档三类。其中中、高档一般称为全功能数控或标准型数控。在我国还有经济型数控的提法。经济型数控属于低档数控，是指由单片机和步进电动机组成的数控系统，或其他功能简单、价格低的数控系统。经济型数控主要用于车床、线切割机床以及旧机床改造等。

表 1-1　数控系统不同档次的功能及指标

功　能	低　档	中　档	高　档
系统分辨率	10μm	1μm	0.1μm
G00 速度	3 ~8m/min	10 ~24m/min	3 ~100m/min
伺服类型	开环及步进电动机	半闭环及直、交流伺服	闭环及直、交流伺服
联动轴数	2~3	2 ~4	5 轴或 5 轴以上
通信功能	无	RS-232 或 DNC	RS-232、DND、MAP
显示功能	数码管显示	CRT、图形、人机对话	LCD、三维图形、自诊断
内装 PLC	无	有	功能强大的内装 PLC
主 CPU	8 位、16 位 CPU	16 位、32 位 CPU	32 位、64 位 CPU

（1）控制系统 CPU 的档次　低档数控系统一般采用 8 位 CPU，中、高档数控系统采用 16 位或 32 位 CPU，现在有些 CNC 装置已采用 64 位 CPU。

（2）分辨率和进给速度　分辨率为位移检测装置所能检测到的最小位移单位，分辨率越小，则检测精度越高。它取决于检测装置的类型和制造精度。通常分辨率为 10μm，进给速度为 8 ~10m/min 的数控机床是低档数控机床；分辨率为 1μm，进给速度为 10 ~20m/min 的数控机床是中档数控机床；分辨率为 0.1μm，进给速度为 15 ~20m/min 的数控机床是高档数控机床。通常分辨率应比机床所要求的加工精度高一个数量级。

（3）伺服系统类型　一般采用开环、步进电动机进给系统的为低档数控机床；中、高档数控机床则采用半闭环或闭环的直流伺服或交流伺服系统。

（4）坐标联动轴数　数控机床联动轴数也是用来区分机床档次的一个标志。按同时控制的联动轴数，可分为 2 轴联动、3 轴联动、2.5 轴联动（任一时刻 3 轴中只能实现两轴联动，另一轴则是点位或直线控制）、4 轴联动、5 轴联动等。低档数控机床的联动轴数一般不超过 2 轴；中、高档的联动轴数则为 3 ~5 轴。

（5）通信功能　低档数控系统一般无通信能力；中档数控系统可以有 RS-232C 或直接（简称 DNC）接口；高档数控系统还可以有制造自动化协议（简称 MAP）通信接口，具有联网功能。

（6）显示功能　低档数控系统一般只有简单的数码管显示或单色 CRT 字符显示；中档数控系统则有较齐全的 LCD 显示，不仅有字符，而且有二维图形、人机对话、状态和自诊断等功能；高档数控系统还可以有三维图形显示、图形编辑等功能。

1.2.3　数控机床的应用

数控机床的性能特点决定了它的应用范围。对于数控加工，可按适应程度将加工对象大致分为三类。

1. 最适应类

1）加工精度要求高，形状、结构复杂，尤其是具有复杂曲线、曲面轮廓的零件。这类零件用通用机床很难加工，很难检测，质量也难保证。

2）必须在一次装夹中完成铣、钻、铰、锪或攻螺纹等多道工序的零件。

2. 较适应类

1）价格昂贵，毛坯获得困难，不允许报废的零件。这类零件在普通机床上加工时，有一定难度，受机床的调整、操作人员的精神、工作状态等多种因素影响，容易产生次品或废品。为可靠起见，可选择在数控机床上进行加工。

2）在通用机床上加工生产效率低，劳动强度大，质量难稳定控制的零件。

3）用于改型比较、供性能测试的零件（要求尺寸一致性好）；多品种、多规格、单件小批量生产的零件。

3. 不适应类

1）利用毛坯作为粗基准定位进行加工或定位完全需要人工找正的零件。

2）必须用特定的工艺装备或依据样板、样件加工的零件。

3）需大批量生产的零件。随着数控机床性能的提高、功能的完善和成本的降低，随着数控加工用的刀具、辅助用具的性能不断改善提高和数控加工工艺的不断改进，利用数控机床高自动化、高精度、工艺集中的特性，将数控机床用于大批量生产的情况逐渐多起来。因此，适应性是相对的，会随着科技的发展而发生变化。

1.3 数控技术的发展

1.3.1 数控机床的发展历程

自1952年美国研制成功第一台数控机床以来，随着电子技术、计算机技术、自动控制和精密测量等技术的发展，数控机床也在迅速地发展和不断地更新换代，其发展历程经历了硬件数控（NC）阶段和计算机数控（CNC）阶段。

1. 硬件数控（NC）阶段

第1代数控机床（1952—1959年）：插补运算采用脉冲乘法器，电子元件采用电子管元件构成的专用数控机床。

第2代数控机床（1959—1965年）：晶体管以其体积小、性能稳定的特点取代以前的电子管元件的数控机床。

第3代数控机床（1965—1970年）：集成电路的出现，大大缩小了电路的体积，并且功耗低、可靠性高。数控机床采用小、中规模集成电路。

2. 计算机数控（CNC）阶段

第4代数控机床（1970—1974年）：采用大规模集成电路的小型通用电子计算机控制的数控机床（CNC）。

第5代数控机床（1974—1990年）：采用微处理器控制的数控机床（MNC）。

第6代数控机床（1990年开始）：基于PC的数控机床。

近年来，微电子和计算机技术日益成熟，其成果正不断渗透到机械制造的各个领域中，先后出现了计算机直接数控（DNC）系统、柔性制造系统（FMS）和计算机集成制造系统（CIMS）。这些高级的自动化生产系统均以数控机床为基础，它们代表着数控机床今后的发展趋势。

1.3.2 我国数控机床发展概况

我国从1958年开始由北京机床研究所和清华大学等单位首先研制数控机床，并试制成功第一台电子管数控机床。从1965年开始研制晶体管数控系统，直到20世纪60年代末至70年代初，研制的劈锥数控铣床、非圆插齿机等获得成功。与此同时，我国还开展了数控铣床加工平面零件自动编程的研究。1972—1979年是数控机床的生产和使用阶段，例如清华大学成功研制了集成电路数控系统；在车、铣、镗、磨、齿轮加工、电加工等领域开始研究和应用数控技术；数控加工中心机床研制成功；数控升降台铣床和数控齿轮加工机床开始小批量生产供应市场。从20世纪80年代开始，随着改革开放政策的实施，我国先后从日本、美国、德国等国家引进先进的数控技术。如北京机床研究所从日本FANUC公司引进FANUC3、FANUC5、FANUC6、FANUC7系列产品的制造技术；上海机床研究所引进美国GE公司的MTC-1数控系统等。在引进、消化、吸收国外先进技术的基础上，北京机床研究所又开发出BSO3经济型数控系统和BSO4全功能数控系统，航空航天部706所研制出MNC864数控系统等。到“八五”末期，我国数控机床的品种已有200多个，产量已经达到年产10000台的水平，是1980年的500倍。

目前，我国除设计与生产常规的数控机床（包括CNC系统的车、铣、加工中心等）外，还生产出了柔性制造系统。具有我国自主知识产权、有中国特色的开放式体系结构的华中高性能数控系统，具有四通道、16轴控制、9轴联动的控制能力，打破国外高性能数控系统对中国的封锁，功能达到国外高档数控系统的水平，价格比国外普及型数控系统约低50%，达到了国际先进水平。

1.3.3 数控机床的发展趋势

随着计算机技术的发展，数控技术不断采用计算机、控制理论等领域的最新技术成就，使其朝着下述方向发展。

1. 高速化、高精度化

速度和精度是数控机床的两个重要指标，直接关系到产品的加工效率和质量。但是速度和精度这两项技术指标是相互制约的，位移速度要求越高，定位精度就越难得到保证。

（1）高速化　加工高速化要求对系统硬件做出相当的配置：如采用高速CPU芯片；主轴要求高速化，采用电主轴；采用全数字交流伺服；机床动、静态性能的改善。

现代数控系统其位移分辨率与进给速度的对应关系是：在分辨率为1μm时，快进速度达240m/min；在分辨率为0.1μm时，快进速度达24m/min；在分辨率为0.01μm时，快进速度达400~800mm/min。

另外，要求获得复杂型面的精确加工，主轴转速已达20000r/min，换刀速度少于1s。

（2）高精度化　保证精度或提高精度可采取如下措施：提高机械的制造和装配精度；采用高速插补技术，以微小程序段实现连续进给，使CNC控制单位精细化；采用高分辨率位置检测装置，提高位置检测精度；位置伺服系统采用前馈控制与非线性控制等方法；采用反向间隙补偿、丝杠螺距误差补偿和刀具误差补偿等技术；采用设备的热变形误差补偿和空间误差的综合补偿技术。研究表明，综合误差补偿技术的应用可将加工误差减少60%~80%。

2. 控制智能化

随着人工智能技术的不断发展，为满足制造业生产柔性化、制造自动化的发展需求，数控技术智能化程度不断提高。发展智能加工的目的是要解决加工过程中众多结果不确定的、要求人工干预的操作。其最终目标是用计算机取代或延伸加工过程中人的参与，实现加工过程中监测、决策与控制的自动化。体现在以下几个方面。

（1）加工过程自适应控制技术　通过监测主轴和进给电动机的功率、电流、电压等信息，辨识出刀具的受力、磨损及破损状态以及机床加工的稳定性状态，并实时修调加工参数（主轴转速、进给速度）和加工指令，使设备处于最佳运行状态，以提高加工精度、降低工件表面粗糙度，以及保证设备运行的安全性。

（2）加工参数的智能优化　将零件加工的一般规律、特殊工艺经验，用现代智能方法，构造基于专家系统或基于模型的“加工参数的智能优化与选择”，获得优化的加工参数，提高编程效率和加工工艺水平，缩短生产准备时间，使加工系统始终处于较合理和较经济的工作状态。

（3）智能化交流伺服驱动装置　自动识别负载、自动调整控制参数，包括智能主轴和智能化进给伺服装置，使驱动系统获得最佳运行。

（4）智能故障诊断技术　根据已有的故障信息，应用现代智能方法，实现故障快速准确定位。

（5）智能故障自修复技术　是指根据故障原因和部位，自动排除故障或指导故障的排除技术。集故障自诊断、自排除、自恢复、自调节于一体，贯穿于全生命周期。智能故障诊断技术在有些数控系统中已有应用，智能化自修复技术还在研究之中。

3. 网络化

数控系统网络化是先进制造模式的要求，数控机床作为网络中的一个节点，有助于解决自动化孤岛问题。其关键技术涉及以下几个方面：支持网络通信协议，既满足单机 DNC 需要，又能满足 FMC、FMS、CIMS、敏捷制造对基层设备集成的要求；网络资源共享；远程（网络）控制；数控机床故障的远程（网络）诊断；数控机床的远程（网络）培训与教学（网络数控）。

数控系统中采用网络与光纤通信技术实现运动和 I/O 的控制是数控技术的发展方向。

由于技术封锁等原因，各系统中光纤通信采用的协议没有兼容性和互换性，要求伺服驱动器以及 I/O 模块必须具有相应协议的光纤通信接口，这样的系统软硬件开放性较差，而且系统的成本也较高。

网络通信协议有：德国 Intrtamat 的 SERCOS、美国 DELTATAU 的 Mcro-Link、日本 FANUC 的 SERVO-Link、日本三菱的 Tro-Link，还有 ARCNET、CAN Bus、Profibus、USB、IEEE1394 等。

4. 数控系统的开放化

（1）传统数控系统的特点

1）由生产厂家支配价格和结构，各种接口不能通用。

2）功能集成停止在微电子技术的应用上，而不是针对开放式的生产环境和功能。

3）对于不同的产品，操作、维护方法都必须进行相应的培训。

4）对于使用者，控制器成为黑盒子无法自行修改更新。

由于传统数控系统的局限性，为满足现代化生产的要求，数控系统需要具有以下特点。

1）开放性：可重构性、可维护性、允许用户进行二次开发。

2）模块化：具有平台无关性。

3）接口协议：可传递性、可移植性。

4）可进化性：智能化。

5）语言统一化：中性语言 NML、FADL、OSEL。

（2）开放式数控系统的概念　数控系统可以在统一的运行平台上开发，面向机床厂家和最终用户，通过改变、增加或减少数控功能，方便地将用户的特殊应用和技术诀窍集成到控制系统中，快速实现不同品种、不同档次的开放式数控系统，形成具有鲜明特色的产品。

开放式数控系统的优点：

1）品种减少、批量增加，易于满足用户要求。

2）开放式的标准框架，促进各行业的软件厂商参与。

3）软件开发效率提高，产品更新加快。

4）可使整机具有个性化，降低开发成本。

5）减少对系统提供商的依赖，保护自己的专有技术。

6）购买机床的初期成本透明化。

7）能实现用户自身独特的 FA 系统设计。

8）用户界面的一致性，易于使用和培训。

（3）开放式数控研究状况　美国在 20 世纪 90 年代初提出了开发下一代控制器（NGC）的计划，以后又提出了 OMAC 计划，重点开发以 PC 为平台的开放式模块化控制器。

欧洲也在 20 世纪 90 年代初开始 OSACA 计划，目标是研制出开放式控制系统的体系结构。

由于技术等方面的限制，要在短期内完全实现这种理想的开放式数控系统，还有不少困难。目前开放式数控的一个具体表现就是发展基于 PC 的数控系统。数控系统的 PC 化正成为开放式数控系统的一个潮流，代表了 CNC 发展的主要方向。

基于 PC 的开放式数控系统基本有 3 种结构形式：PC 嵌入 CNC 型、CNC 嵌入 PC 型和全软件 CNC 型。

5. 并联机床

并联机床相对于传统机床的优越性如下：

1）机床结构技术上的突破性进展当属 20 世纪 90 年代中期问世的并联机床。与传统机床相比，其在传动原理、结构和布局上有较大的突破。并联机床是机器人技术、机床结构技术、现代伺服驱动技术和数控技术相结合的产物，被称为“21 世纪的机床”。并联机床相对于传统机床，其控制更加灵活，由于是并联结构，可避免悬臂部件产生的大弯矩和扭矩对机床的影响。

2）传统机床基本上都是遵循笛卡儿直角坐标系的运动原理被设计制造出来的，其结构为串联结构，存在悬臂部件，承受很大弯矩和扭矩，不容易获得高的结构刚度。另外，传统机床组成环节多，结构复杂，形成误差叠加，限制了加工精度和速度的提高。

6. STEP-NC

（1）目前 CNC 系统的局限　数控代码只定义了机床的运动和动作，丢失了尺寸公差、精度要求、表面粗糙度等大量信息。生成G代码的过程单向不可逆，在加工车间做出的修改无法反馈到设计部门。

各厂商开发的宏和扩展EIA代码使系统间语言不具有通用性，对G、M代码的解释也不尽相同，不支持5轴铣、样条数据、高速切削等功能。

（2）STEP-NC的出现 STEP即产品模型数据转换标准。STEP-NC是STEP向数控领域的扩展，它在STEP的基础上以面向对象的形式将产品的设计信息与制造信息联系起来，抛弃了传统数控程序中直接对坐标轴和刀具动作进行编码的做法，采用了新的数据格式和面向特征的编程原则。

1.3.4 先进制造技术

近年来，开始逐步被应用的先进制造技术包括快速原型法、虚拟制造技术、柔性制造单元和柔性制造系统等。

1. 快速原型法

随着需求的多样化与产品生命周期的变短，使零件与产品的批量减小、交货期缩短，为适应市场的这种变化，国外在20世纪80年代后期在CAD/CAM、数据处理、CNC、激光传感技术充分发展的基础上，发展出一种全新概念的先进的零件原型制造技术——快速原型制造，即“叠层制造”技术。

快速原型法（又称快速成形法），与虚拟制造技术一起，被称为未来制造业中的两大支柱。

快速原型法主要适用于新产品开发，快速单件及小批量零件制造，形状复杂零件的制造，模具设计与制造以及难加工材料零件的加工制造。

2. 虚拟制造技术

虚拟制造技术是以计算机支持的仿真技术和虚拟现实技术为前提，对企业的全部生成、经营活动进行建模，并在计算机上“虚拟”地进行产品设计。该技术可实现加工制造、计划制定、生成调度、经营管理、成本财务管理、质量管理甚至市场营销等在内的全部企业功能，在求得系统的最佳运行参数后，再据此实现企业的物理运行。

虚拟制造包括设计过程的仿真、加工过程的仿真。实质上虚拟制造是一般仿真技术的扩展，是仿真技术的最高阶段。虚拟制造的关键是系统的建模技术，它将现实物理系统映射为计算机环境下的虚拟物理系统，用现实信息系统组建虚拟信息系统。虚拟制造系统不消耗能源和其他资源（计算机耗电外），所进行的过程是虚拟过程，所生产的产品是可视的虚拟产品或数字产品。

3. 柔性制造系统（FMS）

在我国有关标准中，FMS被定义为：由数控加工设备、物流储运装置和计算机控制系统等组成的自动化制造系统。它包括多个柔性制造单元，能根据制造任务完成或生产环境的变化迅速进行调整，适用于多品种，中、小批量生产。

国外有关专家对FMS进行了更为直观的定义：至少由两台机床、一套物流储运系统（从装卸到卸载具有自动化）和一套计算机控制系统所组成的制造系统，它通过简单地改变软件的方法便能制造出多种零件中的任何一种零件。

FMS一般由加工系统、物流系统、信息流系统和辅助系统组成。

(1) 加工系统　加工系统的功能是以任意顺序自动加工各种工件，并能自动地更换工具和刀具。主要由数控机床、加工中心等设备组成。

(2) 物流系统　物流是FMS中物料流动的总称。在FMS中流动的物料主要有工件、刀具、夹具、切屑及切削液。物流系统是从FMS的进口到出口，实现对这些物料的自动识别、存储、分配、输送、交换和管理功能的系统。它包括自动运输小车、立体仓库和中央刀库等，主要完成刀具、工件的存储和运输。

(3) 信息流系统　信息流系统是实现FMS加工过程、物流流动过程的控制、协调、调度、监测和管理的系统。它由计算机、工业控制机、可编程控制器、通信网络、数据库和相应的控制和管理软件等组成，是FMS的神经中枢和命脉，也是各个子系统的联系纽带。

(4) 辅助系统　辅助系统包括清洗工作站、检验工作站、排屑设备和去毛刺设备等，这些工作站和设备均在FMS控制器的控制下与加工系统、物流系统协调工作，共同实现FMS的功能。

FMS适于加工形状复杂、精度适中及批量中等的零件。因为FMS中的所有设备均由计算机控制，所以，改变加工对象时只需改变控制程序即可，这使得系统的柔性很大，特别适应于市场动态多变的需求。

4. 柔性制造单元（FMC）

柔性制造单元可以认为是小型的FMS，它通常包括一或两台加工中心，再配以托盘库、自动托盘交换装置和小型刀库，完全可以胜任中等复杂程度的零件加工。

因为FMC比FMS的复杂程度低、规模小、投资少，且工作可靠，同时FMC还便于连成功能可以扩展的FMS，所以FMC是FMS的发展方向，是一种很有前途的自动化制造形式。

第 2 章　数控程序编制

2.1　FANUC 车削中心数控编程基础

2.1.1　数控编程的概念

数控编程就是将加工零件的加工顺序、刀具运动轨迹的尺寸数据、工艺参数等加工信息，用规定的文字、数字、符号组成的代码，按一定格式编写成加工程序。通常将从零件图样到制作成控制介质的全部过程称为数控加工程序的编制，简称数控编程。

2.1.2　数控编程的方法

数控编程是数控加工准备阶段的主要内容之一，可分为手工编程和自动编程。

1. 手工编程

（1）手工编程的定义　手工编程是指主要由人工来完成数控程序编制各个阶段的工作。这种方法比较简单，很容易掌握，适应性较大。适用于中等复杂程度程序、计算量不大的零件编程，对机床操作人员来讲必须掌握。

对于几何形状不太复杂的零件，所需要的加工程序不长，计算也比较简单，出错机会较少，这时用手工编程既经济又及时，因而手工编程被广泛地应用于形状简单的点位加工及平面轮廓加工中。

（2）手工编程的意义　手工编程的意义在于加工形状简单的零件时，快捷、简便；不需要具备特别的条件；对机床操作或程序员不受特殊条件的制约；还具有较大的灵活性和编程费用少等优点。

手工编程在目前仍是广泛采用的编程方式，即使在自动编程高速发展的将来，手工编程的重要地位也不可取代，仍是自动编程的基础。在先进的自动编程方法中，许多重要的经验都来源于手工编程，并不断丰富和推动自动编程的发展。

（3）手工编程的不足　手工编程既繁琐、费时，又复杂，而且容易产生错误。主要有以下原因。

① 零件图上给出的零件形状数据往往比较少，而数控系统的插补功能要求输入的数据与零件形状给出的数据不一致时，就需要进行复杂的数学计算，而在计算过程中可能会产生人为的错误。

② 加工复杂形面的零件轮廓时，图样上给出的是零件轮廓的有关尺寸，而机床实际控制的是刀具中心轨迹。因此，有时要计算出刀具中心运动轨迹的坐标值，这种计算过程也较复杂。对有刀具半径补偿功能的数控系统，要用到一些刀具补偿的指令，并要计算出一些数据，这些指令的使用和计算过程也比较繁琐、复杂，容易产生错误。

③ 当零件形状以抽象数据表示时，就失去了明确的几何形状，在处理这些数据时容易

出错。无论是计算过程中的错误，还是处理过程中的错误，都不便于查找。

④ 手工编程时，编程人员必须对所用机床和数控系统以及对编程中所用到的各种指令、代码都非常熟悉。这在编制单台数控机床的程序时，矛盾还不突出，可以说不会出现代码弄错问题。但在一个编程人员负责几台数控机床的程序编制工作时，由于各台数控机床所用的指令、代码、程序段格式及其他一些编程规定不一样，就给编程工作带来了易于混淆而出错的可能性。

2. 自动编程

自动编程，又称计算机辅助编程，是借助计算机和相应软件来完成数控程序编制的全部或部分工作。

（1）自动编程的特点　与手工编程相比，自动编程速度快、质量高。自动编程具有以下主要特点：

① 数学处理能力强。对轮廓形状不是简单的直线、圆弧组成的复杂零件，特别是空间曲面零件，以及几何要素虽不复杂，但程序量很大的零件，计算则相当繁琐，采用手工程序编制是难以完成的。自动编程借助于系统软件强大的数学处理能力，给计算机输入该二次曲线的描述语句，计算机就能自动计算出加工该曲线的刀具轨迹，快速而又准确。功能较强的自动编程系统还能处理手工编程难以胜任的二次曲面和特种曲面。

② 能快速、自动生成数控程序。对非圆曲线的轮廓加工，手工编程即使解决了节点坐标的计算，也往往因为节点数过多，程序段很大而使编程工作又慢又容易出错。自动编程在完成计算刀具运动轨迹之后，后置处理程序能在极短的时间内自动生成数控程序，且该数控程序不会出现语法错误。当然自动生成程序的速度还取决于计算机硬件的档次，档次越高，速度越快。

③ 后置处理程序灵活。同一个零件在不同的数控机床上加工，由于数控系统的指令形式不尽相同，机床的辅助功能也不一样，伺服系统的特性也有差别，因此数控程序也不一样。但在前置处理过程中，大量的数量处理，轨迹计算却是一致的。这就是说，前置处理可以通用化，只要稍微改变一下后置处理程序，就能自动生成适用于不同数控机床的数控程序来，后置处理相比前置处理，工作量要小得多，灵活多变，可以适应不同的数控机床。

④ 程序自检、纠错能力强。复杂零件的数控加工程序往往很长，要一次编程成功，不出一点错误是不现实的。自动编程能够借助于计算机在屏幕上对数控程序动态模拟，连续、逼真地显示刀具加工轨迹和零件加工轮廓，发现问题并及时修改，快速又方便。现在，往往在前置处理阶段，计算出刀具运动轨迹以后，立即进行动态模拟检查，确定无误以后再进入后置处理，编写出正确的数控程序来。

⑤ 便于实现与数控系统的通信。自动编程生成的数控程序，输入数控系统，控制数控机床进行加工。如果数控程序很长，而数控系统的容量有限，不足以一次容纳整个数控程序，必须对数控程序进行分段处理，分批输入，比较麻烦。但自动编程可以把自动生成的数控程序经通信接口直接输入数控系统，边输入边加工。自动编程的通信功能进一步提高了编程效率，缩短了生产周期。

（2）自动编程的分类　自动编程可以分为语言数控自动编程、图形交互自动编程、语音提示自动编程和数字化仪自动编程四种。

① 语言数控自动编程。语言数控自动编程是指零件加工的几何尺寸、工艺参数、切削

用量及辅助要求等原始信息用数控语言编写成源程序后，输入到计算机中，再由计算机通过语言自动编程系统进一步处理，得到零件加工程序单。

在语言数控自动编程中，操作者承担的主要工作就是用数控语言编写零件源程序。数控语言是由一些基本符号、字母、词汇以及数字组成，并有一定的语法要求，它是自动编程系统的一部分，所以不同的自动编程系统，其数控语言是各不相同的。

② 图形交互自动编程。图形交互自动编程是计算机配备了图形终端和必要的软件后进行编程的一种方法。图形终端由鼠标、显示屏和键盘组成，它既是输入设备，又是输出设备，利用它能实现人与计算机的“实时对话”，发现错误能及时修改。编程时，可在终端屏幕上显示出所要加工的零件图形，用户可利用键盘和鼠标交互确定进给路线和切削用量，计算机便可按预先存储的图形自动编程系统计算刀具轨迹，自动编制出零件的加工程序，并输出程序单和穿孔纸带。

图形交互自动编程方法简化了编程过程，减少了编程差错，缩短了编程时间，降低了编程费用，是一种很有发展前途的编程方法。

③ 语音提示自动编程。语音数控自动编程是利用语音作为输入信息，并与计算机和显示器直接对话，令计算机编出加工程序的一种方法。

用语音自动编程的主要优点是便于操作，未经训练的人员也可使用语音编程系统；可免打字错误，编程速度快，编程效率高。

④ 数字化仪自动编程。数字化仪自动编程适用于有模型或实物而无尺寸的零件加工的程序编制，因此也称为实物编程。这种编程方法应具有一台坐标测量机或装有探针，具有相应扫描软的数控机床，对模型或实物进行扫描。由计算机将所测数据进行处理，最后控制输出设备，输出零件加工程序单。

2.1.3　数控编程的步骤

数控编程步骤如图 2-1 所示。

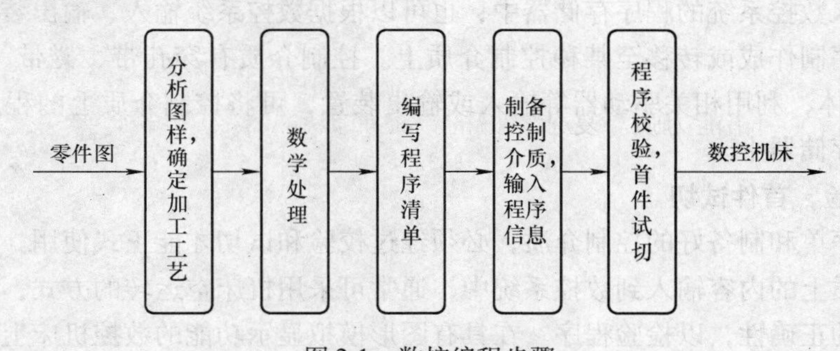

图 2-1　数控编程步骤

1. 分析零件图样，确定加工工艺

首先要分析零件的材料、形状、尺寸、精度、批量、毛坯形状和热处理要求等，以便确定该零件是否适合在数控机床上加工，或适合在哪种数控机床上加工。同时要明确加工的内容和要求。这项工作的内容包括：对零件图样进行分析，明确加工的内容和要求；确定加工方案；选择适合的数控机床；选择或设计刀具和夹具；确定合理的走刀路线及选择合理的切削用量等。这一工作要求编程人员能够对零件图样的技术特性、几何形状、尺寸及工艺要求

进行分析，并结合数控机床使用的基础知识，如数控机床的规格、性能、数控系统的功能等，确定加工方法和加工路线。

在分析零件图的基础上，进行工艺分析，确定零件的加工方法（如采用的工夹具、装夹定位方法等）、加工路线（如对刀点、换刀点、进给路线）及切削用量（如主轴转速、进给速度和背吃刀量等）等工艺参数。数控加工工艺分析与处理是数控编程的前提和依据，而数控编程就是将数控加工工艺内容程序化。制定数控加工工艺时，要合理地选择加工方案，确定加工顺序、加工路线、装夹方式、刀具及切削参数等；同时还要考虑所用数控机床的指令功能，充分发挥机床的效能；尽量缩短加工路线，正确地选择对刀点、换刀点，减少换刀次数，并使数值计算方便；合理选取起刀点、切入点和切入方式，保证切入过程平稳；避免刀具与非加工面的干涉，保证加工过程安全可靠等。

2. 数学处理

根据零件图的几何尺寸、确定的工艺路线及设定的坐标系，计算零件粗、精加工运动的轨迹，得到刀位数据。对于形状比较简单的零件（如由直线和圆弧组成的零件）的轮廓加工，要计算出几何元素的起点、终点、圆弧的圆心、两几何元素的交点或切点的坐标值，如果数控装置无刀具补偿功能，还要计算刀具中心的运动轨迹坐标值。对于形状比较复杂的零件（如由非圆曲线、曲面组成的零件），需要用直线段或圆弧段逼近，根据加工精度的要求计算出节点坐标值，这种数值计算一般要用计算机来完成。

3. 编写程序清单

根据加工路线、切削用量、刀具号码、刀具补偿量、机床辅助动作及刀具运动轨迹，按照数控系统使用的指令代码和程序段的格式编写零件加工的程序单，并校核上述两个步骤的内容，纠正其中的错误。

4. 制备控制介质，输入程序信息

程序单完成后，编程者或机床操作者可以通过数控机床的操作面板，在编辑方式下直接将程序信息键入数控系统的程序存储器中；也可以根据数控系统输入、输出装置的不同，先将程序单的程序制作成或转移至某种控制介质上。控制介质有穿孔带、磁带、磁盘、U盘、CF卡等信息载体，利用相关驱动器等输入或输出装置，可将控制介质上的程序信息输入到数控系统程序存储器中。

5. 程序校验，首件试切

编写的程序单和制备好的控制介质，必须经过校验和试切才能正式使用。校验的方法是直接将控制介质上的内容输入到数控系统中，通常可采用机床空运转的方式，来检查机床动作和运动轨迹的正确性，以检验程序。在具有图形模拟显示功能的数控机床上，可通过显示走刀轨迹或模拟刀具对工件的切削过程，对程序进行检查。在有图形显示的数控机床上，用模拟刀具与工件切削过程的方法进行检验更为方便，但这些方法只能检验运动是否正确，不能检验被加工零件的加工精度。对于形状复杂和要求高的零件，也可采用铝件、塑料或石蜡等易切材料进行试切来检验程序。通过检查试件，不仅可确认程序是否正确，还可知道加工精度是否符合要求。若能采用与被加工零件材料相同的材料进行试切，则更能反映实际加工效果，当发现加工的零件不符合加工技术要求时，可修改程序或采取尺寸补偿等措施。找出问题所在，加以修正，直至达到零件图样的要求。

2.1.4　数控程序及程序段的构成

1. 程序的组成

一个完整的数控程序，由若干程序段组成；一个程序段由若干代码字组成；每个代码字由字地址（字母）和字内容（数字，有的带符号）组成。

一个完整的数控系统一般包括三个部分：程序开始部分、程序主体部分和程序结束部分。

% O1000；	程序开始部分	通常由程序开始符“%”和程序名组成 程序名一般由程序编号地址符“O”或“P”及后面的数字表示，数字范围为 1 ~ 9999。不同的数控系统有不同的程序编号地址符，一般 FANUC 系统用“O”，AB8400 系统用“P”
N10 G00 G54 X50 Y30 M03 S3000； N20 G01 X88.1 Y30.2 F500 T02 M08； N30 X90； ……	程序主体部分	该部分是整个程序的核心，由一条条的程序段组成。每个程序段由一个或多个指令组成，表示数控机床要完成的全部动作
N300 M30； %	程序结束部分	通常由程序结束指令和程序结束符“%”组成 有的数控系统以“EM”为程序结束符

2. 程序段的格式

程序段格式有许多种，如固定顺序程序段格式，有分隔符的固定顺序程序段格式，以及字-地址程序段格式等。现在应用最广泛的是“可变程序段、文字-地址程序段”格式，即字-地址程序段格式。

一个程序段中，代码字的排列、书写方式和顺序，以及每个字和程序段的长度限制和规定，即为程序段格式。格式不符合规定，数控系统便不能接受。

常用的程序段格式是字-地址程序段格式。每个字以地址符（字母）开始，其后跟符号和数字。字的排列顺序无严格要求。不需要的字或与上段相同的续效字可以不写。这种程序段格式的特点是程序简单、可读性强、易于检查。

N_	G_	X_Y_Z_	…	F_	S_	T_	M_	LF
行号	准备功能	位置代码	…	进给速度	主轴转速	刀具号	辅助功能	行结束

各功能字的意义：

（1）程序段号字　用来表示程序从起动开始操作的顺序，即程序段执行的顺序号。它用地址码“N”和后面的四位数字表示。Nxxxx 程序的行号，可以不要，但是有行号在编辑时会方便些。行号可以不连续。行号最大为 9999，超过后再从 1 开始。

选择跳过符号“/”，只能置于程序的起始位置，如果有这个符号，并且机床操作面板上“选择跳过”打开，本条程序不执行。这个符号多用在调试程序，如在开切削液的程序前加上这个符号，在调试程序时可以使这条程序无效，而正式加工时使其有效。

（2）准备功能字　准备功能是使数控装置做某种操作的功能，它一般紧跟在程序段序号后面，用地址码“G”和两数字来表示。

地址“G”和数字组成的字表示准备功能，也称之为G功能。G功能根据其功能分为若干个组，在同一条程序段中，如果出现多个同组的G功能，那么取最后一个有效。G功能分为模态与非模态两类。一个模态G功能被指令后，直到同组的另一个G功能被指令才无效。而非模态的G功能仅在其被指令的程序段中有效。

例：

……

N10 G01 X250. Y320.

N11 G04 X100.

N12 G01 Z-120.

N13 X380. Y400.

……

在这个例子的N12这条程序中出现了“G01”功能，由于这个功能是模态的，所以尽管在N13这条程序中没有“G01”，但是其作用还是存在的。

(3) 尺寸字　尺寸字是给定机床各坐标轴位移的方向和数据的，它由各坐标轴的地址代码、数字构成。尺寸字一般安排在G功能字的后面。尺寸字的地址代码，对于进给运动为：X、Y、Z、U、V、W、P、Q、R；对于回转运动为：A、B、C、D、E。此外，还有插补参数字：I、J、K等。

(4) 进给功能字　进给功能字给定刀具对于工件的相对速度，由地址码“F”和其后面的若干位数字构成。这个数字取决于每个数控装置所采用的进给速度指定方法。进给功能字应写在相应轴尺寸字之后，对于几个轴合成运动的进给功能字，应写在最后一个尺寸字之后。在数控车削加工中，一般单位用mm/r表示，在英制单位中用英寸表示。

地址F后跟四位数字；单位：mm/min。

格式：Fxxxx

尺寸字地址：

X，Y，Z，I，J，K，R

数值范围：-999999.999 ~ +999999.999mm。

(5) 主轴转速功能字　主轴转速功能用来选择主轴转速，它由地址“S”和在其后面的四位数字构成。主轴速度单位为r/min。

格式：Sxxxx

(6) 刀具功能字　刀具功能字由地址码“T”和后面的若干位数字构成。刀具功能字用于更换刀具时指定刀具或显示待换刀号，有时也能指定刀具位置补偿。

(7) 辅助功能字　辅助功能字指定除G功能之外的种种“通断控制”功能。它一般用地址码“M”和后面的两位数字表示。

(8) 程序段结束符　每一个程序段结束之后，都应加上程序段结束符。数控机床用EIA标准代码时，结束符为CR；用ISO标准代码时，为NL或LP；有的用符号“;”或“。”表示；有的直接回车即可。

3. 程序的类型

在一个零件加工程序中，若有一定量的连续程序段在几处完全相同，则可编成子程序并存入子程序存储器中。子程序以外的部分为主程序，在主程序的执行过程中，在需要的地方调用子程序。可多次重复调用，某些数控程序还可多层嵌套。

子程序格式中，有子程序名，以 M99 作为子程序结束。其他结构和主程序是一样的。

2.1.5　数控机床坐标系

1. 机床坐标系的确定

（1）机床相对运动的规定　在数控机床上，始终认为工件相对静止，而刀具是运动的。这样编程人员在不考虑机床上工件与刀具具体运动的情况下，就可以依据零件图样，确定机床的加工过程。

（2）机床坐标系的规定　在数控机床上，机床的动作是由数控装置来控制的，为了确定数控机床上的成形运动和辅助运动，必须先确定机床上运动的位移和运动的方向，这就需要通过坐标系来实现，这个坐标系被称之为机床坐标系。例如铣床上，有机床的纵向运动、横向运动以及垂向运动。在数控加工中就应该用机床坐标系来描述。

标准机床坐标系中 X、Y、Z 坐标轴的相互关系用右手笛卡儿直角坐标系确定，如图 2-2 所示。

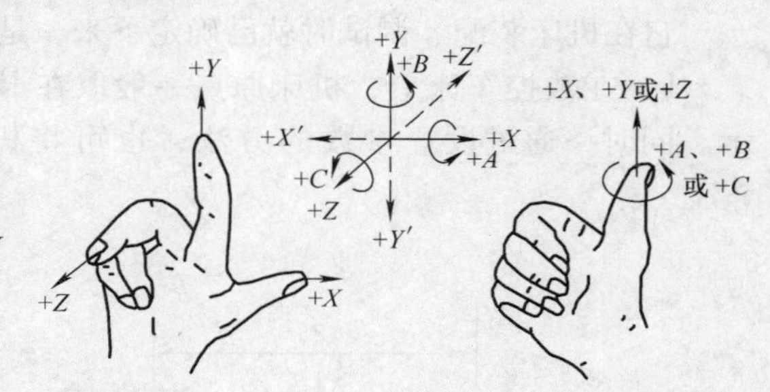

图 2-2　右手笛卡儿直角坐标系

① 伸出右手的大拇指、食指和中指，并相互垂直。则大拇指代表 X 坐标轴，食指代表 Y 坐标轴，中指代表 Z 坐标轴。

② 大拇指的指向为 X 坐标轴的正方向，食指的指向为 Y 坐标轴的正方向，中指的指向为 Z 坐标轴的正方向。

③ 围绕 X、Y、Z 坐标轴旋转的旋转轴坐标分别用 A、B、C 表示。根据右手螺旋定则，大拇指的指向为 X、Y、Z 坐标轴中任意一轴的正向，则其余四指的旋转方向即为旋转坐标轴 A、B、C 的正向。

（3）运动方向的规定　增大刀具与工件距离的方向，即为各坐标轴的正方向。

2. 坐标轴方向的确定

确定机床坐标轴时，一般是先确定 Z 轴，再确定 X 轴，然后确定 Y 轴，最后确定旋转坐标等。

1）对于有主轴的机床，如卧式车床、立式升降台铣床等，则以主轴轴线方向作为 Z 轴方向。对于没有主轴的机床，如龙门铣床等，则以与装夹工件的工作台面相垂直的直线作为 Z 轴方向。如果机床有几根主轴，则选择其中一个与工作台面相垂直的主轴为主要主轴，并以它来确定 Z 轴方向（如龙门铣床）。同时标准规定，刀具远离工件的方向为 Z 轴的正方向。

2）X 轴一般位于与工件安装面相平行的水平面内。对于由主轴带动工件旋转的机床，如车床、磨床等，则在水平面选定垂直于工件旋转轴线的方向为 X 轴，且刀具远离主轴轴线的方向为 X 轴正方向。

对于由主轴带动刀具旋转的机床，若主轴是水平的，如卧式升降台铣床等，由主要刀具主轴向工件看，选定主轴右侧方向为 X 轴正方向；若主轴是竖直的，如立式铣床、立式钻床等，由主要刀具主轴向立柱看，选定主轴右侧方向为 X 轴正方向；对于无主轴的机床，则选定主要切削方向为 X 轴正方向。

3）Y 轴垂直于 X 轴、Z 轴，根据右手笛卡儿坐标系来进行判别。

4）旋转运动 A、B、C 相应表示围绕 X、Y、Z 三轴轴线的旋转运动，其正方向分别按 X、Y、Z 轴右手螺旋法则判定。

5）附加坐标轴。如果机床除有 X、Y、Z 主要坐标轴以外，还有平行于它们的坐标轴，可分别指定为 U、V、W。如果还有第三组运动，则分别指定为 P、Q、R。

6）主轴回转运动方向。主轴顺时针回转运动的方向是按右螺旋进入工件的方向。

3. 机床原点与机床坐标系

机床原点又称机床零点，是机床上的一个固定点，由机床生产厂在设计机床时确定，原则上是不可改变的。以机床原点为坐标原点的坐标系就称为机床坐标系。机床原点是工件坐标系、编程坐标系、机床参考点的基准点。也就是说，只有确定了机床坐标系，才能建立工件坐标系，才能进行其他操作。

它在机床装配、调试时就已确定下来，是数控机床进行加工运动的基准参考点。

1）在数控车床上，机床原点一般取在卡盘端面与主轴中心线的交点处，如图 2-3a 所示。同时，通过设置参数的方法，也可将机床原点设定在 X、Z 坐标的正方向极限位置上。

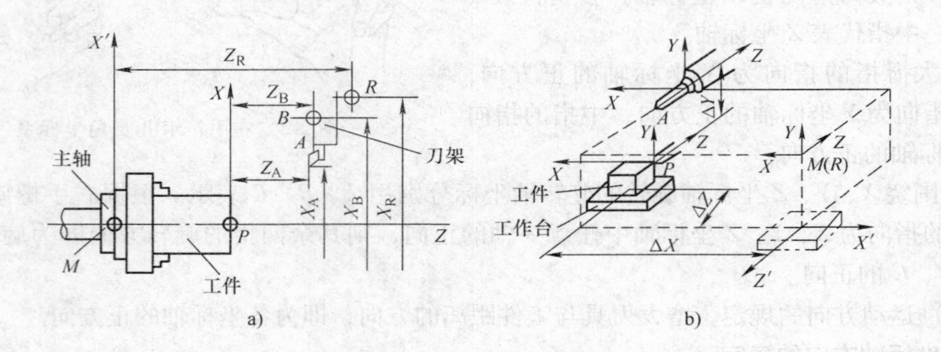

图 2-3　机床坐标系

a）数控车床坐标系　b）卧式加工中心坐标系

2）在数控铣床、加工中心上，机床原点一般取在 X、Y、Z 坐标的正方向极限位置上，如图 2-3b 所示。

4. 机床参考点

机床参考点是机床坐标系中一个固定不变的位置点，是由机床制造厂人为定义的点，是用于对机床工作台、滑板与刀具之间相对运动的测量系统进行标定和控制的点。机床参考点相对于机床原点的坐标是一个已知定值。数控机床通电后，在准备进行加工之前，要进行返回参考点的操作，使刀具或工作台退回到机床参考点，此时，机床显示器上将显示出机床参考点在机床坐标系中的坐标值，就相当于在数控系统内部建立了一个以机床原点为坐标原点的机床坐标系。

5. 工件原点与工件坐标系

数控编程时，首先应该确定工件坐标系和工件原点。编程人员以工件图样上的某一点为原点建立工件坐标系，编程尺寸就按工件坐标系中的尺寸来确定。工件随夹具安装在机床上后，这时测得的工件原点与机床原点间的距离称为工件原点偏置，操作者要把测得的工件原点偏置量存储到数控系统中。加工时，工件原点偏置量自动加到工件坐标系上。因此，编程人员可以不考虑工件在机床上的安装位置，直接按图样尺寸进行编程。

6. 编程原点

编程原点是程序中人为采用的原点。一般取工件坐标系原点为编程原点。对于形状复杂的零件，有时需要编制几个程序或子程序，为了编程方便，编程原点就不一定设在工件原点上了。

7. 刀位点、对刀点和换刀点

数控机床中使用的刀具类型很多，为了更准确地描述刀具运动，需要引入刀位点的概念。对于立铣刀来说，刀位点是刀具的轴线与刀具底平面的交点；对球头铣刀来说是球头部分的球心；对车刀来说是刀尖；对钻头来说是钻尖。对刀点是数控加工时刀具（刀位点）运动的起点。对刀点确定后，刀具相对编程原点的位置就确定了。

为了提高工件的加工精度，对刀点应尽量选在工件的设计基准或工艺基准上。同时，对刀点找正的准确度直接影响到工件的加工精度。使用夹具时常用与工件零点有固定联系尺寸的圆柱销等进行对刀，用对刀点作为起刀点。

换刀点是在为数控车床、数控钻镗床、加工中心等多刀加工的机床编制程序时设定的，用以实现在加工中途换刀。换刀点的位置应根据工序内容和数控机床的要求而定，为了防止换刀时刀具碰伤工件或夹具等，换刀点常常设在被加工工件的外面，并要远离工件。

2.1.6　基本编程指令

1. 功能代码简介

数控程序代码主要有两种标准，ISO 代码（International Standard Organization，国际标准化组织）和 EIA 代码（Electronic Industries Association，美国电子工业协会）。

不同数控系统的代码是不相同的，本书中不特别说明的，均是指在 FANUC 数控系统环境下，使用数控代码的情况。

2. 准备功能（G 代码）

准备功能是建立机床或控制系统工作方式的一种指令，是以大写字母 G 加上两位数字组成（G00 ~ G99），又称 G 代码、G 指令。

表 2-1 所示为 FANUC 0*i*-Mate 数控系统 G 代码功能表。从表中可知，G 代码分为不同的组别，同一组的代码可以互相取代。G 指令有模态码与非模态码之分。模态码一旦被执行，在系统内存中被保存，该代码一直有效，在以后的程序中使用该代码可以不重写，直到该代码被程序指令取消或被同组代码取代，所以同一组的模态 G 代码在一个程序段中只能出现一个（两个以上时最后一个有效），不同组的 G 代码可以放在同一个程序段中，其各自的功能互不影响，且与代码在段中的顺序无关。非模态码只在被指定的程序段中有效。

表 2-1　FANUC 0*i*-Mate 数控系统常用 G 代码功能表

G 代码	组别	数车功能	数铣功能	备注	G 代码	组别	数车功能	数铣功能	备注
G00		快速定位	相同	a	G59	14	第六工件坐标系设置	相同	a
G01	01	直线插补	相同	a	G65	00	宏程序调用	相同	b
G02		顺时针圆弧插补	相同	a	G66	12	宏程序模态调用	相同	a
G03		逆时针圆弧插补	相同	a	G67		宏程序模态调用取消	相同	a
G04	00	暂停	相同	b	G68	04	双刀架镜像打开	×	a
G17		*XY* 平面	相同	a	G69		双刀架镜像打开	×	a
G18	16	*ZX* 平面	相同	a	G70		精车循环	×	b
G19		*YZ* 平面	相同	a	G71		外圆、内孔粗车循环	×	b
G20		英制（in）	相同	a	G72		端面粗车循环	×	b
G21	06	米制（mm）	相同	a	G73	00	复合式成形车削循环	高速深孔钻循环	b
G22	09	行程检查功能打开	相同	a	G74		端面啄式钻孔循环	左旋攻螺纹循环	b
G23		行程检查功能关闭	相同	a	G75		外内径啄式钻孔循环	精镗循环	b
G25	08	主轴速度波动检查关闭	相同	a	G76		螺纹车削多次循环	×	b
G26		主轴速度波动检查打开	相同	b	G80		钻孔固定循环取消	相同	a
G27		参考点返回检查	相同	b	G81	10	×	钻孔循环	a
G28	00	参考点返回	相同	b	G82		×	钻孔循环	a
G30		第二参考点返回	×	b	G83		端面钻孔循环	×	a
G31		跳步功能	相同	b	G84		端面攻螺纹循环	攻螺纹循环	a
G32	01	螺纹切削	×	a	G85		×	镗孔循环	a
G36	00	*X* 向自动刀具补偿	×	b	G86		端面镗孔循环	镗孔循环	a
G37		*Z* 向自动刀具补偿	×	b	G87		侧面钻孔循环	背镗循环	a
G40		半径补偿取消	相同	a	G88		侧面攻螺纹循环	×	a
G41	07	刀具半径左刀补	相同	a	G89		侧面镗孔循环	镗孔循环	a
G42		刀具半径右刀补	相同	a	G90		外内车削循环	绝对坐标编程	a
G43		×	长度正补偿	a	G91		×	增量坐标编程	a
G44	01	×	长度负补偿	a	G92	01	单次螺纹车削循环	工件坐标原点设计	a
G49			取消长度补偿	a	G94		端面车削循环	×	a
G50		工件坐标系原点设置	×	b	G96		恒表面速度设置	×	a
G52	00	局部坐标系设置	相同	b	G97	02	恒表面速度设置取消	×	a
G53		机床坐标系设置	相同	b	G98	05	每分钟进给	返回初始点	a
G54		第一工件坐标系设置	相同	a	G99		每转进给	返回 R 点	a
G55		第二工件坐标系设置	相同	a					
G56	14	第三工件坐标系设置	相同	a					
G57		第四工件坐标系设置	相同	a					
G58		第五工件坐标系设置	相同	a					

注：备注中 a 为模态代码，b 为非模态代码。

(1) 绝对坐标与增量坐标指令——G90、G91 数控铣床、加工中心是由G90(绝对编程)、G91(增量编程)来指定的。机床默认是G90,如果要用到增量编程就要输入G91指令。

数控车床一般都是用的绝对值编程,如果要用到增量编程的话,直接用U、W(增量编程时U、W对应*X*、*Z*)就可以了,不用G指令。一般数控车床是支持混合编程的,也就是绝对编程、增量编程可以在同一个程序段中使用。

(2) 坐标系设定指令——G92 G92指令用来指定参考点在工件坐标系的位置,即确定了工件坐标系的原点(工件原点)在距刀具刀位点起始位置(起刀点)多远的地方。

编程时,使用的是工件坐标系,编程起点即为刀具开始运动的起刀点。但是在开始运动之前,应将工件坐标系传输给数控系统。通过在机床坐标系上设定编程中起刀点的位置,可将两个坐标系联系起来。机床坐标系中设定的固定点(起刀点),称为参考点。G92指令能指定起刀点与工件坐标系原点的位置关系。利用返回参考点的功能。刀具很容易移动到这个位置。

(3) 坐标平面选择指令——G17、G18、G19 G17、G18、G19指令分别表示设定选择*XY*、*ZX*、*YZ*平面为当前工作平面。对于三坐标联动的数控铣床和加工中心,常用这些指令指定机床在哪一平面进行运动。

(4) 快速点定位指令——G00 G00指令是在工件坐标系中以系统设定的快速移动速度移动刀具到达由绝对或增量指令指定的位置。G00指令只能用作刀具从一点到另一点的快速定位,不能加工,刀具在空行程移动时采用。G00指令中的快移速度由机床参数设定,所以快速移动速度不能在地址F中规定,快移速度可由面板上的快速修调按钮修正。G00是模态指令,一旦前面程序制定了G00,紧接后面的程序段可不再写,只需写出移动坐标即可。在执行G00指令时,由于各轴以各自的速度移动,不能保证各轴同时到达终点,因此联动直线轴的合成轨迹不一定是直线。

(5) 直线插补指令——G01 G01是直线插补指令。直线插补指令的功能是刀具以程序中设定的进给速度,从某一点出发,直线移动到目标点。G01倒角控制功能可以在两相邻轨迹的程序段之间插入直线倒角或圆弧倒角。

机床执行直线插补指令时,程序段中必须有F指令。刀具移动的快慢是由F后面的数值大小来决定的。G01和F都是模态指令,前一段已指定,后面的程序段都可不再重写,只需写出移动坐标值。

(6) 圆弧插补指令——G02、G03 G02、G03是圆弧插补指令,即根据两端点间的插补数字信息,计算出逼近实际圆弧的点群,控制刀具沿这些点运动,加工出圆弧曲线。G02为按指定进给速度的顺时针圆弧插补,G03为按指定进给速度的逆时针圆弧插补。

圆弧顺逆方向的判别:沿着不在圆弧平面内的坐标轴,由正方向向负方向看,顺时针方向为G02,逆时针方向为G03。

(7) 暂停(延迟)指令——G04 G04指令作为暂停指令,可使刀具做短时间的无进给运动,进行光整加工,可用于车槽、镗平面、锪孔等场合。

(8) 刀具半径自动补偿指令——G41、G42、G40 G41、G42、G40是刀具半径自动补偿指令。在加工前测量实际的刀具半径,作为刀具补偿参数输入数控系统,由数控系统根据轮廓和刀具半径*R*的数值计算出刀具中心运动的轨迹,编程人员根据工件的轮廓进行编程,数控机床控制刀具沿刀具中心轨迹移动，加工出合乎尺寸要求的零件轮廓。

沿刀具前进方向看，刀具中心轨迹在程序规定的前进方向的左侧，则为刀具半径左补偿，用 G41 指令表示，即顺铣加工方式；刀具中心轨迹在程序规定的前进方向的右侧，则为刀具半径右补偿，用 G42 指令表示，即逆铣加工方式。

G40 为取消刀具半径补偿，G40 必须和 G41 或 G42 成对使用。

（9）刀具长度补偿指令——G43，G44，G49　刀具长度补偿指令一般用于刀具轴向（Z 方向）的补偿，它可使刀具在 Z 方向上的实际位移大于或小于程序给定值，即：实际位移量 Δ = 程序给定值 $Z \pm$ 补偿值 H。

G43 指令表示刀具长度正方向补偿；G44 指令表示刀具长度负方向补偿；G49 指令表示取消刀具长度补偿。使用 G43、G44 指令时，不管是 G90 指令有效，还是 G91 指令有效，刀具移动的最终 Z 方向位置都是程序中指定的 Z 与 H 指令的对应偏置量进行运算。H 指令对应的偏置量在设置时可以为“+”、也可以为“-”。

3. 辅助功能（M 代码）

辅助功能表示机床各种辅助动作及其状态，如机床的起停、转向、切削液的开关、主轴转向、刀具夹紧或松开、调用子程序等。辅助功能代码以地址符 M 为首，其后跟两位数字，共有 100 种（M00～M99）。FANUC 0*i*-Mate 数控系统常用 M 代码见表 2-2。

表 2-2　FANUC 0*i*-Mate 数控系统常用 M 代码一览表

M 代码	说明	M 代码	说明
M00	程序停止	M30	程序停止
M01	选择停止	M40	刀具半径补偿取消
M02	程序结束（复位）	M41	左偏刀具半径补偿
M03	主轴正转（CW）	M42	右偏刀具半径补偿
M04	主轴反转（CCW）	M43	正向刀具长度补偿
M05	主轴停止	M44	负向刀具长度补偿
M06	换刀	M49	刀具长度补偿取消
M07	二号切削液开	M98	子程序调用
M08	一号切削液开	M99	子程序结束
M09	切削液关		

（1）M00：程序停止　程序中若使用 M00 指令，当执行至 M00 指令时，程序即停止执行，且主轴停止、切削液关闭，若欲再继续执行下一程序段，只要按下循环起动（CYCLE START）键即可。

（2）M01：选择停止　M01 指令必须配合操作面板上的选择性停止功能键一起使用，若此键“灯亮”时，表示“ON”，则执行至 M01 时，程序停止，功能与 M00 相同；若此键“灯熄”时，表示“OFF”，则执行至 M01 时，程序不会停止，继续往下执行。

（3）M02：程序结束　M02 指令应置于程序最后，表示程序执行到此结束。此指令会自动将主轴停止（M05）及关闭冷却液（M09），但程序执行指针不会自动回到程序的开头。

（4）M03：主轴正转　程序执行至 M03，主轴即正方向旋转（由尾座向主轴看，逆时针方向旋转）。一般转塔式刀座，大多采用刀顶面朝下装置车刀，故应使用 M03 指令。

（5）M04：主轴反转　程序执行至M04，主轴即反方向旋转（由尾座向主轴看，顺时针方向旋转）。

（6）M05：主轴停止　程序执行至M05，主轴即瞬时停止，此指令用于下列情况。

① 程序结束前（但一般常可省略，因为M02、M30指令皆包含M05）。

② 当数控车床有主轴高速档（G42）、主轴低速档（G41）指令时，在换档之前，必须使用M05，使主轴停止，再换档，以免损坏换档机构。

③ 主轴正、反转之间的转换，也须加入此指令，使主轴停止后，再变换转向指令，以免伺服电动机受损。

（7）M08：切削液开　程序执行至M08，即起动润滑油泵，但必须配合执行操作面板上的CLNT AUTO键，处于“ON”（灯亮）状态，否则无效。

（8）M09：切削液关　用于程序执行完毕之前，将润滑油关闭，停止喷切削液，该指令可省略，因为M02、M30指令都包含M09。

（9）M30：程序结束　该指令应置于程序最后，表示程序执行到此结束。此指令会自动将主轴停止（M05）及关闭切削液（M09），且程序执行指针会自动回到程序的开头，以方便此程序再次被执行。这就是与M02指令的不同之处，故程序结束大都使用M30较方便。

（10）M98、M99：子程序调用与返回指令　M98为子程序调用指令，当程序执行M98指令时，控制器即调用M98所指定的子程序来执行。

格式一：M98 P××××L×××；

说明：P是子程序号；L是调用子程序的次数。

格式二：M98 P××××××××；

P后面前4位是调用子程序的次数，后4位是子程序号。

M99为子程序结束并返回主程序指令。此指令用于子程序最后程序段，表示子程序结束，且程序执行指针跳回主程序中M98的下一程序段继续执行。

M99指令也可用于主程序最后程序段，此时程序执行指针会跳回主程序的第一程序段继续执行此程序，所以此程序将一直重复执行，除非按下RESET键才能中断执行。

4. 进给功能（F代码）

进给功能指令是设定进给速度的指令，由进给地址符F及数字组成，数字表示切削时所指定的刀具中心运动的进给速度。一般有两种进给速度的模式，每转进给模式（G99）和每分钟进给模式（G98）。在数控车削加工中一般采用每转进给模式，在数控铣削加工中一般只用每分钟进给模式。进给速度模式可采用G98、G99指令设置。G98、G99均为模态代码，在程序中被指定后一直有效，直到指定另一模式为止。机床开机时，数控系统默认状态为每转进给模式（G99）。需要说明的是：在每转进给模式下，当主轴转速较低时会出现进给速度波动现象。主轴转速越低，波动越频繁。

F地址在螺纹切削程序段中还常用来指定螺纹导程。

5. 主轴转速功能（S代码）

主轴转速功能用来指定主轴的转速，单位为r/min，地址符使用S，所以又称为S功能或S指令。它由主轴转速地址符S及数字组成，数字表示主轴转数，其单位按系统说明书的规定。现在一般数控系统主轴已采用主轴控制单元，能使用直接指定方式，即可用地址符S的后续数字直接指定主轴转数。例如，若要求1200r/min，则编程指令为S1200。

主轴转速功能按照准备功能 G 代码的种类，可以执行以下三种不同的控制。

（1）用 G96 方式的指令　G96 是接通恒线速控制的功能。此时，用 S 指定的数值表示切削速度，单位是 m/min。数控装置依刀架在 X 轴的位置计算出主轴的转速，自动而连续地控制主轴转速，使之始终达到由 S 功能所指定的切削速度。例如，S200 表示自动改变转速，使切削速度为 200m/min。在恒线速控制中，由于数控系统是将 X 的坐标值当作工件的直径来计算主轴转速，所以在使用 G96 指令前必须正确地设定工件的坐标系。

（2）用 G97 方式的指令　G97 是取消恒线速控制的功能，此时使用 S 指定的数值表示主轴每分钟的转数，单位是 r/min。例如，S2000 表示主轴以 2000r/min 的转速旋转。

（3）主轴最高转速限定　用 G50 设定主轴最高转速。G50 的功能中有坐标系设定和主轴最高转速设定两种功能，这里用的是后一种功能，G50 后面直接跟最高转速，即设定主轴每分钟最高转速。例如，G50 S2000 把主轴最高转速设定为 2000r/min。

用恒线速控制加工端面、锥度、圆弧时，容易获得内外一致的表面粗糙度值，但由于 X 坐标值不断变化，所以由公式 $n=\frac{1000v}{\pi D}$ 计算出的主轴转速也不断变化，当刀具逐渐移近工件旋转中心时，主轴转速就会越来越高，即所谓“超速”，工件就有可能从卡盘中飞出，为了防止这种事故，机床有时不得不限制主轴的最高转速，这时就可以借助 G50 指令来达到此目的。

6. 刀具功能（T 代码）

刀具功能字的地址符是 T，又称 T 代码、T 指令。它用于指定切削时使用的刀具的刀号及刀具自动补偿时编组号。其自动补偿的内容有：刀具对刀后的刀位偏差、刀具长度及刀具半径补偿。

在编程中，其指令格式因数控系统不同而异，主要格式有以下两种：

（1）采用 T 指令编程　由刀具功能地址符 T 和数字组成。通常有 T××和 T××××两种格式，数字位数由所用数控系统决定，T 后面的数字用来指定刀具号和刀具补偿号。例如，T03 表示选择 3 号刀；T0303 表示选择 3 号刀，选择 3 号刀具偏置值，即前两位数字表示刀具安装到刀架上对应的刀位编号，后两位数字为对应相应刀具偏置补偿寄存器号码；T0300 表示选择 3 号刀，取消 3 号刀具偏置值。

（2）采用 T、D 指令编程　某些数控系统利用 T 功能指令选择刀具号，利用 D 功能选择相关的刀具偏置量。在定义这两个参数时，其编程的顺序为 T、D。T 和 D 可以同时使用，也可以单独使用。例如，T3D3 表示选择 3 号刀，选用 3 号刀具偏置位的偏置尺寸；D4 表示仍选用 3 号刀，但是刀具偏置尺寸更换为 4 号的。如果 D 为 1 时 D 可以省略，T3D1 则可以省略为 T3。

2.2　数控车床程序编制

2.2.1　数控车床的编程特点

由于数控车床的结构特点，决定了数控车床编程具有独特的特点。

1）在一个程序段中，根据图样上标注的尺寸可以采用绝对值编程或增量值编程，也可以采用混合编程。有的数控车床使用 X、Z 表示绝对编程，U、W 表示增量编程，在系统中允许同一程序段中二者混合使用，即混合编程。

2）由于被加工零件的径向尺寸在图样上和测量时，都是以直径值表示，因此为了保证设计、标注尺寸的一致，减少数值换算，在直径方向用绝对值编程时，X 坐标以直径值表示；增量值编程时，以径向实际位移量的二倍值表示，并附上方向符号（正向可以省略）。

3）为提高工件的径向尺寸精度，X 向的脉冲当量取 Z 向的一半。

4）由于车削加工常用棒料或锻料作为毛坯，加工余量较大，所以为简化编程，数控装置具备多种固定循环指令，可进行重复循环切削，提高加工效率。

5）数控车床编程时，理论认为车刀刀尖是一个点，而实际上为了提高刀具寿命和工件表面质量，车刀刀尖被磨成一个半径不大的圆弧，因此为保证工件的加工精度，编制圆头车刀程序时，需要进行刀具半径补偿。使用刀具半径补偿后，编程时可直接按工件轮廓尺寸编程。

6）为了提高加工效率，车削加工的进刀与退刀都采用快速运动。进刀时，尽量接近工件切削开始点，切削开始点的确定以不碰撞工件为原则。

2.2.2　基本指令编程

1. 坐标系相关指令

（1）工件坐标系原点设定指令 G50

格式：

G50 X <u>α</u> Z <u>β</u>；

其中 α、β 为当前刀具位置相对于将要建立的工件原点的坐标值，即刀角起始点与工件坐标系原点之间的距离。α、β 取值一般应便于数学计算和简化编程；容易找正对刀；不要与机床、工件发生碰撞；方便拆卸工件；空行程不要太长。

G50 是个非运动指令，只起预置寄存作用，一般作为第一条指令放在整个程序的前面。在数控加工之前，通过对刀将刀尖起始点放在距工件原点为（α，β）的位置，数控系统执行 G50 后，系统内部即对（α，β）点进行记忆，并显示在显示器上，这样就建立一个以工作原点为坐标原点的工件坐标系。

训练 2-1　G50 指令建立工件坐标系

如图 2-4 所示用 G50 建立工件坐标系。

执行 G50 指令是通过刀具当前所在位置（刀具起始点）来设定工件坐标系的。若设定 O_1 为工件原点，则程序段为：

G50 X100 Z50；

若设定 O_2 为工件原点，则程序段为：

G50 X100 Z110；

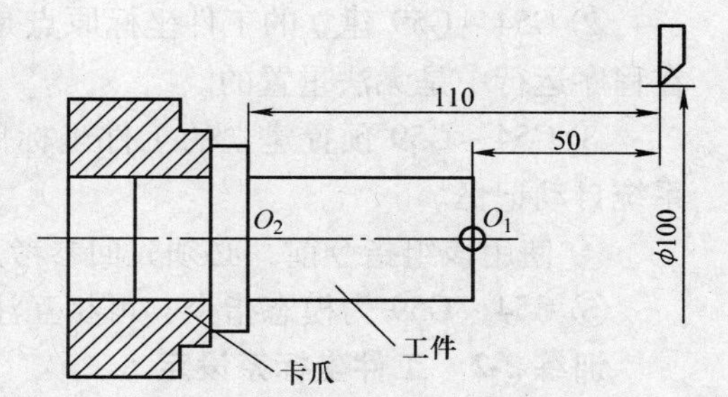

图 2-4　G50 建立工件坐标系

说明：

① 一旦执行 G50 指令建立坐标系，后续的绝对值指令坐标位置都是此工件坐标系中的坐标值。

② G50 指令必须跟坐标地址字，须单独一个程序段指定，且一般写在程序开始。

③ 执行此指令刀具并不会产生机械位移，只建立一个工件坐标系。

④ 执行此指令之前必须保证刀位点与程序起点（或对刀点）符合。

⑤ 该指令为非模态指令。

(2) 工件坐标系设定指令 G54～G59

格式：

G54/G55/G56/G57/G58/G59；

G54～G59 指令是数控系统的一种特性，允许把数控测量系统原点在相对机床基准的规定范围内移动，而永久原点的位置被存储在数控系统中。因此，当不用 G50 指令设定工件坐标系时，可以用 G54～G59 指令设定六个工件坐标系，即通过设定机床所特有的六个坐标系原点（即工件坐标系 1～6 的原点）在机床坐标系中的坐标（即工件零点偏移值）。

G54～G59 指令先测定出欲预置的工件原点相对于机床原点的偏置值，并把该偏置值通过参数设定的方式预置在机床参数数据库中。当工件原点预置好以后，便可用“G54 G00 X_ Z_;”程序段指令让刀具移到该预置工件坐标系中的任意指定位置。

G54～G59 方式在机床坐标系中直接设定工件原点，与起刀点的位置无关。

采用 G54 等指令建立工件坐标系的基本操作步骤如下：

① 起动机床数控系统后，先进行 X、Z 方向的回参考点操作，先对 X 轴回参考点，再对 Z 轴回参考点，建立机床坐标系。

② 选择手动方式，在加工余量范围内用外圆车刀试切一段工件外圆，试切完成后，在保证 X 方向不变的前提下沿 $+Z$ 方向退刀，停止主轴，测量试切段直径 X_2，按操作面板上的“POS”键，记下 CRT 屏幕上 X 方向上的机床坐标值 X_1。

③ 选择手动方式，在加工余量范围内用外圆刀试切工件端面，保持 Z 方向不变，沿 $+X$ 方向退刀，停止主轴。点击机床操作面板上的“POS”键，记下 CRT 屏幕上 Z 方向上的机床坐标值 Z_1。

④ 计算工件原点相对于机床坐标系的偏置量（α, β）：$\alpha = X_1 - X_2$，$\beta = Z_1 - Z_2$。

⑤ 按下“OFFSET SETTING”功能键，再按下“坐标系”软键，出现坐标系参数输入界面，将光标移动到 G54（或 G55～G59）的“X”处输入 α 值，同理将光标移动到“Z”处输入 β 值，按“INPUT”键，工件坐标系 G54 建立完成。

说明：

① G54～G59 是系统预置的六个坐标系，可根据需要选用。

② G54～G59 建立的工件坐标原点是相对于机床原点而言的，在程序运行前已设定好，在程序运行中是无法重置的。

③ G54～G59 预置建立的工件坐标原点在机床坐标系中的坐标值可用 MDI 方式输入，系统自动记忆。

④ 使用该组指令前，必须先回参考点。

⑤ G54～G59 为模态指令，可相互注销。

训练 2-2　工件坐标系设定

如图 2-5 所示，使用工件坐标系编程，要求刀具从 A 点移动到 B 点。

O1006；

G55（设置 G55 坐标系）；

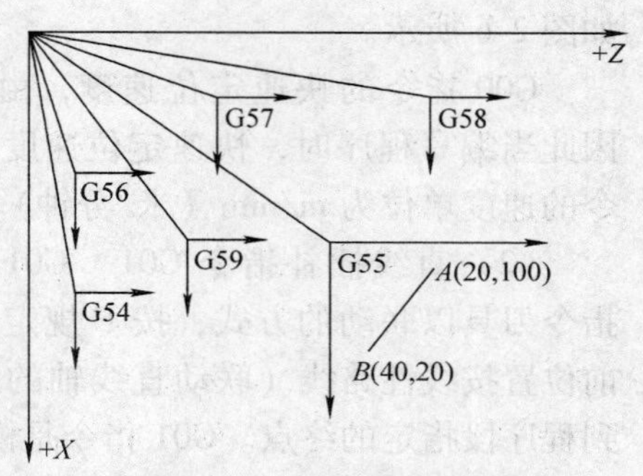

图2-5　工件坐标系设定指令

G90 G00 X20 Z100（刀具运动到 *A* 点）；

X40 Z20（刀具运动到 *B* 点）；

M30；

此训练中 *A*（20，100）及 *B*（40，20）的位置被定位于坐标系 G55 上。

（3）T指令建立工件坐标系　利用T指令建立工件坐标系是在程序中直接使用机床原点作为工件坐标系原点。刀具偏置功能在数控程序中用T代码实现，T代码由字母T后跟四位数字组成，即T××××（如T0303），其中前两位表示刀位号，后两位表示刀补号，即刀具补偿寄存器的地址号，该寄存器中存放有刀具在 *X* 和 *Z* 方向的偏置数据。数控系统对刀具的补偿或取消补偿是通过移动滑板来实现的。这种方式与 G54 预置的方式实质是一样的，只不过不用去记录和计算预置的 *X*、*Z* 轴坐标，而是数控系统自动计算这两个值。

在 FANUC-0i 数控系统中的操作步骤如下：

① 起动机床数控系统后先进行 *X*、*Z* 方向的回参考点操作，先对 *X* 轴回参考点，再对 *Z* 轴回参考点，建立机床坐标系。

② *Z* 轴偏置量的设定。选择手动方式，在加工余量范围内用外圆刀具试切工件端面，保持 *Z* 方向不变，沿 +*X* 方向退刀，停止主轴，测量端面距工件原点在 *Z* 方向的距离 *L*。按下“OFFSET SETTING”功能键，再按下“补正”键，按下“形状”软键，进入“刀具补正/几何参数输入”界面，将光标移到该刀具补偿号的“Z”值处，输入 *Z*、*L* 值，再按下“测量”软键。

③ *X* 轴偏置量的设定。选择手动方式，在加工余量范围内用外圆刀具试切工件外圆，保持 *X* 方向不变，沿 +*Z* 方向退刀，停止主轴，测量外圆直径 *D*。按下“OFFSET SETTING”功能键，再按下“补正”键，按下“形状”软键，进入“刀具补正/几何参数输入”界面，将光标移到该刀具补偿号的“X”值处，输入 *X*、*D* 值，再按下“测量”软键。

④ 对于多把刀具对刀，只需重复以上②、③步骤即可，直到所有刀具偏置量输入完毕。

2. 加工运动指令

（1）快速定位指令 G00

格式：

G00 X_ Z_（绝对坐标）；

G00 U_ W_（增量坐标）；

当用绝对值编程时，刀具以机床最快速度移动到工件坐标系的某一位置，X、Z 后面的数值是目标位置在工件坐标系的坐标。以终点在绝对坐标的位置编写程序。

当用相对值编程时，从目前位置移动到另一位置的距离，U、W 后面的数值是当前点与目标点之间的距离与方向。以轴本身的移动距离编写程序（把前一位置当作零点计算）。

G00 指令是模态代码，指令机床以最快速度运动到下一个目标位置，运动过程中有加速和减速，该指令对运动轨迹没有要求。以 G00 执行定位时，刀具在程序段的开始先加速到预定的速度，而在程序段的结束减速。刀具运动轨迹为非直线插补定位，各轴分别执行定位，刀具运动轨迹通常不是一条直线，而是两条线段的组合。G00 执行定位的刀具运动轨迹如图 2-6 所示。

G00 指令的快速定位速度，由机械制造厂分别设定。因此当编写程序时，快速定位速度不能以 F 指定。G00 指令的速度单位为 m/min（米/分钟）。

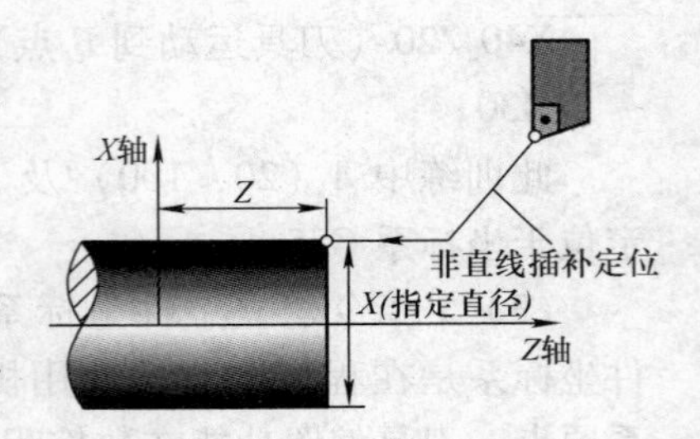

图 2-6 G00 执行定位的刀具运动轨迹

（2）直线插补指令 G01　G01 指令是直线运动指令，指令刀具以联动的方式，按 F 规定的合成进给速度，从当前位置按线性路线（联动直线轴的合成轨迹为直线）移动到程序段指定的终点。G01 指令是模态（续效）指令。

格式：

G01 X_ Z_ F_（绝对坐标）；

G01 U_ W_ F_（增量坐标）；

其中 F 是切削进给率或进给速度，单位为 mm/r 或 mm/min，取决于该指令前面程序段的设置。使用 G01 指令时可以采用绝对坐标编程，也可采用增量坐标编程。当采用绝对坐编程时，数控系统在接受 G01 指令后，刀具将移至坐标值为 *X*、*Z* 的点上；当采用相对坐编程时，刀具移至距当前点的距离为 U、W 值的点上。

说明：

① G01 指令后的坐标值取绝对值编程还是增量值编程，由尺寸字地址决定，有的数控车床由数控系统当时的状态（G90、G91）决定。

② 进给速度由 F 指令决定。F 指令也是模态指令，它可以用 G00 指令取消。如果在 G01 程序段之前的程序段没有 F 指令，而现在的 G01 程序段中也没有 F 指令，则机床不运动。因此，G01 程序中必须含有 F 指令。

③ 数控车床系统中，G01 指令具有自动倒角功能。G01 指令的倒角功能是在两相邻轨迹之间插入直线倒角或圆弧倒角。

直线倒角格式：G01 X_Z_C_；C 是相邻两直线的交点 *G*，相对于倒角始点 *A* 的距离。

圆弧倒角格式：G01 X_Z_R_；*R* 是倒角圆弧的半径值。

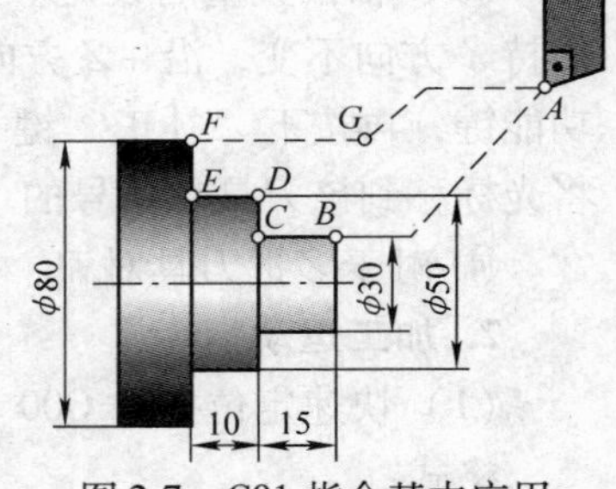

图 2-7 G01 指令基本应用

训练 2-3　G01 指令基本应用

如图 2-7 所示零件，沿 *A*→*B*→*C*→…→*A* 的顺序编写轮廓加工程序。

程序内容	点	程序说明
O1001；		程序名
N1 G00 X200 Z120；	*A*	G00 快速移动定位到坐标 *A*（X200，Z120）（安全的换刀点）
T0100；		选择 1 号刀旋转到准备切削位置，不补正（补正消除）
G50 S2000；		限制主轴最高转速 2000r/min
G96 S180 M03；		主轴以 180m/min 正转（逆时针方向）
G00 X30 Z1 T0101 M08；	*B*	快速定位到坐标（X30，Z1） 选择 1 号刀具，选择 1 号补正值，M08 切削液开启

（续）

程序内容	点	程序说明
G01 X30 Z-15 F0.2；	*C*	G01 直线切削（向左），0.2mm/r
G01 X50 Z-15 F0.2；	*D*	G01 直线切削（向上），0.2mm/r
G01 X50 Z-25 F0.2；	*E*	G01 直线切削（向左），0.2mm/r
G01 X80 Z-25 F0.2 M09；	*F*	G01 直线切削（向上），切削完成时 M09 切削液关闭
G00 X80 Z-20 M05；	*G*	G00 快速移动定位到坐标 *G*（X80，Z20） M05 主轴停止
G00 X200 Z120；	*A*	G00 快速移动定位到坐标 *A*（X200，Z120），回到起始点（换刀点）
M30；		程序结束

（3）圆弧插补指令 G02/G03

格式：

G02/G03 X(U)_ Z(W)_ I_ K_ F_;

G02/G03 X(U)_ Z(W)_ R_ F_;

各指令意义如下：

指定内容		指　令	意　义
圆弧指令		G02	顺时针方向
		G03	逆时针方向
坐标字	绝对指令	X、Z	终点位置的坐标
	增量指令	U、W	从起点到终点的距离
圆心坐标		I、K	由起点到圆心的距离（半径值）
圆弧半径		R	圆弧半径（半径值）
进给速度		F	沿圆弧进给率

圆弧插补指令分为顺时针圆弧插补指令 G02 和逆时针圆弧插补指令 G03。圆弧插补的顺逆方向判断如下：沿着不在圆弧平面（如 *XZ* 平面）内的坐标轴（如 *Y* 轴），由正方向向负方向看，顺时针方向为 G02，逆时针方向为 G03。

数控车床是两坐标的机床，只有 *X* 轴和 *Z* 轴，且通常 *Z* 轴是水平向右，刀具的切削方向是从右向左。因此按上面方法可以判断出如果刀具轨迹为“凹”，则圆弧方向为 G02；如果刀具轨迹为“凸”，则圆弧方向为 G03，如图 2-8 所示。

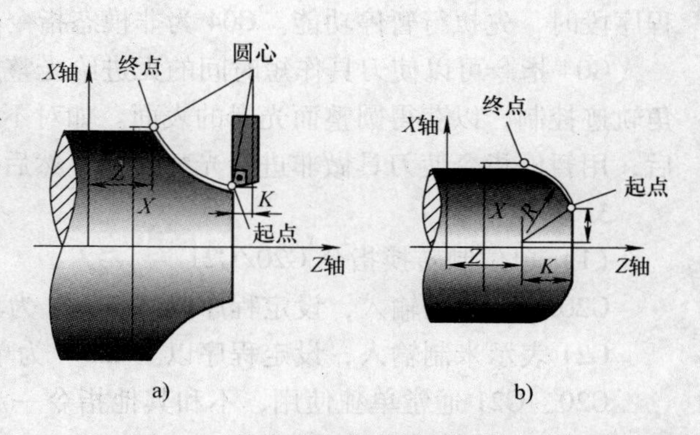

图 2-8　数控车床判断圆弧插补方向

a）轨迹“凹”，指令 G02　b）轨迹“凸”，指令 G03

说明：

① 采用绝对值编程时，圆弧终点坐标为圆弧终点在工件坐标系中的坐标值，用 X、Z 表示。当采用增量值编程时，圆弧终点坐标为圆弧终点相对于圆弧起点的增量值，用

U、W 表示。

② 圆心坐标 I、K 为圆弧起点到圆弧中心所作矢量分别在 X、Z 坐标轴方向上的分矢量（矢量方向从圆弧起点指向圆心）。本系统 I、K 为增量值，并带有“±”号，当分矢量的方向与坐标轴的方向不一致时取“－”号。

③ 当用半径指定圆心位置时，由于在同一半径的情况下，从圆弧的起点到终点有两个圆弧的可能性，为区别二者，规定圆心角≤180°时，用“＋R”表示。若圆弧圆心角在 180°～360°时，用“－R”表示。

④ 用半径指定圆心位置时，不能描述整圆。

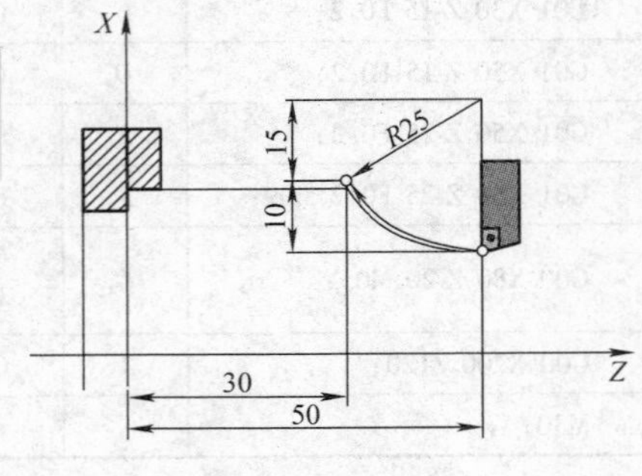

图 2-9　轨迹图

训练 2-4　同一圆弧轨迹不同编程方法的程序比较（见图 2-9）

	绝 对 编 程	增 量 编 程
半径方式	G01 X60 Z0 F0.2; G02 X80 Z-20 R25;	G01 X60 Z0 F0.2; G02 U20 W-20 R25;
圆心方式	G01 X60 Z0 F0.2; G02 X80 Z-20 I25;	G01 X60 Z0 F0.2; G02 U20 W-20 I25;

（4）暂停指令 G04

格式：

G04 X_;

G04 P_;

地址码 X、P 表示暂停时间，其中 X 后面可用带小数点的数，单位为 s（秒），如 G04 X0.6；表示在前一程序执行完后，要经过 0.6s 以后，后一程序段才执行。地址 P 后面不允许用小数点，单位为 ms（毫秒），如 G04 P600；表示暂停 600ms。有些机床，X 后面的数字表示刀具或工件空转的圈数。

G04 指令在前一程序段的进给速度降到零之后才开始暂停动作，在执行含 G04 指令的程序段时，先执行暂停功能。G04 为非模态指令，仅在其被指定的程序段中有效。

G04 指令可以使刀具作短时间的无进给光整加工，在车槽、钻镗孔时使用，也可用于拐角轨迹控制，以获得圆整而光滑的表面。如对不通孔作深度控制时，在刀具进给到规定深度后，用暂停指令使刀具做非进给光整切削，然后退刀，保证孔底平整。

3. 其他指令

（1）单位制转换指令 G20/G21

G20 表示英制输入，设定程序以“inch”为单位，最小数值为 0.0001inch。

G21 表示米制输入，设定程序以“mm”为单位，最小数值为 0.001mm。

G20、G21 通常单独使用，不和其他指令一起出现在同一程序段中，且 G20、G21 应放在程序开始的第一个程序段中。

G20 和 G21 是两个可以互相取代的代码。机床出厂前一般设定为 G21 状态，机床的各项参数均以米制单位设定，所以数控车床一般适用于米制尺寸工件加工。如果一个程序开始用 G20 指令，则表示程序中相关的一些数据均为英制（单位为 in）；如果程序用 G21 指令，则表示程序中相关的一些数据均为米制（单位为 mm）。在一个程序内，不能同时使用 G20 或 G21 指令，且必须在坐标系确定前指定。

G20 或 G21 指令断电前后一致，即停电前使用 G20 或 G21 指令，在下次后仍有效，除非重新设定。

（2）参考点返回指令 G27/G28/G29/G30　机床参考点是可以任意设定的，设定的位置主要根据机床加工或换刀的需要。机床参考点的设定方法有两种：根据刀杆上某一点或刀具刀尖等坐标位置存入参数中来设定机床参考点；调整机床上各相应的挡铁位置，设定机床参考点。一般参考点选作机床坐标的原点，在使用手动返回参考点功能时，刀具即可在机床 *X*、*Y*、*Z* 坐标参考点定位，这时返回参考点指示灯亮，表明刀具在机床的参考点位置。

① 返回参考点校验指令 G27。

格式：

G27 X_Y_;

G27 指令用于检查机床是否能准确返回参考点。

当执行 G27 指令后，返回各轴参考点指示灯分别点亮。当使用刀具补偿功能时，指示灯是不亮的，所以在取消刀具补偿功能后，才能使用 G27 指令。当返回参考点校验功能程序段完成，需要使机械系统停止时，必须在下一个程序段后增加 M00 或 M01 等辅助功能或在单程序段情况下运行。

② 自动返回参考点指令 G28。

格式：

G28 X_Y_;

G28 Z_X_;

G28 Y_Z_;

其中 X、Y、Z 为中间点位置坐标，指令执行后，所有的受控轴都将快速定位到中间点，然后再从中间点到参考点。

利用 G28 指令可以使受控轴自动返回参考点。

G28 指令一般用于自动换刀，所以使用 G28 指令时，应取消刀具的补偿功能。

③ 从参考点自动返回指令 G29。

格式：

G29 X_Y_;

G29 Z_X_;

G29 Y_Z_;

G29 指令一般紧跟在 G28 指令后使用，指令中的 X、Y、Z 坐标值是执行完 G29 后，刀具应到达的坐标点。它的动作顺序是从参考点快速到达 G28 指令的中间点，再从中间点移动到 G29 指令的点定位，其动作与 G00 动作相同。

④ 第二参考点返回指令 G30。

格式：

G30 X_Y_;

G30 Z_X_;

G30 Y_Z_;

G30 为第二参考点返回，该功能与 G28 指令相似。不同之处是刀具自动返回第二参考点，而第二参考点的位置是由参数来设定的，G30 指令必须在执行返回第一参考点后才有效。如 G30 指令后面直接跟 G29 指令，则刀具将经由 G30 指定的中间点（坐标值为 x、y、z）移到 G29 指令的返回点定位，类似于 G28 后跟 G29 指令。通常 G30 指令用于自动换刀位置与参考点不同的场合，而且在使用 G30 前，同 G28 一样应先取消刀具补偿。

（3）线速度控制指令 G96/G97

① 恒线速控制 G96。

格式：

G96 S_;

S 后面的数字表示恒线速度，单位是 m/min。

例：G96 S150；表示切削点线速度为 150m/min。此时主轴转速非恒定。

② 恒线速取消（恒转速）指令 G97。

格式：

G97 S_;

S 后面的数字表示恒线速度控制取消后的主轴转速，即恒转速，单位是 r/min。

例：G97 S1000；表示主轴以恒定转速 1000 r/min 控制加工。恒转速控制一般在车螺纹或车削工件直径变化不大时使用。

（4）主轴最高转速限定指令 G50

格式：G50 S_;

例如：G50 S2000；表示限制主轴的最高转速为 2000r/min。

（5）进给速度控制指令 G98/G99　在数控车削中有两种切削进给模式设置方法，即进给速度（即每分钟进给模式，G98）和进给率（即每转进给模式，G99）。

G98 为进给速度转换指令，其单位是 mm/min。

G99 为进给率转换指令，其单位是 mm/r。

例：G98；

　　G01X20 Z60 F100；此时 F 的单位为 mm/min。

　　G99；

　　G01X20 Z60 F0.2；此时 F 的单位为 mm/r。

G98 和 G99 都是模态指令，一旦指定就一直有效，直到指定另一方式为止。数控车削系统缺省的进给模式是进给率，即每转进给模式，只有在用动力刀具铣削时才采用每分钟进给模式。

G98 和 G99 表示的进给速度之间的转换关系是 G98 F = G99 F × 主轴转速。例如，如果主轴转速为 1000r/min，则 G99 F0.1 = G98 F100（即 0.1mm/r × 1000r/min = 100mm/min）。

2.2.3　单一形状固定循环指令编程

单一形状固定循环功能用一个循环指令完成“进刀→切削→退刀→返回”四个动作的循环过程，实现数控编程的简化。单一形状固定循环指令有 G90、G94 和 G92 三种，前两种是表面加工，后一种是有关螺纹的线加工（将在后面螺纹加工部分详细分析）。

1. 外径、内径切削循环指令 G90

（1）外圆切削循环

格式：

G90 X(U)_Z(W)_ F_;

其中，X（U）、Z（W）指定的是切削终点的坐标，X、Z 是指圆柱面切削终点的绝对坐标，U、W 是指圆柱面切削终点相对于循环起点的增量坐标。F 指定的是进给速度。

如图 2-10 所示，G90 指令在执行直线切削循环时刀具从循环起点开始按矩形循环，最后又回到循环起点。图中（R）表示快速运动，（F）表示以进给速度运动。其加工顺序按 1→2→3→4 进行。

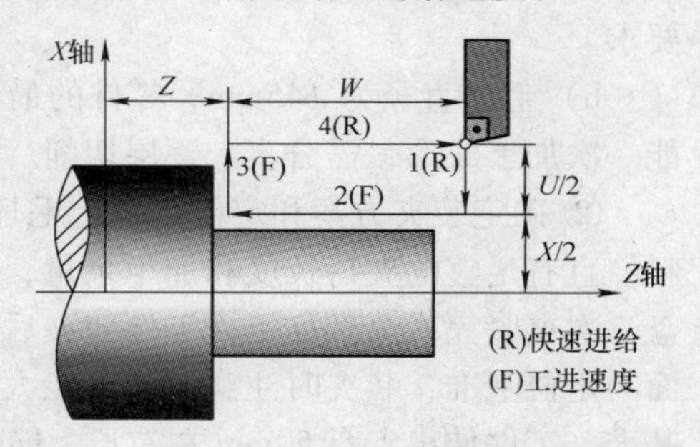

图 2-10　G90 直线切削循环走刀路线

（2）锥面切削循环

格式：

G90 X(U)_Z(W)_I_F_;

其中，I 为圆锥面切削起点与圆锥面切削终点的半径之差，具有正、负号。

G90 指令无论是外圆循环还是锥面循环切削过程，一次进刀切削都经过四个动作（见图 2-10、图 2-11)：进刀 1（R）→切削 2（F）→退刀 3（F）→返回 4（R）。若用 G00、G01 指令编制程序，每一个动作需要用一个程序段，4 个动作需要 4 个程序段完成，而用 G90 指令来完成这一系列连续的动作，只需要一个含 G90 指令的程序段即可。G90 指令简化了程序。每执行一次 G90 指令，刀具走一遍循环路径。其中图中标注 R 的路径代表刀具此时是快速运动的，标注 F 的路径代表刀具按指定的工作进给速度运动。加工顺序按图中标识的 1R→2F→3F→4R 路径进行。

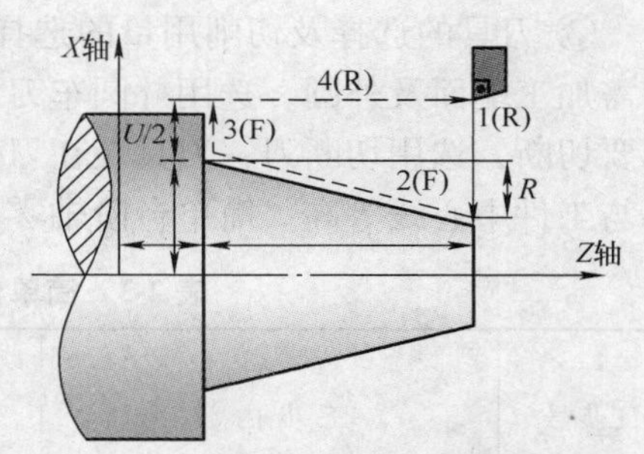

图 2-11　G90 锥面切削循环走刀路线

（3）G90 指令应用注意事项

① G90 指令为循环指令，因此要指定循环的起点，起点的位置要不低于任何一段切削路径，每一步进刀加工结束后，刀具均返回起点。切削锥面时，有时候起点的位置需要计算。

② G90 指令属于单一形状固定循环指令，每次的切削深度由程序中的 X（U）坐标值来确定。

③ G90 指令在切削圆柱面时循环路径是一个矩形，切削锥面时循环路径是一个梯形。

④ 一般在固定循环切削过程中，M、S、T 等功能都不改变。如果需要改变时，必须在 G00 或 G01 的指令下变更，然后再指令固定循环。

⑤ G90 指令切削锥面时，I 为切削起点与切削终点在半径方向上的增量，是一个矢量值。当起点的位置不在工件的端面位置时，I 值在大小上并不等于工件圆锥起点与终点的半径差，而是与起点的轴向位置有关。I 值的正负取值原则如下：切削起点半径大于切削终点

半径时，R 取正值（+）；切削起点半径小于切削终点半径时，R 取负值（-）。

训练 2-5　直线切削循环

如图 2-12 所示零件，毛坯为 ϕ45mm × 70mm 的 45 钢棒料，无特殊热处理和硬度要求。编写在 FANUC 0i-Mate 系统数控车床上实现加工的数控程序。

① 工艺分析。

a）该零件外形较简单，需要加工端面、台阶外圆并切断。对 ϕ30mm ±0.03mm 外圆的直径尺寸和长度尺寸有一定的精度要求。

b）毛坯直径为 ϕ45mm，零件的最小直径为 ϕ30mm，外圆不能一次加工成形，需分步、逐层切削。

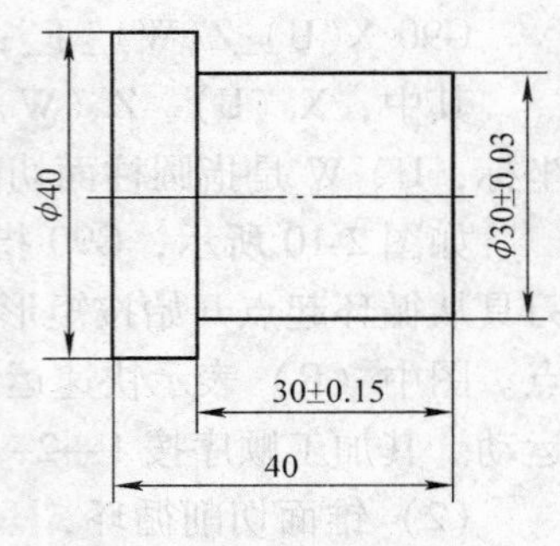

图 2-12　简单台阶轴

② 确定装夹方案和定位基准。毛坯是一个 ϕ45mm 的实心棒料，且有足够的夹持长度和加工余量，便于装夹。采用自定心卡盘一次夹紧完成全部加工，工件装夹后一般不需找正。以毛坯表面为定位基准，装夹时注意跳动不能太大。以外圆轴线作为定位基准，工件伸出卡盘 50mm 左右长，能保证 40mm 的车削长度，同时便于切断刀进行切断加工，工件坐标系原点经对刀操作设定在工件右端面中心上。

③ 刀具的选择及切削用量的选择。首先根据零件加工表面特征确定刀具类型，此零件只需加工端面及外圆，选用外圆车刀即可，刀具装在刀架上的 1 号刀位。此外，工件加工完毕要切断，选用切断刀，刀具装在刀架上的 2 号刀位。刀具安装压紧力度要适当，车刀刀尖要与工件中心线等高。简单台阶轴零件加工刀具及切削参数见表 2-3。

表 2-3　简单台阶轴零件加工刀具及切削参数表

工步号	工步内容	刀具号	刀具类型	切削用量	
				主轴转速 /(r/min)	进给速度 /(mm/r)
1	车端面	T0101	93°菱形外圆刀	150	0.1
2	车外圆台阶	T0101	93°菱形外圆刀	1000	0.15
3	切断（保证总长 40mm）	T0202	刀宽为 2mm 的切断刀	400	0.08

④ 参考程序。

```
O0001；（程序名）
T0101；（调用1#刀具，调用1#刀补）
S600M03；（主轴正转，转速为600r/min）
G96S150；（恒线速控制）
G00X46Z2；（刀具到达循环的起点）
G00Z0；
G01X0F0.1；（切端面）
G00X46Z2；（刀具到达循环的起点）
G97S1000；（取消恒线速控制）
G90X43Z-42F0.15；（走第一刀，径向车至φ43mm）
```

X41；（走第二刀，径向车至 ϕ41mm）
X40；（走第三刀，径向车至 ϕ40mm）
X38Z-30；（走第四刀，径向车至 ϕ38mm）
X36；（走第五刀，径向车至 ϕ36mm）
X34；（走第六刀，径向车至 ϕ34mm）
X32；（走第七刀，径向车至 ϕ32mm）
X30；（走第八刀，径向车至 ϕ30mm）
G00X100；
Z100；（刀具快速到达换刀点）
T0202；（换 2 号刀具）
S400M03；（调整主轴转速）
G00X46Z-42；（刀具移动到切断点）
G01X2F0.08；（零件切断）
G01X46F0.2；（退刀）
G00X100；
Z100；（刀具快速到达安全位置）
M05；（主轴停止）
M30；（程序结束）

2. 端面切削循环指令 G94

G94 指令同样分成两种情况，即直线端面切削循环和锥形端面切削循环。

（1）直线端面切削循环

格式：

G94X(U)_Z(W)_F_;

其中，X（U）、Z（W）指定的是切削终点的坐标。U、W 是指切削终点相对于循环起点的增量坐标。F 指定的是进给速度。

G94 指令的加工轨迹由 4 个步骤组成，如图 2-13 所示。刀具从循环起点开始，沿 *Z* 方向快速定位到切削起点（1R）→沿 *X* 方向车削工件端面（2F）→沿 Z 方向退刀（3F）→快速返回到循环起点（4R）。每执行一次 G94 指令，刀具走一遍该路径。图中标注 R 的路径代表刀具此时是快速运动的，标注 F 的路径代表刀具按程序中 F 指定的进给速度运动。

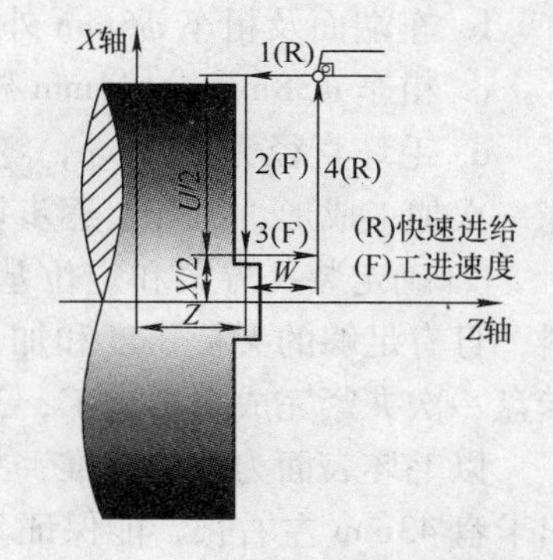

图 2-13　G94 直线端面切削循环

（2）锥形端面切削循环

格式：

G94X(U)_Z(W)_K_F_;

其中，K 是圆锥面切削起点与圆锥面切削终点的 *Z* 向坐标差。其他指令含义和直线端面切削循环时的含义相同。

用 G94 指令加工圆锥面，完成的循环动作如图 2-14 所示，刀具从循环起点开始按梯形 1R→2F→3F→4R 顺序循环，最后又回到循环起点。每执行一次 G94 指令，刀具走一遍该路径。图中标注 R 的路径代表刀具此时是快速运动的，标注 F 的路径代表刀具按 F 指定的进给切削速度运动。

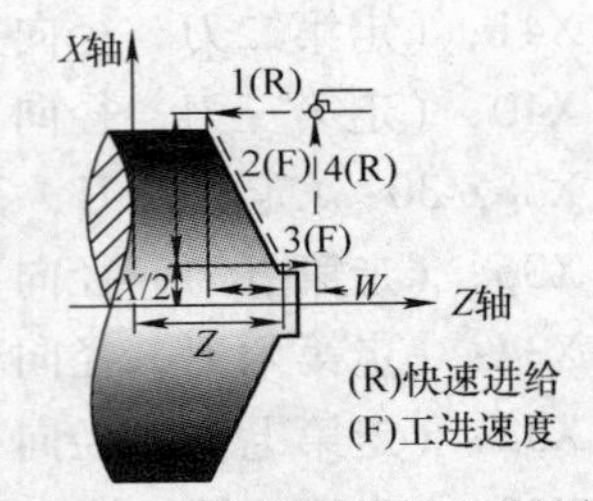

图 2-14 G94 锥面端面切削循环

(3) G94 指令应用注意事项

① G94 指令为循环指令，因此要指定循环的起刀点，起刀点的位置要不低于任何一段切削路径。

② G94 指令属于单调循环切削，每次的切削深度（背吃刀量）由程序中的 Z（W）坐标值来确定。

③ G94 指令在切削圆柱面时的循环路径为一个矩形，刀具先轴向快速进给，再做径向切削运动。切削圆锥面时的循环路径为一个梯形，刀具先轴向快速进给，再沿锥面做切削运动。

④ 执行 G94 指令时，M、S、T 等功能都不改变。如果需要改变时，必须在 G00 或 G01 的指令下改变，然后再执行指令 G94。

⑤ G94 指令为循环指令，因此要指定循环的起刀点，起刀点的位置要远于任何一段切削路径。当其走刀路径是一个锥面时，起刀点的位置需要计算。

⑥ K 为切削起点与切削终点在轴向上的增量，是一个矢量值。当起刀点的位置不在工件的最大外圆位置时，K 值在大小上并不等于工件圆锥起点与终点的轴向差，而是与起刀点的径向位置有关。对于 K 值的正负取值有这样的原则：切削起点坐标 *Z* 值大于切削终点坐标 *Z* 值时，K 取正值；切削起点坐标 *Z* 值小于切削终点坐标 *Z* 值时，K 取负值。

训练 2-6 直线端面切削

如图 2-15 所示，毛坯是 ϕ40mm 的 45 钢棒料，采用 G94 指令编写 FANUC 0*i*-Mate 系统适用的数控程序。

① 工艺分析。

a. 该零件外形较简单，需要加工端面、外圆柱面并切断。对外圆的直径尺寸和长度尺寸没有精度要求。

b. 车端面及粗车 ϕ6mm 外圆，留余量 0.3mm。

c. 粗车 ϕ38mm、ϕ34mm 外圆，留余量 0.3mm。

d. 毛坯直径为 ϕ40mm，零件的最小直径为 ϕ6mm，外圆不能一次加工成形，需分层逐步切削。

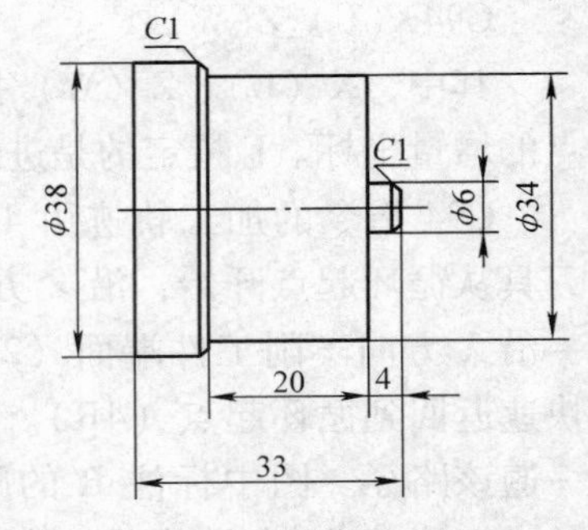

图 2-15 直线端面切削循环

② 确定装夹方案和定位基准。毛坯是一个 ϕ40mm 实心棒料，且有足够的夹持长度和加工余量，便于装夹。采用自定心卡盘一次夹紧完成全部加工，工件装夹后一般不需找正。

以毛坯表面为定位基准，装夹时注意跳动不能太大。以外圆轴线作为定位基准，工件伸出卡盘 43mm 左右长，能保证 33mm 的车削长度，同时便于切断刀进行切断加工，工件坐标系原点经对刀操作设定在工件右端面中心上。

③ 刀具的选择及切削用量的选择。首先根据零件加工表面特征确定刀具类型，此零件只需加工端面及外圆，选用端面刀即可，刀具装在刀架上的 1 号刀位。此外，工件加工完毕要切断，选用切断刀，刀具装在刀架上的 2 号刀位。刀具安装压紧力度要适当，车刀刀尖要与工件中心线等高。刀具及切削参数见表 2-4。

表 2-4　刀具及切削参数表

工步号	工步内容	刀具号	刀具类型	切削用量	
				主轴转速 /(r/min)	进给速度 /(mm/r)
1	车端面	T0101	端面刀	500	0.1
2	粗车外圆台阶	T0101	端面刀	1000	0.2
3	精车外圆台阶	T0101	端面刀	1200	0.1
4	切断（保证总长 30mm）	T0202	刀宽为 2mm 的切断刀	400	0.08

④ 参考程序。

```
O0003;
G97G99;
T0101;
S500M03;
G00X45Z0;（刀具快速定位）
G01X0F0.1;（车端面）
G01X45F0.2;（退刀）
S1000M03;
G00X45Z2;
G94X6.3Z-2;（粗车 φ6mm 外圆，留余量 0.3mm）
Z-3.7;
G00X100;
Z100;
G00X41Z1;（刀具快速定位）
G90X38.3Z-36;（粗车外圆至 φ38.3mm，长度为 36mm）
X36Z-23.7;
X34.3;
M03S1200;
G00X2Z1;（刀具快速定位，准备进行精车）
G01X6Z-1F0.1;（车端面倒角）
G01Z-4;（精车 φ6mm 外圆）
G01X34;（车台阶面）
G01Z-24;
G01X36;
G01X38W-1;（车倒角）
G01Z-36;（精车 φ38mm 外圆）
G01X45;（退刀）
G00X100;
Z100;
```

```
M03S400;
T0202;
G00X42Z-35;(刀具快速定位)
G01X1F0.08;(切断)
X45;
G00X100;
Z100;
M05;
M30;
```

G90、G94 等单一固定循环指令编程格式简单，使用起来也非常方便，对于典型的轴类零件使用这两个指令加工可以很快去除余量，因此在实际生产中应用得比较多，特别是在进行粗加工去除余量的时候。但用这两个指令加工带有圆锥面或圆弧面的工件时，在编程上会显得很繁琐，有时候为了计算点的坐标会增加大量工作。

2.2.4　复合形状固定循环指令编程

当加工余量较大的零件时，采用循环编程，可以缩短程序段的长度，减少程序所占内存。各类数控系统复合循环的形式和使用方法（主要是编程方法）相差很大，但是基本的原理都是相通的。在实际加工中，对于棒料毛坯车削阶梯相差较大的轴，或切除铸、锻件的毛坯余量时，都有一些多次重复进行的动作，借助复合固定循环，可以简化编程。

固定循环指令是向数控系统输入零件的最终外形轮廓，通过指令每次的背吃刀量或切削循环次数，机床即可自动地重复切削直到工件加工完为止。在 FANUC 0*i*-Mate 数控系统中，复合形状固定循环指令主要有 G71、G72、G73、G74、G75、G76、G70 等。在这一组复合形状固定循环指令中，G70 是 G71、G72、G73 粗加工后的精加工指令，G74 是深孔钻削固定循环指令，G75 是切槽固定循环指令，G76 是螺纹加工固定循环指令。

1. 精车循环指令 G70

格式：

G70 P <u>*ns*</u> Q <u>*nf*</u>;

其中，*ns*：精加工形状程序段组的开始程序段顺序号；*nf*：精加工形状程序段组的结束程序段顺序号。

G70 指令应用注意事项如下：

① 必须先使用 G71、G72、G73 指令后，才可以使用 G70 指令。

② G70 指令是用来实现工件精加工的，其走刀路线即为 *ns* 与 *nf* 程序段之间的编程路线。

③ 在含 G71、G72、G73 的程序段中指令的 F、S、T 功能对 G70 的程序段无效，而在顺序号 *ns* 到 *nf* 之间指令的地址 F、S、T 对 G70 的程序段有效。

④ G70 精加工循环一旦结束，刀具快速进给返回起始点，并开始读入 G70 循环的下一个程序段。

⑤ 在被 G70 使用的顺序号 *ns*～*nf* 间程序段中，不能调用子程序。

⑥ G70 精车循环结束时，要注意其快速退刀路线，防止刀具与工件发生干涉。

2. 粗车复合循环指令 G71

格式：

G71 U $\underline{\Delta d}$ R $\underline{e}$ ；

G71 P $\underline{ns}$ Q $\underline{nf}$ U $\underline{\Delta u}$ W $\underline{\Delta w}$ F $\underline{f}$ S $\underline{s}$ T $\underline{t}$ ；

其中，Δd：X 向循环的背吃刀量（半径值，无正负号），该参数为模态值。

e：X 向退刀量（半径值，无正负号），该参数为模态值。

ns：精加工轮廓程序段中的开始程序段号。

nf：精加工轮廓程序段中的结束程序段号。

Δu：X 方向精加工余量（直径值，为负时加工内孔）。

Δw：Z 方向精加工余量。

f、s、t：粗车过程中从程序段号 P 到 Q 之间包括的任何 F、S、T 功能都被忽略，只有 G71 指令中指定的 F、S、T 功能有效。

G71 指令为水平分层切削复合循环，使用于纵向粗车量较多的情况，内、外径加工皆可使用。G71 粗车复合循环路线如图 2-16 所示，G71 指令适于车削圆棒料毛坯的零件。

由图 2-16 所示的走刀路线可知，在运行 G71 指令之前，要先指定一个起刀点，并且刀具要首先到达起刀点（图中 C 点即为起刀点）。执行 G71 指令时，数控装置首先根据用户编写的精加工轮廓，在预留出 X、Z 向的精加工余量 Δu、Δw 后，计算出粗加工实际轮廓的各个坐标值，刀具按层切法将加工余量去除。首先刀具 X 向进刀 Δd，沿轴向以切削速度走刀至工件的编程轮廓（A'-B），然后斜向按 e 值 45°方向退刀，再快速退至起刀点所在的 X 平面。并依此循环下去，直到去除所有粗加工余量，此时工件斜面和圆弧部分形成台阶状表面，然后按精加工轮廓光整表面，再沿编程路径加工一遍工件的轮廓，此时留下径向精加工余量 Δu 和轴向的精加工余量 Δw。循环结束，刀具返回到起刀点。

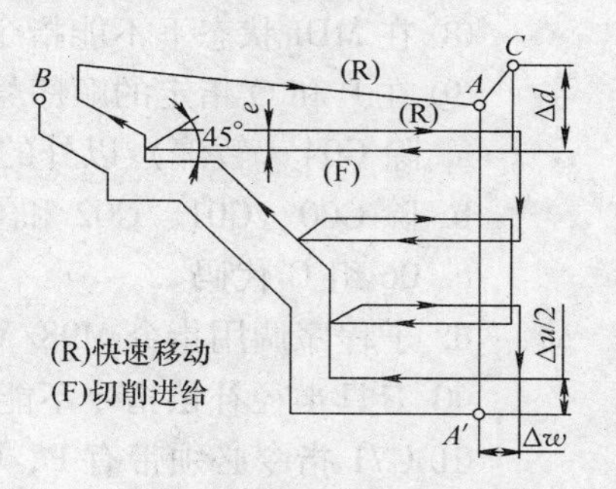

图 2-16　G71 粗车复合循环路线

当上述程序指令的是工件内轮廓时，G71 就自动成为内径粗车循环，此时径向精车余量 Δu 应指定为负值。根据数值的符号，提供 4 种切削模式（所有这些切削循环都平行于 Z 轴），U 和 W 数值符号如图 2-17 所示，其中 A 和 A'之间的刀具轨迹是在包含 G00 或 G01 顺序号为“ns”的循环第一个程序段中指定，但是在这个程序段中，不能指定 Z 轴的运动指令。A'和 B 之间的刀具轨迹在 X 和 Z 方向必须逐渐增加或减少。当 A 和 A'之间的刀具轨迹用 G00 或 G01 编程时，沿 AA'的切削是在 G00 还是 G01 方式，由 A 和 A'之间的指令决定。而实际上，在编程的时候为简单起见，通常把 A 点和 C 点合为一点，并且 A 点和 A'点均位于同一个 X 平面内。

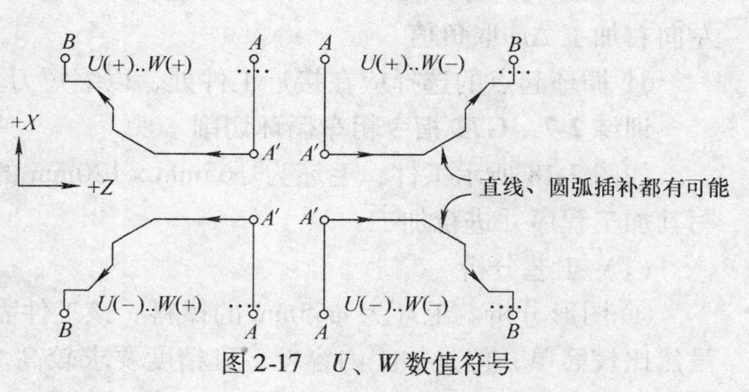

图 2-17　U、W 数值符号

G71 指令应用注意事项如下：

① 该指令适用于轴向尺寸较长的外圆柱面或内孔面工件，对于中间凹或凸的工件，若凹进或凸出的量比较大，则不适合用该指令，即零件轮廓必须符合 X 轴、Z 轴方向同时单调增大或单调减小。

② 其编程路径一般选择轴向进刀、径向退刀，并在此时加入或取消刀具补偿。

③ 当 Δd 和 Δu 两者都由地址 U 指定时，其意义由地址 P 和 Q 决定。

④ 运行该指令之前要先指定起刀点，起刀点的位置要适当，因为程序循环结束后刀具要返回到起刀点，要避免刀具与工件发生干涉。

⑤ *ns* 与 *nf* 之间的走刀路径不能封闭或者近似封闭，否则粗加工循环只执行加工工件轮廓这一个环节。

⑥ 应当正确地为每个 G71 程序段指定地址 P、Q、X、Z、U、W 和 R。

⑦ 在使用 G71 进行粗加工时，只有含在 G71 程序段中的 F、S、T 功能才有效，而包含在 *ns*～*nf* 程序段中的 F、S、T 指令对粗车循环无效。当用恒线速度控制时，*ns*～*nf* 的程序段中指定的 G96、G97 无效，应在 G71 程序段以前指定。

⑧ 在 MDI 状态下不能指令 G71，否则产生报警。

⑨ 在 P 和 Q 指定的顺序号之间的程序段中，不能用下列指令：

a. 除 G04（暂停）以外的非模态 G 代码。

b. 除 G00、G01、G02 和 G03 外的所有 01 组 G 代码。

c. 06 组 G 代码。

d. 子程序调用指令 M98/M99。

⑩ 刀具半径补偿指令不能用于 G71 粗加工，程序中的补偿指令只在运行 G70 时起作用。

⑪ G71 指令必须带有 P、Q 地址 *ns*、*nf*，且与精加工路径起、止顺序号对应，否则不能进行加工。

⑫ *ns*、*nf* 的程序段必须为 G00/G01 指令，即从 A 至 A' 的动作必须是直线或点定位运动且程序段中不应编有 Z 向移动指令。

⑬ 在进行外形加工时 Δu 取正，内孔加工时 Δu 取负值；从右向左加工 Δw 取正值，从左向右加工 Δw 取负值。

⑭ 循环起点的选择应在接近工件处，以缩短刀具行程和避免空进给。

训练 2-7　G71 指令粗车循环切削

如图 2-18 所示工件，毛坯为 ϕ65mm × 120mm 的 45 钢，试用外圆粗车循环指令 G71 编写其加工程序并进行加工。

（1）工艺分析

① 图形分析。毛坯为 ϕ65mm 的棒料。该工件需要加工的内容有外圆和外槽。外形结构虽然比较简单，但是加工内容较多且精度要求较高。为避免重复定位误差，选择一次装夹，粗、精加工全部完成的方式。工件加工前后都有很好的定位基准，考虑到工件较长，选择“一夹一顶”的装夹方式，安装工件时用百分表找正。

② 加工准备。在毛坯材料上加工出装夹基准。

③ 工艺知识。

a. 数控车床通用夹具。在数控车床上加工零件时，一般采用通用夹具进行装夹，在数

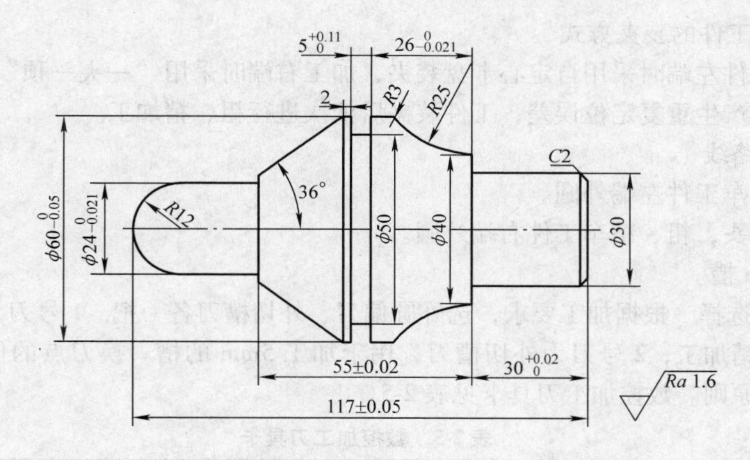

图 2-18　G71 指令工作任务

控车床上常用的通用夹具有自定心卡盘（见图 2-19a）、单动卡盘（见图 2-19b）、顶尖（见图 2-19c）、软爪和拨动顶尖等。在加工一些形状不规则的零件时，由于不能用卡盘和顶尖装夹，这时可借助花盘、角铁等夹具进行装夹。

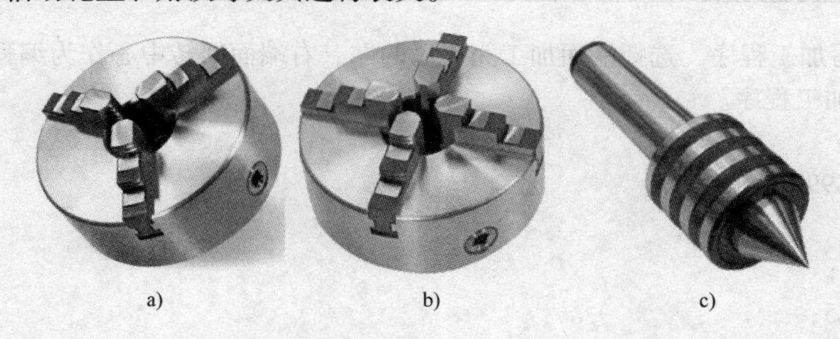

a)　b)　c)

图 2-19　通用夹具

a）自定心卡盘　b）单动卡盘　c）顶尖

b. 掉头装夹时的工件校正。在工件加工过程中采用掉头装夹时，通常需要对工件进行找正，其找正方法如图 2-20 所示。将百分表固定在工作台面上，触头触压在圆柱侧素线的上方，然后轻轻手动转动卡盘，根据百分表的读数用铜棒轻敲工件进行调整。当主轴再次旋转的过程中百分表读数不变时，表示工件装夹表面的轴线与主轴轴线同轴。

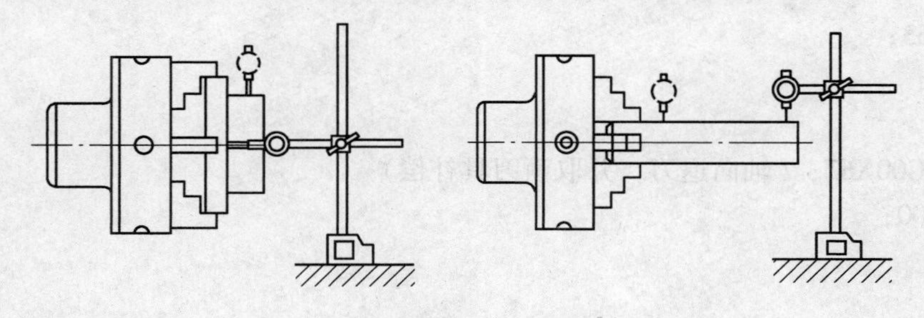

图 2-20　工件找正方法

(2) 确定工件的装夹方式

① 加工工件左端时采用自定心卡盘装夹，加工右端时采用“一夹一顶”的装夹方式。

② 为避免产生重复定位误差，工件装夹后依次进行粗、精加工。

(3) 工艺路线

① 粗、精车工件左端外圆。

② 工件掉头，粗、精车工件右端外圆。

③ 车5mm槽。

(4) 刀具选择　根据加工要求，选外圆偏刀、外切槽刀各一把。1号刀为外圆偏刀，用于外圆的粗、精加工；2号刀为外切槽刀，用于加工5mm的槽。换刀点的位置选择以刀具不碰到工件为原则。数控加工刀具卡见表2-5。

表2-5　数控加工刀具卡

刀具号	刀具规格名称	数量	加工内容	主轴转速 /(r/min)	进给速度 /(mm/r)
T0101	93°外圆刀	1	工件外轮廓	800	0.2
T0101	93°外圆刀	1	精车工件外轮廓	1000	0.08
T0202	4mm宽外切槽刀	1	车外槽	400	0.05

(5) 编写加工程序　选择端面加工完成后的左、右端面回转中心作为编程原点。

① 左端加工程序。

```
O0005;
G40G97G99;
T0101;
S800M03;
G00X67Z5;
G71U1R0.5;
G71P1Q2U0.2W0.05F0.2;
N1G00X0;
G42G01Z0F0.08;（径向进刀，加入刀具半径补偿）
G03X24Z-12R12;
G01Z-32;
X28;
X60Z-63;
W-10;
X65;
N2G40G00X67;（轴向退刀，并取消刀具补偿）
G00X100;
Z100;
M05;
M00;（程序暂停，此时可以在精加工之前修改磨耗）
S1000M03;
```

```
T0101;
G00X67Z5;
G70P1Q2;（精车循环）
G00X100;
Z100;
M05;
M30;
```

② 右端加工程序。工件掉头，采用“一夹一顶”的装夹方式。

```
O0006;
G40G97G99;
T0101;
S800M03;
G00X67Z5;
G71U1R0.5;
G71P1Q2U0.2W0.05F0.2;
N1G00X26;
G42G01Z0F0.08;
X30Z-2;
Z-30;
X40;
G02X58Z-49R25;
G03X60Z-51R3;
G01Z-64;
N2G40X67;
G00X100;
Z100;
M05;
M00;（程序暂停，此时可以在精加工之前修改磨耗）
S1000M03;
T0101;
G00X67Z5;
G70P1Q2;
G00X100;
Z100;
M05;
M00;
S400M03;
T0202;
G00X65Z2;
```

Z-61；

G01X50F0.05；

G04X1；（光整槽底）

G01X65F0.5；

G00X100；

Z100；

M05；

M30；

3. 端面粗车循环指令 G72

格式：

G72 W $\underline{\Delta d}$ R $\underline{e}$ ；

G72 P $\underline{ns}$ Q $\underline{nf}$ U $\underline{\Delta u}$ W $\underline{\Delta w}$ F $\underline{f}$ S $\underline{s}$ T $\underline{t}$ ；

其中，Δd：背吃刀量，每次 Z 向循环的切削深度（无正负号），该参数为模态值。

e：Z 向退刀量（无正负号），该参数为模态值。

ns：精加工轮廓程序段中的开始程序段号。

nf：精加工轮廓程序段中的结束程序段号。

Δu：X 方向精加工余量（直径值）。

Δw：Z 方向精加工余量。

f、s、t：粗车过程中从程序段号 P 到 Q 之间包括的任何 F、S、T 功能都被忽略，只有 G72 指令中指定的 F、S、T 功能有效。

G72 指令为横向切削复合循环，适用于横向粗车量较多的情况，内、外径加工皆可，如各台阶面直径差较大的工件，即 Z 向余量小、X 向余量大的棒料粗加工，路径为从外径方向往轴心方向车削端面时的走刀路径。G72 指令的循环加工路线如图 2-21 所示，G72 加工循环精加工轨迹的描述是从左端开始到右端结束。G72 指令除了切削进程平行于 X 轴，其余执行过程与 G71 基本相同。

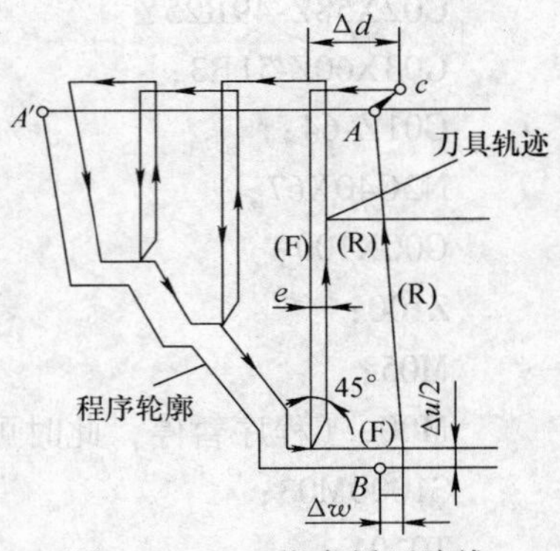

图 2-21　G72 指令循环路线

如图 2-21 所示走刀路线，在运行 G72 指令之前，要先指定一个起刀点，并且刀具要首先到达起刀点（图中 C 点即为起刀点）。执行 G72 指令时，数控装置首先根据用户编写的精加工轮廓，在预留出 X、Z 向的精加工余量 Δu、Δw 后，计算出粗加工实际轮廓的各个坐标值，刀具按层切法将加工余量去除。首先刀具 Z 向进刀 Δd，沿径向以切削速度走刀至工件的编程轮廓（$A'-B$），然后斜向按 e 值 45°方向退刀，再快速退至起刀点所在的 Z 平面。并依此循环下去，直到去除所有粗加工余量，然后按精加工轮廓光整表面，再沿编程路径加工一遍工件的轮廓，此时留下径向精加工余量 Δu 和轴向的精加工余量 Δw。循环结束，刀具返回到起刀点。而实际上，在编程的时候为简单起见，在图 2-21 中通常把 A 点和 C 点合为一点，并且 A 点和 A'点均位于同一个 Z 平面内。G72 指令若与 G71 指令加工同一种工件，则它的编程路径恰好与 G71 指令相反。

G72 也有 4 种切削模式，所有这些切削模式都平行于 X 轴，U 和 W 的符号如图 2-22 所示。其中，A 和 A' 之间的刀具轨迹在包含 G00 或 G01 顺序号为 ns 的程序段中指定，但在这个程序段中不能指定 X 轴的运动指令。在 A' 和 B 之间的刀具轨迹沿 X 和 Z 方向都必须单调变化。沿 AA' 切削是 G00 方式还是 G01 方式由 A 和 A' 之间的指令决定。

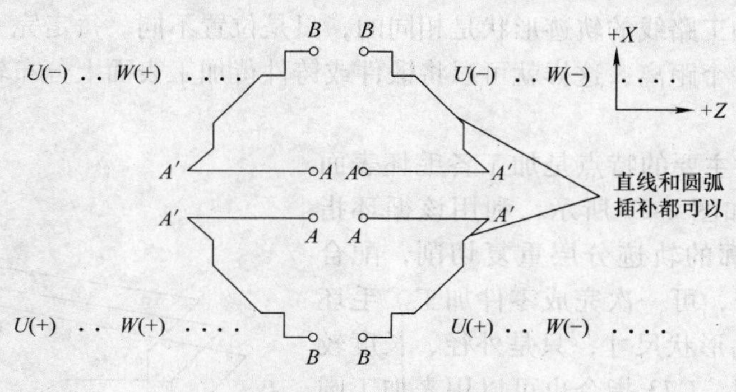

图 2-22　U、W 数值符号

G72 指令应用注意事项如下：

① G72 指令用于加工盘类工件时效率较高，对于中间凹或凸的工件，则不适合用该指令。

② G72 指令编程路径与 G71 指令恰好相反，一般选择径向进刀，轴向出刀，并在此时加入或取消刀具补偿。

③ 当 Δd 和 Δw 两者都由地址 U 指定时，其意义由地址 P 和 Q 决定。

④ 其他方面可参照 G71 指令。

4. 固定形状粗车复合循环指令 G73

格式：

G73 U $\underline{\Delta i}$ W $\underline{\Delta k}$ R $\underline{\Delta d}$;

G73 P $\underline{ns}$ Q $\underline{nf}$ U Δ$\underline{u}$ W $\underline{\Delta w}$ F $\underline{f}$ S $\underline{s}$ T $\underline{t}$;

N $\underline{ns}$ ……;

……沿轮廓方向，由外向内逐次切削的指令在程序标号 ns、nf 之间的程序段指定；

N $\underline{nf}$ ……;

其中，Δi：沿 X 轴的退刀距离和方向（X 方向循环切削的距离和方向），实际上是切削循环的 X 方向总加工余量，与毛坯种类及加工余量有关。该参数无正负号，半径值，且为模态值。

Δk：沿 Z 轴的退刀距离和方向（Z 方向循环切削的距离和方向），就是循环起点离工件零点端面的距离，对外圆轮廓加工无影响，一般取 3 ~ 5mm，可与 i 相等。该参数无正负号，且为模态值。

Δd：粗车循环切削次数（总余量/切削深度 +1）。

ns：精加工程序的开始段段号。

nf：精加工程序的结束段段号（退刀点要高于零件中的最高点）。

Δu：X 方向精加工预留量的距离及方向，直径值。

Δw：Z 方向精加工预留量的距离及方向。

f、s、t：粗车过程中从程序段号 P 到 Q 之间包括的任何 F、S、T 功能都被忽略，只有 G73 指令中指定的 F、S、T 功能有效。

G73 指令适用于毛坯轮廓形状与零件轮廓形状基本接近时的粗车加工，可有效粗加工一个经锻造、铸造等加工成形的工件。该指令对零件轮廓的单调性没有要求，执行 G73 指令功能时，每一刀的加工路线的轨迹形状是相同的，只是位置不同。每走完一刀，就把加工轨迹向工件方向移动一个距离，这样就可以将锻件或铸件待加工表面上分布较均匀的加工余量分层切去。

G73 指令加工时主要的特点是加工各毛坯表面的加工余量均匀，如图 2-23 所示，利用该循环指令，可以沿零件轮廓的轨迹分层重复切削，配合 G70 精加工循环指令，可一次完成零件加工。毛坯尺寸接近工件的成品形状尺寸，只是外径、长度较成品留有一定的余量。G73 指令也可以用来加工圆棒料毛坯的零件，但要增加循环次数和加大循环起点 X 向的位置，加工效率不如 G71 指令。

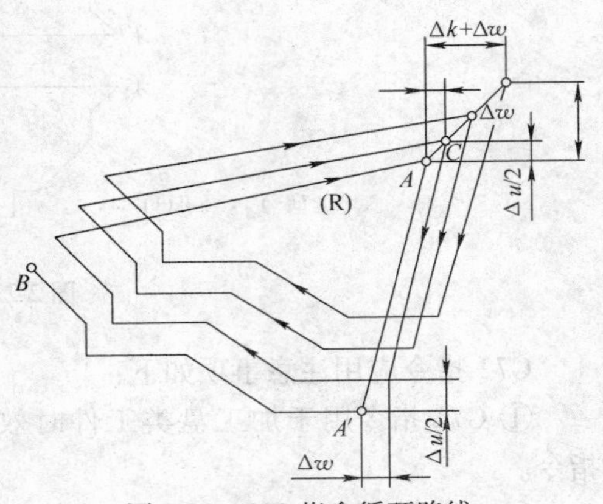

图 2-23　G73 指令循环路线

如图 2-23 所示，执行 G73 指令时，每一刀的切削路线的轨迹是相同的，只是位置不同。每走一刀，就把切削轨迹向工件移动一个位置，移动距离的大小与参数 Δi、Δk 和 d 的值有关。粗加工最后一刀留下径向精加工余量 Δu 和轴向的精加工余量 Δw。循环结束，刀具返回到起刀点。G73 编程路径与 G71 指令具有相似性。两者若均加工同一工件，它们的编程路径是相同的。G73 指令在执行循环加工功能时也有 4 种不同的进刀方式，此时，Δi、Δk、Δu、Δw 的符号是不同的。

注意事项如下：

1）G73 指令适用于毛坯轮廓形状与零件轮廓形状基本接近的铸、锻毛坯件或已经粗车成形的工件。

2）G73 指令的进刀方式无特殊规定。一般其编程路径的选择与 G71 指令相同，轴向进刀，径向出刀，并在此时加入或取消刀具半径补偿。

3）当值 Δi 和 Δk 或者 Δu 和 Δw 分别由地址规定时，它们的意义由 G73 程序段中的地址 P 和 Q 决定。当 P 和 Q 没有指定在同一个程序段中时，U 和 W 分别表示 Δi 和 Δk；当 P 和 Q 指定在同一个程序段中时，U 和 W 分别表示 Δu 和 Δw。

4）其他方面可参照 G71 指令。

5. 端面切槽（钻孔）循环指令 G74

格式：

G74 R $\underline{e}$ ；

G74 X（U）Z（W）P $\underline{\Delta i}$ Q $\underline{\Delta k}$ R $\underline{\Delta d}$ F $\underline{f}$ ；

其中，e：每次沿轴向（Z 方向）切削 Δk 后的退刀量（mm）。本指定是状态指定，在另一个值指定前不会改变。

X(U)，Z(W)：切削终点的坐标值，即最后一次轴向进刀的终点。

X：B 点的 X 坐标。

U：从 A 至 B 的增量。

Z：C 点的 Z 坐标。

W：从 A 至 C 的增量。

Δi：X 方向每次循环的进刀量，无符号，直径指定。

Δk：Z 方向每次切削的进刀量，无符号。

Δd：切削到轴向切削终点后，沿 X 方向的退刀量（直径），通常不指定，单位是 mm。Δd 的符号总是"+"，但 X（U）及 Δi 缺省时，可用所要的正负符号指定刀具退刀量。

f：切削进给速度。

G74 指令适用于加工端面槽或回转中心钻孔（刀装在刀架上，尾座无效）。G74 指令主要用于在工件端面加工环形槽或中心深孔。加工中轴向断续切削，起到断屑、及时排屑的作用。

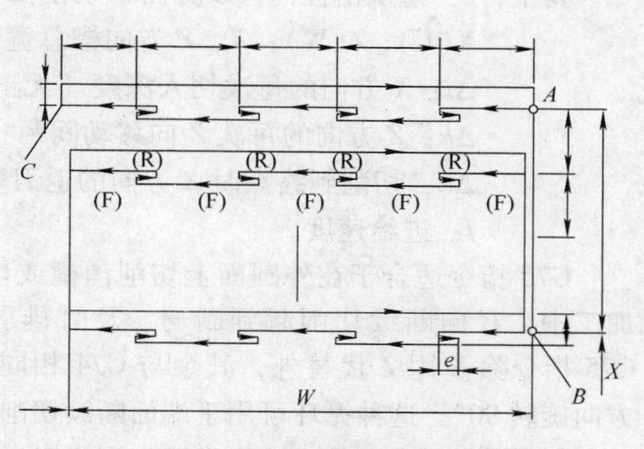

图 2-24　G74 指令循环运动轨迹

如图 2-24 所示，G74 指令的走刀路径跟手动切槽（或钻孔）是相似的。刀具到达起刀点的位置后，进行轴向进刀切削，前进一个 Δk 值之后，为利于断屑和排屑，刀具后退一段距离，大小为 e。依此循环下去，直到车削至给定的轴向尺寸。刀具退出时，为避免刀尖碰到刚车削好的加工表面，刀具要径向反方向回退一个 Δd 值（反方向指的是与径向进给相反）。不过对于钻孔或者车槽来说，这种退刀的方法并不合适，因为不一定有退刀的空间，因此在编程的时候，通常把 Δd 的值设为"0"。

执行 G74 指令时，指令行中设置的进给量参数要受限于指令行中设定的坐标值，即在轴向进刀时，若最后一刀的进给量不是设定的 Δk 值时，要按实际余量 $\Delta k'$ 值进刀，而不是按设定 Δk 值进刀。同样，在径向进刀时，若最后一刀的余量不是设定的 Δi 值，要按实际余量 $\Delta i'$ 值进刀，而不是按设定的 Δi 值进刀。

注意事项如下：

① G74 指令适用于轴向（Z 向）切槽，Z 向排屑钻孔（此时要忽略 X、Δd 和 Δi）。

② 运行 G74 指令之前，刀具应先到达起刀点。

③ 在 MDI 状态下可以执行 G74 指令。

④ G74 指令不支持 P 或 Q 用小数点输入。

⑤ 刀具补偿指令对 G74 指令无效。

⑥ 在 FANUC 0*i*-Mate 系统中，当出现以下情况而执行此指令时，将会出现程序报警。

a. X（U）或 Z（W）指定，而 Δi 值或 Δk 值未指定或指定为 0。

b. Δk 值大于 Z 轴的移动量（W）或设定为负值。

c. Δi 值大于 $U/2$ 或 Δi 值设定为负值。

d. 退刀量大于进刀量，即 e 值大于每次背吃刀量 Δi 或 Δk。

⑦ 由于 Δi 和 Δk 为无符号值，因此刀具切削完成后的偏移方向由系统根据刀具起刀点

及切槽终点的坐标自动判断。

⑧ 切槽过程中，刀具或工件受较大的单向切削力，容易在切削过程中产生振动（特别是 G74 指令用于端面切槽时）。因此，切槽过程中进给速度 f 的取值应略小，通常取 0. 05 ~ 1. 2mm/r。

6. 外径（内径）切槽复合循环指令 G75

格式：

G75 R $\underline{e}$ ；

G75 X（U）Z（W）P $\underline{\Delta i}$ Q $\underline{\Delta k}$ R $\underline{\Delta d}$ F $\underline{f}$ ；

其中，e：每次沿径向（X 方向）切削 Δi 后的退刀量（mm），无符号，模态值。

X(U)，Z(W)：X、Z 方向槽总宽和槽深的绝对坐标值，U、W 为增量坐标值。

Δi：X 方向的每次切入深度（无正负号指定，单位通常为 μm，直径量）。

Δk：Z 方向的每次 Z 向移动间距（无正负号指定，单位通常为 μm）。

Δd：切削到终点时 Z 方向的退刀量，通常不指定。

f：进给速度。

G75 指令适合于在外圆面上切削沟槽或切断加工，加工中，径向断续切削起到断屑、及时排屑的作用。G75 指令除 X 用 Z 代替外，其余与 G74 相同，即切削方向旋转 90°。这种循环可用于端面断续切削。

如果将 Z（W）和 Q、R 省略，则 X 轴的动作可用于外径沟槽的断续切削。G75 复合循环指令路线如图 2-25 所示，其为断续分层切削，断续分层切入时便于加工深沟槽时的断屑和散热。

G75 指令可实现 X 轴向切槽，X 向排屑钻孔（此时，忽略 Z、W 和 Q），当循环起点 X 坐标值大于 G75 指令中的 X 向终点坐标值时，程序自动运行为外沟槽加工方式；当循环起点 X 坐标值小于 G75 指令中的 X 向终点坐标值时，程序自动运行为内沟槽加工方式。

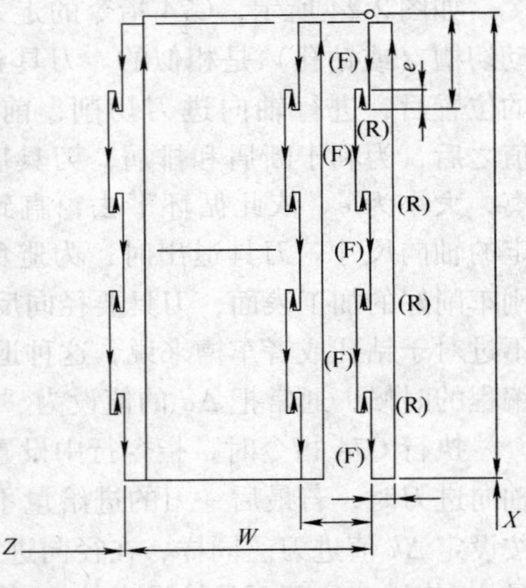

图 2-25　G75 复合循环指令路线

如图 2-25 所示，G75 指令的走刀路径为刀具到达起刀点的位置后，进行径向进刀切削，前进一定距离之后，为利于断屑和排屑，刀具后退一段距离，大小为 e。依此循环下去，直到车削到给定的径向尺寸。刀具退出时，为避免刀尖碰到刚车削好的已加工表面，刀具要轴向反方向回退一个 Δd 值（反方向指的是与轴向进给相反）。不过对于钻孔或者车槽来说，这种退刀的方法并不合适，因为不一定有退刀的空间，因此在编程的时候，通常把 Δd 的值设为“0”。

注意事项如下：

① 运行 G75 指令之前，刀具应先到达起刀点。

② 在 MDI 状态下可以执行 G75 指令。

③ G75 指令不支持地址符 P 或 Q 用小数点输入。

④ 刀具补偿指令对 G75 指令无效。

⑤ 在 FANUC 0i-Mate 系统中，当出现以下情况而执行此指令时，将会出现程序报警。

a. X（U）或 Z（W）指定，而 Δi 值或 Δk 值未指定或指定为 0。

b. Δk 值大于 Z 轴的移动量（W）或设定为负值。

c. Δi 值大于 $U/2$ 或 Δi 值设定为负值。

d. 退刀量大于进刀量，即 e 值大于每次切削深度 Δi 或 Δk。

⑥ 由于 Δi 和 Δk 为无符号值，因此刀具切深完成后的偏移方向由系统根据刀具起刀点及切槽终点的坐标自动判断。

⑦ 切槽过程中，刀具或工件受较大的单向切削力，容易在切削过程中产生振动。因此，切槽过程中进给速度 f 的取值应略小，通常取 0.05 ~ 1.2mm/r。

2.2.5　螺纹车削

1. 单行程螺纹切削指令 G32

格式：

G32 X(U) Z(W) F;

其中：X、Z 为螺纹终点坐标值；U、W 为螺纹终点相对起点的增量值；F 为螺纹导程。对锥螺纹，其斜角 α 在 45°以下时，螺纹导程以 Z 轴方向指定，45°以上至 90°时，由 X 轴方向值指定。

G32 指令可以执行单行程螺纹切削，螺纹车刀进给运动严格根据输入的螺纹导程进行。但是，螺纹车刀的切入、切出、返回等均需另外编入程序，因而编写的程序段比较多。在实际编程中一般很少使用 G32 指令。该指令用于车削等螺距直螺纹、锥螺纹。

（1）说明

① 螺纹切削的终点坐标值 X 与切削起点 X 坐标值相同时为圆柱螺纹切削，X 可以省略。

② 螺纹切削的终点坐标值 Z 与切削起点 Z 坐标值相同时为端面螺纹切削，Z 可以省略。

③ 螺纹切削的终点坐标值 X、Z 均与切削起点不同时为锥螺纹切削。

④ 螺纹切削应在两端设置足够的升速进刀段（空刀导入量）δ_1，和减速退刀段（空刀导出量）δ_2。

⑤ 加工多头螺纹时，在加工完一个头后，将车刀用 G00 或 G01 方式移动一个螺距，再按要求编程加工下一个头螺纹。

⑥ G32 指令编程时，一般采用直进式切削方法。

（2）注意事项

① 车螺纹期间的进给速度倍率、主轴速度倍率无效（固定 100%）。

② 车螺纹期间不宜使用恒线速度控制，而使用恒转速控制功能 G97 较为合适。

③ 车螺纹期间，必须设置升速进刀段和降速退刀段。

④ 因受机床结构及数控系统的影响，车螺纹时主轴的转速有一定的限制。

⑤ 车螺纹期间，进给暂停功能无效，如果在螺纹切削过程中按下进给暂停按钮，刀具将在执行了非螺纹切削的程序段后停止。

训练 2-8　单行程螺纹切削

用 G32 指令编写图 2-26 所示的螺纹加工程序，其相应程序如下。

O1006；（程序名）

N5 G54 G98 G21；（用 G54 指定工件坐标系、分进给、米制编程）

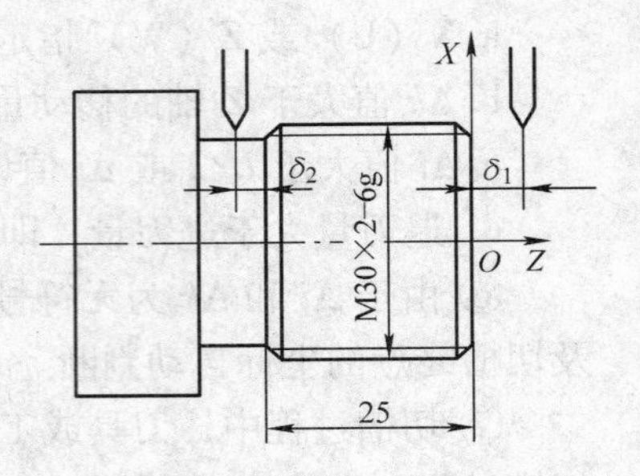

图 2-26　螺纹加工

N10 M03 S600；（主轴正转，转速为 600r/min）

N15 T0303；（换 3 号螺纹刀，导入刀具刀补）

N20 G00 X32 Z4；（快速到达切螺纹起始点径向外侧（起刀点））

N25 G01 X29.1 F60；（以 60mm/min 进给到切螺纹起始点（图 2-26 中右端刀具所在位置））

N30 G32 Z-27 F2；（螺纹背吃刀量 0.9mm，切第一次）

N35 G01 X32 F60；（沿径向退出）

N40 G00 Z4；（快速返回到起刀点）

N45 G01 X28.5 F60；（切第二次的程序）

N50 G032 Z-27 F2；

N55 G01 X32 F60；

N60 G00 Z4；

N65 G01 X27.9 F60；（切第三次的程序）

N70 G32 Z-27 F2；

N75 G01 X32 F60；

N80 G00 Z4；

N85 G01 X27.5 F60；（切第四次的程序）

N90 G32 Z-27 F2；

N95 G01 X32 F60；

N100 G00 Z4；

N105 G01 X27.4 F60；（切第五次的程序（精车））

N110 G32 Z-27 F2；

N115 G01 X32 F60；

N120 G00 X100；（沿径向快速退出）

N125 Z200；（沿轴向快速退出）

N130 M30；（程序结束）

2. 螺纹切削简单循环指令 G92

格式：

G92 X（U）Z（W）I F；

其中：X、Z 为螺纹终点的坐标值；U、W 为螺纹终点坐标相对于循环起始点的增量坐标值；I 为锥螺纹考虑空刀导入量和空刀导出量后切削螺纹起点和切削螺纹终点的半径差，其正负号规定与 G90 中的 I 相同。加工圆柱螺纹时 I 为零，可省略。

G92 指令可切削锥螺纹和圆柱螺纹，其循环路线与前述的单一形状固定循环指令 G90 基本相同，只是 F 后面的进给量改为螺距值即可。其循环轨迹如图 2-27 所示。

注意事项如下：

① 在螺纹切削过程中，按下循环暂停键时，刀具立即按斜线退回，然后先回到 *X* 轴的起点，再回到 *Z* 轴的起点。在退回期间，不能进行另外的暂停。

② 如果在单段方式下执行 G92 指令，则每执行一次循环必须按 4 次循环起动按钮。

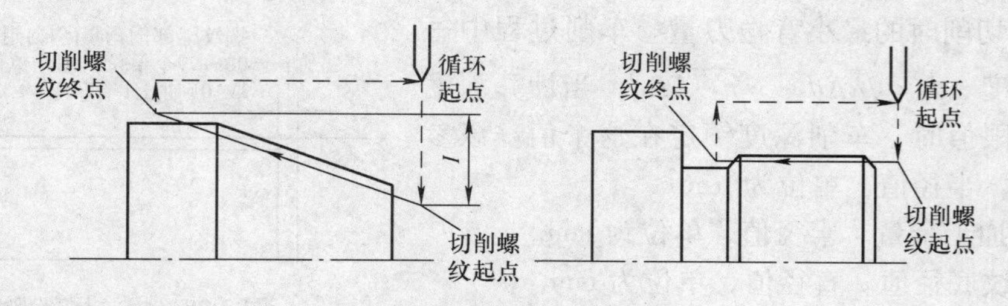

图 2-27　G92 指令循环轨迹

③ G92 指令是模态指令，当 Z 轴移动量没有变化时，只需对 X 轴指定其移动指令即可重复执行固定循环动作。

④ 执行 G92 循环时，在螺纹切削的退尾处，刀具沿接近 45°的方向斜向退刀，Z 向退刀距离 $r=0.1S\sim12.7S$（S 为导程），该值由系统参数设定。

⑤ 在 G92 指令执行过程中，进给速度倍率和主轴速度倍率均无效。

训练 2-9　简单循环螺纹切削

如图 2-26 所示，用 G92 指令编写工件的加工程序。

O1007；（程序名）

N5 G54 G98 G21；（用 G54 指定工件坐标系，分进给，米制编程）

N10 M03 S600；（主轴正转，转速为 600r/min）

N15 T0303；（换 3 号螺纹刀，导入刀具刀补）

N20 G00 X32 Z4；（快速到达循环起点）

N25 G92 X29. 1 Z-27 F2；（车螺纹第一次）

N30 X28. 5；（模态指令，车螺纹第二次）

N35 X27. 9；（车螺纹第三次）

N40 X27. 5；（车螺纹第四次）

N45 X27. 4；（车螺纹第五次（精车））

N50 G00 X100 Z200；（快速退出）

N55 M30；（程序结束）

3. 螺纹切削复合循环指令 G76

格式：

G00 X $\underline{\alpha_1}$ Z $\underline{\beta_1}$ ；

G76 P $\underline{m\gamma\theta}$ Q $\underline{\Delta d\mathrm{min}}$ R $\underline{\Delta c}$ ；

G76 X $\underline{\alpha_2}$ Z $\underline{\beta_2}$ R $\underline{I}$ P $\underline{h}$ Q $\underline{\Delta d}$ F $\underline{I}$ ；

其中：

α_1、β_1：螺纹切削循环起始点坐标。X 向：在切削外螺纹时，应比螺纹大径稍大 1 ~ 2mm；在切削内螺纹时，应比螺纹小径稍小 1 ~ 2mm。在 Z 向必须考虑空刀导入量。

m：精加工重复次数，可以为 1 ~ 99 次。

γ：螺纹尾部倒角量（斜向退刀）。可取 00 ~ 99 个单位，取 01 则退 0. 11 × 导程（单位为 mm），如图 2-28 所示。

θ：螺纹刀尖的角度（螺牙的角度）。可选择 80°、60°、55°、30°、29°、0°六个种类。

Δd_{min}：切削时的最小背吃刀量。车削过程中每次的车削深度 $\Delta d_n = \sqrt{n}\Delta d - \sqrt{n-1}\Delta d$，当计算深度小于这个极限值时，车削深度锁定在这个值。该参数为模态量，半径值，单位为 μm。

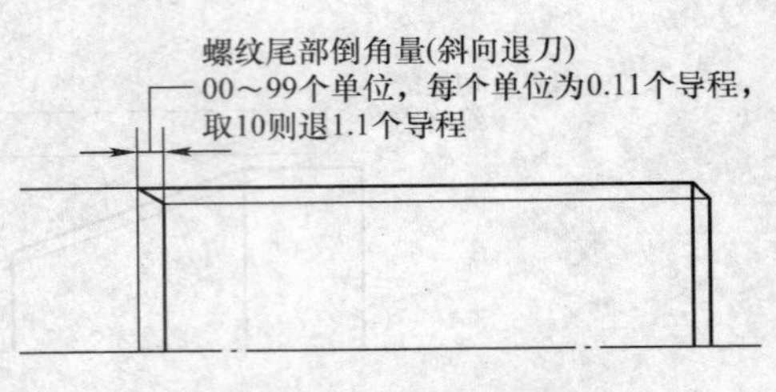

图 2-28　螺纹尾部倒角量

Δc：精加工余量。半径值，单位为 mm。

α_2：螺纹底径值。直径值，单位为 mm。

β_2：螺纹的 Z 向终点位置坐标，必须考虑空刀导出量。

I：螺纹部分的半径差，与 G92 中的 I 相同。I 为 0 时，是直螺纹切削。

h：螺纹的牙深。按 $h = 649.5P$ 进行计算。半径值，单位为 μm。

Δd：第一次背吃刀量。半径值，单位为 μm。

l：螺纹导程，mm。

在加工螺纹的指令中，G32 指令编程时程序繁琐，G92 指令相对较简单且容易掌握，但需计算出每一刀的编程位置，G76 为螺纹切削复合循环指令，可用于多次自动循环车螺纹。利用螺纹切削复合循环功能时，只要编写出螺纹的底径值、螺纹 Z 向终点位置、牙深及第一次背吃刀量等加工参数，车床即可自动计算每次的背吃刀量进行循环切削，直到加工完为止。G76 指令采用的是斜进式切削方法。

（1）注意事项

① G76 指令可以在 MDI 方式下使用。

② 在执行 G76 指令循环时，如按下循环暂停键，则刀具在螺纹切削后的程序段暂停。

③ G76 指令为非模态指令，所以必须每次指定。

④ 在执行 G76 指令时，如要进行手动操作，刀具应返回到循环操作停止的位置。如果没有返回到循环停止位置就重新起动循环操作，手动操作的位移将叠加在该条程序段停止时的位置上，刀具轨迹就多移动了一个手动操作的位移量。

（2）工作任务

如图 2-26 所示，用 G76 指令编写工件的加工程序。

```
O1008;（程序名）
N5 G54 G98 G21;（用 G54 指定工件坐标系，分进给，米制编程）
N10 M03 S600;（主轴正转，转速为 600r/min）
N15 T0303;（换 3 号螺纹刀，导入刀具刀补）
N20 G00 X32 Z4;（快速到达循环起点，考虑空刀导入量）
N25 G76 P10160 Q50 R0.1;（螺纹切削复合循环）
N30 G76 X27.4 Z-27 R0 P1300 Q450 F2;
N35 G00 X100 Z200;（快速退出）
N40 M30;（程序结束）
```

2.2.6　子程序编程

在实际生产中，常遇到零件几何形状完全相同，结构需多次重复加工的情况，这种情况需每次在不同位置编制相同动作的程序。我们把程序中某些动作路线顺序固定且重复出现的程序单独列出来，按一定格式编成一个独立的程序并存储起来，就形成了所谓的子程序。这样可以简化主程序的编制。

在主程序执行过程中，如果需要执行子程序的加工动作轨迹，只要在主程序中调用子程序即可；同时，子程序也可以调用另一个子程序。这样可以简化程序的编制和节省数控系统的内存空间。

1. 子程序的结构

子程序与主程序相似，由子程序名、程序内容和程序结束指令组成。例如：

Oxxxx；子程序名

……子程序内容

M99；子程序结束

一个子程序也可以调用下一级的子程序。子程序必须在主程序结束指令后建立，其作用相当于一个固定循环。

2. 子程序的调用

子程序调用格式如下。

格式一：M98 P××××L××××；

格式二：M98 P××××××××；

其中，M98 为子程序调用字；格式一中 P 后面的 4 位数字表示被调用的子程序名，L 后面的 4 位数字为子程序被重复调用的次数；格式二中 P 后面的前 4 位数字为子程序被重复调用的次数，后 4 位数字为子程序名。当不指定重复次数时，子程序只调用一次。在 FANUC 0*i*-Mate 系统中一般采用格式二的调用。

例如，M98 P51002；表示连续调用子程序（O1002）5 次。

子程序调用指令（M98 P）可以与运动指令在同一个程序段中使用。例如，G00 X60 M98 P0036；表示在 X 运动后调用子程序（O0036）。

说明：

1）子程序名与主程序名相似，不同的是子程序用 M99 结束。

2）子程序执行完请求的次数以后返回到主程序 M98，下一程序段继续执行。如果子程序后没有 M99，将不能返回主程序。

3）省略循环次数时，默认循环次数为 1 次。

4）一个调用指令可以重复调用子程序最多达 9999 次。

3. 子程序的嵌套

为了进一步简化加工程序，可以允许其子程序再调用另一个子程序，这一子程序调用下一级子程序的功能称为子程序的嵌套。上一级子程序与下一级子程序的关系，与主程序与第一层子程序的关系相同。从主程序调用的子程序称为嵌套 1 重子程序，子程序调用最多可嵌套 4 级，如图 2-29 所示。

4. 子程序调用的特殊用法

（1）子程序返回到主程序中的某一指定程序段　如果在子程序的返回指令中加上 Pn 指令，则子程序在返回主程序时将返回到主程序中指定程序段 Nn 的那个程序段中，而不是返回主程序 M98 的下一程序段。

格式：M99 Pn；

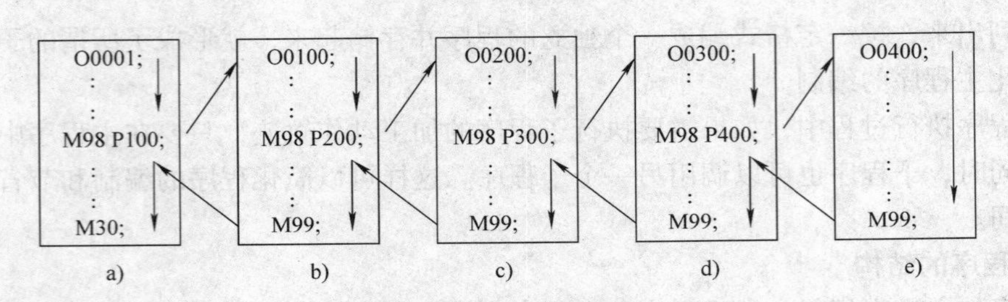

图 2-29　子程序的嵌套

如 M99 P16；返回到主程序中的 N16 程序段。

（2）自动返回到程序开始段　如果在主程序中执行 M99，则程序将返回到主程序的开始程序段并继续执行主程序（见图 2-30）。也可以在主程序中插入 M99 Pn；用于返回到指定的程序段。为了能够执行后面的程序，通常在指令前面加“/”，以便在不需要返回执行时，跳过该程序段。

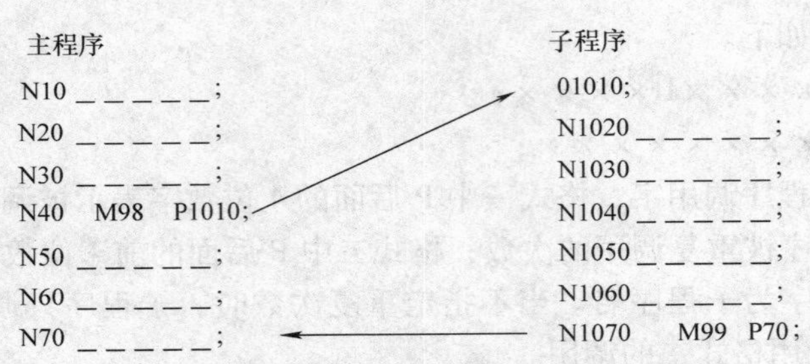

图 2-30　自动返回程序开始段

（3）强制改变子程序重复执行的次数　用 M99 L× × 指令可强制改变子程序重复执行的次数，其中 L 后面的两位数字表示子程序调用的次数。例如，如果主程序用 M98 P× ×L99，而子程序采用 M99 L2 返回，则子程序重复执行的次数为两次。

5. 注意事项

1）在编写子程序的过程中，最好采用增量坐标方式进行编程，以避免失误。

2）在刀尖圆弧半径补偿模式中的程序不能被分隔指令。

训练 2-10　子程序编程

试用子程序指令编写图 2-31 所示工件的加工程序。

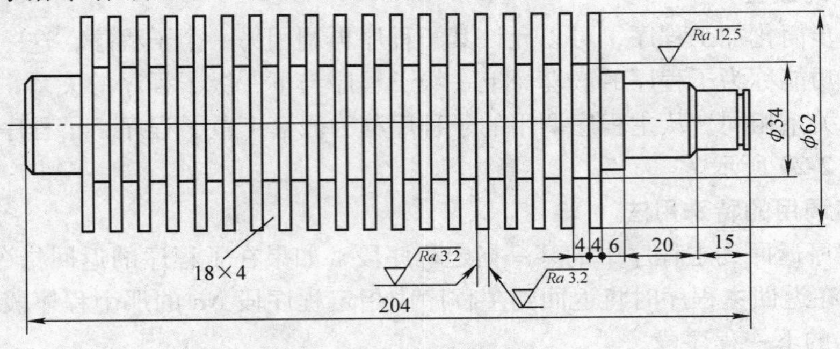

图 2-31　多槽零件

该零件槽的深度较大，采用断屑切削方式，选择与槽等宽的切槽刀直接切入。定位与切入、回退等均应用子程序编程。

```
O0001；（主程序）
N10T0101；（4mm 外切槽刀，左刀尖对刀）
N20S300M03；
N30G00X65Z-41M08；
N40M98P180010；（调用切槽子程序（O0010）18 次）
N50G00X150；
N60Z100M09；
N70M05；
N80M30；

O0010；（1 重子程序）
N10G01W-8F0.1；
N20M98P40020；（1 重嵌套调用子程序（O0020）4 次）
N30G01X65F0.1；
N40M99；

O0020；（2 重子程序）
N10U-10F0.05；（切槽）
N20U3F0.3；（回退排屑）
N30M99；
```

2.3　数控铣床（加工中心）编程

数控铣床是一种加工功能很强的数控机床，在数控加工中占据了重要地位。世界上首台数控机床就是一台三坐标铣床，这主要因于铣床具有 *X*、*Y*、*Z* 三轴向可移动的特性，更加灵活，且可完成较多的加工工序。现在数控铣床已全面向多轴化发展。目前迅速发展的加工中心和柔性制造单元也是在数控铣床和数控镗床的基础上产生的。

加工中心是一种具有刀库并能自动更换刀具对工件进行多工序加工的数控铣床。它的最大特点是工序集中和自动化程度高，可减少工件装夹次数，避免工件多次定位所产生的累积误差，节省辅助时间，实现高质、高效加工。加工中心可完成镗、铣、钻、攻螺纹等工作，它与普通数控镗床和数控铣床的区别之处，主要在于它附有刀库和自动换刀装置。衡量加工中心刀库和自动换刀装置的指标有刀库存储量、刀具（加刀柄和刀杆等）最大尺寸与重量、换刀重复定位精度、安全性、可靠性、可扩展性、选刀方法和换刀时间等。

加工中心的机械结构如下：

（1）机床基础件　如床身，底座等。

（2）主传动系统　主传动系统是数控机床的组成部分之一，主轴夹持刀具旋转，直接参加工件表面成形运动。主轴部件的刚度、精度、抗震性和热变形对工件加工质量影响较大。主轴转速高低及范围、传递功率大小和动力特性，决定了工件的切削加工效率和加工工艺能力。加工中心主轴组件一般由轴承、支承、传动件和刀具夹紧等装置组成。

(3) 进给传动系统　进给传动系统承担了数控机床各直线坐标轴、回转轴的定位和切削进给，进给系统的传动精度、灵敏度和稳定性直接影响被加工工件的轮廓和加工精度。进给传动系统由联轴节、滚珠丝杠、导轨等组成，导轨必须摩擦系数小，耐磨能力强，常用导轨有高频淬火导轨、贴塑导轨等，高档的还有滚动导轨、线导轨、液压导轨等。

(4) 工件回转、定位的装置　为了扩大数控机床使用范围，提高生产效率，机床除了沿 *X*、*Y*、*Z* 三个坐标方向直线进给运动外，有的还需配备有绕 *X*、*Y*、*Z* 轴的圆周进给运动。实现回转运动通常采用回转工作台和分度工作台。分度工作台只是将工件分度转位，实现分别加工工件各个表面的目的，给零件加工带来了很多方便。而回转工作台除了分度和转位的功能外，还能实现圆周运动。

(5) 自动换刀装置（Automatic Tool Changer，简称 ATC）　数控铣床的主轴只能装一把刀具，要更换刀具时，只能靠配备的主轴机构进行手动换刀。加工中心配备一定数量刀具的存储装置，为了完成工件的多工序加工需要更换刀具，这种装置称为自动换刀装置。其基本要求是刀具换刀时间短且可靠性高，刀具重复定位精度高，有足够的刀具容量且占地面积小。

带刀库的自动换刀系统是由刀库和换刀机构组成的，刀库可以存放很多刀具。刀库类型分为盘式、链式和箱式。盘式刀库又称斗笠式刀库，容量较小；链式刀库容量较大，一般配有 30 把以上的刀具时才用；箱式刀库容量更大，空间利用率高，但换刀时间长。刀库与主轴的交换方式通常有机械手交换刀具和由刀库与机床主轴的相对运动实现刀具交换。刀库与主轴的交换方式及刀库具体结构直接影响机床的工作效率和可靠性。

(6) 自动托盘交换装置（APC）　自动托盘交换装置不仅是加工系统与物流系统的工件输送接口，也起物流系统工件缓冲站的作用。托盘交换装置按其运动方式有回转式和往复式两种，托盘交换器在机床运行时是加工中心的一个辅件，完成或协助完成物料（工件）的装卸与交换，并起缓冲作用。

(7) 辅助装置　辅助装置主要包括液压、气动、润滑、冷却、排屑、防护等装置。数控机床配备液压和气动装置来完成自动运行功能，其结构紧凑，工作可靠，易于控制和调节，液压传动装置使用工作压力高的油性介质，动作平稳，噪声较小；气动装置的气源容易获得，结构简单，动作频率高，适合频繁起动的辅助工作。排屑装置的主要作用是将切屑从加工区域排出到数控机床之外，切屑中混着切削液，排屑装置将切屑从其中分离出来送入切屑小车。

(8) 工具系统　生产中广泛使用加工中心来加工各种不同的工件，所以刀具装夹部分的结构、尺寸也是各种各样的。把通用性较强的装夹工具系列化、标准化就有了不同结构的工具系统，它一般分为整体式结构和模块式结构两大类。整体式刀具系统基本上由整体柄部和整体刃部（整体式刀具）两者组成，传统的钻头、铣刀、铰刀等就属于整体式刀具。模块式刀具系统是把整体式刀具系统按功能进行分割，做成系列化的标准模块（如刀柄、刀杆、接长杆、接长套、刀夹、刀体、刀头、切削刃等），再根据需要快速地组装成不同用途的刀具，当某些模块损坏时可部分更换。这样既便于批量制造，降低成本，也便于减少用户的刀具储备，节省开支。因此模块式刀具系统被广泛使用。

2.3.1　数控铣削基本指令编程

（1）数控铣床的加工工艺范围　铣削加工是机械加工中最常用的加工方法之一，它主要包括平面铣削和轮廓铣削，也可以对零件进行钻、扩、铰、镗、锪加工及螺纹加工等。数控铣削主要适合于下列几类零件的加工。

1）平面类零件（见图2-32）。平面类零件是指加工面平行或垂直于水平面，以及加工面与水平面的夹角为一定值的零件，这类加工面可展开为平面。

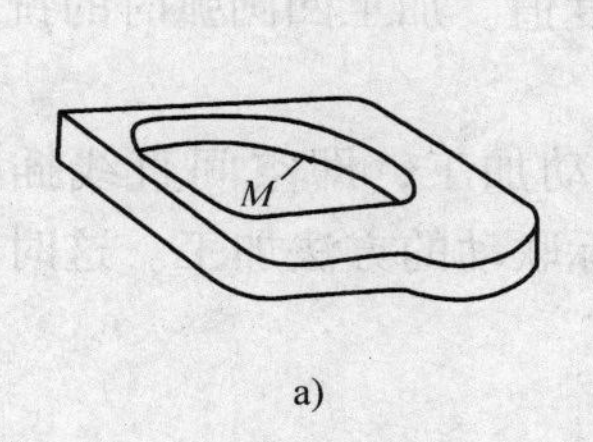

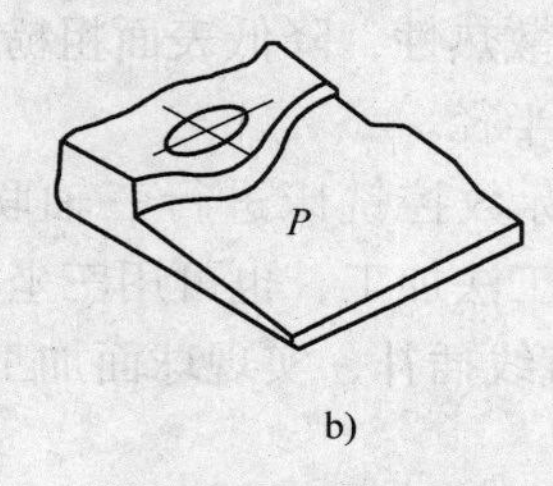

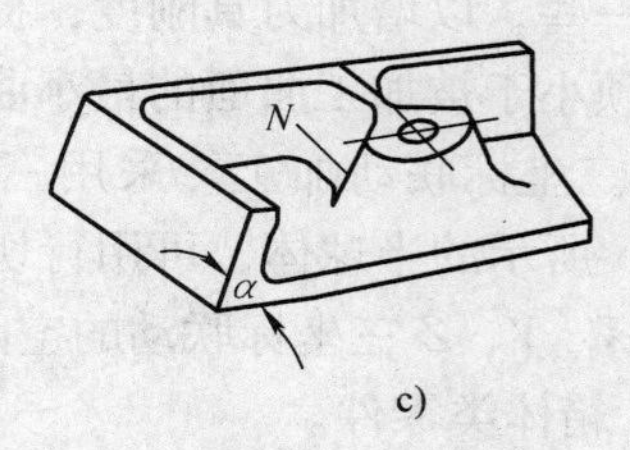

图2-32　平面类零件

a）带平面轮廓的平面类零件　b）带斜平面的平面类零件　c）带正圆台和斜筋的平面类零件

2）直纹曲面类零件（见图2-33）。直纹曲面类零件是指由直线依某种规律移动所产生的曲面类零件。如图2-33所示零件的加工面就是一种直纹曲面，当直纹曲面从截面1至截面2变化时，其与水平面间的夹角从2°30′，均匀变化为1°15′。直纹曲面类零件的加工面不能展开为平面。

当采用四坐标或五坐标数控铣床加工直纹曲面类零件时，加工面与铣刀圆周接触的瞬间为一条直线。这类零件也可在三坐标数控铣床上采用行切加工法实现近似加工。

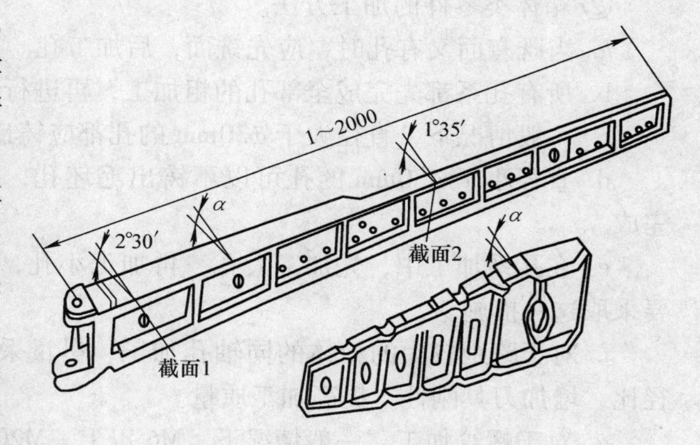

图2-33　直纹曲面类零件

3）立体曲面类零件（见图2-34）。加工面为空间曲面的零件称为立体曲面类零件。这

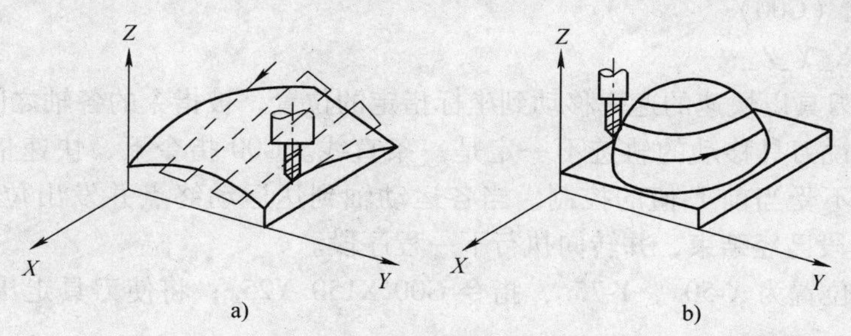

图2-34　立体曲面类零件的加工

a）行切加工　b）三坐标联动加工

类零件的加工面不能展成平面，一般使用球头铣刀切削，加工面与铣刀始终为点接触，若采用其他刀具加工，易产生干涉而铣伤邻近表面。加工立体曲面类零件一般使用三坐标数控铣床，采用以下两种加工方法。

① 行切加工法。采用三坐标数控铣床进行二轴半坐标控制加工，即行切加工法。如图 2-34a 所示，球头铣刀沿 *XY* 平面的曲线进行直线插补加工，当一段曲线加工完成后，沿 *X* 方向进给 ΔX 再加工相邻的另一曲线，如此依次用平面曲线来逼近整个曲面。相邻两曲线间的距离 ΔX 应根据表面粗糙度的要求及球头铣刀的半径选取。球头铣刀的球半径应尽可能选得大一些，以增加刀具刚度，提高散热性，降低表面粗糙度值。加工凹圆弧时的铣刀球头半径必须小于被加工曲面的最小曲率半径。

② 三坐标联动加工。采用三坐标数控铣床进行三轴联动加工，即空间直线插补。如图 2-34b 所示的半球体，可用行切加工法加工，也可用三坐标联动的方法加工。这时，数控铣床用 *X*、*Y*、*Z* 三坐标联动的空间直线插补，实现球面加工。

4）箱体类零件。

① 箱体类零件一般是指具有一个以上孔系，内部有一定型腔或空腔，在长、宽、高方向有一定比例的零件。

② 箱体类零件的加工方法。

a. 当既有面又有孔时，应先铣面，后加工孔。

b. 所有孔系都先完成全部孔的粗加工，再进行精加工。

c. 一般情况下，直径大于 ϕ30mm 的孔都应铸造出毛坯孔。

d. 直径小于 ϕ30mm 的孔可以不铸出毛坯孔，孔和孔的端面全部加工都在加工中心上完成。

e. 在孔系加工中，先加工大孔，再加工小孔，特别是在大小孔相距很近的情况下，更要采取这一措施。

f. 对于跨距较大的箱体的同轴孔加工，尽量采取调头加工的方法，以缩短刀辅具的长径比，增加刀具刚性，提高加工质量。

g. 对于螺纹加工，一般情况下，M6 以上、M20 以下的螺纹孔可在加工中心上完成螺纹加工。

（2）功能指令

1）定位与插补功能。

① 快速定位（G00）。

格式：G00 X_Y_Z_;

G00 指令使刀具以快速的速率移动到坐标指定的位置，被指令的各轴之间的运动是互不相关的，也就是说刀具移动的轨迹不一定是一条直线。G00 指令下，快速倍率为 100% 时，各轴运动的速度不受当前 F 值的控制。当各运动轴到达运动终点并发出位置到达信号后，CNC 认为该程序段已经结束，并转向执行下一程序段。

例：起始点位置为 *X*-50.，*Y*-75.，指令 G00 X150. Y25.；将使刀具走出如图 2-35 所示轨迹。

② 直线插补（G01）。

格式：G01 X_Y_Z_ F_;

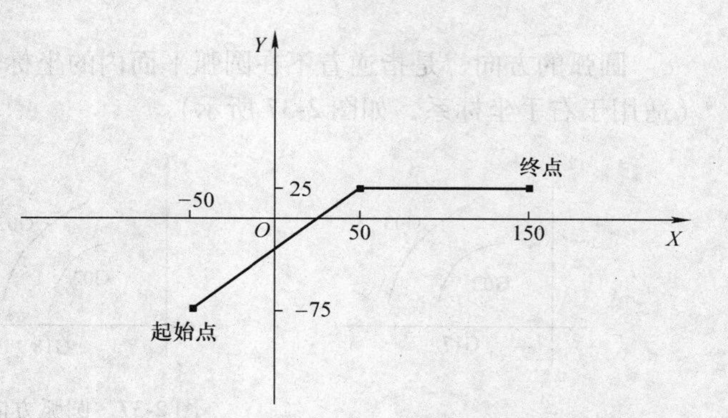

图 2-35　G00 走刀轨迹示例

G01 指令使当前的插补模态成为直线插补模态，刀具从当前位置移动到 IP 指定的位置，其轨迹是一条直线，F 指定了刀具沿直线运动的速度，单位为 mm/min（*X*、*Y*、*Z* 轴）。

例：当前刀具所在点为 *X*-50. *Y*-75.，则使刀具走出如图 2-36 所示轨迹的程序段为：

N1 G01 X150. Y25. F100;

N2 X50. Y75.;

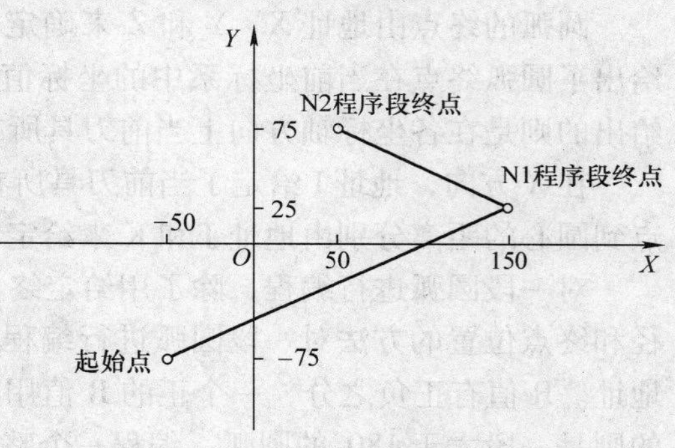

图 2-36　G01 走刀轨迹示例

由于 G01 指令为模态指令，程序段 N2 并没有指令 G01，而是 N1 程序段中所指令的 G01 在 N2 程序段中继续有效，同样地，指令 F100 在 N2 段也继续有效，即刀具沿两段直线的运动速度都是 100mm/min。

③ 圆弧插补（G02/G03）。

下面所列的指令可以使刀具沿圆弧轨迹运动：

在 *XOY* 平面

$$G17 \begin{Bmatrix} G02 \\ G03 \end{Bmatrix} X\_Y\_ \begin{Bmatrix} I\_J\_ \\ R\_ \end{Bmatrix} F\_;$$

在 *XOZ* 平面

$$G18 \begin{Bmatrix} G02 \\ G03 \end{Bmatrix} X\_Z\_ \begin{Bmatrix} I\_K\_ \\ R\_ \end{Bmatrix} F\_;$$

在 *YOZ* 平面

$$G19 \begin{Bmatrix} G02 \\ G03 \end{Bmatrix} X\_Z\_ \begin{Bmatrix} I\_K\_ \\ R\_ \end{Bmatrix} F\_;$$

序号	数据内容		指令	含义
1	平面选择		G17	指定 *XOY* 平面上的圆弧插补
			G18	指定 *XOZ* 平面上的圆弧插补
			G19	指定 *YOZ* 平面上的圆弧插补
2	圆弧方向		G02	顺时针方向的圆弧插补
			G03	逆时针方向的圆弧插补
3	终点位置	G90 模态	*X*、*Y*、*Z* 中的两轴指令	当前工件坐标系中终点位置的坐标值
		G91 模态	*X*、*Y*、*Z* 中的两轴指令	从起点到终点的距离（有方向的）
4	起点到圆心的距离		*I*、*J*、*K* 中的两轴指令	从起点到圆心的距离（有方向的）
	圆弧半径		R	圆弧半径
5	进给率		F	沿圆弧运动的速度

圆弧的方向，是指逆着不在圆弧平面内的坐标轴看过去，顺时针为 G02，逆时针为 G03（适用于右手坐标系，如图 2-37 所示）。

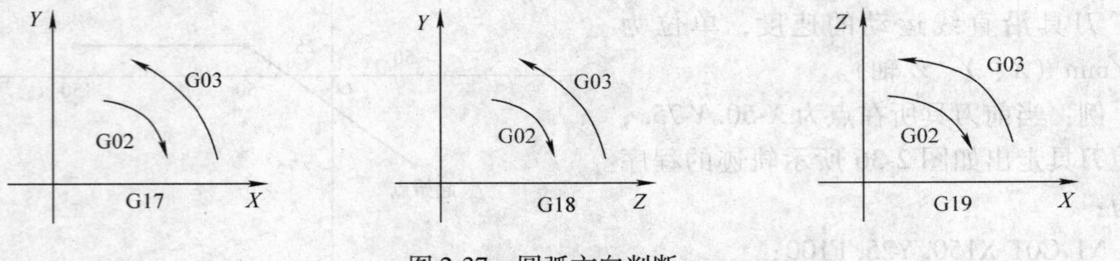

图 2-37 圆弧方向判断

圆弧的终点由地址 X、Y 和 Z 来确定。在 G90 模态，即绝对值模态下，地址 X、Y、Z 给出了圆弧终点在当前坐标系中的坐标值；在 G91 模态，即增量值模态下，地址 X、Y、Z 给出的则是在各坐标轴方向上当前刀具所在点到终点的距离。

在 *X* 方向，地址 I 给定了当前刀具所在点到圆心的距离，在 *Y* 和 *Z* 方向，当前刀具所在点到圆心的距离分别由地址 J 和 K 来给定，I、J、K 值的符号由它们的方向来确定。

对一段圆弧进行编程，除了用给定终点位置和圆心位置的方法外，我们还可以用给定半径和终点位置的方法对一段圆弧进行编程，用地址 R 来给定半径值，替代给定圆心位置的地址。R 值有正负之分，一个正的 R 值用来编程一段小于 180°的圆弧，一个负的 R 值编程的则是一段大于 180°的圆弧。编程一个整圆只能使用给定圆心的方法。

2） 坐标系功能。

① 机床坐标系。数控机床的坐标系是右手坐标系。主轴箱的上下运动为 *Z* 轴运动，主轴箱向上的运动为 *Z* 轴正向运动，主轴箱向下的运动为 *Z* 轴负向运动；滑座的前后运动为 *Y* 轴运动，滑座远离立柱的运动为 *Y* 轴的正向运动，滑座趋向立柱的运动为 *Y* 轴的负向运动；工作台的左右运动为 *X* 轴运动，面对机床，工作台向左运动为 *X* 轴的正向运动，工作台向右运动为 *X* 轴的负向运动。

② 关于参考点的指令（G27、G28、G29、G30）。

a. 参考点返回检查（G27）。

格式：G27 X_Y_Z_;

该命令使被指令轴以快速定位进给速度运动到坐标字指令的位置，然后检查该点是否为参考点，如果是，则发出该轴参考点返回的完成信号（点亮该轴的参考点到达指示灯）；如果不是，则发出一个报警，并中断程序运行。

在刀具偏置的模态下，刀具偏置对 G27 指令同样有效，所以一般来说，执行 G27 指令以前应该取消刀具偏置（半径偏置和长度偏置）。

在机床闭锁开关置上位时，NC 不执行 G27 指令。

b. 自动返回参考点（G28）。

格式：G28 X_Y_Z_;

该指令使指令轴以快速定位进给速度经由坐标字指定的中间点返回机床参考点，中间点的指定既可以是绝对值方式，也可以是增量值方式，这取决于当前的模态。一般地，该指令用于整个加工程序结束后使工件移出加工区，以便卸下加工完毕的零件和装夹待加工的零件。

执行手动返回参考点以前执行 G28 指令时，各轴从中间点开始的运动与手动返回参考点的运动一样，从中间点开始的运动方向为正向。

G28 指令中的坐标值将被 NC 作为中间点存储，另一方面，如果一个轴没有被包含在 G28 指令中，NC 存储的该轴的中间点坐标值将使用以前的 G28 指令中所给定的值。例如：

N10 X20 Y54；

N20 G28 X-40 Y-25；（中间点坐标值（－40，－25））

N30 G28 Z31；（中间点坐标值（－40，－25，31））

该中间点的坐标值主要由 G29 指令使用。

c. 从参考点自动返回（G29）。

格式：G29 X_Y_Z_；

该命令使被指令轴以快速定位进给速度从参考点经由中间点运动到指令位置，中间点的位置由以前的 G28 或 G30 指令确定。一般地，该指令用在 G28 或 G30 之后，被指令轴位于参考点或第二参考点的时候。

在增量值方式模态下，指令值为中间点到终点（指令位置）的距离。

d. 返回第二参考点（G30）。

格式：G30 X_Y_Z_；

该指令的使用和执行都和 G28 非常相似，唯一不同的就是 G28 使指令轴返回机床参考点，而 G30 使指令轴返回第二参考点。执行 G30 指令后，和 G28 指令相似，可以使用 G29 指令使指令轴从第二参考点自动返回。

第二参考点也是机床上的固定点，它和机床参考点之间的距离由参数给定，第二参考点指令一般在机床中主要用于刀具交换，因为机床的 Z 轴换刀点为 Z 轴的第二参考点（参数#737），也就是说，刀具交换之前必须先执行 G30 指令。用户的零件加工程序中，在自动换刀之前必须编写 G30，否则执行 M06 指令时会产生报警。被指令轴返回第二参考点完成后，该轴的参考点指示灯将闪烁，以指示返回第二参考点的完成。机床 X 和 Y 轴的第二参考点出厂时的设定值与机床参考点重合，如有特殊需要可以设定 735、736 号参数。

③ 工件坐标系。编程人员编程时以工件上的某个点作为零件程序的坐标系原点来编写加工程序，被加工零件被夹压在机床工作台上以后再将 NC 所使用的坐标系的原点偏移到与编程使用的原点重合的位置进行加工。所以坐标系原点偏移功能对于数控机床来说是非常重要的。

a. 选用机床坐标系（G53）。

格式：（G90）G53 X_Y_Z_；

该指令使刀具以快速进给速度运动到机床坐标系中坐标字指定的坐标值位置，一般地，该指令在 G90 模态下执行。G53 指令是一条非模态的指令，也就是说它只在当前程序段中起作用。

机床坐标系零点与机床参考点之间的距离由参数设定，无特殊说明，各轴参考点与机床坐标系零点重合。

b. 使用预置的工件坐标系（G54 ~ G59）。在机床中，我们可以预置六个工件坐标系，通过在 CRT-MDI 面板上的操作，设置每一个工件坐标系原点相对于机床坐标系原点的偏移量，然后使用 G54～G59 指令来选用它们，G54～G59 都是模态指令，分别对应 1#～6#预置工件坐标系，如下例：

预置 1#工件坐标系偏移量：X-150 Y-210 Z-90。

预置 4#工件坐标系偏移量：X-430 Y-330 Z-120。

例：预置工件坐标系坐标指令的使用方法。

程序段内容	终点在机床坐标系中的坐标值	注　释
N1 G90 G54 G00 X50. Y50.；	X-100，Y-160	选择 1#坐标系，快速定位
N2 Z-70.；	Z-160	
N3 G01 Z-72.5 F100；	Z-160.5	直线插补，F 值为 100
N4 X37.4；	X-112.6	直线插补
N5 G00 Z0；	Z-90	快速定位
N6 X0 Y0 A0；	X-150，Y-210	
N7 G53 X0 Y0 Z0；	X0，Y0，Z0	选择使用机床坐标系
N8 G57 X50. Y50.；	X-380，Y-280	选择 4#坐标系
N9 Z-70.；	Z-190	
N10 G01 Z-72.5；	Z-192.5	直线插补，F 值为 100，模态值
N11 X37.4；	X392.6	
N12 G00 Z0；	Z-120	
N13 G00 X0 Y0；	X-430，Y-330	

在机床的数控编程中，插补指令和其他与坐标值有关的指令中的 X_Y_Z_坐标字除非有特指外，都是指在当前坐标系中的坐标位置。大多数情况下，当前坐标系是 G54～G59 中之一（G54 为上电时的初始模态），直接使用机床坐标系的情况不多。

④ 坐标值和尺寸单位。有两种指令刀具运动的方法：绝对值指令（G90）和增量值指令（G91）。在绝对值指令模态下，我们指定的是运动终点在当前坐标系中的坐标值；而在增量值指令模态下，我们指定的则是各轴运动的距离。G90 和 G91 这对指令被用来选择使用绝对值模态或增量值模态，如图 2-38 所示。

⑤ 刀具补偿功能。

a. 刀具长度补偿（G43、G44、G49）。使用 G43（G44）H_；指令可以将 Z 轴运动的终点向正向或负向偏移一段距离，这段距离等于 H 指令的补偿号中存储的补偿值。G43 或 G44 是模态指令，H_指定的补偿号也是模态的使用这条指令，编程人员在编写加工程序时就可以不必考虑刀具的长度而只需考虑刀尖的位置即可。刀具磨损或损坏后更换新的刀具时也不需要更改加工程序，可以直接修改刀具补偿值。

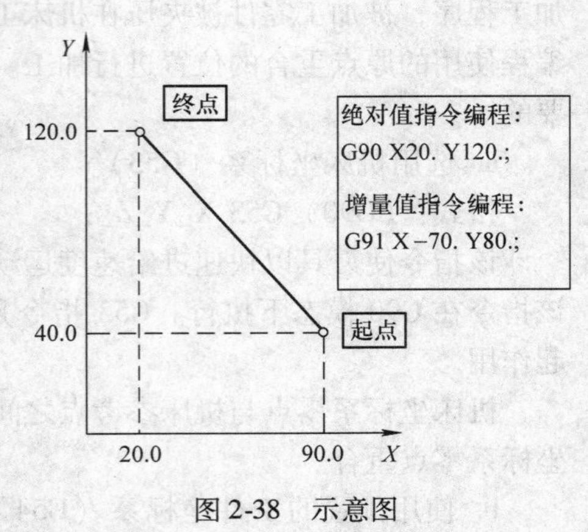

图 2-38　示意图

G43 指令为刀具长度补偿＋，也就是说 Z 轴到达的实际位置为指令值与补偿值相加的位置；G44 指令

为刀具长度补偿 -，也就是说 Z 轴到达的实际位置为指令值减去补偿值的位置。H 的取值范围为 00 ~ 200。H00 意味着取消刀具长度补偿值。取消刀具长度补偿的另一种方法是使用指令 G49。NC 执行到 G49 指令或 H00 时，立即取消刀具长度补偿，并使 Z 轴运动到不加补偿值的指令位置。

b. 刀具半径补偿。当使用加工中心进行内、外轮廓的铣削时，我们希望能够以轮廓的形状作为编程轨迹，这时，刀具中心的轨迹应该是这样的：能够使刀具中心在编程轨迹的法线方向上距离编程轨迹的距离始终等于刀具的半径。在数控机床上，这样的功能可以由 G41 或 G42 指令来实现。

格式：G41(G42)H_;

补偿向量是一个二维的向量，由它来确定进行刀具半径补偿时，实际位置和编程位置之间的偏移距离和方向。补偿向量的模即实际位置和补偿位置之间的距离始终等于指定补偿号中存储的补偿值，补偿向量的方向始终为编程轨迹的法线方向。该编程向量由 NC 系统根据编程轨迹和补偿值计算得出，并由此控制刀具（X、Y 轴）的运动完成补偿过程。

补偿值是指在 G41 或 G42 指令中，地址 H 指定了一个补偿号，每个补偿号对应一个补偿值。补偿号的取值范围为 0 ~ 200，这些补偿号由长度补偿和半径补偿共用。和长度补偿一样，H00 意味着取消半径补偿。补偿值的取值范围和长度补偿相同。

刀具半径补偿只能在被 G17、G18 或 G19 选择的平面上进行，在刀具半径补偿的模态下，不能改变平面的选择，否则出现 P/S37 报警。

G40 用于取消刀具半径补偿模态，G41 为左向刀具半径补偿，G42 为右向刀具半径补偿。在这里所说的左和右是指沿刀具运动方向而言的。

训练 2-11　外轮廓零件加工

如图 2-39 所示零件为外轮廓零件。毛坯为 100mm × 80mm × 18mm 板料，材料为 45 钢，要求完成零件的数控加工，铣削尺寸至图样要求。

（1）加工工艺的确定

① 零件图样分析。如图 2-39 所示零件材料为 45 钢，切削性较好，采用 100mm × 80mm × 18mm 的板材，毛坯已完成下表面及周边侧面的加工。本次实训主要是加工上表面和台阶面。

② 确定装夹方式。工件毛坯为长方形，直接采用平口钳装夹工件即可。毛坯厚度留有足够的装夹余量，所有加工面可以在一次装夹下完成零件的粗、精铣，精度完全可以达到要求。

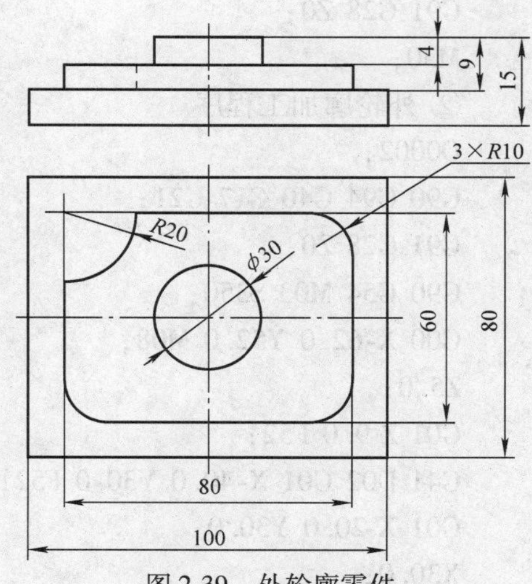

图 2-39　外轮廓零件

③ 设计切削方式。加工上平面时，尽可能选择进刀点在工件外，加工完毕后刀具退至工件外。加工台阶面时，进退刀路线是沿轮廓的切线方向。

④ 选择加工刀具。从俯视图看，铣削台阶面时要用半径小于 20mm 的刀具。从主视图看，宜使用无刀尖圆弧的平底刀铣削台面。从该零件厚度及台面高度看，使用一般刀具就可以满足要求。粗加工时，选用 ϕ20mm 的立铣刀，刀具号为 T02，刀具半径补偿号为 D02，补偿值为

10.2mm（0.2mm 是精加工余量）。精加工时，选用 ϕ12mm 的立铣刀，刀具号为 T03，刀具半径补偿号为 D03，补偿值为 6mm。

⑤ 设定工件原点。由于工件为长方形结构，工件原点设定在工件 100mm × 80mm 中心上表面处，即圆柱上端面中心。

（2）零件加工程序

① 圆柱台加工程序。

```
O0001;
G90 G94 G40 G17 G21;
G91 G28 Z0;
G90 G54M3 S350;
G00 X62.0 Y0;
Z5.0;
G01 Z-4.0 F52;
G41 D02 G01 X47.0 Y0 F52;
G02 I-47.0 J0;
G40 G01 X62.0 Y0;
G41 D02 G01 X31.0 Y0;
G02 I-31.0 J0;
G40 G01 X62.0 Y0;
G41 D02 G01 X15.0 Y0;
G02 I-15.0 J0;
G40 G01 X62.0 Y0;
G00 Z20.0;
G91 G28 Z0;
M30;
```

② 外轮廓加工程序。

```
O0002;
G90 G94 G40 G17 G21;
G91 G28 Z0;
G90 G54 M03 S350;
G00 X-62.0 Y52.0 M08;
Z5.0;
G01 Z-9.0 F52;
G41 D02 G01 X-40.0 Y30.0 F52;
G01 X-20.0 Y30.0;
X30.0;
G02 X40.0 Y20.0 R10.0;
G01 Y-20.0;
G02 X30.0 Y-30.0 R10.0;
```

```
G01 X-30.0;
G02 X-40.0 Y-20.0 R10.0;
G01 Y10.0;
G03 X-20.0 Y30.0 R20.0;
G40 G01 X-62.0 Y52.0;
G00 Z20.0 M09;
G91 G28 Z0;
M30;
```

（3）加工零件的检测　利用测量工件，对已加工的零件进行检测，包括尺寸精度的检测和零件加工质量的检测。

2.3.2 固定循环指令编程

（1）孔加工及固定循环　孔加工是最常见的零件结构加工方法之一，孔加工工艺内容广泛，包括钻削、扩孔、铰孔、锪孔、攻螺纹、镗孔等孔加工工艺方法。

在CNC铣床和加工中心上加工孔时，孔的形状和直径由刀具选择来控制，孔的位置和加工深度则由程序来控制。

圆柱孔在整个机器零件中起着支承、定位和保持装配精度的重要作用。因此，对圆柱孔有一定的技术要求。孔加工的主要技术要求有：

① 尺寸精度：配合孔的尺寸精度要求控制在IT6～IT8，精度要求较低的孔一般控制在IT11。

② 形状精度：孔的形状精度，主要是指圆度、圆柱度及孔轴线的直线度，一般应控制在孔径公差以内。对于精度要求较高的孔，其形状精度应控制在孔径公差的1/2～1/3。

③ 位置精度：一般有各孔距间误差，各孔的轴线对端面的垂直度公差和平行度公差等。

④ 表面粗糙度：孔的表面粗糙度要求一般在 *Ra*12.5～*Ra*0.4μm之间。

加工一个精度要求不高的孔很简单，往往只需一把刀具一次切削即可完成；对精度要求高的孔则需要几把刀具多次加工才能完成；加工一系列不同位置的孔需要计划周密、组织良好的定位加工方法。对给定的孔或孔系加工，选择适当的工艺方法显得非常重要。

（2）孔加工固定循环基本动作　一般地，一个孔加工固定循环完成以下6步操作，如图2-40所示。

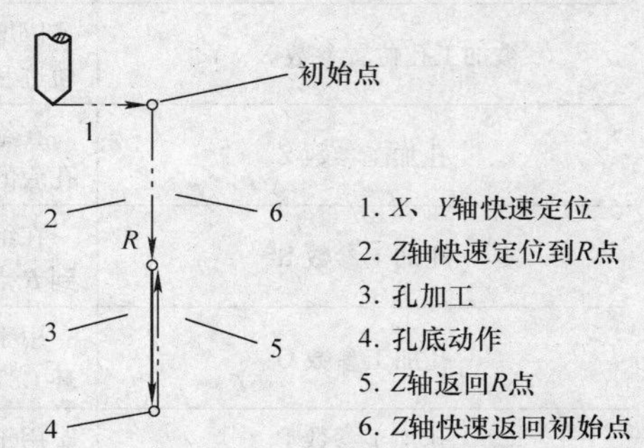

图2-40　孔加工固定循环动作图

表2-6所列为孔加工固定循环的动作指令。

表2-6　孔加工固定循环

G代码	加工运动（*Z*轴负向）	孔底动作	返回运动（*Z*轴正向）	应　用
G73	分次，切削进给	—	快速定位进给	高速深孔钻削
G74	切削进给	暂停—主轴正转	切削进给	左螺纹攻螺纹
G76	切削进给	主轴定向，让刀	快速定位进给	精镗循环

（续）

G代码	加工运动 （Z轴负向）	孔底动作	返回运动 （Z轴正向）	应　用
G80	—	—	—	取消固定循环
G81	切削进给	—	快速定位进给	普通钻削循环
G82	切削进给	暂停	快速定位进给	钻削或粗镗削
G83	分次，切削进给	—	快速定位进给	深孔钻削循环
G84	切削进给	暂停-主轴反转	切削进给	右螺纹攻螺纹
G85	切削进给	—	切削进给	镗削循环
G86	切削进给	主轴停	快速定位进给	镗削循环
G87	切削进给	主轴正转	快速定位进给	反镗削循环
G88	切削进给	暂停-主轴停	手动	镗削循环
G89	切削进给	暂停	切削进给	镗削循环

(3) 孔加工固定循环指令格式

格式：

$$\begin{Bmatrix} G90 \\ G91 \end{Bmatrix} \begin{Bmatrix} G98 \\ G99 \end{Bmatrix} \quad G\times\times \quad X\_Y\_Z\_R\_Q\_P\_F\_K\_;$$

其中：

参　数	功　能
坐标系统选择指令 G90/G91	坐标系统选择，绝对坐标/增量坐标
返回状态指令 G98/G99	返回状态选择，返回初始点/返回参考点
孔加工方式 G××	见表2-6
被加工孔位置参数 X、Y	以增量值方式或绝对值方式指定被加工孔的位置，刀具向被加工孔运动的轨迹和速度与 G00 的相同
孔加工参数 Z	在绝对值方式下指定沿 Z 轴方向孔底的位置，增量值方式下指定从 R 点到孔底的距离
孔加工参数 R	在绝对值方式下指定沿 Z 轴方向 R 点的位置，增量值方式下指定从初始点到 R 点的距离
孔加工参数 Q	用于指定深孔钻循环 G73 和 G83 中的每次进刀量，精镗循环 G76 和反镗循环 G87 中的偏移量（无论 G90 或 G91 模态，总是增量值指令）
孔加工参数 P	用于孔底动作有暂停的固定循环中指定暂停时间，单位为 s
孔加工参数 F	用于指定固定循环中的切削进给速率，在固定循环中，从初始点到 R 点及从 R 点到初始点的运动以快速进给的速度进行，从 R 点到 Z 点的运动以 F 指定的切削进给速度进行，而从 Z 点返回 R 点的运动则根据固定循环的不同可能以 F 指定的速率或快速进给速率进行
重复次数 K	指定固定循环在当前定位点的重复次数。如果不指令 K，数控系统认为 K＝1；如果指令 K＝0，则固定循环在当前点不执行

对孔加工固定循环指令的执行有影响的指令主要有 G90/G91 及 G98/G99 指令。如图2-41 所示 G90/G91 对孔加工固定循环指令的影响。

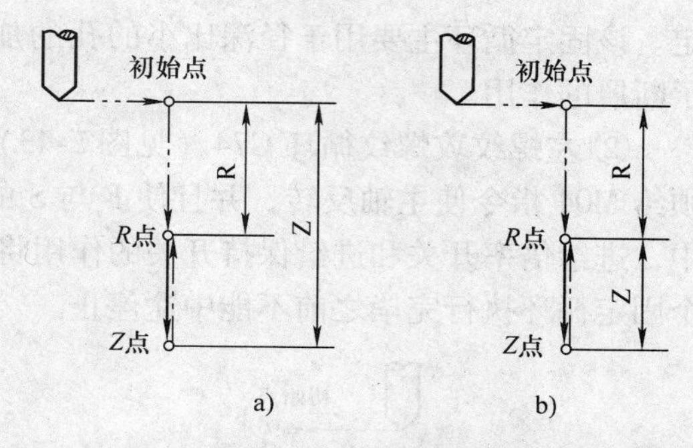

图 2-41　G90/G91 对孔加工固定循环指令的影响

a）G90 绝对指令　b）G91 增量指令

G98/G99 决定固定循环在孔加工完成后返回 R 点还是起始点，G98 模态下，孔加工完成后 Z 轴返回起始点；在 G99 模态下则返回 R 点。一般地，如果被加工的孔在一个平整的平面上，我们可以使用 G99 指令，因为 G99 模态下返回 R 点进行下一个孔的定位，而一般编程中 R 点非常靠近工件表面，这样可以缩短零件加工时间。如果工件表面有高于被加工孔的凸台或筋时，使用 G99 时非常有可能使刀具和工件发生碰撞，这时，就应该使用 G98，使 Z 轴返回初始点后再进行下一个孔的定位，这样就比较安全。

由 G××指定的孔加工方式是模态的，如果不改变当前的孔加工方式模态或取消固定循环的话，孔加工模态会一直保持下去。使用 G80 或 01 组的 G 指令可以取消固定循环。孔加工参数也是模态的，在被改变或固定循环被取消之前也会一直保持，即使孔加工模态被改变。我们可以在指令一个固定循环时或执行固定循环中的任何时候指定或改变任何一个孔加工参数。

重复次数 K 不是一个模态的值，它只在需要重复的时候给出。进给速率 F 则是一个模态的值，即使固定循环取消后它仍然会保持。如果正在执行固定循环的过程中数控系统被复位，则孔加工模态、孔加工参数及重复次数 K 均被取消。

（4）孔加工固定循环加工方式指令　以下走刀轨迹中线型表示的含义如下：----➤表示以快速进给速率运动；——➤表示以切削进给速率运动；-·-➤表示手动进给。

① 高速深孔钻削循环 G73（见图 2-42）。在高速深孔钻削循环中，从 R 点到 Z 点的进给是分段完成的，每段切削进给完成后 Z 轴向上抬起一段距离，然后再进行下一段的切削进给，Z 轴每次向上抬起的距离为 d，由 531#参数给定，每次进给的深度由孔加工参数 Q 给

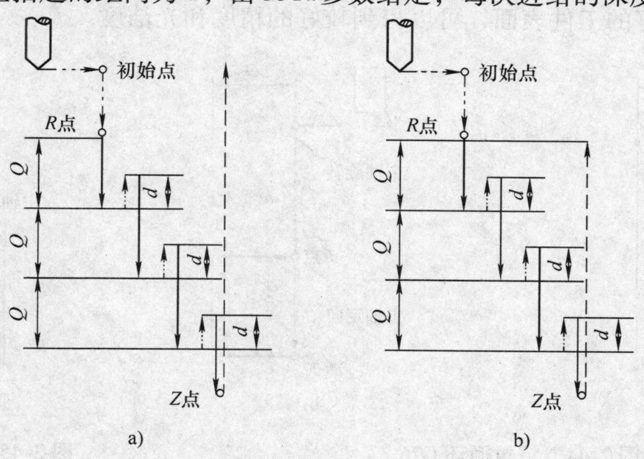

图 2-42　G73 高速深孔钻削循环

a）G98 方式　b）G99 方式

定。该固定循环主要用于径深比小的孔的加工，每段切削进给完毕后 Z 轴抬起的动作起到了断屑的作用。

② 左螺纹攻螺纹循环 G74（见图 2-43）。在使用左螺纹攻螺纹循环时，循环开始以前必须给 M04 指令使主轴反转，并且使 F 与 S 的比值等于螺距。另外，在 G74 或 G84 循环进行中，进给倍率开关和进给保持开关的作用将被忽略，即进给倍率被保持在 100%，而且在一个固定循环执行完毕之前不能中途停止。

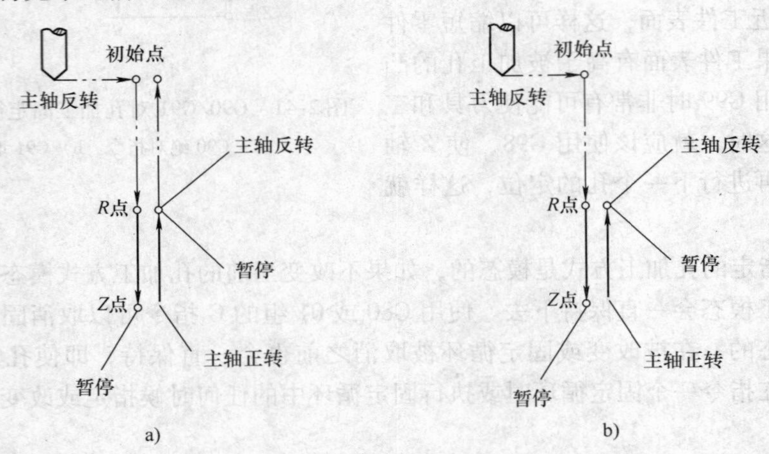

图 2-43　左螺纹攻螺纹循环 G74

a）G98 方式　b）G99 方式

③ 精镗循环 G76（见图 2-44）。X、Y 轴定位后，Z 轴快速运动到 R 点，再以 F 给定的速度进给到 Z 点，然后主轴定向并向给定的方向移动一段距离，再快速返回初始点或 R 点，返回后，主轴再以原来的转速和方向旋转。在这里，孔底的移动距离由孔加工参数 Q（见图 2-45）给定，Q 始终应为正值，移动的方向由 2#机床参数的 4、5 两位给定。在使用该固定循环时，应注意孔底移动的方向是使主轴定向后，刀尖离开工件表面的方向，这样退刀时便不会划伤已加工好的工件表面，可以得到较好的精度和光洁度。

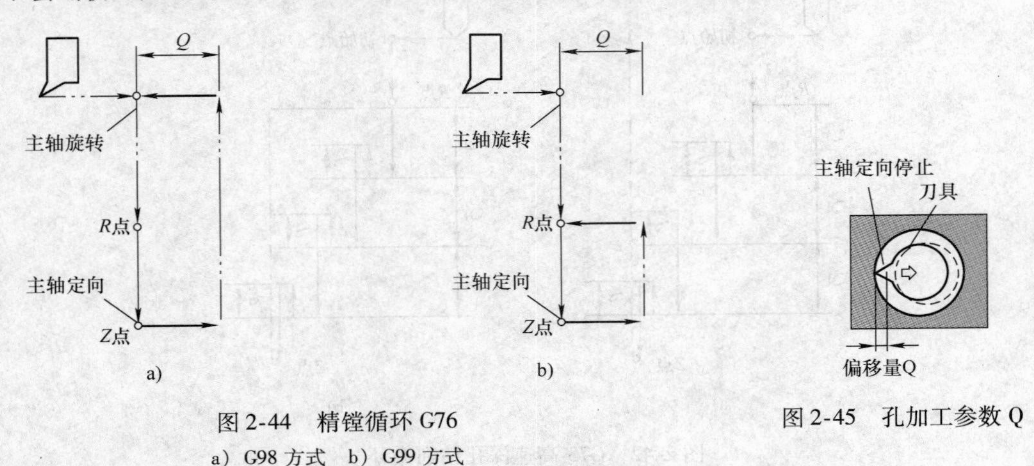

图 2-44　精镗循环 G76

a）G98 方式　b）G99 方式

图 2-45　孔加工参数 Q

注意：每次使用该固定循环或者更换使用该固定循环的刀具时，应注意检查主轴定向后刀尖的方向与要求是否相符。如果加工过程中出现刀尖方向不正确的情况，将会损坏工件、刀具甚至机床。

④ 取消固定循环 G80。G80 指令被执行以后，固定循环（G73、G74、G76、G81 ~ G89）被该指令取消，*R* 点和 *Z* 点的参数以及除 F 外的所有孔加工参数均被取消。另外 01 组的 G 代码也会起到同样的作用。

⑤ 钻削循环 G81（见图 2-46）。G81 是最简单的固定循环，它的执行过程为：X、Y 定位，*Z* 轴快进到 *R* 点，以 F 速度进给到 *Z* 点，快速返回初始点（G98）或 R 点（G99），没有孔底动作。

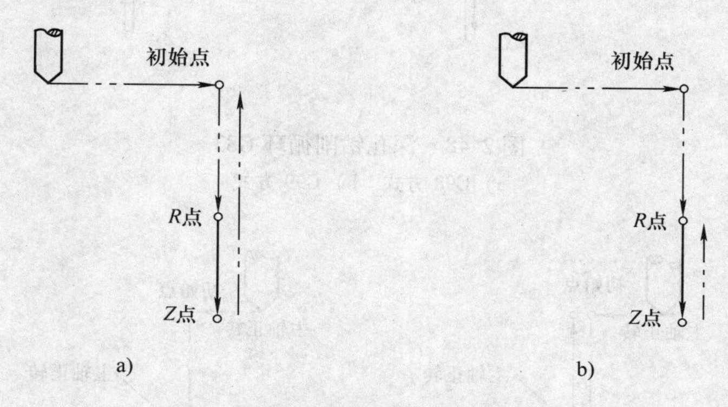

图 2-46　钻削循环 G81
a）G98 方式　b）G99 方式

⑥ 钻削循环，粗镗削循环 G82（见图 2-47）。G82 固定循环在孔底有一个暂停的动作，除此之外和 G81 完全相同。孔底的暂停可以提高孔深的精度。

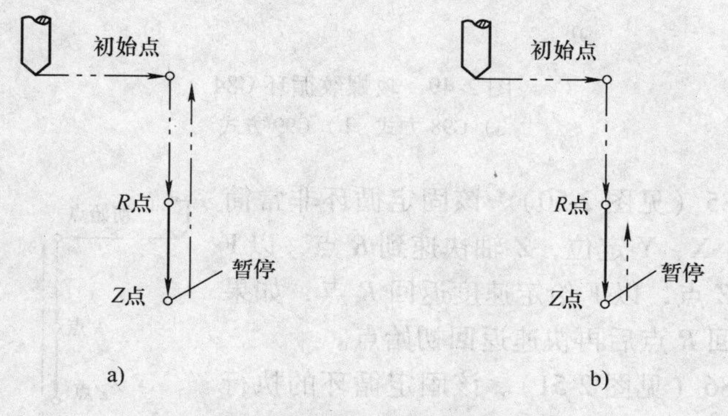

图 2-47　钻削循环，粗镗削循环 G82
a）G98 方式　b）G99 方式

⑦ 深孔钻削循环 G83（见图 2-48）。和 G73 指令相似，G83 指令下从 *R* 点到 *Z* 点的进给也分段完成，和 G73 指令不同的是，每段进给完成后，*Z* 轴返回的是 *R* 点，然后以快速进给速率运动到距离下一段进给起点上方 *d* 的位置开始下一段进给运动。

每段进给的距离由孔加工参数 Q 给定，Q 始终为正值，*d* 的值由 532#机床参数给定。

⑧ 攻螺纹循环 G84（见图 2-49）。G84 固定循环除主轴旋转的方向完全相反外，其他与左螺纹攻螺纹循环 G74 完全一样。注意在循环开始以前指令主轴正转。

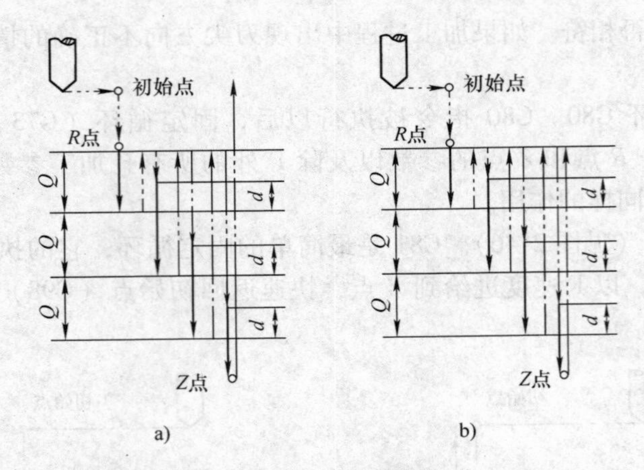

图 2-48　深孔钻削循环 G83

a）G98 方式　b）G99 方式

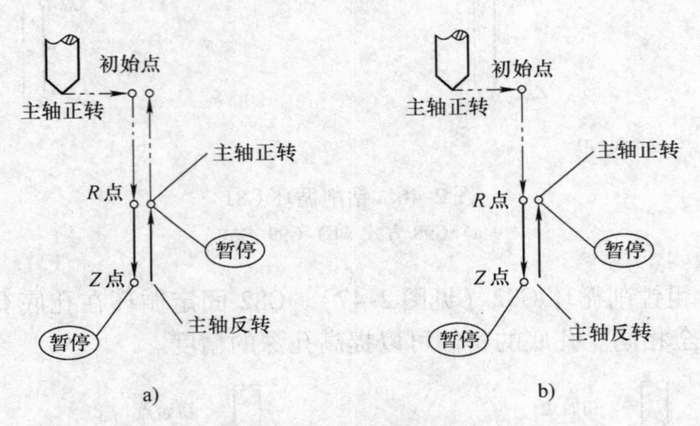

图 2-49　攻螺纹循环 G84

a）G98 方式　b）G99 方式

⑨ 镗削循环 G85（见图 2-50）。该固定循环非常简单，执行过程如下：X、Y 定位，*Z* 轴快速到 *R* 点，以 F 给定的速度进给到 *Z* 点，以 F 给定速度返回 *R* 点，如果在 G98 模态下，返回 *R* 点后再快速返回初始点。

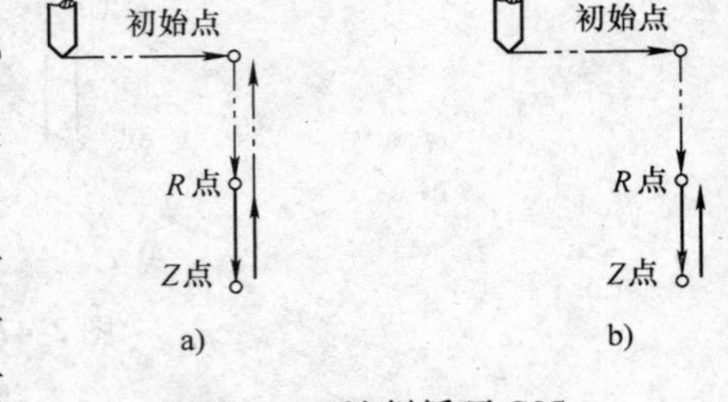

图 2-50　镗削循环 G85

a）G98 方式　b）G99 方式

⑩ 镗削循环 G86（见图 2-51）。该固定循环的执行过程和 G81 相似，不同之处是 G86 中刀具进给到孔底时使主轴停止，快速返回到 *R* 点或初始点时再使主轴以原方向、原转速旋转。

⑪ 反镗削循环 G87（见图 2-52）。G87 循环中，*X*、*Y* 轴定位后，主轴定向，*X*、*Y* 轴向指定方向移动由加工参数 Q 给定的距离，以快速进给速度运动到孔底（*R* 点），*X*、*Y* 轴恢复原来的位置，主轴以给定的速度和方向旋转，*Z* 轴以 F 给定的速度进给到 *Z* 点，然后主轴再次定向，*X*、*Y* 轴向指定方向移动 Q 指定的距离，以快速进给速度返回初始点，*X*、*Y* 轴恢复定位位置，主轴开始旋转。

该固定循环用于图 2-52a 所示孔的加工。该指令不能使用 G99，注意事项同 G76。

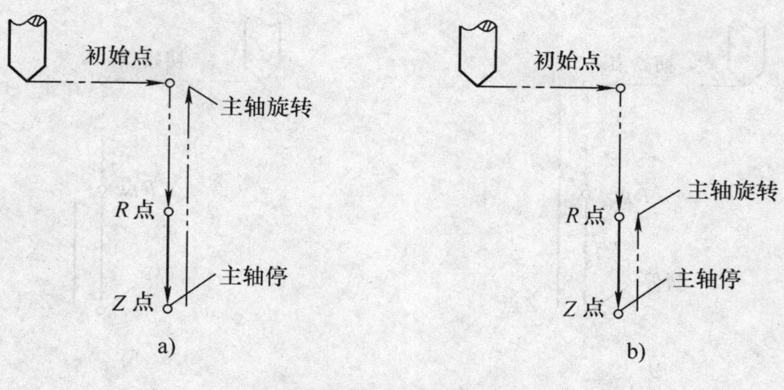

图 2-51　镗削循环 G86

a） G98 方式　b） G99 方式

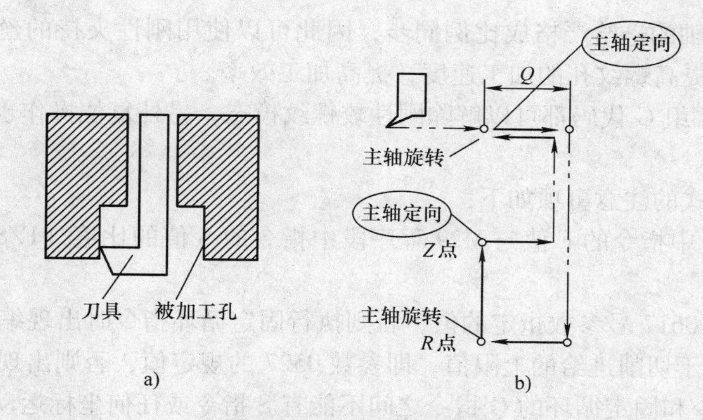

图 2-52　反镗削循环 G87

⑫ 镗削循环 G88（见图 2-53）。固定循环 G88 是带有手动返回功能的用于镗削的固定循环。

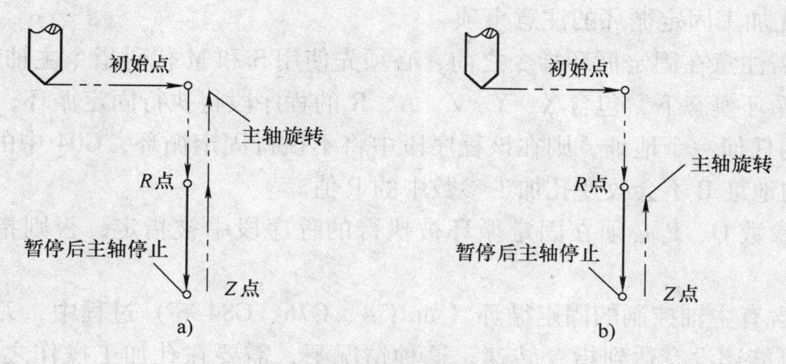

图 2-53　镗削循环 G88

a） G98 方式　b） G99 方式

⑬ 镗削循环 G89（见图 2-54）。该固定循环在 G85 的基础上增加了孔底的暂停。

（5）刚性攻螺纹方式　在攻螺纹循环 G84 或反攻螺纹循环 G74 的前一程序段指令 M29S_;，则机床进入刚性攻螺纹模态。NC 执行到该指令时，主轴停止，然后主轴正转指示灯亮，表示进入刚性攻螺纹模态，其后的 G74 或 G84 循环被称为刚性攻螺纹循环，由于刚性攻螺纹循环

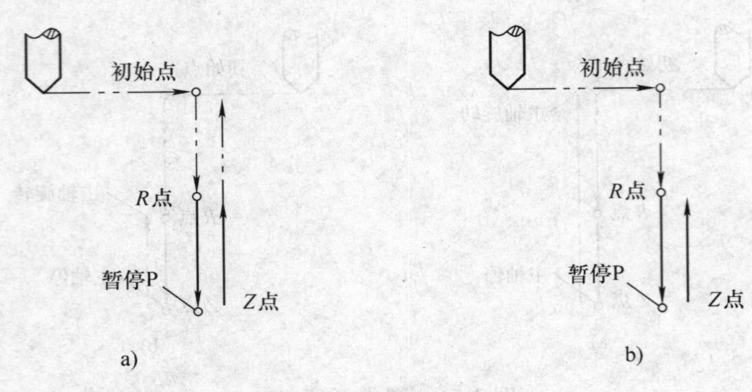

图 2-54　镗削循环 G89
a）G98 方式　b）G99 方式

中，主轴转速和 Z 轴的进给严格成比例同步，因此可以使用刚性夹持的丝锥进行螺纹孔的加工，并且还可以提高螺纹孔的加工速度，提高加工效率。

使用 G80 和 01 组 G 代码都可以解除刚性攻螺纹模态，另外复位操作也可以解除刚性攻螺纹模态。

刚性攻螺纹方式的注意事项如下：

① G74 或 G84 中指令的 F 值与 M29 程序段中指令的 S 值的比值（F/S）即为螺纹孔的螺距值。

② S 必须小于 0617 号参数指定的值，否则执行固定循环指令时出现编程报警。

③ F 值必须小于切削进给的上限值，即参数 0527 的规定值，否则出现编程报警。

④ 在 M29 指令和固定循环的 G 指令之间不能有 S 指令或任何坐标运动指令。

⑤ 不能在攻螺纹循环模态下指令 M29。

⑥ 不能在取消刚性攻螺纹模态后的第一个程序段中执行 S 指令。

⑦ 不要在试运行状态下执行刚性攻螺纹指令。

（6）使用孔加工固定循环的注意事项

① 编程时需注意在固定循环指令之前，必须先使用 S 和 M 代码指令主轴旋转。

② 在固定循环模态下，包含 X、Y、Z、A、R 的程序段将执行固定循环，如果一个程序段不包含上列的任何一个地址，则在该程序段中将不执行固定循环，G04 中的地址 X 除外。另外，G04 中的地址 P 不会改变孔加工参数中的 P 值。

③ 孔加工参数 Q、P 必须在固定循环被执行的程序段中被指定，否则指令的 Q、P 值无效。

④ 在执行含有主轴控制的固定循环（如 G74、G76、G84 等）过程中，刀具开始切削进给时，主轴有可能还没有达到指令转速。这种情况下，需要在孔加工操作之间加入 G04 暂停指令。

⑤ 01 组的 G 代码也起到取消固定循环的作用，不能将固定循环指令和 01 组的 G 代码写在同一程序段中。

⑥ 如果执行固定循环的程序段中指令了一个 M 代码，M 代码将在固定循环执行定位时被同时执行，M 指令执行完毕的信号在 Z 轴返回 R 点或初始点后被发出。使用 K 参数指令重复执行固定循环时，同一程序段中的 M 代码在首次执行固定循环时被执行。

⑦ 在固定循环模态下，刀具偏置指令 G45 ~ G48 将被忽略（不执行）。

⑧ 单程序段开关置上位时，固定循环执行完 *X*、*Y* 轴定位，快速进给到 *R* 点及从孔底返回（到 *R* 点或到初始点）后都会停止。也就是说需要按循环起动按钮 3 次才能完成一个孔的加工。3 次停止中，前面的两次是处于进给保持状态，后面的一次是处于停止状态。

⑨ 执行 G74 和 G84 循环时，*Z* 轴从 *R* 点到 *Z* 点和 *Z* 点到 *R* 点两步操作之间如果按进给保持按钮的话，进给保持指示灯立即会亮，但机床的动作却不会立即停止，直到 *Z* 轴返回 *R* 点后才进入进给保持状态。另外 G74 和 G84 循环中，进给倍率开关无效，进给倍率被固定在 100%。

训练 2-12　基本孔加工

如图 2-55 所示，按要求加工零件上 $2\times30^{+0.021}_{0}$mm 的孔。工件材料为 45 钢。

（1）工艺分析　图 2-55 中零件材料为 45 钢，要求加工两个 ϕ30mm 孔，孔距 40mm 尺寸要求较高。况且左边第一孔距边也有较高的尺寸要求。图样中可以看到孔的尺寸要求和粗糙度要求较高，孔的位置要求也较高。所以对零件的单件加工就需要工件坐标系找正要正确。对于批量就需要按两侧面和底面为基准设计出合理的工装夹具。针对零件图样要求也可给出三种加工方案。一是采用钻、扩、铰；二是采用钻、铣、铰；三是采用中心孔定位、钻、粗镗、精镗。由于考虑孔径尺寸偏大，较适合的加工手段是镗削加工，况且铣削加工在批量生产时效率没有镗削加工高，故采用方案三。将工件坐标系 G54 建立在工件上表面与左边 ϕ30mm 孔中心处。

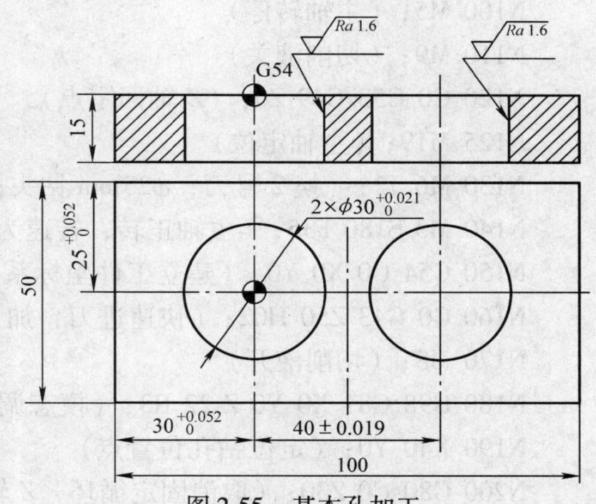

图 2-55　基本孔加工

（2）刀具的选择　方案三采用中心孔定位、钻孔、粗镗孔、精镗孔。所选择刀具为 ϕ3mm 中心钻、ϕ25mm 钻头、ϕ29.6mm 粗镗刀、ϕ30mm 精镗刀。

（3）切削参数的选择　各工序刀具的切削参数见表 2-7。

表 2-7　各工序刀具的切削参数

加工工序	刀具号	刀具类型	主轴转速 S /(r/min)	进给速度 F /(mm/min)	刀具补偿号	
					长度	半径
钻定位孔 ϕ3mm	T1	ϕ3mm 中心钻	1200	30	H01	D11
钻孔 ϕ25mm	T2	ϕ25mm 钻头	180	30	H02	D12
粗镗孔 ϕ29.6mm	T3	ϕ29.6mm 镗刀	700	45	H03	D13
精镗孔 ϕ30mm	T4	ϕ30mm 镗刀	950	25	H04	D14

（4）程序的编制　以 FANUC 0*i*-MB 系统为例编写数控程序。

%

O1000；（主程序名）

N10 G0 G90 G40 G80 G17；（绝对编程，初始平面，取消刀补，取消固定循环，切削主平面指定）

N20 M6 T1；（换 1 号刀；ϕ3mm 中心钻，钻中心定位孔）

N30M3 S1200F30；（主轴正转，转速为 1200r/min，进给速度为 30mm/min）

N40 G54 G0 X0 Y0；（工件坐标系建立，快速定位）

N50 G0 G43 Z50 H01；（快速进刀，刀具长度补偿值加入）

N60 M8；（切削液开）

N70 G98 G81 X0 Y0 Z-4 R3；（模态调用钻孔循环（回初始平面））

N80 X40 Y0；（定位钻孔位置点）

N90 G80 G0 Z30；（取消固定循环，Z 轴回退）

N100 M5；（主轴转停）

N110 M9；（切削液关）

N120 G0 G53 G49 Z0；（Z 轴回零点）

N125 M19；（主轴定位）

N130 M6 T2；（换 2 号刀；ϕ25mm 钻头；钻孔）

N140 M3 S180 F35；（主轴正转，转速为 180r/min，进给速度为 35mm/min）

N150 G54 G0 X0 Y0；（建立工件坐标系，快速定位）

N160 G0 G43 Z50 H02；（快速进刀，加入刀具长度补偿值）

N170 M8；（切削液开）

N180 G98 G81 X0 Y0 Z-22 R3；（模态调用钻孔循环（回初始平面））

N190 X40 Y0；（定位钻孔位置点）

N200 G80 G0 Z30；（取消固定循环，Z 轴回退）

N210 M5；（主轴转停）

N220 M9；（切削液关）

N230 G0 G53 G49 Z0；（Z 轴回参考点即零点）

N235 M19；（主轴定位）

N240 M6 T3；（换 3 号刀；ϕ29. 6mm 粗镗刀，镗孔）

N250M3 S700 F45；（主轴正转，转速为 700r/min，进给速度为 45mm/min）

N260 G54 G0 X0 Y0；（建立工件坐标系，快速定位）

N270 G0 G43 Z50 H03；（快速进刀，加入刀具长度补偿值）

N280 M8；（切削液开）

N290 G98 G85 X0 Y0 Z-17 R3；（模态调用镗孔循环（回初始平面））

N300 X40 Y0；（定位镗孔位置点）

N310 G80 G0 Z30；（取消固定循环，Z 轴回退）

N320 M5；（主轴转停）

N330 M9；（切削液关）

N340 G0 G53 G49 Z0；（Z 轴回参考点即零点）

N345 M19；（主轴定位）

N350 M6 T4；（换 4 号刀；ϕ30mm 精镗刀，精镗孔）

N360M3 S950 F25；（主轴正转，转速为950r/min，进给速度为25mm/min）
N370 G54 G0 X0 Y0；（建立工件坐标系，快速定位）
N380 G0 G43 Z50 H04；（快速进刀，加入刀具长度补偿值）
N390 M8；（切削液开）
N400 G98 G86 X0 Y0 Z-22 R3；（模态调用镗孔循环（回初始平面））
N410 X400；（定位镗孔位置点）
N420 G80 G0 Z30；（取消固定循环，*Z* 轴回退）
N430 G0 Z100；（快速抬刀）
N440 G0 G53 G49 Z0；（*Z* 轴回参考点即零点）
N450 M5；（主轴转停）
N460 M9；（切削液关）
N470 M30；（程序结束）
%

2.3.3 特殊功能指令编程

（1）比例缩放指令（G50、G51）　编程时加工轨迹被放大和缩小的指令称为比例缩放指令。G51 为比例编程指令；G50 为撤消比例编程指令。G50、G51 均为模式 G 代码。

① 各轴按相同比例缩放（比例因子相同）。各轴按相同比例缩放编程的指令格式如下：

G51 X_Y_Z_P_；（缩放功能激活）
……；　　　　　（缩放轨迹轮廓）
G50；　　　　　（缩放功能取消）

其中，X_Y_Z_：比例缩放中心，以绝对值指定。

P：比例系数，最小输入量为 0.001，比例系数的范围为 0.001 ~ 999.999。该指令以后的移动指令，从比例中心点开始，实际移动量为原数值的 P 倍。P 值对偏移量无影响。

各轴按相同比例缩放是按照相同的比例（P），使 X、Y、Z 坐标所指定的尺寸放大和缩小。比例可以在程序中指定。除此之外还可用参数指定比例。G51 指令需要在单独的程序段内给定。在图形放大或缩小之后，用 G50 指令取消缩放方式。

例：

P1 ~ P4：程序中给定的图形（见图 2-56）。

P1′ ~ P4′：经比例缩放后的图形。

O 点：比例缩放中心（由 X_Y_Z_规定）。

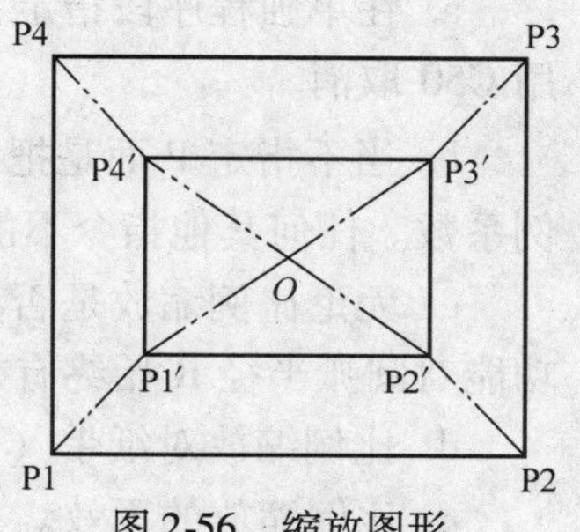

图 2-56　缩放图形

② 各轴按不同比例缩放（比例因子不同）。通过对各轴指定不同的比例，可以按各自比例缩放各轴，其指令格式为：

G51 X_Y_Z_I_J_K_；（缩放功能激活）
……；
G50；　　　　　（缩放功能取消）

其中，X_Y_Z_：比例缩放中心坐标，以绝对值指定。

I_J_K_：分别与 *X*、*Y*、*Z* 轴对应的比例系数，在 ±0.001 ~ ±9.999 范围内。本系统设定 I、J、K 不能带小数点，比例为 1 时，应输入 1000，并在程序中都应输入，不能省略。

各轴按不同比例缩放是按照各坐标轴不同的比例（由 I、J、K 指定），使 X、Y 和 Z 坐标所指定的尺寸放大和缩小。G51 指令需要在单独的程序段内给定。在图形放大或缩小之后，用 G50 指令取消方式。

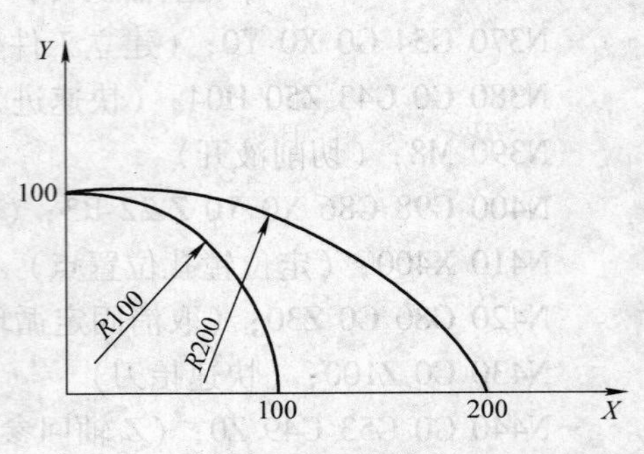

图 2-57　对圆弧插补的比例缩放

③ 对圆弧插补（G02、G03）的比例缩放。在圆弧插补程序中，即使对圆弧插补的各轴指定不同的缩放比例，刀具也不走椭圆轨迹。

a. 当各轴的缩放比不同，圆弧插补用半径 R 编程，如图 2-57 所示，对各轴指令不同的比例系数（图 2-57 中 *X* 轴比例为 2，*Y* 轴比例为 1，*Z* 轴比例为 1），用 R 指定一个圆弧插补，此时半径 R 的比例系数取决于 I 或 J 中较大者。

G02、G03 用 R 编程	G02、G03 用 I、J、K 编程
G90 G00 X0 Y100 Z0； G51 X0 Y0 Z0 I2000 J1000 K1000； G02 X100 Y0 R100 F500；	G90 G00 X0 Y100 Z0； G51 X0 Y0 Z0 I2000 J1000 K1000； G02 X100 Y0 J-100 F500；

以上左右两组指令等效。

b. 当各轴的缩放比不同，圆弧插补用 I、J、K 编程，如图 2-58 所示，对各轴指令不同的比例系数（图 2-58 中 *X* 轴比例为 2，*Y* 轴比例为 1，*Z* 轴比例为 1），用 I、J 和 K 指定圆弧插补。

示例程序如下：

G90 G00 X0 Y100 Z0；

G51 X0 Y0 Z0 I2000 J1000 K1000；

G02 X100 Y0 J-100 F500；

在这种情况下，终点不在指定的圆弧上，多出部分呈一段直线。

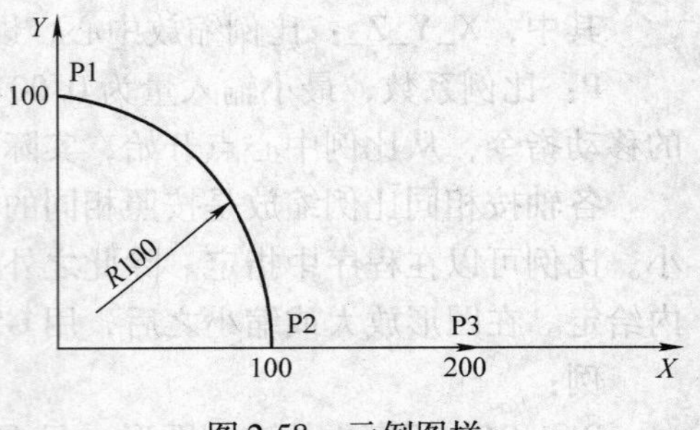

图 2-58　示例图样

④ 比例缩放功能使用时的注意事项如下：

a. 在单独程序段指定 G51，比例缩放之后必须用 G50 取消。

b. 当不指定 P 而是把参数设定值用作比例系数时，在 G51 指令时，就把设定值作为比例系数。任何其他指令不能改变这个值。

c. 无论比例缩放是否有效，都可以用参数设定各轴的比例系数。G51 方式，比例缩放功能对圆弧半径 R 始终有效，与这些参数无关。

d. 比例缩放对纸带（DNC）运行、存储器运行或 MDI 操作有效，对手动操作无效。

e. 比例缩放的无效。在下面的固定循环中 *Z* 轴的移动缩放无效：深孔钻循环 G83、G73 的切入值 *q* 值和返回值 *d*，精镗循环 G76 背镗循环 G87 中 *X* 轴和 *Y* 轴的偏移值 *q*，手动运行时移动距离不能用缩放功能增减。

f. 关于回参考点和坐标系的指令。在缩放状态不能指令返回参考点的 G 代码，G27 ~

G30 等，指令坐标系的 G 代码 G52～G59、G92 等。若必须指令这些 G 代码应在取消缩放功能后指定。

g. 若比例缩放结果按四舍五入圆整后，有可能使移动量变为零，此时，程序段被视为无运动程序段，若用刀具半径补偿 C 将影响刀具的运动。

（2）镜像指令（G51.1、G50.1）

① 指令格式。

G51.1 X_Y_Z_；（设置镜像指令）

……；　　　　　　（指定镜像轨迹轮廓）

（或 M98 P……）；

……；

G50.1 X_Y_Z_；（取消镜像指令）

例：用镜像功能编写如图 2-59 所示图样的程序。

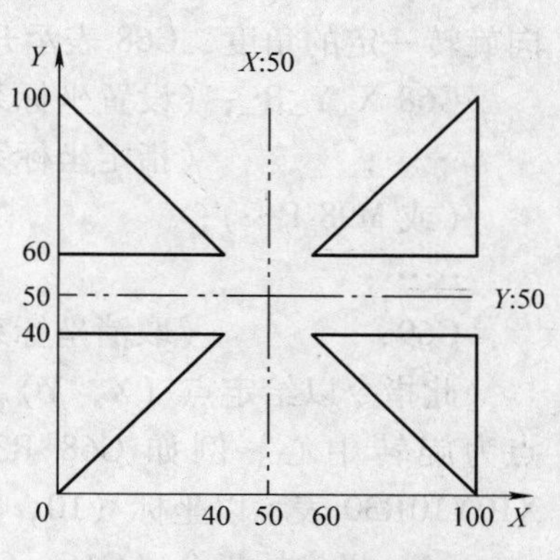

图 2-59　镜像功能编程示例图样

主程序（局部）

```
G00 G90 G54 X50 Y50 Z50;
M03 S1000;              （指定转速）
M98 P1001;              （加工原轮廓）
G51.1 X50;              （调用镜像指令，关于 X50 轴镜像）
M98 P1001;              （加工 X50 镜像轮廓）
G51.1 Y50;              （调用镜像指令，关于 Y50 轴镜像）
M98 P1001;              （加工 Y50 镜像轮廓）
G51.1 X50 Y50;          （调用镜像指令，关于（50，50）点镜像）
M98 P1001;              （加工（50，50）点镜像轮廓）
G50.1;                  （取消镜像指令）
G00 Z50;
```

子程序

```
O1001;
G90 G00 X60 Y60;
G00 Z2;
G01 Z-3 F70;
G01 X100;
G01 Y100;
G01 X60 Y60;
G00 Z50;
M99;
```

② 注意事项。

a. 在指定平面内执行镜像指令时，如果程序中有圆弧指令，则圆弧的旋转方向相反，即 G02 变成 G03，相应地 G03 变成 G02。

b. 在指定平面内执行镜像指令时，如果程序中有刀具半径补偿指令，则刀具半径补偿的偏置方向相反，即 G41 变成 G42，相应地 G42 变成 G41。

c. 在镜像指令方式下，与返回参考点指令（如 G27、G28、G29、G30 等）和工件坐标系指令（如 G52、G53、G54、G55、G56、G57、G58、G59 等）有关的 G 代码不准指定。如果需要指定这些 G 代码，必须在取消镜像指令之后再指定。

（3）坐标系旋转指令（G68、G69）　该指令可使编程图形按照指定旋转中心及旋转方向旋转一定的角度，G68 表示开始坐标系旋转，G69 用于撤消旋转功能。

```
G68 X_Y_R_;（设置坐标系旋转指令）
……;          （指定坐标系旋转轮廓）
（或 M98 P…）;
……;
G69;          （取消坐标系旋转指令）
```

此指令以给定点（X，Y）为旋转中心，将图形旋转 R 角度；如省略（X、Y）则以原点为旋转中心。例如 G68 R30 表示以坐标原点为旋转中心，将图形旋转 30°；G68 X10Y10R30 表示以坐标（10，10）为旋转中心将图形旋转 30°。

（4）极坐标指令（G16、G15）　即平面上点的坐标用极坐标（半径和角度）输入，极坐标的半径是极坐标原点到编程点的距离；极坐标的角度有方向性，角度的正向是所选平面的第 1 轴正向逆时针转向。

① 指令格式。

```
G16 X_Y_;（设置极坐标指令）
……;        （指定极坐标轮廓）
（或 M98 P…）;
……;
G15;        （取消极坐标指令）
```

其中：X 指极坐标半径，Y 指极坐标角度。

② 注意事项。

a. 极坐标和角度两者可以用绝对值指令或增量值指令（G90、G91）指定。设定工件坐标系零点作为极坐标的原点。

用绝对值编程指令（G90）指定半径（零点和编程点之间的距离），则设定工件坐标的零点为极坐标系的原点，当使用局部坐标系 G52 时，局部坐标系的原点变成极坐标系的中心。

用增量值编程（G91）指令指定半径（当前位置和编程点之间的距离），则设定当前位置为极坐标系的原点。

b. 极坐标指令执行结束要取消极坐标指令。

c. 极坐标方式中轴不属于极坐标指令的部分。

d. 极坐标方式中不能指定任意角度倒角和拐角圆弧过渡。

e. 如果一个零件其尺寸以到一个中心点（极点）的半径和角度来设定时，往往就使用极坐标。

f. 极坐标以所使用的平面 G17、G18、G19 为基准平面。也可以设定垂直于该平面的第 3 轴的坐标值，这样可以在柱面坐标中编程立体数据。

g. 极坐标半径定义该点到极点的距离。该值一直保存，只有当极点发生变化或平面更改后才需要新编程。

例：用极坐标加工图2-60所示的孔。

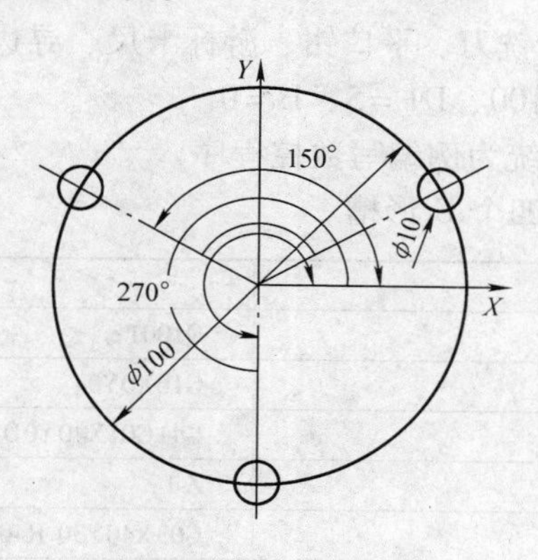

图2-60　示例图样

（1）用绝对值指定角度和极半径

G54G17G90G16;　　　　（极坐标编程的零点为极坐标系原点）

G81X50Y30Z-20R5F100;（在半径50mm和角度30°位置钻孔）

Y150;　　　　　　　　（在半径50mm和角度150°位置钻孔）

Y270;　　　　　　　　（在半径50mm和角度270°位置钻孔）

G15G80;　　　　　　　（取消极坐标指令，取消钻孔循环）

（2）用增量值指定角度和极半径

G54G17G91G16;　　　　（极坐标编程，编程的零点为极坐标系的原点）

G81X50Y30Z-20R5F100;（在半径50mm和角度30°位置钻孔）

Y150;　　　　　　　　（在半径50mm和角度120°位置钻孔）

Y270;　　　　　　　　（在半径50mm和角度120°位置钻孔）

G15G80;　　　　　　　（取消极坐标指令，取消钻孔循环）

训练2-13　极坐标及旋转加工（图2-61）

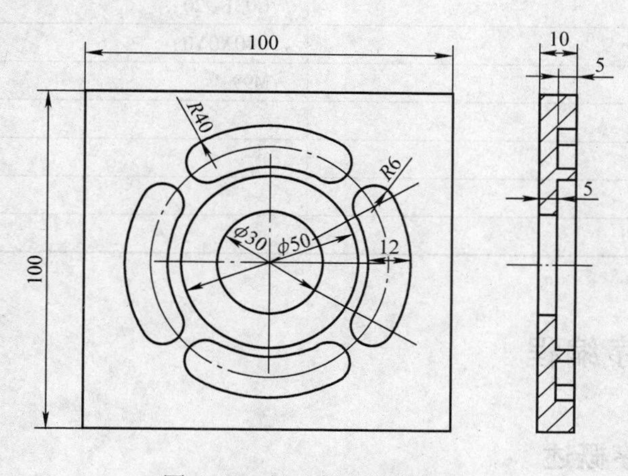

图2-61　极坐标及旋转加工

（1）加工要求

1）材料：100mm×100mm×15mm 铝块。

2）工具：ϕ10mm 三刃立铣刀、平口钳、游标卡尺、寻边器、Z 轴设定器、垫块。

3）切削参数：S1000、F100、D1=5、H=0。

（2）以 FANUC 0i-MD 系统为例编写数控程序

1）用极坐标和旋转加工四个 U 形槽。

主 程 序	子 程 序
O0001；	O1001；
G90G54G17G00X0Y0Z50；	G16X0Y0；
M03S1000F100；	G41G01X40Y0D1；
Z5；	Z-1；
M98P1001；	G03X40Y30 R40；
G51. 1X0；	X28Y30 R6；
M98P1001；	G02Y-30 R28；
G15；	G03X40Y-30R12；
G68X0Y0R90；	Y30 R40；
M98P1001；	G15；
G68X0Y0R180；	G0Z10；
M98P1001；	M99；
G69；	
G00Z100；	
M30；	

2）用缩放加工 ϕ30mm 和 ϕ50mm 孔。

主 程 序	子 程 序
O0002；	O1002；
G90G54G17G00Z100；	G01Z-1；
M03S1000F100；	G41X20Y0D1；
X0Y0；	G03I-20；
M98P1002；	G40X0Y0；
G01Z-2；	M99；
G51X0Y0Z-2P500；	
G50；	
G00Z100；	
M30；	

2.4 用户宏程序编程

2.4.1 用户宏程序概述

为提高数控加工程序的编程效率，并简化加工程序，Fanuc 数控系统提供多种高效编程功能，如固定循环、子程序等。这些方法都是用常量编程。Fanuc 系统还提供了一种采用变量编程的方法，即用户利用数控系统提供的变量、数学运算功能、逻辑判断功能、程序循环功能等功能，来实现一些特殊的用法。一般将这种含有变量的程序称为用户宏（Custom Macro）主体，或用户宏程序。

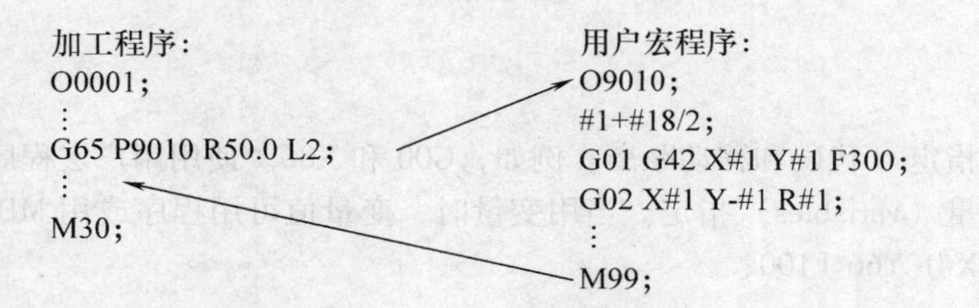

在程序中调用用户宏程序的指令称为用户宏指令。因此，用户宏程序有三个要点：

① 在宏程序中存在变量。

② 宏程序能依据变量完成某个具体操作。

③ 实际值能赋予用户宏指令中的变量。

这就使得编制加工操作的程序更方便，更容易，可以大大地简化程序，还可以扩展数控机床的应用范围。

用户宏程序编程是用户用变量作为数据进行编程，变量在编程中充当“媒介”，已在程序中赋值的变量，在后续程序中可以重新再赋值，原来内容被新的赋值所取代，利用系统对变量值进行计算和可以重新赋值的特性，使变量随程序的循环自动增加并计算，实现加工过程的自动循环，使之自动计算出整个曲线无数个密集坐标值，从而用很短的直线或圆弧线逼近理想的轮廓曲线。

1. 用户宏程序适用范围

1）主要应用于抛物线、椭圆、双曲线等各种数控系统没有插补指令的轮廓曲线编程，不必人工逐点计算。

2）应用于图形一样、尺寸不同的系列零件的曲线编程。

3）应用于工艺路径一样、只是位置数据不同的系列零件的编程。

2. 用户宏程序的特点

1）在宏程序中可以进行变量的算术运算、逻辑运算和函数的混合运算。还可以使用循环语句、分支语句和子程序调用语句。

2）宏程序能依据变量，用事先指定的变量代替地址后面直接给出的数值，在调用宏程序或宏程序本身执行时，给出计算好的变量值。

3）宏程序通用性强、灵活方便，一个宏程序可以描述一种曲线，曲线的各种参数用变量表示，在调用时再按要求指定，插补精度可视加工要求随时进行修改，同一个程序适应于粗加工和精加工的不同场合。

4）宏程序还具有编程简单的特点，若更改数据时，只需将变量重新赋值即可。

5）在利用宏程序进行手工编程时，节点坐标的计算完全由数控系统自动进行，大大减轻了编程劳动量，缩短了编程与调试时间，提高了机床的利用率。

3. 用户宏程序基本应用方法

1）首先将变量赋初值，也就是将变量初始化。

2）编制加工程序，若程序较复杂，用的变量多，可设子程序使主程序简练。
3）修改赋值变量。
4）语句判断是否加工完毕，若否，则返回继续执行加工程序，若是，则程序结束。

2.4.2　用户宏变量

1. 变量的定义

普通加工程序直接用数值指定 G 代码和移动距离。例如，G00 和 X86。使用用户宏程序时，数值可以直接指定或用变量（variables）指定。当用变量时，变量值可用程序或用 MDI 面板上的操作改变。例：G01 X#1 Y66 F100；

2. 变量的表示

用户宏程序的变量用变量符号“#”后跟变量号的形式（即变量符号+变量号）指定，例如：#1。在计算机上允许给变量指定变量名，但用户宏程序没有提供这种能力。

用户宏程序表达式可以用于指定变量号。此时，表达式必须封闭在方括号中。例如：#[#1+#2-3]。

在用户宏程序中可在程序段结尾加注释说明变量内容，需用圆括号封闭。例如：#3=#2+1（TOOL NUMBER）；

3. 变量的类型（见表 2-8）

表 2-8　Fanuc 数控系统的变量类型

变量号	变量类型	功能
#0	空变量	该变量总是空（null），没有值能赋给该变量
#1～#33	局部变量 Local Variables	局部变量只能在宏程序内部使用，用于保存数据，如运算结果等。当电源关闭时，局部变量被清空，而当宏程序被调用时，（调用）参数被赋值给局部变量 #1～#33 为局部变量，调用宏程序时，自变量对局部变量赋值。局部变量的数值范围 10^{-29}～10^{47} 或 -10^{47}～-10^{-29}，如果计算结果超过该范围则发出 P/S 报警 No. 111
#100～#149（#199） #500～#531（#999）	公共变量 Common variables	公共变量在不同的宏程序中的意义相同，即被共享 当电源关闭时，#100～#149 被清空，而#500～#531 的值仍保留。在某一运算中，#150～#199，#532～#999 的变量可被使用，但存储器磁带长度不得小于 8.5m 全局变量的数值范围为 10^{-29}～10^{47} 或 -10^{47}～-10^{-29}，如果计算结果超过该范围则发出 P/S 报警 No. 111
#1000～#9999	系统变量 System variables	系统变量用于读和写 CNC 运行时各种数据的变化，例如，刀具的当前位置和补偿值

注：公共变量#150～#199，#532～#999 是选用变量，应根据实际系统使用。

4. 变量与地址（自变量）的对应关系（见表 2-9、2-10）

Fanuc 系统可用两种形式的自变量指定。

表2-9 变量与地址的对应关系Ⅰ

地址（自变量）	变量号	地址（自变量）	变量号	地址（自变量）	变量号
A	#1	I	#4	T	#20
B	#2	J	#5	U	#21
C	#3	K	#6	V	#22
D	#7	M	#13	W	#23
E	#8	Q	#17	X	#24
F	#9	R	#18	Y	#25
H	#11	S	#19	Z	#26

在对应关系Ⅰ（见表2-9）中，G、L、O、N、P不能用，地址I、J、K必须按顺序使用，其他地址顺序无要求。例：G65 P3000 L2 B4 A5 D6 J7 K8；程序段中J、K符合顺序要求。在宏程序中将会把4赋给#2，把5赋给#1，把6赋给#7，把7赋给#5，把8赋给#6。

表2-10 变量与地址的对应关系Ⅱ

地址（自变量）	变量号	地址（自变量）	变量号	地址（自变量）	变量号
A	#1	K3	#12	J7	#23
B	#2	I4	#13	K7	#24
C	#3	J4	#14	I8	#25
I1	#4	K4	#15	J8	#26
J1	#5	I5	#16	K8	#27
K1	#6	J5	#17	I9	#28
I2	#7	K5	#18	J9	#29
J2	#8	I6	#19	K9	#30
K2	#9	J6	#20	I10	#31
I3	#10	K6	#21	J10	#32
J3	#11	I7	#22	K10	#33

对应关系Ⅱ（见表2-10）使用A、B、C各1次，使用I、J、K各10次。

系统能够自动识别对应关系Ⅰ和对应关系Ⅱ并赋给宏程序中相应的变量号。如果对应关系Ⅰ和对应关系Ⅱ混合使用，则后指定的自变量类型有效。

例：G65 A1 B2 I-3 I4 D5 P1000；

该用户宏程序段中#1 = 1，#2 = 2，#4 = −3，#7 = 5。其中I4为对应关系II，D为对应关系I，所以#7使用对应关系中的D5，而不使用对应关系II中的I4。

5. 变量的使用

（1）表示方法

#i = <表达式>；

其中#i表示将计算结果赋值给对应的变量号；<表达式>表示常数、变量、函数和运算符的组合。例如：#1 = #2 + 3；或#1 = #2 + #3 * COS [#4]；

（2）变量的定义　变量一般通过表达式、赋值语句定义，如前面的表示方法所示。当在程序中定义变量值时，小数点可以省略。例如#1 = 234；其中#1 实际定义值是 234. 000。

（3）变量的引用　为在程序中使用变量值，指定后跟变量号的地址。当用表达式指定变量时，要把表达式放在方括号中。例如：G01 X [#1 + #2] F#3。

被引用变量的值根据地址的最小设定单位自动地舍入。例如：当 G00 X#1；若数控系统把 1000 赋值给变量#1，则实际指令值为 G00 X1000。

改变引用变量值的符号，要把负号（ - ）放在#的前面。例如：G00 X - #1。

当引用未定义的变量时，变量及地址都被忽略。例如：当变量#1 的值是 0，并且变量#2 的值是空时，G00 X#1 Y#2 的执行结果为 G00 X0。

6. 空变量

当变量值未定义时，这样的变量成为空变量。变量#0 总是空变量。它不能写，只能读。

（1）引用　当引用一个未定义的变量时，地址本身也被忽略。

当#1 = <空>	当#1 = 0
G90 X100 Y#1；执行结果为 G90 X100；	G90 X100 Y#1；执行结果为 G90 X100 Y0

（2）运算　除了用 <空> 赋值以外，其余情况下 <空> 与 0 相同。

当#1 = <空>时	当#1 = 0 时
#2 = #1；执行结果为#2 = <空>；	#2 = #1；执行结果为#2 = 0
#2 = #1 ×5；执行结果为#2 = 0；	#2 = #1 ×5；执行结果为#2 = 0
#2 = #1 + #1；执行结果为#2 = 0；	#2 = #1 + #1；执行结果为#2 = 0

（3）条件表达式　EQ 和 NE 中的 <空> 不同于 0。

当#1 = <空>时	当#1 = 0 时
#1 EQ #0 成立	#1 EQ #0 不成立
#1 NE #0 成立	#1 NE #0 不成立
#1 GE #0 成立	#1 GE #0 不成立
#1 GT #0 不成立	#1 GT #0 不成立

7. 系统变量

系统变量用于读写 NC 装置的内部数据，如：刀具补偿数据、刀具当前位置数据等。有些系统变量是只读的。对于 NC 自动控制和普通的程序开发来说，系统变量是必不可少的。

（1）接口信号　接口信号可在可编程控制器 PMC 和用户宏程序之间进行交换。

表 2-11　用于接口信号的系统变量

变　量　号	功　能
#1000 ~ #1015 #1032	用于从 PMC 传送 16 位的接口信号到用户宏程序。#1000 ~ #1015 信号是逐位读取的，而#1032 信号是 16 位一次读取的
#1100 ~ #1115 #1132	用于从用户宏程序传送 16 位的接口信号到 PMC。#1100 ~ #1115 信号是逐位写入的，而#1132 信号是 16 位一次写入的
#1133	用于从用户宏程序一次写入 32 位的接口信号到 PMC 注：#1133 取值范围为 - 99999999 ~ + 99999999

（2）刀具补偿值　刀具补偿值可通过系统变量读写。无论是几何补偿和磨损补偿的区别，还是刀具长度补偿和刀具切削半径补偿间的区别，能用的变量号数都依赖于补偿值的对数。当补偿值对数不超过 200 时，变量号#2001 ~ #2400 均可使用。刀具补偿存储方式 A、B、C 系统变量见表 2-12、表 2-13、表 2-14。

表 2-12　刀具补偿存储方式 A 的系统变量

刀具补偿号	系统变量号
1 ⋮ 200 ⋮ 400	#10001（#2001） ⋮ #10200（#2200） ⋮ #10400（#2400）

表 2-13　刀具补偿存储方式 B 的系统变量

刀具补偿号	几何补偿	磨损补偿
1 ⋮ 200 ⋮ 400	#11001（#2201） ⋮ #11200（#2400） ⋮ #11400	#10001（#2001） ⋮ #10200（#2200） ⋮ #10400

表 2-14　刀具补偿存储方式 C 的系统变量

补偿号	刀具长度补偿		刀具半径补偿	
	几何补偿	磨损补偿	几何补偿	磨损补偿
1 ⋮ 200 ⋮ 400	#11001（#2201） ⋮ #11200（#2400） ⋮ #11400	#10001（#2001） ⋮ #10200（#2200） ⋮ #10400	#13001 ⋮ ⋮ #13400	#12001 ⋮ ⋮ #12400

（3）宏程序报警信息　其系统变量见表 2-15。

表 2-15　宏程序报警信息的系统变量

变量号	功能
#3000	当#3000 赋值为 0 ~ 99 中的某值时，NC 停止并报警，随后给出一个不超过 26 个字符的报警信息。同时将#3000 的值加上 3000 作为报警号与报警信息一起显示在屏幕上

如：#3000 = 1；（刀具未找到）

报警屏幕显示：3001 TOOL NOT FOUND。

（4）时间信息　时间信息可被读与写。时间信息的系统变量见表 2-16。

表 2-16 时间信息的系统变量

变量号	功能
#3001	该变量的功能是作为计时器，并时刻以 16ms 的增量进行计时。当电源关闭时，该变量的值被重置为 0。当累计计时 65535ms 时，计时器从 0 重新计时（可用于刀具寿命管理）
#3002	该变量的功能是作为计时器，并在循环启动灯亮的同时，以 1h 为增量进行计时。即使电源关闭，该计时器的值仍保留。当累计计时 1145324. 612h 时，该计时器从 0 重新计时
#3011	该变量用于读取当前日期（年/月/日）。年/月/日信息被转换成类似于十进制的数。如：1993 年 3 月 28 日表示为 19930328
#3012	该变量用于读取当前时间（时/分/秒）。时/分/秒信息被转换成类似于十进制的数。如：下午 3 点 34 分 56 秒表示为 153456

（5）自动运行控制　自动运行的控制状态可以改变。自动运行控制的系统变量#3003 见表 2-17。

表 2-17 自动运行控制的系统变量#3003

#3003	程序单段运行	辅助功能完成
0	允许 Enabled	等待
1	禁止 disabled	等待
2	允许	不等待
3	禁止	不等待

注：1. 当电源关闭时，#3003 的值变为 0。
2. 当单段运行禁止时，即使单段运行开关置为开（ON），单段运行操作也不执行。
3. 当不指定等待辅助功能（M、S、T）完成时，在辅助功能完成前，程序会继续执行下一程序段。当然也不会输出分配任务已结束信号。

自动运行控制的系统变量#3004 见表 2-18。

表 2-18 自动运行控制的系统变量#3004

#3004	速度（进给）保持 Feed hold	速度倍率超越 Feed rate override	准确停止 Exact stop
0	允许	允许	允许
1	禁止	允许	允许
2	允许	禁止	允许
3	禁止	允许	允许
4	允许	允许	禁止
5	禁止	允许	禁止
6	允许	禁止	禁止
7	禁止	禁止	禁止

注：1. 失电时，#3004 的值为 0。
2. 当进给保持禁止时：
a. 当进给保持按钮按下时，机床用单段运行模式停止。但当用#3003 禁止单段运行模式时，单段运行操作不执行。
b. 当进给保持按钮压下又释放时，进给保持灯亮，但机床不停止，程序继续执行，直到指定进给保持允许的第一个程序段，机床才停止。
3. 当倍率超越禁止时，无论机床操作面板上速度倍率旋钮置于何处，速度倍率总是 100%。
4. 当准确停止检验禁止时，即使在没有指定切削的程序段，也不进行准确停止检查（到位检查）。

（6）背景（#3005，Settings）　背景可以读写，二进制值转换成十进制数。

	#15	#14	#13	#12	#11	#10	#9	#8
Setting						TAPE	REV4	
	#7	#6	#5	#4	#3	#2	#1	#0
Setting	SEQ	ABS		INCH	ISO	TVON	REVY	REVX

REVX：*X* 轴镜像，开/关；
REVY：*Y* 轴镜像，开/关；
TVON：TV 检测，开/关；
ISO：输出代码格式，EIA/ISO；
INCH：公制输入/英制输入；
ABS：增量编程/绝对编程；
SEQ：自动插入顺序号（Sequence-number）开/关；
REV4：第四轴镜像开/关；
TAPE：F10/11 格式穿孔带开/关。

（7）已加工的零件数　待加工零件数（目标数）和已加工零件数（完成数）可以读写。

变　量　号	功　　能
#3901	已加工零件数（完成数）
#3902	待加工零件数（目标数）

注：不能给零件数赋负值。

（8）模态信息　在程序段中指定的模态信息，直到（当前程序段）之前的程序段中是可读出的。

变　量　号	功　　能	分　组
#4001	G00 G01 G02 G03 G33	Group 1
#4002	G17 G18 G19	Group 2
#4003	G90 G91	Group 3
#4004		Group 4
#4005	G94 G95	Group 5
#4006	G20 G21	Group 6
#4007	G40 G41 G42	Group 7
#4008	G43 G44 G49	Group 8
#4009	G73 G74 G76 G80 ~ G89	Group 9
#4010	G98 G99	Group 10
#4011	G50 G51	Group 11
#4012	G65 G66 G67	Group 12
#4014	G54 ~ G59	Group 14
#4015	G61 ~ G64	Group 15
#4016	G68 G69	Group 16
⋮	⋮	⋮
#4022		Group 22

（续）

变量号	功能	分组
#4102	B code	
#4107	D code	
#4109	F code	
#4111	H code	
#4113	M code	
#4114	程序段顺序号	
#4115	程序号	
#4119	S code	
#4120	T code	

（9）当前位置　位置信息是只读的。

变量号	位置信息	坐标系统	刀具补偿值	运动期间读操作
#5001～#5004	程序段终点	工件坐标系	不包含	允许
#5021～#5024	当前位置	机床坐标系	包含	禁止
#5041～#5044	当前位置	工件坐标系	包含	禁止
#5061～#5064	跳转信号位置	工件坐标系	包含	允许
#5081～#5084	刀具补偿值			禁止
#5101～#5104	伺服位置误差			禁止

注：变量号的末位代表轴编号，1 对应 X 轴，2 对应 Y 轴，3 对应 Z 轴，4 对应第四轴。

#5081～5084 存储的刀具偏置值是当前执行值，不是后面程序段的处理值。

在 G31（跳转功能）程序段中跳转信号接通时的刀具位置存储在变量#5061～#5064 中。当 G31 段跳转信号不接通时，这些变量储存指定程序段终点。

（10）工件坐标系补偿值（工件坐标系零点偏置值）　工件坐标系偏置值可以读写。

变量号	功能
#2500～#2506	外部工件坐标系、G54～G59 第一轴零点偏置值
#2600～#2606	外部工件坐标系、G54～G59 第二轴零点偏置值
#2700～#2706	外部工件坐标系、G54～G59 第三轴零点偏置值
#2800～#2806	外部工件坐标系、G54～G59 第四轴零点偏置值
#7001～#7004	工件坐标系 G54 P1 第一～四轴的零点偏置值
#7021～#7024	工件坐标系 G54 P2 第一～四轴的零点偏置值
⋮	⋮
#7941～#7944	工件坐标系 G54 P48 第一～四轴的零点偏置值

变量#2500～#2806 是工件坐标系的任选变量，而变量#7001～#7944（G54P1～G54P48）是附加的 48 个工件坐标系的任选变量。

G54Pp 的第 n 轴的工件零点偏置变量号由下式获得：#[7000+[p-1]×20+n]。

8. 变量应用的限制

程序号、顺序号和任选程序段跳转号不能使用变量。例如下面情况不能使用变量。

```
O#1;
/#2 G00 X100;
```

N#3 Y200；

2.4.3　用户宏操作指令

1. 运算指令

用户宏程序中的变量可以进行算术运算和逻辑运算，见表 2-19，运算符右边的表达式可包含常量和或由函数或运算符组成的变量。表达式中的变量#j 和#k 可以用常数赋值。左边的变量也可以用表达式赋值。

表 2-19　用户宏运算功能表

类　型	功　能	格　式	举　例	备　注
算术运算	加法	#i = #j + #k	#1 = #2 + #3	常数可以代替变量
	减法	#i = #j − #k	#1 = #2 − #3	
	乘法	#i = #j * #k	#1 = #2 * #3	
	除法	#I = #j * #k	#1 = #2/#3	
三角函数运算	正弦	#i = SIN［#j］	#1 = SIN［#2］	角度以度指定，如 60°27′即表示为 60.45° 常数可以代替变量
	反正弦	#i = ASI［#j］	#1 = ASIN［#2］	
	余弦	#i = COS［#j］	#1 = COS［#2］	
	反余弦	#i = ACOS［#j］	#1 = ACOS［#2］	
	正切	#i = TAN［#j］	#1 = TAN［#2］	
	反正切	#i = ATAN［#j］	#1 = ATAN［#2］	
其他函数运算	平方根	#i = SQRT［#j］	#1 = SQRT［#2］	常数可以代替变量
	自然对数	#i = LN［#j］	#1 = LN［#2］	
	指数对数	#i = EXP［#j］	#1 = EXP［#2］	
数据处理	上取整	#i = FIX［#j］	#1 = FIX［#2］	
	下取整	#i = FUP［#j］	#1 = FUP［#2］	
	绝对值	#i = ABS［#j］	#1 = ABS［#2］	
	舍入	#i = ROUN［#j］	#1 = ROUN［#2］	
逻辑运算	与	#i = #jAND#k	#1 = #2AND#2	按二进制数位运算
	或	#i = #j OR #k	#1 = #2OR#2	
	异或	#i = #j XOR #k	#1 = #2XOR#2	
转换运算	BCD 转 BIN	#i = BIN［#j］	#1 = BIN［#2］	用于与 PMC 的信号交换
	BIN 转 BCD	#i = BCD［#j］	#1 = BCD［#2］	
关系运算	等于（=）	#i EQ #j	#1 EQ #2	常数可以代替变量
	不等于（≠）	#i NE #j	#1 NE #2	
	大于等于（≥）	#i GE #j	#1 GE #2	
	大于（>）	#i GT #j	#1 GT #2	
	小于等于（≤）	#i LE #j	#1 LE #2	
	小于（<）	#i LT #j	#1 LT #2	

（1）算术运算　进行加、减、乘、除等算术运算。例如，G00 X［#1 + #2］表示 X 坐标值是#1 与#2 之和。

（2）三角函数运算　用户宏变量进行正弦（SIN）、反正弦（ASIN）、余弦（COS）、反余弦（ACOS）、正切（TAN）、反正切（ATAN）等三角函数运算。三角函数中的角度以度（°）为单位。

① 对于反正弦（ASIN）取值范围如下：

当参数（NO. 6004#0）NAT 位设为 0 时：270°～90°。

当参数（NO. 6004#0）NAT 位设为 1 时：－90°～90°。

当#j 超出－1～1 时发出 P/S 报警 No. 111。

② 对于反余弦（ACOS）的取值范围如下：

取值范围为 180°～0°；当#j 超出－1～1 时发出 P/S 报警 No. 111。

③ 对于反正切（ATAN）的取值范围如下：

当参数（NO. 6004#0）NAT 位设为 0 时：0°～360°；

当参数（NO. 6004#0）NAT 位设为 1 时：－180°～180°。

（3）其他函数运算　用户宏变量进行平方根（SQRT）、绝对值（ABS）、舍入（ROUN）、上取整（FIX）、下取整（FUP）、自然对数（LN）、指数（EXP）等函数运算。

① 对于自然对数 LN［#j］，相对误差可能大于 10^{-8}。当#j≤0 时，发出 P/S 报警 No. 111。

② 对于指数函数 EXP［#j］，相对误差可能大于 10^{-8}。当运算结果大于 3.65×10^{47} 时，出现溢出并发出 P/S 报警 NO. 111。

（4）数据处理　对于取整函数 ROUN［#j］，根据最小设定单位四舍五入。例如，假设最小设定单位为 1/1000mm，#1＝1.2345，则#2＝ROUN［#1］的值是 1.0。

对于上取整 FIX［#j］，绝对值大于原数的绝对值。对于下取整 FUP 绝对值小于原数的绝对值。例如，假设#1＝1.3，则#2＝FIX［#1］的值是 2.0，#2＝FUP［#1］的值是 1.0。假设#1＝－1.3，则#2＝FIX［#1］的值是－2.0，#2＝FUP［#1］的值是－1.0。

（5）逻辑运算　对宏程序中的变量可进行与、或、异或逻辑运算。逻辑运算是按位进行。对 32 位的每一位按二进制进行逻辑运算。

输入值		与	或	异或
0	0	0	0	0
0	1	0	1	1
1	0	0	1	1
1	1	1	1	0

例如：

	十进制	二进制
#2	21	00010101
#3	12	00001111
#1＝#2 OR #3	29	00011101
#1＝#2 XOR #3	25	00011001
#1＝#2 AND #3	4	00000100

（6）数制转换　变量可以在 BCD 码与二进制之间转换。

（7）关系运算　由关系运算符和变量（或表达式）组成表达式。系统中使用的关系运算符如下。

① 等于（EQ）。用 EQ 与两个变量（或表达式）组成表达式，当运算符 EQ 两边的变量（或表达式）相等时，表达式的值为真，否则为假。例如，#1EQ#2，当#1 与#2 相等时，表达式的值为真。

② 不等于（NE）。用 NE 与两个变量或表达式组成表达式，当运算符 NE 两边的变量（或表达式）不相等时，表达式的值为真，否则为假。例如，#1NE#2，当#1 与#2 不相等时，表达式的值为真。

③ 大于等于（GE）。用 GE 与两个变量或表达式组成表达式，当左边的变量（或表达式）大于或等于右边的变量（或表达式）时，表达式的值为真，否则为假。例如，#1GE#2，当#1 大于或等于#2 时，表达式的值为真，否则为假。

④ 大于（GT）。用 GT 与两个变量或表达式组成表达式，当左边的变量（或表达式）大于右边的变量（或表达式）时，表达式的值为真，否则为假。例如，#1GT#2，当#1 大于#2 时，表达式的值为真，否则为假。

⑤ 小于等于（LE）。用 LE 与两个变量或表达式组成表达式，当左边的变量（或表达式）小于或等于右边的变量（或表达式）时，表达式的值为真，否则为假。例如，#1LE#2，当#1 小于或等于#2 时，表达式的值为真，否则为假。

⑥ 小于（LT）。用 LT 与两个变量或表达式组成表达式，当左边的变量（或表达式）小于右边的变量（或表达式）时，表达式的值为真，否则为假。例如，#1GE#2，当#1 小于#2 时，表达式的值为真。否则为假。

（8）运算优先级　运算符的优先顺序是：

① 函数。函数的优先级最高。

② 乘除类运算（×、/、AND、MOD）。

③ 加减类运算（+、-、OR、XOR）。

④ 关系运算。关系运算的优先级最低。

方括号用于改变运算顺序。方括号的嵌套深度为五层，含函数自己的方括号。当方括号超过五层时，发出 P/S 报警 No. 118。

（9）运算说明

① 用户宏指令函数名可以用前两个字符来简写。例如，ROUND 简写为 RO，FIX 简写为 FI。

② 变量值的精度为 8 位十进制数。例如，给变量#1 赋值#1 = 9876543210123. 456 时，实际值为#1 = 9876543200000. 000。给变量#2 赋值#2 = 98765432987654. 321 时，实际值为#2 = 9876543300000. 000。

③ 用户宏程序中方括号 [ ] 用于封闭表达式，圆括号（）用于注释。

④ 用户宏程序在进行除法或 TAN [ ] 函数时，分母指定为 0 时，出现 P/S 报警 NO. 112。

2. 控制指令

由于用户宏程序具有变量，并且可以运算、调用，因此，包含用户宏程序语句的数控程序从结构上可以有顺序结构、分支结构和循环结构的多种形式。

（1）用户宏程序语句和 NC 语句　一般的，用户宏程序语句为包含算术或逻辑运算、包含控制语句、包含宏程序调用指令的程序段。数控程序中除了用户宏程序语句以外的程序段为 NC 语句。

① 用户宏程序语句与 NC 语句的不同。用户宏程序语句即使置于单程序段运行方式，数控机床也不停止。但是，当参数 N0. 6000#5SBM 设定为 1 时，在单程序段方式中数控机床停止。

在刀具半径补偿方式中用户宏程序语句不作为不移动程序段处理。

② 与用户宏程序语句有相同性质的 NC 语句。含有子程序调用指令，但没有除 O、N 或 L 地址之外的其他地址指令的 NC 语句其性质与用户宏程序语句相同。

不包含除 O、N、P 或 L 以外的指令地址的程序段其性质与用户宏程序语句相同。

（2）无条件转移（GOTO）　转移到标有顺序号 n 的程序段。当指定 1 到 9999 以外的顺序号时，出现 P/S 报警 NO. 128。可用表达方式指定顺序号。

格式：GOTO n；（n 为顺序号（1 ~ 9999）

例如，GOTO 66；

N66 G00 X100；

执行 GOTO 66 语句时，转去执行标号为 N66 的程序段。

（3）条件转移 1（IF…GOTO…）　如果指定的条件表达式满足时，转移到标有顺序号 n 的程序段。如果指定的条件表达式不满足，执行下一个程序段。

条件表达式由两变量或一变量一常数中间加比较运算符组成，条件表达式必须包含在一对方括号内。条件表达式可直接用变量代替。

格式：IF [<条件表达式>] GOTO n；

例如：计算数值 1 ~ 10 的总和。

O0001；

#1 =0；（存储和数变量的初值）

#2 =1；（被加数变量的初值）

N10 IF [#2 GT 10] GOTO 20；（当被加数大于 10 时转移到 N20）

#1 =#1 +#2；（计算和数）

#2 =#2 +1；（下一个被加数）

GOTO N10；（转到 N10）

N20 M30；（程序结束）

（4）条件转移 2（IF…THEN…）　如果条件表达式满足，执行预先决定的宏程序语句。只执行一个用户宏程序语句。

格式：IF [<条件表达式>] THEN [<用户宏程序语句>]；

例如，IF [#1 EQ #2] THEN #3 =0；（当#1 等于#2 时，将 0 赋给变量#3）

（5）循环语句（WHILE…DO…END）　在 WHILE 后指定一个条件表达式，当指定条件满足时，执行从 DO 到 END 之间的程序；否则，转到 END 后的程序段。

格式：WHILE [<条件表达式>] DO m；

{语句组}；

```
END m;
```

例如：计算数值 1 ~ 10 的总和。

```
O0001;
#1 = 0;
#2 = 1;
WHILE [#2 LE 10] DO 1;
#1 = #1 + #2;
#2 = #2 + 1;
END 1;
M30;
```

说明：当指定的条件满足时，执行 WHILE 从 DO 到 END 之间的程序；否则，转而执行 END 之后的程序段。DO 后的号和 END 后的号是指定程序执行范围的标号，标号值为 1、2、3。若用 1、2、3 以外的值会产生 P/S 报警 NO. 126。

在 DO-END 循环中的标号可根据需要多次使用，但是，当程序有交叉重复循环（DO 范围的重叠）时，出现 P/S 报警 NO. 124。

2.4.4　用户宏程序的调用

1. 用户宏程序调用的种类

用户宏程序的调用通常有非模态调用（G65）、模态调用（G66、G67）、用 G 代码调用宏程序、用 M 代码调用宏程序、用 M 代码调用子程序、用 T 代码调用子程序等几种。

其中用户宏程序调用指令（G65）与子程序调用指令（G98）应用的不同之处在于：

1）非模态调用（G65）可以指定自变量（将数据传送到用户宏程序中）。子程序调用（M98）没有该功能。

2）可以用 G65 指令改变局部变量的级别，但是不可以用 M98 指令改变局部变量的级别。

3）若 G65 非模态调用程序段包含另一个 NC 指令时，执行时是无条件调用用户宏程序。M98 子程序调用程序段包含另一个 NC 指令时，在指令执行之后调用子程序。

4）若 G65 非模态调用程序段包含另一个 NC 指令时，在单段模式下，执行时机床不停止。M98 程序段包含另一个 NC 指令时，在单段模式下，执行时机床停止。

2. 非模态调用（G65）

当指定 G65 指令时，以地址 P 指定的用户宏程序被调用，数据传递到用户宏程序体中。

（1）说明

① 在 G65 之后，用地址 P 指定用户宏程序的程序号。

② 当要求重复时，在地址 L 后指定从 1 到 9999 的重复次数。L 省略时，默认 L 为 1。

③ 使用自变量指定，其值被赋值到相应的局部变量。

（2）要求

① 格式：任何自变量前必须指定 G65。

② 嵌套调用：调用可以嵌套 4 级，包括非模态调用（G65）和模态调用（G66），但不包括子程序调用（M98）。

③ 局部变量的级别：局部变量嵌套从 0 到 4 级。主程序是 0 级。宏程序每调用 1 次，局部变量级别加 1；前 1 级的局部变量值保存在 CNC 中。当宏程序中执行 M99 时，控制返回到调用的程序。此时，局部变量级别减 1，并恢复用户宏程序调用时保存的局部变量值。

（3）例题（见图 2-62） 采用非模态调用（G65）用户宏程序加工轮圆上的孔。若圆周的半径为 I，起始角为 A，间隔为 B，钻孔数为 H，圆的中心是（x，y）。逆时针方向钻孔时 B 应指定为正值。

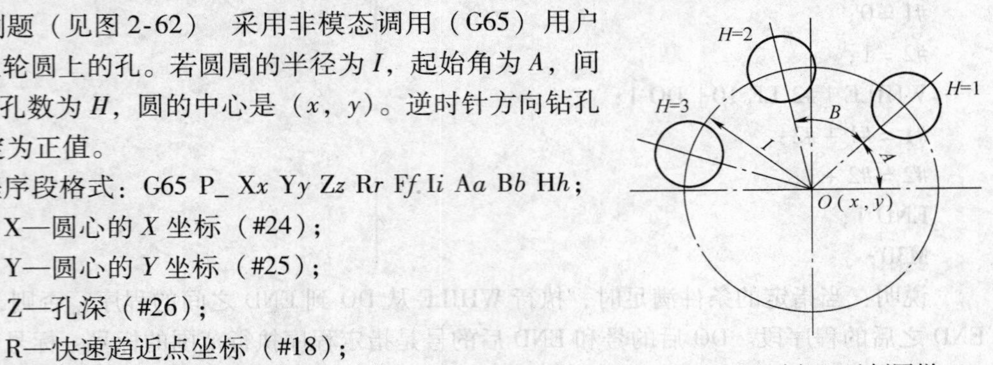

图 2-62 孔加工示例图样

调用程序段格式：G65 P_ X*x* Y*y* Z*z* R*r* F*f* I*i* A*a* B*b* H*h*；

其中，X—圆心的 X 坐标（#24）；

Y—圆心的 Y 坐标（#25）；

Z—孔深（#26）；

R—快速趋近点坐标（#18）；

F—切削进给速度（#9）；

I—圆半径（#4）；

A—起始角度（#1）；

B—间隔角（#2）；

H—孔数（#11）。

加工程序如下：

```
O0001；（主程序）
G90 G92 X0 Y0 Z100；（设定坐标系）
G65 P9001 X100 Y50. 0 R30. 0 Z50. 0 500 I100 A0 B45 H5；（调用用户宏程序）
M05；
M30；
O9001；（用户宏程序）
#3 = #4003；（存储 03 组 G 代码）
G81 Z#26 R#18 F#9 K0；（钻孔循环，K0 也可以使用 L0 代替）
IF [#3 EQ 90] GOTO 1；（在 G90 方式转移到 N1）
#24 = #5001 + #24；（计算圆心的 X 坐标）
#25 = #5001 + #25；（计算圆心的 Y 坐标）
N1 WHILE [#11 GT 0] DO 1；（直到剩余孔数为 0）
#5 = #24 + #4 * COS [#1]；（计算 X 轴上的孔位坐标）
#6 = #25 + #4 * SIN [#1]；（计算 Y 轴上的孔位坐标）
G00 X#5 Y#6；（移动到目标位置之后执行钻孔）
#1 = #1 + #2；（角度递增）
#11 = #11 - 1；（孔数递减）
END 1；
G#3 G80；（返回原始状态的 G 代码）
M99；
```

3. 模态调用（G66）

一旦发出G66，则指定模态调用，即指定沿移动轴移动的程序段后调用宏程序。G67取消模态调用。

（1）说明

① 在G66之后，用地址P指定模态调用的程序号。

② 当要求重复时，地址L后指定从1到9999的重复次数。

③ 与非模态调用（G65）相同，自变量指定的数据传递到宏程序体中。

④ 执行G67，其后面的程序段不再执行模态宏程序调用。

⑤ 嵌套调用可以嵌套4级，包括非模态调用（G65）和模态调用（G66），但不包括子程序调用（M98）。

（2）要求

① 在G66程序段中，不能调用多个宏程序。

② G66必须在自变量之前指定。

③ 在只有诸如辅助功能但无移动指令的程序段中不能调用宏程序。

④ 局部变量（自变量）只能在G66程序段中指定，即每次执行模态调用时，不再设定局部变量。

（3）例题（见图2-62）采用模态调用（G66）用户宏程序加工轮圆上的孔。若圆周的半径为*I*，起始角为*A*，间隔为*B*，钻孔数为*H*，圆的中心是（*x*，*y*）。逆时针方向钻孔时*B*应指定为正值。

调用程序段格式：G66 P_X*x* Y*y* Z*z* R*r* F*f* L*l*；

其中，X—孔的*X*坐标（#24）；

　　Y—孔的*Y*坐标（#25）；

　　Z—*Z*点坐标（#26）；

　　R—*R*点坐标（#18）；

　　F—进给速度（#9）；

　　L—重复次数。

加工程序如下：

```
O0001；（主程序）
G28 G91 X0 Y0 Z0；
G92 X0 Y0 Z100；
G00 G90 X100 Y50；
G66 P9001 Z-20 R0 F200；（调用宏程序）
G90 X20 Y20；
X50；
X0 Y80；
G67；
M30；
O9001；（用户宏程序）
#1 =#4001；（贮存G00/G01）
```

```
#2 = #4003；(贮存 G90/G91)
#3 = #4109；(贮存进给速度)
#5 = #5003；(贮存钻孔开始的 Z 坐标)
G00 G90 Z#18；(定位在 R 点)
G01 Z#26 F#9；(切削进给到 Z 点)
IF [#4010 EQ 98] GOTO 1；(返回到 1 点)
G00 Z#18；(定位在 R 点)
GOTO 2；
N1 G00 Z#5；(定位在 1 点)
N2 G#1 G#3 F#4；(恢复模态信息)
M99；
```

4. 用 G 代码调用宏程序

在参数中设置调用宏程序的 G 代码，与非模态调用（G65）同样的方法用该代码调用宏程序。

在参数（No. 6050 到 No. 6059）中设置调用用户宏程序（09010 到 09019）的 G 代码号（从 1 到 9999），调用户宏程序的方法与 G65 相同。如设置参数，使宏程序 09010 由 G81 调用，不用修改加工程序，就可以调用由用户宏程序编制的加工循环。其参数号与程序号之间的对应关系见表 2-20。

表 2-20　G 代码调用宏程序参数号和程序号之间的对应关系

程 序 号	参 数 号
09010	6050
09011	6051
09012	6052
09013	6053
09014	6054
09015	6055
09016	6056
09017	6057
09018	6058
09019	6059

（1）重复　与非模态调用一样，地址 L 可以指定从 1 ~ 9999 的重复次数。

（2）自变量对应关系　与非模态调用一样，两种自变量对应关系是有效的：自变量对应关系 I 和自变量对应关系 II。根据使用的地址自动地决定自变量的指定类型。

（3）使用 G 代码的宏调用的嵌套　在 G 代码调用的程序中，不能用一个 G 代码调用多个宏程序。这种程序中的 G 代码被处理为普通 G 代码。在用 M 或 T 代码作为子程序调用的程序中，不能用一个 G 代码调用多个宏程序。这种程序中的 G 代码也处理为普通 G 代码。

5. 用 M 代码调用宏程序

在参数中设置调用宏程序的 M 代码，与非模态调用（G65）的方法一样用该代码调用宏程序。

在参数（No. 6080 到 No. 6089）中设置调用用户宏程序（09020 到 09029）的 M 代码

(从1到99999999)，用户宏程序能用与G65相同的方法调用。其参数号和程序号之间的对应关系见表2-21。

表2-21　M代码调用宏程序参数号和程序号之间的对应关系

程　序　号	参　数　号
09020	6080
09021	6081
09022	6082
09023	6083
09024	6084
09025	6085
09026	6086
09027	6087
09028	6088
09029	6089

(1) 重复　与非模态调用一样，地址L可以指定从1~9999的重复次数。

(2) 自变量对应关系　与非模态调用一样，两种自变量对应关系是有效的，自变量对应关系I和自变量对应关系II，根据使用的地址自动地决定自变量的指定类型。

(3) 要求　调用用户宏程序的M代码必须在程序段的开头指定。

G代码调用的宏程序或用M代码或T代码作为子程序调用的程序中，不能用一个M代码调用多个宏程序。这种宏程序或程序中的M代码被处理为普通M代码。

6. 用M代码调用子程序

在参数中设置调用子程序（宏程序）的M代码号，可用与子程序调用（M98）相同的方法用该代码调用宏程序。

在参数（No. 6071到No. 6079）中设置调用子程序的M代码（从1~99999999），相应的用户宏程序（09001到09009）可用与M98相同的方法用该代码调用。其参数号和程序号之间的对应关系见表2-22。

表2-22　M代码调用子程序参数号和程序号之间的对应关系

程　序　号	参　数　号
09001	6071
09002	6072
09003	6073
09004	6074
09005	6075
09006	6076
09007	6077
09008	6078
09009	6079

(1) 重复　与非模态调用一样，地址L可以指定从1~9999的重复次数。

(2) 自变量指定　不允许自变量指定。

(3) M代码　在宏程序中调用的M代码被处理为普通的M代码。

（4）要求　用 G 代码调用的宏程序，或用 M 或 T 代码调用的程序中，使用一个 M 代码不能调用几个子程序。这种宏程序或程序中的 M 代码被处理为普通的 M 代码。

7. 用 T 代码调用子程序

在参数中设置调用的子程序（宏程序）的 T 代码，每当在加工程序中指定该 T 代码时，即调用宏程序。

（1）调用　设置参数 No. 6001 的 5 位 TCS = 1，当在加工程序中指定 T 代码时，可以调用宏程序 09000。在加工程序中指定的 T 代码赋值到公共变量#149。

（2）要求　用 G 代码调用的宏程序中或用 M 或 T 代码调用的程序中，一个 M 代码不能调用多个子程序。这种宏程序或程序中的 T 代码被处理为普通 T 代码。

8. 用户宏程序的存储

用户宏程序与子程序相似，可用与子程序同样的方法进行存储和编程，存储容量由子程序和宏程序的总容量确定。

9. 注意事项

（1）MDI 运行　在 MDI 方式中可以指定宏程序调用指令。但是，在自动运行期间，宏程序调用不能切换到 MDI 方式。

（2）顺序号检索　用户宏程序正在执行，在单程序段方式，程序段也能停止。包含宏程序调用指令（G65、G66 或 G67）的程序段中，即使在单程序段方式时也不能停止。当设定 SBM（）参数 No. 6000 的 5 位为 1 时，包含算术运算指令和控制指令的程序段可以停止。

单程序段运行用于调试用户宏程序。注意，在刀具半径补偿 C 方式中，当宏程序语句中出现单程序段停止时，该语句被认为不包含移动的程序段，并且，在某些情况下，不能执行正确的补偿。

（3）任选程序段跳过　在 <条件表达式> 中间出现的符号被认为是除法运算符；不作为任选程序段跳过代码。

（4）在 EDIT 方式中的运行　设定参数 NE8 和 NEP 为 1，可对程序号 8000 到 8999 和 9000 到 9999 的用户宏程序和子程序进行保护。当存储器全清时，存储器的全部内容包括宏程序都被清除。

（5）复位　当复位时，局部变量和#100 到#149 的公共变量被清除为空值。设定 CLV 和 CCV，它们可以不被清除。系统变量#1000 到#1333 不被清除。

复位操作清除任何用户宏程序和子程序的调用状态及 DO 状态并返回到主程序。

（6）程序再起动的显示　和 M98 一样，子程序调用使用的 M、T 代码不显示。

（7）进给暂停　在宏程序语句的执行期间，进给暂停有效时，当宏语句执行之后机床停止。当复位或出现报警时，机床也停止。

（8）<条件表达式> 中可以使用的常数值　范围从 - 99999999 到 - 0. 0000001 及 + 0. 0000001 到 + 99999999。有效数值是 8 位（十进制），如果超过这个范围，出现 P/S 报警 NO. 003。

2. 4. 5　用户宏程序应用

用户宏程序适用于形状类似但大小不同（圆形、方形及其他形状等），大小相同但位置不同（如组孔、阵列等），特殊形状（椭圆、球等），自动化功能（刀具长度测量、生产管理等)，PMC 控制等场合，可以完成数控加工及控制过程中的多种要求。

训练 2-14　数控铣床椭圆轮廓零件加工

（1）加工任务　如图 2-63 所示为椭圆凸台，编制数控铣床用户宏程序加工椭圆的外轮廓。毛坯尺寸 ϕ110mm × 40mm。材料为 45 钢。已知椭圆的长半轴为 50mm，椭圆短半轴为 40mm，加工椭圆轮廓的高度为 20mm。

（2）工艺分析

① 程序原点及工艺路线。采用自定心夹盘装夹，工件坐标系原点设定在工件上表面中心处。

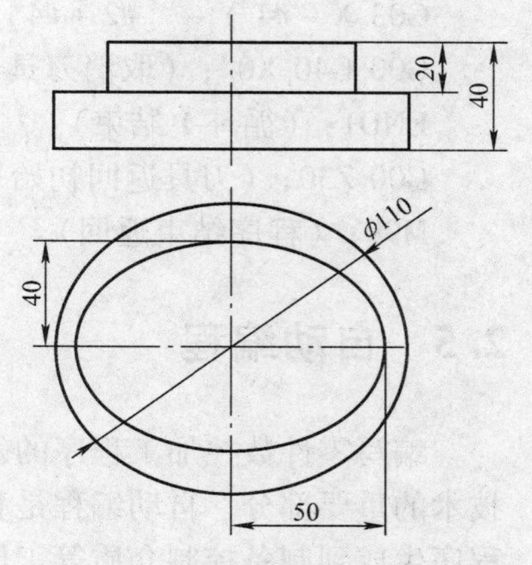

图 2-63　椭圆凸台

② 变量设定。

#1 = A；（椭圆长半轴长）

#2 = B；（椭圆短半轴长）

#3 = C；（椭圆轮廓的高度）

#4 = I；（四分之一圆弧切入的半径）

#7 = D；（平底立铣刀半径）

#9 = F；（进给速度）

#11 = H；（*Z* 方向自变量赋初值）

#17 = Q；（自变量每层递增量）

③ 刀具选择。ϕ20mm 平底立铣刀。

（3）加工程序

```
O0001；（主程序）
G28 G91 Z0；
G17 G40 G49 G80；
S1200 M03；
G54 G90 G00 X0 Y0；
G43 H01 Z30；
G65 P1001 A50B40C20I20；
D10H0Q2F300；
M05；
M03；

O1001；
G00 X0Y－［#2＋#4］；（定位到起刀点上方）
WHILE［#11GT－#3］DO1；（当#11＞－#3 时，循环 1 继续）
#11＝#11－#17；（铣刀 Z 方向的坐标值）
Z#11；（Z 向快速进刀到#11 处）
G01G41 X#4 D01 F#9；（加入刀具半径左补偿）
G03 X0Y－#2 R#4 F#9；（圆弧切入到椭圆起点）
#12＝－90；（椭圆角度自变量赋初值）
WHILE［#12GT－450］DO2；（当#12＞－450 时，循环 2 继续）
```

```
#12 = #12 - 0.5;（角度#12 减 0.5°）
#21 = #1 * COS [#12];（角度#12 时的椭圆 X 方向坐标值）
#22 = #2 * SIN [#12];（角度#12 时的椭圆 X 方向坐标值）
G01 X#21 Y#22;（椭圆加工）
END2;（循环 2 结束）
G03 X - #4 Y - [#2 + #4] R#4;（圆弧切出）
G00 G40 X0.;（取消刀具半径补偿）
END1;（循环 1 结束）
G00 Z30;（刀具返回初始平面）
M99;（程序结束返回）
```

2.5　自动编程

编写零件数控加工程序的效率和准确度是数控机床加工的关键。因此，自动编程是数控技术的重要部分。自动编程是利用计算机及其外围设备自动完成从零件模型构造、零件加工程序生成到制备控制介质等工作的一种编程方法。与手工编程相比，自动编程解决了手工编程难以处理的复杂零件的编程问题，既减轻了劳动强度、缩短了编程时间，又减少了出错，使编程工作简便。在自动编程软件中，按所完成的功能可以分为前置处理和后置处理两部分。

2.5.1　自动编程概述

1. 自动编程基本原理

数控编程是从零件图样到获得合格的数控加工程序的过程，其任务是计算加工中的刀位点。刀位点一般为刀具轴线与刀具表面的交点，多轴加工中还要给出刀轴矢量。数控编程的主要内容包括：工艺规程制定、数学处理、编制数控程序、数控程序校验及首件试切等。数控编程流程图如图 2-64 所示。

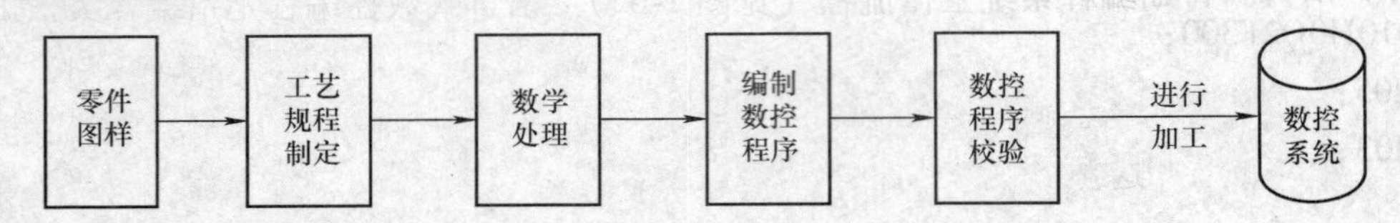

图 2-64　数控编程流程图

根据编程复杂程度的不同，数控加工程序可通过手工编程或自动编程来获得。目前自动编程通常采用图形交互式自动编程，即计算机辅助编程。这种自动编程系统是 CAD（计算机辅助设计）与 CAM（计算机辅助制造）高度结合的自动编程系统，称为 CAD/CAM 系统。

2. 自动编程的分类

按照加工信息输入方式的不同，自动编程系统可分为语言式系统和图形交互式系统两类。

（1）语言式系统　早期的自动编程系统均为语言式系统。编程员需将全部加工内容用数控语言编写好零件源程序，输入计算机，计算机接受源程序后，首先进行编译处理，再经过后置处理程序输出，可以直接用于数控机床的数控加工程序。

（2）图形交互式系统　采用数控语言编程虽比手工编程简化许多，但仍需要编程人员编写源程序，比较费时。随着微型计算机和数控编程技术的发展，出现了可以直接将零件的几何图形转化为数控加工程序的 CAD/CAM 系统。

在使用这种系统编程时，编程人员不需要编写数控源程序，只需要利用自动编程系统本身的 CAD 功能，以人机对话的方式，很方便地在显示器上构造复杂零件图形，从而完成编程信息的输入。这种方式操作方便，容易学习，又可大大提高编程效率。对于一些功能强大的 CAD/CAM 系统，甚至还包括数据后置处理器，自动生成数控加工源程序，并进行加工模拟，用来检验数控程序的正确性。

这种自动编程方法实现了 CAD/CAM 的高度结合，成为 CAD/CAM 系统中的数控模拟。CAM 与 CAD、CAPP（计算机辅助工艺过程设计）、CAT（计算机辅助检查）的一体化，将是自动编程系统的发展方向。

2.5.2　自动编程系统的信息处理过程

1. 语言式自动编程系统的信息处理过程

随着科学技术特别是计算机科学的发展，数控自动编程的方法不断改进与完善。自第一台数控机床问世不久，1952 年美国麻省理工学院（MIT）即开始研究自动编程的语言系统 APT。

APT 语言系统是世界上发展最早的编程语言，其语言词汇丰富，定义的几何类型多，加工的功能齐全并配有 1000 多个后置处理程序，在各国得到广泛的应用。

数控语言自动编程系统的编程效率比手工编程提高了很多倍，解决了手工编程难以完成的复杂曲面的编程问题，大大地促进了数控技术的发展。但是，由于 APT 语言编程系统发展较早，受计算机硬、软件条件的限制，使其存在一些缺点，如用户界面不够友好、零件设计的信息不能直接传递、近年来发展的一些先进的算法（例如 NURBS）未能得到应用等。

（1）语言式自动编程系统工作流程（见图 2-65）　语言式数控编程是指编程员根据图样的要求，使用数控语言编写出零件加工源程序，送入计算机，然后再由计算机进行数值计算，后置处理，生成零件加工程序单，制备数控加工穿孔纸带或将加工指令通过直接通信的方式送入数控机床。这种编程方法有明显的不足，它必须对要加工的每一个几何体做精确的

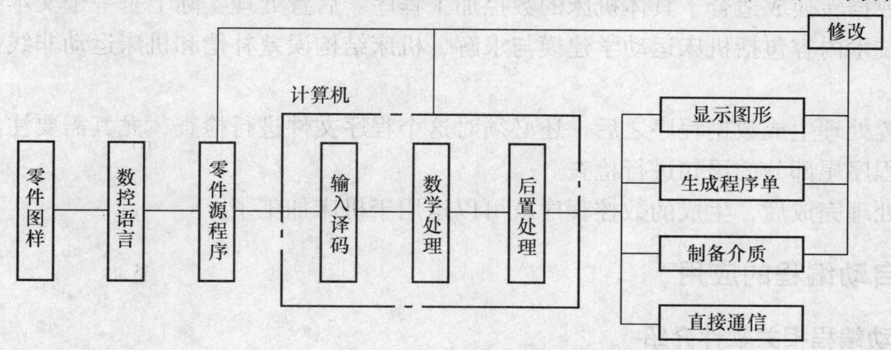

图 2-65　语言式自动编程系统工作流程

描述和定义，而在工程实践中某些复杂零件的几何形状是难以用语言来精确描述的，在三维加工领域尤为明显。

（2）语言式自动编程系统结构　语言式自动编程系统的计算机数控语言编程系统总体结构是由前置处理程序及后置处理程序两大部分组成。前置处理部分包括输入翻译及计算阶段。零件加工源程序输入计算机后，经过输入翻译，数学处理计算出刀具运动中心轨迹，得到刀位数据（LD）文件。后置处理程序将刀位数据和有关的工艺参数、辅助信息处理成具体的数控机床所要求的指令和程序格式，并自动的输出零件加工程序单，由控制介质或计算机将加工指令通过接口直接传送给数控机床。

2. 图形交互式自动编程系统的信息处理过程

数控编程是从零件设计得到合格的数控加工程序的全过程，其最主要的任务是通过计算得到加工走刀中的刀位点，即获得刀具运动的路径。对于多轴加工，还要给出刀轴的矢量。

利用 CAD 软件进行零件设计，然后通过 CAM 软件获取设计信息，主要包括：零件建模、加工参数设置、生成刀具轨迹和后置处理，如图 2-66 所示。

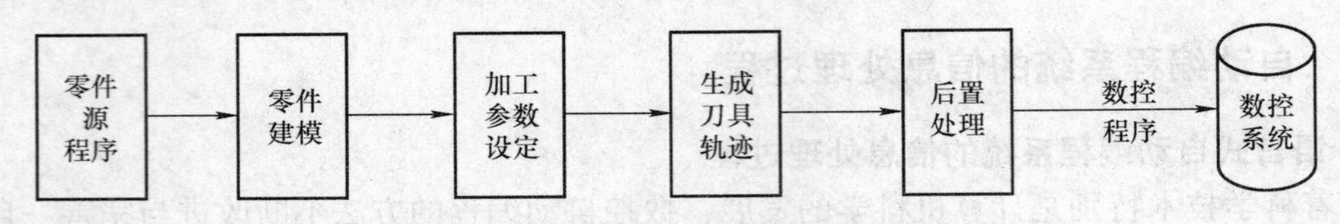

图 2-66　CAD/CAM 数控编程步骤

（1）零件建模　CAD 模型是数控编程的前提和基础，其首要环节是建立被加工零件的几何模型。复杂零件建模的主要技术以曲面建模技术为基础。

（2）加工参数的合理设置　数控加工的效率和质量有赖于加工方案和加工参数的合理设置。合理地设置加工参数包括两方面的内容，即加工工艺分析、规划，以及参数设置。

（3）生成刀具轨迹　由于零件形状的复杂多变以及加工环境的复杂性，为了确保程序的安全，必须对生成的刀具路径进行检查。主要检查的内容有加工过程中的过切或欠切、刀具与机床和工件的碰撞问题。CAM 模块提供的刀具路径仿真功能能够很好地解决这一问题。通过对加工过程的仿真，可以准确地观察到加工时刀具运动的整个情况，因此能在加工之前发现程序中的问题，并及时进行参数的修改。

（4）后置处理　后置处理是数控编程技术的一个重要内容，它将通用前置处理生成的刀位路径数据转换成适合于具体机床的数控加工程序。后置处理实际上是一个文本编辑处理过程，其技术内容包括机床运动学建模与求解、机床结构误差补偿和机床运动非线性误差校核修正等。

在后置处理生成数据程序之后，还必须对这个程序文件进行检查，尤其需要注意的是对程序头和程序尾部分的语句进行检查。

后置处理完成后，生成的数控程序就可以运用于机床加工了。

2.5.3　自动编程的应用

1. 自动编程相关软件介绍

（1）高档 CAD/CAM 软件　高档 CAD/CAM 软件的代表有 UG、I-DEAS、CATIA 等。这

类软件的特点是优越的参数化设计、变量化设计及特征造型技术与传统的实体和曲面造型功能结合在一起，加工方式完备，计算准确，实用性强，可以从简单的二轴加工到以五轴五联动方式来加工极为复杂的工件表面，并可以对数控加工过程进行自动控制和优化，同时提供了二次开发工具允许用户扩展 UG 的功能。这类软件是航空、汽车、船舶制造行业首选的 CAD/CAM 软件。

（2）中档 CAD/CAM 软件　CIMATRON 是中档 CAD/CAM 软件的代表。这类软件实用性强，提供了比较灵活的用户界面，优良的三维造型、工程绘图，全面的数控加工，以及各种通用、专用数据接口和集成化的产品数据管理。

（3）相对独立的 CAM 软件　相对独立的 CAM 软件有 Mastercam、Surfcam 等。这类软件主要通过中性文件从其他 CAD 系统获取产品几何模型。系统主要有交互工艺参数输入模块、刀具轨迹生成模块、刀具轨迹编辑模块、三维加工动态仿真模块和后置处理模块。这类软件主要应用于中小企业的模具制造行业。

（4）国内 CAD/CAM 软件　CAXA 制造工程师是国内 CAD/CAM 软件的代表。这类软件是面向我国机械制造业而自主开发的中文界面三维复杂形面 CAD/CAM 软件，具备机械产品设计、工艺规划设计和数控加工程序自动生成等功能。这些软件价格便宜，主要面向中小企业，符合我国国情和标准，所以受到了广泛的欢迎，赢得了较大的市场份额。

2. UG 软件介绍

UG 是 Unigraphics 的缩写，这是一个交互式 CAD/CAM（计算机辅助设计与计算机辅助制造）系统，它功能强大，可以轻松实现各种复杂实体及造型的建构。它主要基于工作站。UG 的开发始于 1990 年 7 月。UG 是一个在二和三维空间无结构网格上使用自适应多重网格方法开发的一个灵活的数值求解偏微分方程的软件工具。其设计思想足够灵活地支持多种离散方案。因此软件可对许多不同的应用再利用。

NX（Next Generation）是下一代数字化产品开发系统，可帮助公司转变产品生命周期。UG NX 具有完全关联性的一体化的集成 CAD/CAM/CAE 应用程序套件，NX 涵盖了产品设计、制造和仿真的完整开发流程。UG NX 提供了完整的集成的流程自动化工具套件，使公司可以收集和重用产品及流程知识，从而促进使用企业最佳实践。

UG 的计算机辅助设计制造功能就是使 CAM 功能与 UG 的 CAD 模块紧密地集成在一起。

3. UG CAM 可以实现的主要铣削加工方式及其特点

（1）平面铣（Planar Mill）　实现对平面零件（由平面和垂直面构成的零件）的粗加工和精加工（如图 2-67 所示）。适用于底平面为平面且垂直于刀具轴、侧壁为垂直面的工件。

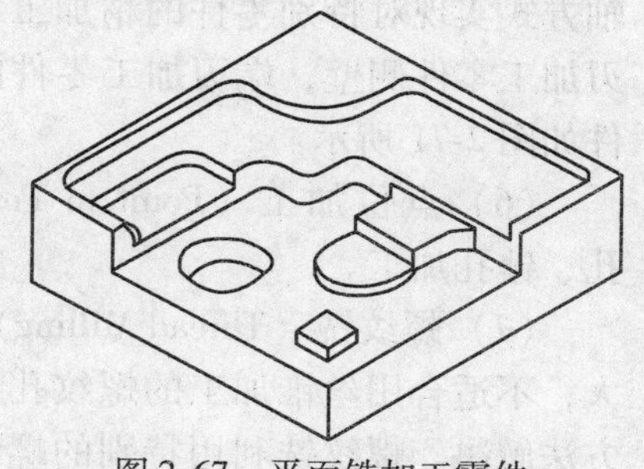

图 2-67　平面铣加工零件

（2）型腔铣（Cavity Mill）　型腔铣是三轴加工，主要用于对曲面或有斜度、有壁和轮廓的型腔、型芯进行加工，用于粗加工以切除大部分毛坯材料，特别是平面铣不能解决的曲面零件的粗加工（如图 2-68 所示）。几乎适用于任意形状的模型。型腔铣利用实体（Solid）、表面（Face）或曲线（Curve）定义加工区域。型腔铣是两轴联动的操作类型，所以经型腔铣加工后的余量是一层一层的。

（3）固定轴曲面轮廓铣（Fixed Contour） 主要用于以三轴方式对零件曲面做半精加工和精加工。它是通过选择驱动几何体生成驱动点，将驱动点沿着一指定的投射矢量投影到零件几何体上生成刀轨。根据不同的加工对象，固定轴曲面轮廓铣可实现多种方式的精加工（如图 2-69 所示）。

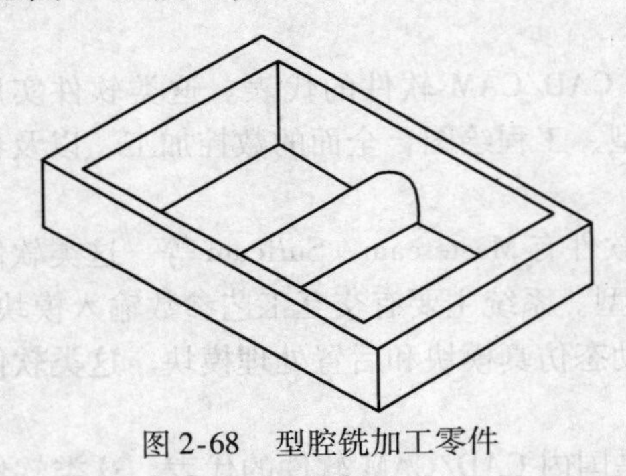

图 2-68 型腔铣加工零件

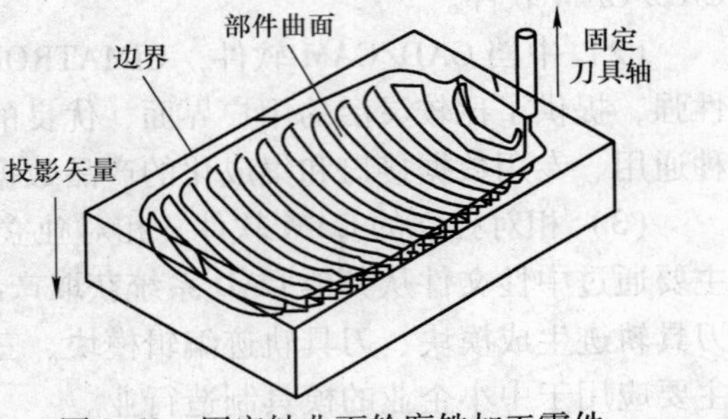

图 2-69 固定轴曲面轮廓铣加工零件

（4）可变轴曲面轮廓铣（Variable Contour） 与固定轴曲面轮廓铣比较，可变轴曲面轮廓铣是以五轴方式针对比固定轴曲面铣所加工的零件更为复杂的零件表面做半精加工和精加工。可变轴曲面轮廓铣加工零件如图 2-70 所示。

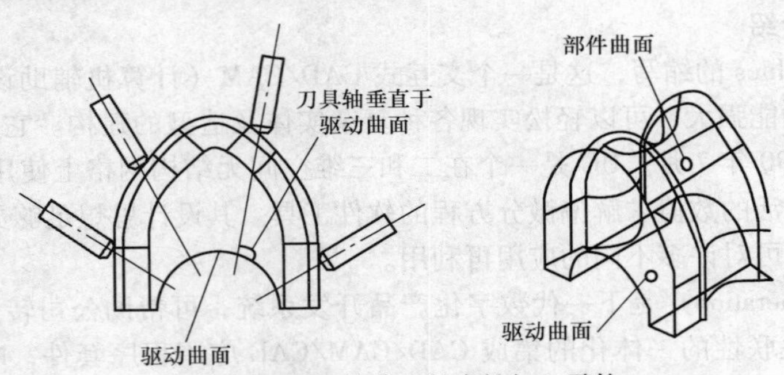

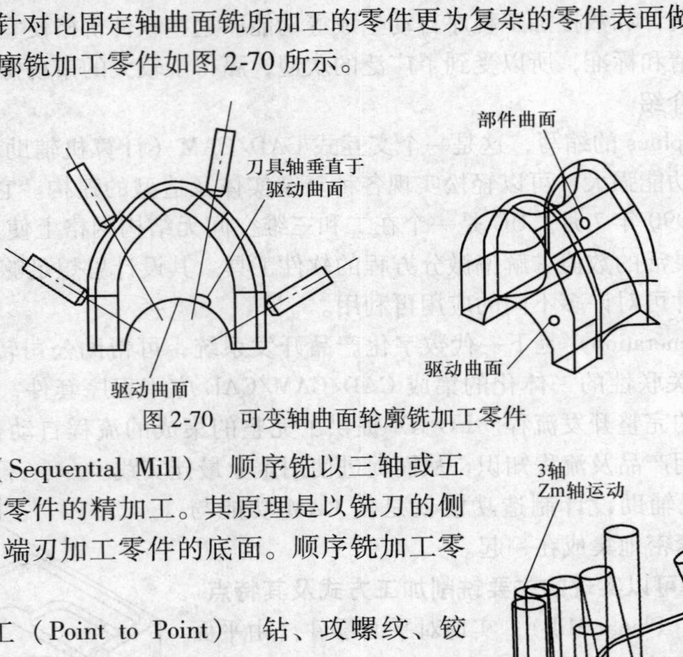

图 2-70 可变轴曲面轮廓铣加工零件

（5）顺序铣（Sequential Mill） 顺序铣以三轴或五轴方式实现对特别零件的精加工。其原理是以铣刀的侧刃加工零件侧壁，端刃加工零件的底面。顺序铣加工零件如图 2-71 所示。

（6）点位加工（Point to Point） 钻、攻螺纹、铰孔、镗孔加工。

（7）螺纹铣（Thread Milling） 凡是因为螺纹直径太大，不适合用丝锥加工的螺纹孔都可以利用螺纹铣加工方法解决。螺纹铣利用特别的螺纹铣刀通过铣削方式加工螺纹。

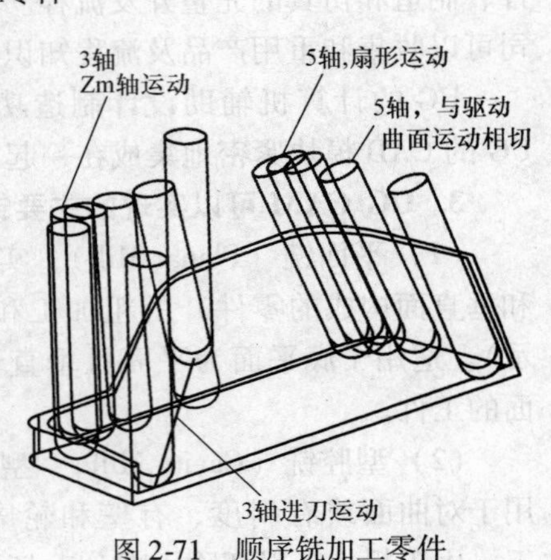

图 2-71 顺序铣加工零件

2.5.4 自动编程技术发展趋势

1. 面向对象、面向工艺特征的结构体系

传统自动编程为目标的体系结构将被改变成面向整体模型（实体）、面向工艺特征的结

构体系。系统将能够按照工艺要求自动识别并提取所有的工艺特征及具有特定工艺特征的区域，使 CAD/CAM 的集成化、自动化、智能化达到一个新的水平。

2. 基于知识的智能化系统

未来的自动编程系统不仅可继承并智能化地判断工艺特征，而且具有模型对比、残余模型分析与判断功能，使刀具路径更优化，效率更高。同时也具有对工件包括夹具的防过切、防碰撞功能，提高操作的安全性，更符合高速加工的工艺要求，并开放与工艺相关联的工艺库、知识库、材料库和刀具库，使工艺知识积累、学习、运用成为可能。

3. 提供更方便的工艺管理手段

自动编程的工艺管理是数控生产中至关重要的一环，未来自动编程系统的工艺管理树结构，为工艺管理及即时修改提供了条件。较领先的自动编程系统已经具有 CAPP 开发环境或可编辑式工艺模板，可由有经验的工艺人员对产品进行工艺设计，自动编程系统可按工艺规程全自动批次处理。

第 3 章　计算机数控系统

3.1　概述

3.1.1　CNC 系统的组成

计算机数控系统（简称 CNC 系统）是用计算机控制加工功能，实现数值控制的系统。CNC 系统根据计算机存储器中存储的控制程序，执行部分或全部数值控制功能，并配有接口电路和伺服驱动装置。CNC 系统由数控程序、输入/输出装置、数控装置（CNC 装置）、可编程序控制器（PLC）、伺服装置（包括检测装置）等组成，如图 3-1 所示。CNC 装置是 CNC 系统的核心，是完成数字信息运算、处理和控制的计算机，即数字控制装置。

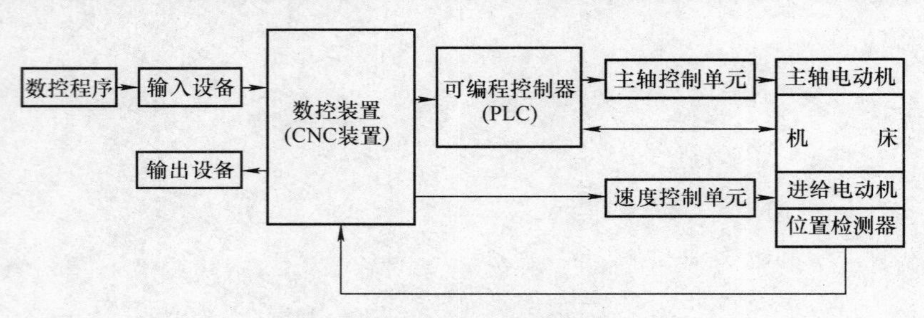

图 3-1　CNC 系统的组成

自 1952 年出现第一台数控铣床以来，一直采用硬件数控装置对机床进行控制，简称 NC 装置。经过大约 20 年时间，到 1971 年开始引入了计算机控制。一开始 CNC 系统中采用小型计算机取代传统的硬件数控（即 NC），但随着计算机技术的发展，现代数控机床大都采用成本低、功能强和可靠性高的微型计算机，取代小型计算机进行机床数字控制。采用计算机控制和微型计算机控制的工作原理基本相同。

从外部特征来看，CNC 系统是由硬件和软件两大部分组成的。CNC 系统的工作是在硬件的支持下，由软件来实现部分或大部分数控功能。

从自动控制的角度来看，CNC 系统是一种位置、速度控制系统，其本质上是以多执行部件的位移量、速度为控制对象并使其协调运动的自动控制系统，是一种配有专用操作系统的计算机控制系统。

3.1.2　CNC 装置的功能

CNC 装置与 NC 装置相比有很多优点，其中最突出的优点为 CNC 装置许多数控功能是由软件实现的，因而较 NC 装置具有更大的柔性。

CNC 装置主要有以下几方面功能：

（1）控制功能　控制功能是指CNC装置能够控制的以及同时控制联动的轴数。控制轴有移动轴和回转轴、基本轴和附加轴。

（2）准备功能　准备功能也称G功能，是用来指令机床动作方式的功能。包括基本移动、程序暂停、平面选择、坐标设定、刀具补偿、基准点返回、固定循环、公英制转换等指令。它用指令G和其后续的两位数字表示。

（3）插补功能　插补功能用于对零件轮廓加工的控制，一般的CNC装置有直线插补、圆弧插补；有的机床有抛物线插补和极坐标插补。实现插补运算的方法有逐点比较法、数字积分法、直接函数法等。

（4）固定循环功能　固定循环指令将典型动作预先编好程序并存储在存储器中，用G代码进行指令。使用固定循环功能，可以大大简化程序编制。固定循环加工指令有钻孔、攻螺纹、镗孔、车螺纹等。

（5）进给功能　进给功能用F指令给出各进给轴的进给速度。数控加工中常用的有关进给速度的术语有：

① 切削进给速度，即刀具相对于工件的运动速度，单位为mm/min，一般进给量为1mm/min～24m/min。

② 同步进给速度，即主轴每转一圈时进给轴的进给量，单位为mm/r。只有主轴上装有位置编码器的机床才能指令同步进给速度。

③ 快速进给速度，一般为进给速度的最高速度，它通过参数设定，用G00指令执行快速进给。可通过操作面板上的快速开关改变。

④ 进给倍率，通常操作面板上设置了进给倍率开关，使用此开关不用修改程序中的F代码就可改变机床的进给速度。

（6）主轴功能　主轴功能就是指定主轴转速的功能。

① 主轴转速的编程方式。一般用S指令代码指定，单位为r/min。

② 恒线速控制。即刀具切削点的切削速度为恒速的控制功能。该功能可以保证车床和磨床加工工件端面时具有相同的切削速度。

③ 主轴定向准停控制。即主轴周向定位于特定位置控制的功能。该功能使主轴在径向的某一位置准确停止，有自动换刀功能的机床必须选取有这一功能的CNC装置。

④ C轴控制。即主轴周向任意位置控制的功能。

⑤ 主轴倍率。通过操作面板上的主轴进给倍率开关实时调节主轴转速。

（7）辅助功能　辅助功能用来指定主轴的起、停和转向；切削液的开和关；刀库的起和停等。一般是开关量的控制，它用M指令代码表示。各种型号的数控装置具有的辅助功能差别很大，而且有许多是自定义的。

（8）刀具功能　刀具功能用来选择刀具，用T字母和其后续的2位或4位数值表示。

（9）补偿功能　补偿功能包括刀具补偿、丝杠螺距误差补偿和反向间隙补偿。补偿功能可以把刀具长度或直径的相应补偿量、丝杠的螺距误差和反向间隙补偿量输入到CNC装置的内部存储器，在控制机床进给时按一定的计算方法将这些补偿量补上。

（10）显示功能　CNC装置配置CRT显示器或LCD显示器，通过软件和硬件接口实现字符和图形的显示，通常可以显示程序、零件图形、人机对话、编程菜单、故障信息及刀具实际移动轨迹的坐标等。

(11) 通信功能　通信功能是指 CNC 与外界进行信息和数据交换的功能。CNC 装置通常具有 RS232C 通信接口，有的还备有 DNC 接口。有的 CNC 还可以通过制造自动化协议 (MAP) 接入工厂的通信网络。

(12) 自诊断功能　为了防止故障的发生或在发生故障后可以迅速查明故障的类型和部位，以减少停机时间，CNC 系统中设置了各种诊断程序。不同的 CNC 系统设置的诊断程序是不同的，诊断的水平也不同。诊断程序一般可以包含在系统程序中，在系统运行过程中进行检查和诊断；也可以作为服务性程序，在系统运行前或故障停机后进行诊断，查找故障的部位。有的 CNC 可以进行远程通信诊断。

(13) 人机交互图形编程功能　为了进一步提高数控机床的编程效率，对于 NC 程序的编制，特别是较为复杂零件的 NC 程序都要通过计算机辅助编程，尤其是利用图形进行自动编程，以提高编程效率。因此，对于现代 CNC 系统一般要求具有人机交互图形编程功能。有这种功能的 CNC 系统可以根据零件图直接编制程序，即编程人员只需送入图样上简单表示的几何尺寸就能自动计算出全部交点、切点和圆心坐标，生成加工程序。有的 CNC 系统可根据引导图和显示说明进行对话式编程，并具有自动工序选择、刀具和切削条件的自动选择等智能功能。有的 CNC 系统还备有用户宏程序功能。这些功能有助于那些未受过 CNC 编程专门训练的机械工人能够很快地进行程序编制工作。

总之，CNC 数控装置的功能多种多样，而且随着技术的发展，功能越来越丰富。

3.1.3　CNC 装置的特点

(1) 具有灵活性和通用性　与硬件控制系统相比，CNC 装置在功能的修改和扩充、适应性方面都具有较大的灵活性和通用性。这是由于 CNC 装置的数控功能大多由软件在通用性较强的硬件支持下来实现。因此，若要改变、扩充其功能，均可通过对软件的修改和扩充来实现。另一方面，CNC 装置的硬件和软件大多是采用模块化的结构，使系统的扩充、扩展变得较方便和灵活。不仅如此，按模块化方法组成的 CNC 装置基本配置部分（软件和硬件）是通用的，不同的数控机床只要配置相应的功能模块，就可满足这些机床的特定控制功能，这种通用性对数控机床的培训、学习以及维护维修也是相当方便的。

(2) 数控功能丰富　由于 CNC 装置中的计算机具有较强的计算能力，因此可以实现复杂的数控功能。

① 插补功能，如二次曲线插补、样条插补、空间曲面插补等。

② 补偿功能，如运动精度补偿、随机补偿、非线性补偿等。

③ 人机对话功能，如加工的动、静态跟踪显示，高级人机对话窗口等。

④ 编程功能，如 C 代码、蓝图编程、部分自动编程功能等。

(3) 可靠性高　CNC 装置的高可靠性主要表现为以下几方面：

① CNC 装置总是采用高集成度电子元件、芯片。

② 许多功能由软件替代硬件，减少硬件使用数量。

③ 丰富的故障诊断及保护功能，可使系统故障发生的频率降低，发生故障后的修复时间缩短。

(4) 使用维护方便

① 操作使用方便。现在大多数数控机床的操作采用了菜单结构，用户只需根据菜单的

提示进行正确操作。

② 编程方便。现代数控机床大多具有多种编程的功能，并且都具有程序自动校验和模拟仿真功能。

③ 维护维修方便。数控机床的许多日常维护工作都由数控装置承担（润滑、关键部件的定期检查等）。另外，数控机床的自诊断功能可迅速使故障定位，方便维修人员检修。

（5）易于实现机电一体化　由于采用计算机，使硬件数量相应减少，加之电子元件的集成度越来越高，使硬件的体积不断减小，控制柜的尺寸也相应减小，因此，数控系统的结构非常紧凑，使其与机床结合在一起成为可能，可减少占地面积，方便操作。

3.2　CNC 装置的硬件结构

3.2.1　CNC 装置的类型

CNC 装置是在硬件支持下，通过系统软件控制来进行工作的。其控制功能在相当程度上取决于硬件结构。

CNC 装置的硬件结构按数控装置印制电路板的插接方式可分为大板结构和功能模块结构；按 CNC 装置硬件的制造方式，可分为专用型结构和个人计算机式结构；按 CNC 装置中微处理器的个数可分为单微处理器结构和多微处理器结构。

（1）大板结构和功能模块结构

① 大板结构。大板结构数控装置由主电路板、位置控制板、PC 板、图形控制板、附加 I/O 板和电源单元等组成。主电路板是大印制电路版，其他电路板是小板，插在大印制电路板上的插槽内。这种结构类似于微型计算机的结构。

② 功能模块结构。在这种结构中，整个数控装置按功能模块化分为若干个模块，硬件和软件的设计都采用模块化设计，每一个功能模块做成尺寸相同的印制电路板，相应功能模块的控制软件也模块化。用户根据需要选用各种控制单元母板及所需功能模板，将各功能模板插入控制单元母板的槽内，就组成了自己需要的数控系统的控制装置。常用的功能模板有 CNC 控制板、位置控制板、PC 板、存储器板、图形板和通信板等。如 FANUC15 系列就采用了功能模块式结构。

（2）单微处理器结构和多微处理器结构

① 单微处理器结构。单微处理器结构 CNC 装置由基本计算机系统和 PLC 模块、位置控制板、功能模板等组成。整个 CNC 装置只有一个 CPU，集中控制和管理整个系统资源，通过分时处理的方式来实现各种数控功能。

② 多微处理器结构。多微处理器结构 CNC 装置有两个或两个以上的 CPU，且对系统资源有使用控制权，部件之间采用紧耦合，有集中的操作系统，通过总线仲裁器来解决总线争用问题，通过公共存储器来进行信息交换。这种结构的特点是并行处理、速度快、可实现较复杂的系统功能、容错能力强。

③ 单微处理器结构和多微处理器结构 CNC 装置的区别。

a. 单微处理器结构 CNC 装置只有一个微处理器能够控制总线，占有总线资源，而多微处理器结构 CNC 装置有多个微处理器。

b. 单微处理器结构 CNC 装置采用以总线为中心的计算机结构，而多微处理器结构 CNC 装置各模块之间的互连和通信除了采用共享总线结构外，还采用共享存储器结构。

c. 单微处理器结构 CNC 装置有大板和模块两种结构形式，而多微处理器结构 CNC 装置都采用模块化结构形式。

d. 单微处理器结构 CNC 装置的功能受微处理器的字长、数据宽度、寻址能力和运算速度等因素的限制，用于控制功能不十分复杂的数控机床中。多微处理器结构 CNC 装置适合多轴控制、高进给速度、高精度、高效率的数控机床。

e. 与单微处理器结构 CNC 装置相比，多微处理器结构 CNC 装置具有更好的适应性和扩展性，使故障对系统的影响更低。

目前，技术上十分成熟的 CNC 装置结构大致有三种形式：①总线式模块化结构；②以单板或专用芯片及模块组成结构紧凑的 CNC 装置；③基于通用计算机（PC 或 IPC）基础上开发的 CNC 装置。

3. 2. 2　单微处理器结构 CNC 装置

在单微处理器结构中，只有一个微处理器对存储、插补运算、I/O 控制、CRT 显示等功能进行集中控制和分时处理。微处理器通过总线与存储器、I/O 等各种接口相连，构成 CNC 装置。

（1）单微处理器 CNC 装置的特点

① 结构简单，容易实现。

② 处理器通过总线与各个控制单元相连，完成信息交换。

③ 由于只用一个微处理器来集中控制，其功能受到微处理器字长、数据宽度、寻址功能和运算速度等因素限制。由于插补等功能由软件来实现，因此数控功能的实现与处理速度成为一对矛盾。

（2）单微处理器 CNC 装置的结构（见图 3-2）

① 微处理器。微处理器是 CNC 装置的中央处理单元，它能实现数控系统的数字运算和管理控制，由运算器和控制器两部分组成，是 CNC 装置的核心。运算器是对数据进行算术运算和逻辑运算的部件，在运算过程中运算器不断得到由存储器提供的数据，并将运算结果送回存储器保存起来。通过对运算结果的判断，设置状态寄存器的相应状态（进位、奇偶和溢出等）。控制器从存储器中依次取出组成程序的指令，经过译码后向数控系统的各部分按顺序发出执行操作的控制信号，使指令得以执行，因此控制器是统一指挥和控制数控系统各部件的中央机构。它一方面向各个部件发出执行任务的命令；另一方面接收执行部件发回的反馈信息，控制器根据程序中的指令信息和反馈信息，决定下一步的命令操作。

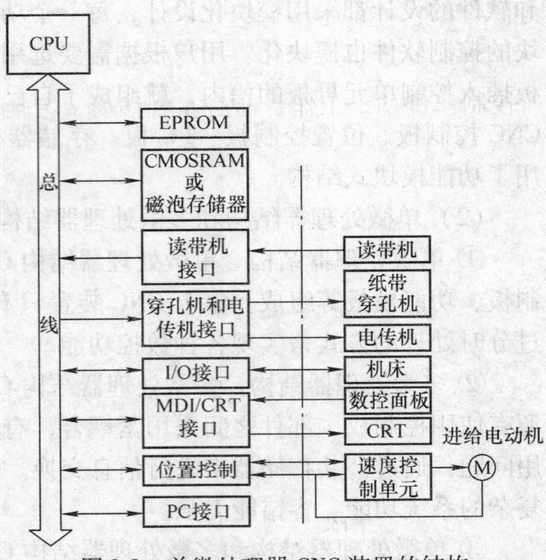

图 3-2　单微处理器 CNC 装置的结构

目前CNC装置中常用的有8位、16位和32位微处理器，如Intel公司的8088、8086、80186、80286、80386、80486，直到目前的Pentium系列CPU等；Motorola公司的6800、68000、68010、68020、68030；Zilog公司的Z80、Z8000、Z80000等。根据实时控制和处理速度的要求，按字长、数据宽度、寻址能力、运算速度及计算机技术发展的最新成果选用相应的微处理器，如日本FANUC-15/16CNC系统选用Motorola公司的32位微处理器68020为CPU，英国CT（Control Technique）公司的Direct Ax FNC系列CNC系统选用32位RISC芯片为CPU，它具有每秒25M次的浮点运算能力和每秒20M指令的数据处理能力。

② 总线。在单微处理器CNC装置中常采用总线结构。总线由赋予一定信号意义的物理导线构成，按信号的物理意义可分为数据总线、地址总线、控制总线三组。数据总线为各部分之间传送数据，数据总线的位数和传送的数据宽度相等，采用双方向线。地址总线传送的是地址信号，与数据总线结合使用，以确定数据总线上传输的数据来源或目的地，采用单方向线。控制总线传输的是一些控制信号，如数据传输的读写控制、中断复位及各种确认信号，采用单方向线。

③ 存储器。CNC装置的存储器包括只读存储器（ROM）和随机存储器（RAM）两类。ROM一般采用可擦除的只读存储器（EPROM），存储器的内容由CNC装置的生产厂家固化写入，即使断电，EPROM中的信息也不会丢失。若要改变EPROM中的内容，必须用紫外线抹除之后重新写入。常用的EPROM有2716、2732、2764、27128、27256等。RAM中的信息可以随时被CPU读或写，但断电后，信息也随之消失。如果需要断电后保留信息，一般需采用后备电池。

④ I/O接口。CNC装置和机床之间的信号一般不直接连接，而通过输入/输出（I/O）接口电路连接。I/O信号经接口电路送至系统寄存器的某一位，CPU定时读取寄存器状态，经数据滤波后做相应处理。同时CPU定时向输出接口送出相应的控制信号。接口电路的主要任务是进行必要的电气隔离，防止干扰信号引起错误动作。要用光电耦合器或继电器将CNC装置和机床之间的信号在电气上加以隔离。

⑤ 位置控制器。CNC装置中的位置控制器主要是对数控机床的进给运动的坐标轴位置进行控制。例如，工作台前后左右移动、主轴箱上下移动、围绕某一直线轴的旋转运动等。坐标轴控制是数控机床上要求最高的位置控制，不仅对单个轴的运动和位置的精度有严格要求，在多轴联动时，还要求各移动轴有很好的动态配合。对于主轴的控制，要求在很宽的范围内速度连续可调，并且每一种速度下均能提供足够的切削所需的功率和转矩。在某些高性能的CNC机床上还要求能实现主轴的定向准停，也就是主轴在某一给定角度位置停止转动。

⑥ MDI/CRT接口。MDI接口是通过操作面板上的键盘，手动输入数据的接口，即手动数据输入接口。CRT接口是在CNC软件配合下，将字符和图形显示在显示器上。显示器一般是阴极射线管（CRT），也可以是平板式液晶显示器（LCD）。

⑦ 可编程序控制器（PLC）。可编程序控制器用来代替传统机床强电的继电器逻辑控制，实现各种开关量（S、M、T）的控制，如主轴正转、反转及停止，刀具交换，工件的夹紧及松开，切削液的开、关，以及润滑系统的运行等，同时还包括主轴驱动以及机床报警处理等。

数控机床用PLC通常可分为内装型和独立型两种。内装型PLC从属于CNC装置，PLC与NC之间的信号传送在CNC装置内部实现。PLC与MT侧间则通过CNC输入/输出接口电路实现信号传输。独立型 PLC 不属于 CNC 装置，可以自己独立使用，具有完备的硬件和软件结构。

⑧ 通信接口。通信接口用来与外部设备进行信息传输，如与上位计算机或直接数字控制器 DNC 等进行数字通信，一般采用 RS232C 串口。

3.2.3　多微处理器结构 CNC 装置

多微处理器结构 CNC 装置中有两个或两个以上的 CPU，各个 CPU 之间采用紧耦合，资源共享，有集中的操作系统，甚至有两个或两个以上微处理器构成的功能模块，模块之间采用松耦合，多重操作系统有效地实现并行处理。

（1）多微处理器 CNC 装置的组成　多微处理器 CNC 装置一般由功能模块组成，主要的功能模块有：

① CNC 管理模块。负责管理和组织协调整个 CNC 系统的工作，完成诸如初始化、终端管理、总线仲裁、系统错误识别和处理、系统软硬件诊断等。

② CNC 插补模块。完成数控代码编译、坐标计算和转换、刀具半径补偿、速度规划和处理等工作，按规定的插补类型通过插补计算为各坐标提供位置给定值。

③ 位置控制模块。负责比较插补后的位置给定值与检测到的位置实际值，并根据比较结果完成加减速、回基准点、伺服系统滞后量的监视和补偿运算，最后得到速度控制的模拟电压，用以驱动进给电动机，完成相应操作，实现位置闭环。

④ PLC 模块。零件程序中的开关功能和由机床来的信号在这个模块中做逻辑处理，实现各功能和操作方式之间的联锁，机床电气设备的起停、刀具交换、回转工作台的分度、工件数量和运转时间的计数等。

⑤ 人机接口模块。负责处理零件程序、参数、操作控制、数据的输入/输出和显示等。

⑥ 存储器模块。包括程序和数据的主存储器，或功能模块间数据传送用的共享存储器。

（2）多微处理器 CNC 装置的典型结构

① 共享总线结构。共享总线结构 CNC 装置只有主模块有权控制系统总线，且在某一时刻只能有一个主模块使用总线，如有多个主模块同时请求使用总线，会产生竞争总线的问题。

共享总线结构各模块之间的通信，主要依靠存储器实现，采用公共存储器的方式。公共存储器直接插在系统总线上，有总线使用权的主模块都能访问，可供任意两个主模块交换信息，其结构框图如图 3-3 所示。

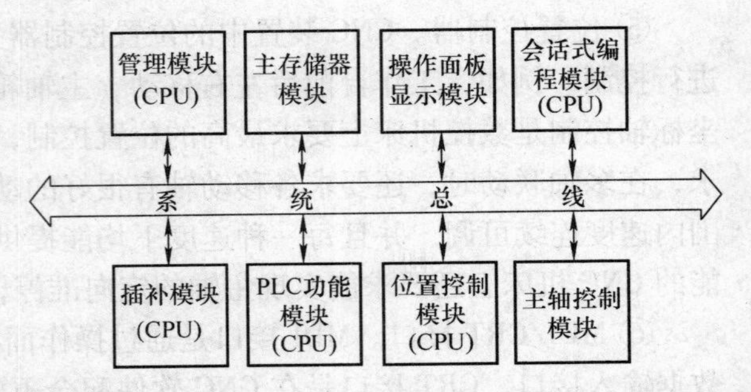

图 3-3　共享总线型多微处理器结构 CNC 装置结构框图

② 共享存储器结构。共享存储器结构 CNC 装置采用多端口存储器来实现各 CPU 之间的互连和通信，每个端口都配有一套数据、地址、控制线，以供端口访问。有多端口控制逻辑电路解决访问冲突，其结构框图如图 3-4 所示。

当 CNC 装置功能复杂，要求 CPU 数量增多时，会因争用共享存储器而造成信息传输的阻塞，降低系统效率，其扩展功能较为困难。

（3）多微处理器CNC装置的优点

① 高性价比。增加价格相对低廉的CPU及辅助结构来实现多轴控制和高速度、高精度、高效率的数控功能。

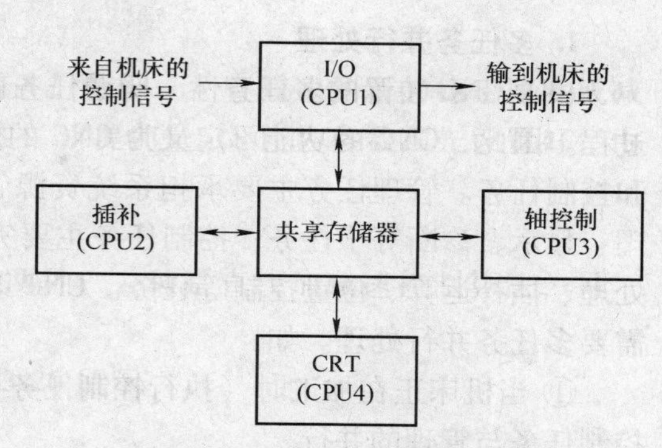

图3-4　共享存储器型多微处理器结构CNC装置结构框图

② 适应能力强。由于采用模块化结构，使系统功能可扩展性增强，并具有良好的适应性，而且方便机床的调试、调整、维护和维修。

③ 高可靠性。由于采用了模块化，各功能的独立性增强，故障范围也受到相应的局限，一个功能模块的故障不会影响其他模块，便于检查和维修。

④ 易于组织规模化生产。规格化的模块已形成批量生产，并可保证质量。

3.3　CNC装置的软件结构

从本质特征来看，CNC装置软件是具有实时性和多任务性的专用操作系统；从功能特征来看，该操作系统由CNC管理软件和CNC控制软件两部分组成。管理软件作用类似于计算机操作系统的功能，包括输入、I/O处理、通信、显示、诊断以及加工程序的编制管理等。控制软件包括译码、刀具补偿、速度处理和位置控制等。不同数控系统，其功能和控制方案也不相同。图3-5所示为CNC系统软件构成。

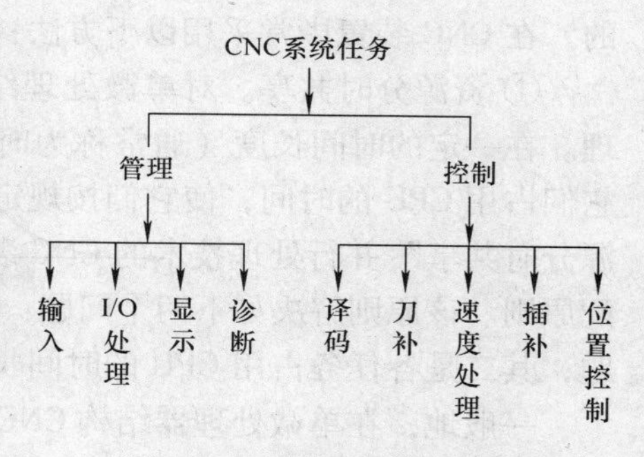

图3-5　CNC系统软件构成

3.3.1　CNC装置软、硬件的分工

CNC装置是由软件和硬件组成的，硬件为软件的运行提供支持环境。在信息处理方面，软件与硬件在逻辑上是等价的，即硬件能完成的功能从理论上讲也可以用软件来完成，但是，硬件和软件在实现这种功能时各有不同的特点：

1）硬件处理速度快，但灵活性差，较难实现复杂控制。

2）软件设计灵活，适应性强，但处理速度相对较慢。

因此，如何合理确定软件与硬件的功能分担是CNC装置结构设计的重要任务。这就是所谓的软件和硬件的功能界面划分的概念。通常功能界面划分的准则是系统的性价比。

3.3.2　CNC装置的软件结构特点

CNC装置的系统软件可看成是一个专用实时操作系统，由于其应用领域是工业控制领域，因此，必须满足该领域对控制系统的要求，分析和了解这些要求是至关重要的，因为它既是系统设计和软件测试的重要依据，也是确定系统功能和性能要求的过程。同时，这些要求也是CNC装置软件的特点。目前CNC装置软件结构的特点主要有多任务并行处理和实时中断处理。

1. 多任务并行处理

(1) CNC 装置的多任务性　所谓任务就是可并行执行的程序在一个数据集合上的运行过程。因此，CNC 的功能可定义为 CNC 的任务。CNC 的任务通常可分为两大类：管理任务和控制任务。管理任务主要承担系统资源管理和系统各子任务的调度，负责系统的程序管理、显示、诊断等子任务；控制任务主要完成 CNC 的基本功能：译码、刀具补偿、速度预处理、插补运算、位置控制等任务。CNC 装置在工作中这些任务不是顺序执行的，而往往需要多任务并行处理。如：

① 当机床正在加工时（执行控制任务），CRT 要实时显示加工状态（管理任务）。这是控制任务与管理的并行。

② 在管理任务中，当用户将程序送入系统时，CRT 便实时显示输入的内容。

③ 在控制任务中，为了保证加工的连续性，刀具补偿、速度处理、插补运算以及位置控制必须同时不间断执行。

(2) 并行处理　并行处理是指软件系统在同一时刻或同一时间间隔内完成两个或两个以上性质相同或性质不同任务处理的方法。采用并行处理技术的目的是为了提高 CNC 装置资源的利用率和系统的处理速度。并行处理的实现方式是与 CNC 系统的硬件结构密切相关的。在 CNC 装置中常采用以下方法：

① 资源分时共享。对单微处理结构 CNC 装置，采用“分时”来实现多任务的并行处理。在一定的时间长度（通常称为时间片）内，根据系统各任务的实时性要求程度，规定它们占用 CPU 的时间，使它们按规定顺序和规则分时共享系统的资源。因此，在采用“资源分时共享”并行处理技术的 CNC 装置中，首先要解决各任务占用 CPU（资源）时间的分配原则。该原则解决如下两个问题：其一是各任务何时占用 CPU，即任务的优先级分配问题；其二是各任务占用 CPU 的时间长度，即时间片的分配问题。

一般地，在单微处理器结构 CNC 装置中，通常采用循环调度和优先抢占调度相结合的方法来解决上述问题。资源分时共享的并行处理只具有宏观上的意义，即从微观上来看，各个任务还是顺序执行的。如图 3-6 所示为 CNC 装置多任务分时共享的时间分配图。

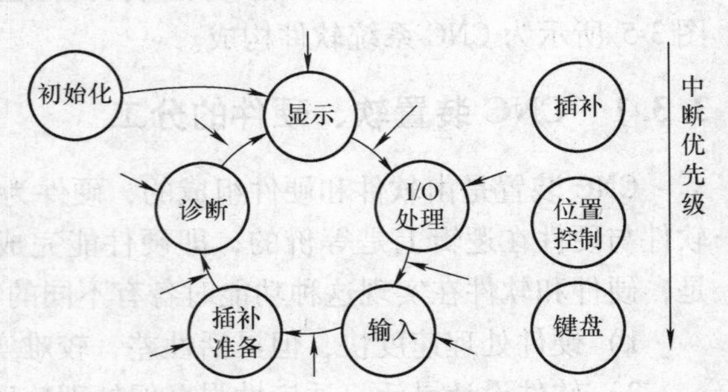

图 3-6　CNC 装置多任务分时共享时间分配图

② 资源重叠流水处理。在多微处理器结构 CNC 装置中，根据各任务之间的关联程度，可采用两种策略提高系统处理速度。其一，如果任务之间的关联程度不高，则可将这些任务分别安排一个 CPU，让其同时执行，即“并发处理”；其二，如果各任务之间的关联程度较高，即一个任务的输出是另一个任务的输入，则可采取流水处理的方法来实现并行处理。流水处理技术是利用重复的资源，将一个大的任务分成若干个子任务。这些小任务是彼此关联的，然后按一定的顺序安排每个资源执行一个任务，就像在一条生产线上分不同工序加工零件的流水作业一样。如果每个任务的处理时间分别为 Δt_1、Δt_2、Δt_3、Δt_4，若以顺序方式处理每个程序段，那么一个程序段的数据转换时间将是 $\Delta t_1+\Delta t_2+\Delta t_3+\Delta t_4$，其时间空间关系如图 3-7a 所示。从图上可以看出，两个程序段的输出之间将有一个时间长度为 Δt 的

时间间隔，这个时间间隔越长，CNC 的控制性能就越差，因此应尽量缩短这个时间间隔。采用流水处理方式是解决上述问题的有效方法，流水处理方式的时间空间关系如图 3-7b 所示。

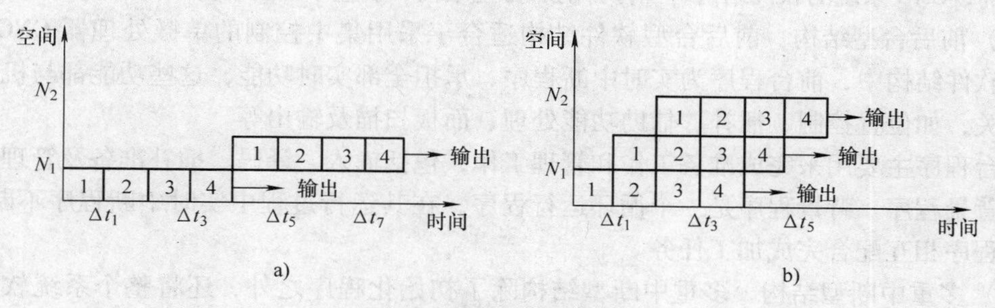

图 3-7　流水处理示意图

由图可知，采用流水处理方式两个程序段输出之间的时间间隔仅为 Δt_1，大大缩短了输出时的时间间隔。另外，在任何一个时刻（除开始和结束外）均有两个或两个以上的任务在并发执行。综上所述，流水处理的关键是时间重叠，是以资源重复的代价换得时间上的重叠，或者说以空间复杂性的代价换得时间上的快速性。

2. 实时中断处理

CNC 装置软件结构的另一个特点是实时中断处理。中断是指当数控系统运行时，若出现某种非预期的事件，则 CPU 暂时停下现行程序，转向为该事件服务，待事件处理完毕，再恢复执行原程序的过程。中断赋予数控系统中的 CPU 应变能力，把有序的运行和无序的事件统一起来，大大增强了系统的处理能力。如图 3-8 所示为中断的处理过程。

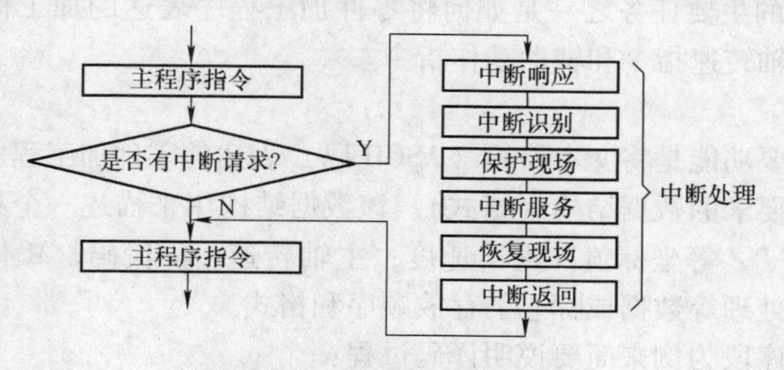

图 3-8　中断的处理过程

数控系统的多任务性和实时性决定了中断是整个系统必不可少的重要组成部分。CNC 装置的中断管理主要靠硬件完成，而系统的中断类型决定了 CNC 装置软件的结构。CNC 装置的中断类型有：

1）外部中断：如纸带光电阅读机中断、外部监控中断（急停等）、键盘操作面板输入中断等。

2）内部定时中断：如插补周期定时中断、位置采样定时中断等。

3）硬件故障中断：CNC 装置各种硬件故障检测装置发出的中断，如存储器出错、定时器出错、插补运算超时等。

4）程序性中断：程序中出现的异常情况的报警中断，如各种溢出、除零等。

3.3.3　CNC 系统的软件结构

目前，CNC 系统的软件结构有三种：前后台型结构、多重中断型结构和功能模块型结构。

（1）前后台型结构　前后台型软件结构适合于采用集中控制的单微处理器 CNC 装置。在这种软件结构中，前台程序为实时中断程序，承担全部实时功能，这些功能都与机床动作直接相关，如位置控制、插补、辅助功能处理、面板扫描及输出等。

后台程序主要用来完成准备工作和管理工作，包括输入、译码、插补准备及管理等，通常称为背景程序。背景程序是一个循环运行程序，在其运行过程中实时中断程序不断插入。前后台程序相互配合完成加工任务。

（2）多重中断型结构　多重中断型结构除了初始化程序之外，还将整个系统软件的各种功能模块分别安排在不同级别的中断服务程序中，然后由中断管理系统对各级中断服务程序实施调度管理。

中断型结构模式的优点是实时性好。由于中断级别较多，强实时性任务可安排在优先级较高的中断服务程序中。缺点是模块间的关系复杂，耦合度大，不利于对系统的维护和扩充。

（3）功能模块型结构　功能模块型结构多用于多微处理器结构 CNC 装置，其每个微处理器分管各自的任务，形成特定的功能模块。相应的软件也模块化，形成功能模块软件结构，固化在对应的硬件功能模块中。各功能模块之间有明确的硬、软件接口。

3.3.4　CNC 装置的数据转换流程

CNC 系统软件的主要任务之一是如何将零件加工程序表达的加工信息，转换成各进给轴的位移指令、主轴转速指令和辅助动作指令。

1. 译码

译码程序的主要功能是将文本格式（ASCII 码）表达的零件加工程序，以程序段为单位转换成后续程序所要求的数据结构（格式）。该数据结构用来描述一个程序段解释后的数据信息，包括：*X*、*Y*、*Z* 等坐标值；进给速度；主轴转速；G 代码；M 代码；刀具号；子程序处理和循环调用处理等数据或标志的存放顺序和格式。

下面以一个程序段为例来简要说明译码过程：

N06 G90 G01 X200 Y300 F200；

译码程序以程序段为单位进行解释。解释中，从零件程序存储区中逐一读出指令。

N06：将 06 转换为 BCD 码 00000110BCD，存入译码缓冲区中的“block_num”。

G90：将译码缓冲区中“G0”的“D6”位置“0”。

G01：将译码缓冲区中“G0”的“D1”位置“1”。

X200：将 200 转换为二进制码 11001000B，存入译码缓冲区中的“COOR［1］”。

Y300：将 300 转换为二进制码 100101100B，存入译码缓冲区中的“COOR［2］”。

F200：将 200 转换为二进制码 11001000B，存入译码缓冲区中的“F”。

“；”表示程序段读完，译码结束。

进入下一程序段的解释工作，直至整个缓冲区组被填满，然后，译码程序进入休眠状态。当缓冲区组中有若干个缓冲区置空，系统将再次激活译码程序，按此方式重复进行，直到整个加工程序解释完毕（读到 M02 或 M30）为止。

2. 刀补处理

将零件轮廓变换为刀具中心轨迹，并进行相应的坐标变换，主要工作是：

1）根据绝对坐标（G90）或相对坐标（G91）计算零件轮廓的终点坐标值。

2）根据刀具半径、刀具半径补偿的方向（G41/G42）和零件轮廓的终点坐标值，计算刀具中心轨迹的终点坐标值。

3）根据本段和前段的关系，进行段间连续处理。

经刀补处理程序转换的数据存放在刀补缓冲区中，以供后续程序之用。刀补缓冲区与译码缓冲区的结构相似。

3. 速度预处理

主要功能是根据加工程序给定的进给速度，计算在每个插补周期内的合成移动量，供插补程序使用。主要完成以下几步计算：

（1）计算本段总位移量　供插补程序判断减速起点或终点之用。

① 直线：计算合成位移量 L。

② 圆弧：计算总角位移量。

（2）计算每个插补周期内的合成进给量（μm）　经速度处理程序转换的数据存放在插补缓冲区中，以供插补程序之用。

$$\Delta L = F\Delta t/60$$

式中　F—进给速度（mm/min）；

Δt—数控系统的插补周期（ms）。

4. 插补计算

以系统规定的插补周期 Δt 定时运行，主要功能是：

1）根据操作面板上“进给修调”开关的设定值，计算本次插补周期的实际合成位移量

$$\Delta L_1 = \Delta L \times 修调值$$

2）将 ΔL_1 按插补的线形和本插补点所在的位置分解到各个进给轴，作为各进给轴的位置控制指令（Δx_i，Δy_i……）。

经插补计算后的数据存放在运行缓冲区中，以供位置控制程序之用。

5. 位置控制

位置控制数据转换流程如图 3-9 所示。主要进行各进给轴跟随误差（ΔX，ΔY）的计算，并进行调节处理，输出速度控制指令（v_x，v_y）。

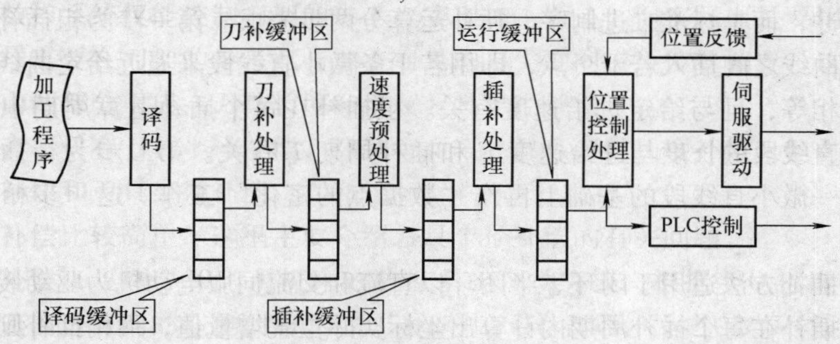

图 3-9　位置控制数据转换流程

3.4　CNC 系统的插补运算

3.4.1　插补的定义

在数控机床中，刀具不能严格地按照要求加工的曲线运动，只能用折线轨迹逼近所要加工的曲线。为了满足按执行部件运动的要求来实现轨迹控制，必须在已知的信息点之间实时计算出满足线形和进给速度要求的若干中间点。这就是数控系统的插补概念。可对插补概念作如下定义：在轮廓控制系统中，根据给定的进给速度和轮廓线形的要求，在已知数据点之间插入中间点的方法，这种方法称为插补方法。每种方法又可能用不同的计算方法来实现，这种具体的计算方法称为插补算法。插补的实质就是数据点的密化。

由插补的定义可以看出，在轮廓控制系统中，插补功能是最重要的功能，是轮廓控制系统的本质特征。插补算法的稳定性和算法精度将直接影响到 CNC 系统的性能指标。

3.4.2　插补的分类

插补的形式很多，按其插补工作由硬件电路还是软件程序完成，可将其分为硬件插补和软件插补。软件插补的结构简单，灵活易变。现代数控系统都采用软件插补器。完全硬件的插补已逐渐被淘汰，只有在特殊的应用场合作为软件、硬件结合插补时的第二级插补使用。根据产生的数学模型来分，有一次（直线）插补、二次（圆、抛物线等）插补及高次曲线插补等。大多数数控机床的数控装置都具有直线插补和圆弧插补。根据插补所采用的原理和计算方法的不同，有基准脉冲插补和数据采样插补等。

1. 基准脉冲插补

基准脉冲插补又称行程标量插补或脉冲增量插补。这种插补算法的特点是每次插补结束，数控装置向每个运动坐标输出基准脉冲序列，每个脉冲插补的实现方法较简单（只有加法和移位），可以用硬件实现。目前，随着计算机技术的迅猛发展，多采用软件完成这类算法。常见的基准脉冲插补方法有：数字脉冲乘法器插补法、逐点比较法、数字积分法、矢量判别法、比较积分法、最小偏差法、目标点跟踪法、直接函数法、单步跟踪法、加密判别和双判别插补法、Bresenham 算法等。

2. 数据采样插补

数据采样插补又称时间标量插补或数字增量插补。这类插补算法的特点是数控装置产生的不是单个脉冲，而是标准二进制字。插补运算分两步完成。第一步为粗插补，它是在给定起点和终点的曲线之间插入若干个点，即用若干条微小直线段来逼近给定曲线，每一微小直线段的长度都相等，且与给定进给速度有关。粗插补在每个插补运算周期中计算一次，因此，每一微小直线段的长度与进给速度 F 和插补周期 T 有关。第二步为精插补，它是在粗插补算出的每一微小直线段的基础上再作“数据点的密化”工作。这一步相当于直线的脉冲增量插补。

数据采样插补方法适用于闭环、半闭环以直流和交流伺服电动机为驱动装置的位置采样控制系统。粗插补在每个插补周期内计算出坐标实际位置增量值，而精插补则在每个采样周期内采样闭环或半闭环反馈位置增量值及插补输出的指令位置增量值。然后算出各坐标轴相应的插补指令位置和实际反馈位置，并将二者相比较，求得跟随误差。根据所求得跟随误差算出相应轴的速度，并输给驱动装置。一般将粗插补运算称为插补，用软件实现。而精插补可以用软件或硬件实现。

数据采样插补方法很多，常用方法有：直接函数法、扩展数字积分法、二阶递归扩展数字积分圆弧插补法、圆弧双数字积分插补法、角度逼近圆弧插补法等。

3.4.3 基准脉冲插补

基准脉冲插补适用于以步进电动机为驱动装置的开环数控系统。其特点是：每次插补计算结束后产生一个行程增量，并以脉冲的方式输出到坐标轴上的步进电动机。单个脉冲使坐标轴产生的移动量叫脉冲当量，一般用 δ 来表示。常见的有逐点比较法和数字积分法。

1. 逐点比较法插补

逐点比较法又称代数运算法，是早期的数控机床开环系统中广泛采用的一种插补方法。逐点比较法可实现直线插补、圆弧插补，也可用于其他非圆二次曲线（如椭圆、抛物线、双曲线等）的插补。特点是运算直观，最大插补误差不大于一个脉冲当量，脉冲输出均匀，速度变化小，调节方便，但不易实现两坐标以上的联动，因此在两坐标数控机床中应用较普遍。

逐点比较法的基本原理是每次仅向一个坐标轴输出一个进给脉冲，而每走一步都要通过偏差函数计算，判断偏差的瞬时坐标与规定加工轨迹之间的偏差，然后决定下一步的进给方向。数控机床的运动部件每走一步都要经过以下四个节拍：

第一节拍：偏差判别。判别刀具当前位置相对于给定轮廓的偏离情况，并以此决定刀具的进给方向。

第二节拍：坐标进给。根据偏差判别的结果，控制刀具向相应坐标轴进给一步，使加工点向给定轮廓靠拢，减小偏差。

第三节拍：偏差计算。刀具进给一步后，计算新的加工点与给定轮廓之间的偏差，为下一步偏差判别做准备。

第四节拍：终点比较。判断刀具是否到达被加工零件的终点，若到达终点，则结束插补，否则继续插补，如此不断循环以上四个节拍就可加工出所要求的曲线。

（1）逐点比较法直线插补

① 偏差判别。以第一象限直线段为例。用户编程时，给出要加工直线的起点和终点。如果以直线的起点 O（x_0，y_0）为坐标原点，终点的坐标为 A（x_e，y_e），插补点的坐标为 P_i（$i=1, 2, 3, \cdots$），如图 3-10 所示。

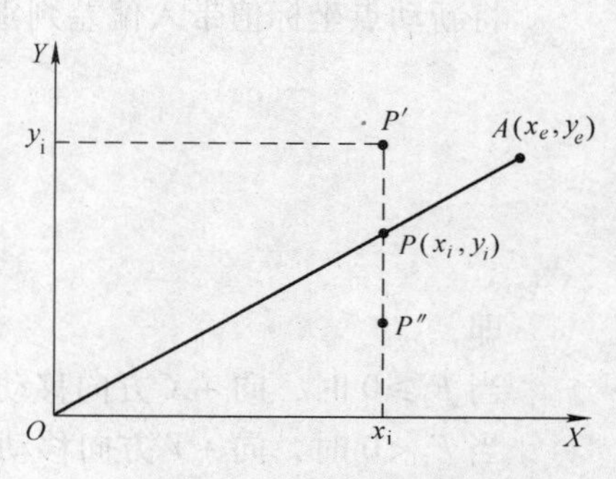

图 3-10 逐点比较法直线插补

由图可知，P 点在直线 OA 上，P'点在直线 OA 上方，P''点在直线 OA 下方。由直线的函数关系可得：

当插补点在直线 OA 上时，$\dfrac{y_i}{x_i}=\dfrac{y_e}{x_e}$

则 $x_e y_i - x_i y_e = 0$

当插补点在直线 OA 上方时，$\dfrac{y_i}{x_i}>\dfrac{y_e}{x_e}$

则 $x_e y_i - x_i y_e > 0$

当插补点在直线 OA 下方时，$\frac{y_i}{x_i} < \frac{y_e}{x_e}$

则 $x_e y_i - x_i y_e < 0$

选取判别函数 F 来判别插补点与直线的相对位置，则偏差函数 F 的表达式为

$$F_i = x_e y_i - x_i y_e$$

结合前面推导可知，

若 $F_i = 0$，则表明 P 点在直线 OA 上；

若 $F_i > 0$，则表明 P 点在直线 OA 上方；

若 $F_i < 0$，则表明 P 点在直线 OA 下方。

② 坐标进给。从图 3-10 可以看出，当 P 点在直线上方（$F_i > 0$）时，应该向 $+X$ 方向发一个脉冲，使机床刀具向 $+X$ 方向前进一步，以接近直线 OA；当 P 点在直线下方（$F_i < 0$）时，应该向 $+Y$ 方向发一个脉冲，使机床刀具向 $+Y$ 方向前进一步，以接近直线 OA；当 P 点在直线上（$F_i = 0$）时，既可向 $+X$ 方向发一个脉冲，也可向 $+Y$ 方向发一个脉冲。通常将 $F_i > 0$ 和 $F_i = 0$ 归于一类，即当 $F_i \geqslant 0$，约定刀具统一向 $+X$ 方向发一脉冲。这样刀具从直线加工的起点开始，判别一次，走一步，算一次，反复进行，直至加工至直线的终点。

③ 偏差计算。当 $F_i \geqslant 0$ 时，在进给原则的条件下，刀具向 $+X$ 方向进给一个脉冲当量，则刀具新位置的坐标为

$$x_{i+1} = x_i + 1;\ y_{i+1} = y_i$$

将新动点坐标值带入偏差判别公式，则有：

$$\begin{aligned} F_{i+1} &= x_e y_i - x_{i+1} y_e \\ &= x_e y_i - (x_i + 1) y_e \\ &= x_e y_i - x_i y_e - y_e \\ &= F_i - y_e \end{aligned}$$

当 $F_i < 0$ 时，在进给原则的条件下，刀具向 $+Y$ 方向进给一个脉冲当量，则刀具新位置的坐标为：

$$x_{i+1} = x_i;\ y_{i+1} = y_i + 1$$

将新动点坐标值带入偏差判别公式，则有：

$$\begin{aligned} F_{i+1} &= x_e y_i - x_{i+1} y_e \\ &= x_e (y_i + 1) - x_i y_e \\ &= x_e y_i - x_i y_e + x_e \\ &= F_i + x_e \end{aligned}$$

即，

当 $F_i \geqslant 0$ 时，向 $+X$ 方向移动，$F_{i+1} = F_i - y_e$；

当 $F_i < 0$ 时，向 $+Y$ 方向移动，$F_{i+1} = F_i + x_e$。

④ 终点比较。刀具每进给一步，都要进行一次终点比较，判别刀具是否到达终点，若到达终点则说明加工结束。一般可采用三种方法：

a. 总步数法。设置一个终点计数器 J，其中存入 X 和 Y 两坐标总进给步数之和，即 $J =$

x_e+y_e。当 X 或 Y 方向进给一步时，均在终点计数器 J 中减1，直到终点计数器减为零，则表示到达终点，停止插补。

b. 终点坐标法。设置 J_x 和 J_y 两个终点计数器，其中分别存入终点坐标值（脉冲当量总数）x_e 和 y_e。当 X 或 Y 方向进给一步时，就在相应的计数器中减1，直到两个计数器的数都减为零时，则到达终点，停止插补。

c. 最大坐标法。终点计数器J的初值取为 $J=\max(x_e,y_e)$，只有在终点坐标较大的坐标方向进给一步时，计数器才减1，直到减为零时，停止插补。

训练3-1　逐点比较法直线插补

设第一象限直线段 OA，起点坐标 O（0，0），终点为 A（5，3）。试用逐点比较法插补直线 OA，并画出插补轨迹。

解　用总步数法进行终点比较，则总步数为 $J=x_A+y_B=5+3=8$。插补运算过程见表3-1，插补轨迹如图3-11所示。

表3-1　逐点比较法直线插补运算过程

序　号	偏差判别	坐标进给	偏差计算	终点比较
1	$F_0=0$	$+\Delta X$	$F_1=F_0-Y_e=0-3=-3$	$J=8-1=7$
2	$F_1=-3<0$	$+\Delta Y$	$F_2=F_1+X_e=-3+5=2$	$J=7-1=6$
3	$F_2=2>0$	$+\Delta X$	$F_3=F_2-Y_e=2-3=-1$	$J=6-1=5$
4	$F_3=-1<0$	$+\Delta Y$	$F_4=F_3+X_e=-1+5=4$	$J=5-1=4$
5	$F_4=4>0$	$+\Delta X$	$F_5=F_4-Y_e=4-3=1$	$J=4-1=3$
6	$F_5=1>0$	$+\Delta X$	$F_6=F_5-Y_e=1-3=-2$	$J=3-1=2$
7	$F_6=-2<0$	$+\Delta Y$	$F_7=F_6+X_e=-2+5=3$	$J=2-1=1$
8	$F_7=3>0$	$+\Delta X$	$F_8=F_7-Y_e=3-3=0$	$J=1-1=0$

（2）逐点比较法圆弧插补　逐点比较法圆弧插补过程与直线插补过程类似，每进给一步也要完成四个节拍，即偏差判别、坐标进给、偏差计算、终点比较。直线插补是以斜率比较作为判别依据，圆弧插补以加工点距圆心的距离与圆弧半径比较作为判别依据。

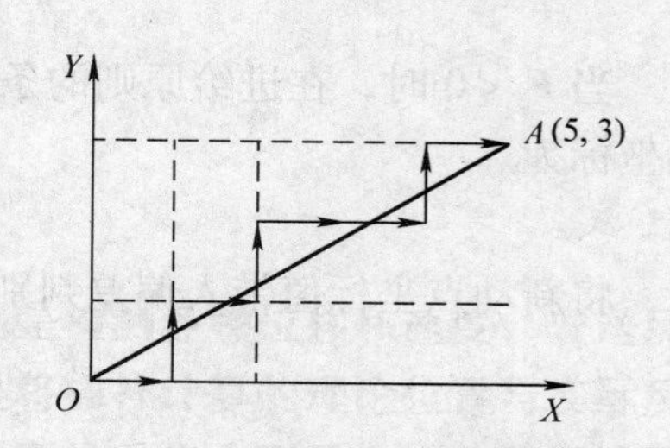

图3-11　逐点比较法直线插补轨迹

① 偏差判别。以第一象限逆时针圆弧为例。如图3-12所示，圆弧 AB，圆心位于坐标原点 $O(0,0)$，半径为 R，起点为 $A(x_0,y_0)$，终点为 $B(x_e,y_e)$，设加工点的坐标为 $P(x_i,y_i)$。

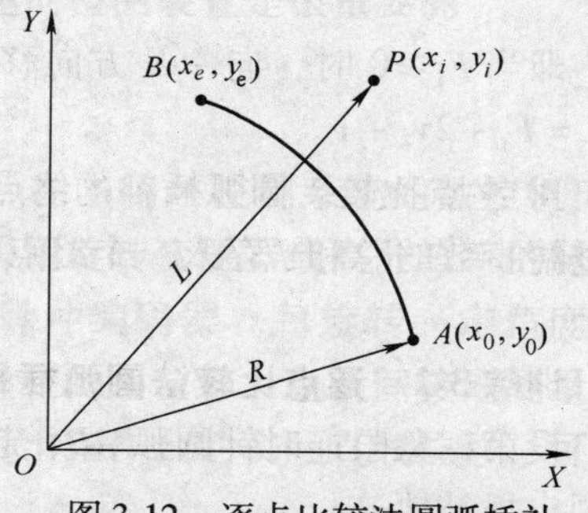

图3-12　逐点比较法圆弧插补

根据偏差函数的含义，可知：

当动点在圆弧上时，$x_i^2+y_i^2=x_0^2+y_0^2$

则
$$(x_i^2-x_0^2)+(y_i^2-y_0^2)=0$$

当动点在圆弧外时，$x_i^2+y_i^2>x_0^2+y_0^2$

则
$$(x_i^2-x_0^2)+(y_i^2-y_0^2)>0$$

当动点在圆弧内时，$x_i^2+y_i^2<x_0^2+y_0^2$

则

$$(x_i^2 - x_0^2) + (y_i^2 - y_0^2) < 0$$

选取判别函数 F 来判别插补点与直线的相对位置，则偏差函数 F 的表达式为

$$F_i = (x_i^2 - x_0^2) + (y_i^2 - y_0^2)$$

结合前面推导可知：

若 $F_i = 0$，则表明 P 点在圆弧 AB 上；

若 $F_i > 0$，则表明 P 点在圆弧 AB 外；

若 $F_i < 0$，则表明 P 点在圆弧 AB 内。

② 坐标进给。从图 3-12 可以看出，当 P 点在圆弧外（$F_i > 0$）时，应该向 $-X$ 方向发一个脉冲，使机床刀具向 $-X$ 方向前进一步，以接近圆弧 AB；当 P 点在圆弧内（$F_i < 0$）时，应该向 $+Y$ 方向发一个脉冲，使机床刀具向 $+Y$ 方向前进一步，以接近圆弧 AB；当 P 点在圆弧上（$F_i = 0$）时，既可向 $-X$ 方向发一个脉冲，也可向 $+Y$ 方向发一个脉冲。通常将 $F_i > 0$ 和 $F_i = 0$ 归于一类，即当 $F_i \geqslant 0$ 时，约定刀具统一向 $-X$ 方向发一个脉冲。这样刀具从直线加工的起点开始，判别一次，走一步，算一次，反复进行，直到加工至直线的终点。

③ 偏差计算。当 $F_i \geqslant 0$ 时，在进给原则的条件下，刀具向 $-X$ 方向进给一个脉冲当量，则刀具新位置的坐标为

$$x_{i+1} = x_i - 1;\ y_{i+1} = y_i$$

将新动点坐标值带入偏差判别公式，则有：

$$\begin{aligned} F_{i+1} &= (x_{i+1}^2 - x_0^2) + (y_{i+1}^2 - y_0^2) \\ &= [(x_i^2 - 1)^2 - x_0^2] + (y_i^2 - y_0^2) \\ &= (x_{i+1}^2 - x_0^2) + (y_i^2 - y_0^2) - 2x_i + 1 \\ &= F_i - 2x_i + 1 \end{aligned}$$

当 $F_i < 0$ 时，在进给原则的条件下，刀具向 $+Y$ 方向进给一个脉冲当量，则刀具新位置的坐标为

$$x_{i+1} = x_i;\ y_{i+1} = y_i + 1$$

将新动点坐标值带入偏差判别公式，则有：

$$\begin{aligned} F_{i+1} &= (x_{i+1}^2 - x_0^2) + (y_{i+1}^2 - y_0^2) \\ &= (x_i^2 - x_0^2) + [(y_i^2 + 1) - y_0^2] \\ &= (x_{i+1}^2 - x_0^2) + (y_i^2 - y_0^2) + 2y_i + 1 \\ &= F_i + 2y_i + 1 \end{aligned}$$

即当 $F_i \geqslant 0$ 时，向 $-X$ 方向移动，$F_{i+1} = F_i - 2x_e + 1$；当 $F_i < 0$ 时，向 $+Y$ 方向移动，$F_{i+1} = F_i + 2y_e + 1$。

④ 终点比较。圆弧插补的终点判断方法和直线插补相同。可将从起点到达终点的 X、Y 轴进给步数的总和 J 存入一个终点计数器，每走一步，从中减去1，当 $J = 0$ 时发出终点到达信号。

训练 3-2　逐点比较法圆弧插补

设第一象限逆时针圆弧 AB，起点 $A(5,0)$，终点 $B(0,5)$。用逐点比较法插补圆弧 AB，并画出插补轨迹。

解 用总步数法进行终点比较，则总步数为 $J=|X_B-X_A|+|Y_B-Y_A|=|0-5|+|5-0|=10$

插补运算过程见表3-2，插补轨迹如图3-13所示。

表3-2 逐点比较法圆弧插补运算过程

步数	偏差判别	坐标进给	偏差计算	坐标计算	终点比较
0			$F_0=0$	$X_0=5$，$Y_0=0$	$J=10$
1	$F_0=0$	$-\Delta X$	$F_1=F_0-2X_0+1=-9$	$X_1=4$，$Y_1=0$	$J=9$
2	$F_1=-9<0$	$+\Delta Y$	$F_2=F_1+2Y_1+1=-8$	$X_2=4$，$Y_2=1$	$J=8$
3	$F_2=-8<0$	$+\Delta Y$	$F_3=F_2+2Y_2+1=-5$	$X_3=4$，$Y_3=2$	$J=7$
4	$F_3=-5<0$	$+\Delta Y$	$F_4=F_3+2Y_3+1=0$	$X_4=4$，$Y_4=3$	$J=6$
5	$F_4=0$	$-\Delta X$	$F_5=F_4-2X_4+1=-7$	$X_5=3$，$Y_5=3$	$J=5$
6	$F_5=-7<0$	$+\Delta Y$	$F_6=F_5+2Y_5+1=0$	$X_6=3$，$Y_6=4$	$J=4$
7	$F_6=0$	$-\Delta X$	$F_7=F_6-2X_6+1=-5$	$X_7=2$，$Y_7=4$	$J=3$
8	$F_7=-5<0$	$+\Delta Y$	$F_8=F_7+2Y_7+1=4$	$X_8=2$，$Y_8=5$	$J=2$
9	$F_8=4>0$	$-\Delta X$	$F_9=F_8-2X_8+1=1$	$X_9=1$，$Y_9=5$	$J=1$
10	$F_9=1>0$	$-\Delta X$	$F_{10}=F_9-2X_9+1=0$	$X_{10}=0$，$Y_{10}=5$	$J=0$

2. 数字积分法（DDA）

数字积分法又称数字微分分析法（Digital Differential Analyzer，简称DDA），它是建立在数字积分器基础上的一种插补算法，利用数字积分的原理计算刀具沿坐标轴的位移，使刀具沿着所加工的轨迹运动。

数字积分法运算速度快、脉冲分配均匀、易于实现空间曲线插补，能够插补出各种平面曲线。其缺点是速度调节不便，插补精度需要采取一定的措施才能满足要求。但由于计算机有较强的计算功能，采用软件插补时，上述缺点能够克服。

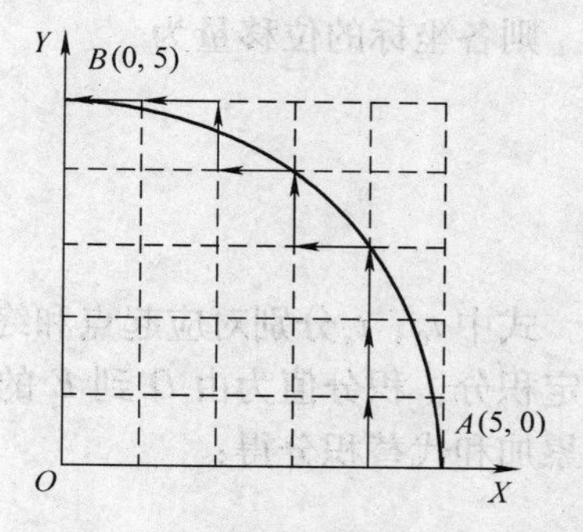

图3-13 逐点比较法圆弧插补轨迹

（1）数字积分器的工作原理 从几何概念上来说，函数 $y=f(x)$ 的积分运算就是函数 $y=f(x)$ 与 x 轴在区间［a，b］所包围的面积 S。如图3-14所示。

$$S=\int_a^b ydx=\lim_{n\to\infty}\sum_{i=1}^{n-1}y(x_{i+1}+x_i)$$

若把自变量的积分区间［a，b］等分成许多有限的小区间 $\Delta x(=x_{i+1}-x_i)$，这样求面积 S 时可以转化成求有限个小区间面积之和，即

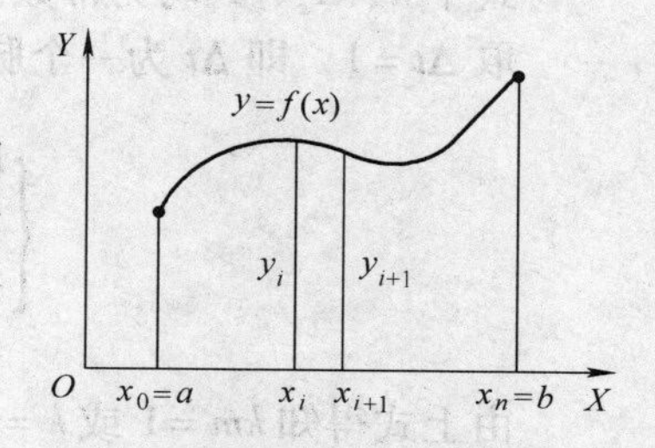

图3-14 函数 $y=f(x)$ 的积分

$$S=\sum_{i=0}^{n-1}\Delta S_i=\sum_{i=0}^{n-1}y_i\Delta x$$

计算时，若取 Δx 为基本单位"1"，即一个脉冲当量，则

$$S=\sum_{i=1}^{n-1}y_i$$

由此将函数的积分运算变成了变量的求和运算，当 Δx 选取得足够小时，用求和运算代

替积分运算所引起的误差可不超过允许误差。

(2) 数字积分法直线插补（见图3-15） 设加工第一象限直线 OE，直线起点 $O(0,0)$，终点为 $E(X_e,Y_e)$。刀具以匀速 v 在直线 OE 上移动，则在 x 轴和 y 轴方向的速度分别为 v_x、v_y，则在 x 轴和 y 轴方向上的微小位移增量 Δx 和 Δy 为

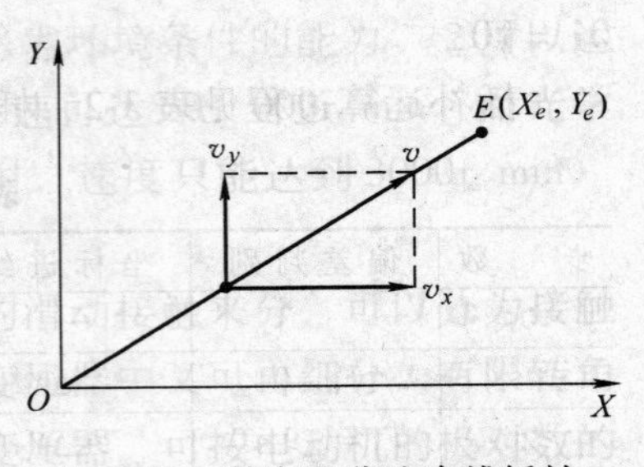

图 3-15　数字积分法直线插补

$$\begin{cases}\Delta x = v_x \Delta t \\ \Delta y = v_y \Delta t\end{cases}$$

由于刀具沿直线 OE 以匀速 v 运动，则 v、v_x、v_y 均为常数，故可得下式：

$$\frac{v}{OE}=\frac{v_y}{Y_e}=\frac{v_x}{X_e}=k$$

式中 k 为常数。

因此可得 x、y 坐标方向的微小位移增量 Δx 和 Δy。

$$\begin{cases}\Delta x = v_x = kX_e\Delta t \\ \Delta y = v_y = kY_e\Delta t\end{cases}$$

则各坐标的位移量为

$$\begin{cases}X = \int_{t_0}^{t_n} kX_e \mathrm{d}t \\ Y = \int_{t_0}^{t_n} kY_e \mathrm{d}t\end{cases}$$

式中 t_0、t_n 分别对应起点和终点的时间。上式为用数字积分法求 X 和 Y 在区间 $[t_0, t_n]$ 的定积分，积分值为由 O 到 E 的坐标增量，积分起点为坐标原点，坐标增量为终点坐标。用累加和代替积分得：

$$\begin{cases}X = \int_{t_0}^{t_n} kX_e \mathrm{d}t = \sum_{i=1}^{m} kX_e\Delta t \\ Y = \int_{t_0}^{t_n} kY_e \mathrm{d}t = \sum_{i=1}^{m} kY_e\Delta t\end{cases}$$

式中 k、X_e、Y_e 均为常数。

取 $\Delta t=1$，即 Δt 为一个脉冲时间间隔，则有

$$\begin{cases}X = \sum_{i=1}^{m} kX_e\Delta t = KX_e\sum_{i=1}^{m} 1 = kmX_e = X_e \\ Y = \sum_{i=1}^{m} kY_e\Delta t = KY_e\sum_{i=1}^{m} 1 = kmY_e = Y_e\end{cases}$$

由上式得知 $km=1$ 或 $k=\frac{1}{m}$，系数 k 和累加次数 m 互为倒数，且 m 必须是整数，故 k 必然是小数。同时应满足每次增量 Δx 和 Δy 不大于 1，使得坐标轴每次只移动一个脉冲当量，即

$$\begin{cases}\Delta x = kX_e \leqslant 1 \\ \Delta y = kY_e \leqslant 1\end{cases}$$

X_e及Y_e的最大允许值，受到寄存器容量的限制。设寄存器的字长为 n，则 X_e和 Y_e的最大允许值为 2^n-1。

$$\begin{cases} kX_e = k(2^n - 1) \leqslant 1 \\ kY_e = k(2^n - 1) \leqslant 1 \end{cases}$$

可得

$$k \leqslant \frac{1}{2^n - 1}$$

通常取

$$k = \frac{1}{2^n}$$

$$\begin{cases} \Delta x = kX_e = \dfrac{2^n - 1}{2^n} \leqslant 1 \\ \Delta y = kY_e = \dfrac{2^n - 1}{2^n} \leqslant 1 \end{cases}$$

上式既决定了系数 $k=\frac{1}{2^n}$，又保证了 Δx 和 Δy 均不大于 1 的条件。由上面 $km=1$ 可得累加次数为

$$m = \frac{1}{k} = 2^n$$

取 Δt 为一个脉冲时间间隔，即 $\Delta t=1$，则有

$$\begin{cases} X_e = \sum\limits_{i=1}^{m} \Delta x = \sum\limits_{i=1}^{m} kX_e \\ Y_e = \sum\limits_{i=1}^{m} \Delta y = \sum\limits_{i=1}^{m} kY_e \end{cases}$$

将 $k=\frac{1}{2^n}$代入上式，则

$$\begin{cases} X_e = \sum\limits_{i=1}^{m} \dfrac{X_e}{2^n} \\ Y_e = \sum\limits_{i=1}^{m} \dfrac{Y_e}{2^n} \end{cases}$$

由上式表明，可用两个积分器来完成平面直线的插补计算，其被积函数寄存器的函数值分别为$\frac{X_e}{2^n}$和$\frac{Y_e}{2^n}$。对于二进制数$\frac{X_e}{2^n}$相当于 X_e的小数点左移 N 位，因此在 N 位寄存器中存放 X_e（整数）和存放$\frac{X_e}{2^n}$的数字是相同的，只是认为后者的小数点出现在最高位数的前面。因此进行数字积分法直线插补计算时，应分别对终点 X_e和 Y_e进行累加，累加器每溢出一个脉冲，控制机床在相应的坐标轴上进给一个脉冲当量。当累加 $m=2^n$次后，x 坐标轴和 y 坐标轴所走的步数正好等于终点的坐标。

直线插补的终点比较，由容量与积分器中的寄存器容量相同的终点减法计数器完成，每累加一次，终点减法器减一次 1，当计数器为 0 时，直线插补结束。为保证每次累加只溢出一个

脉冲，累加器的位数与 X_e 和 Y_e 寄存器的位数应相同，其位长取决于最大加工尺寸和精度。

综上所述，可以得到下述结论：

数字积分法插补器的关键部件是累加器和被积函数寄存器，每一个坐标方向就需要一个累加器和一个被积函数寄存器。一般情况下，插补开始前，累加器清零，被积函数寄存器分别寄存 X_e 和 Y_e；插补开始后，每来一个累加脉冲 Δt，被积函数寄存器里的内容在相应的累加器中相加一次，相加后的溢出作为驱动相应坐标轴的进给脉冲 Δx（或 Δy），而余数仍寄存在累加器中；当脉冲源发出的累加脉冲数 m 恰好等于被积函数寄存器的容量 2^n 时，溢出的脉冲数等于以脉冲当量为最小单位的终点坐标，刀具运行到终点。

训练 3-3　数字积分法直线插补

对第一象限的直线 OA 进行 DDA 插补，起点为 $O(0,0)$，终点为 $A(5,3)$。取被积函数寄存器分别为 J_{VX}、J_{VY}，余数寄存器分别为 J_{RX}、J_{RY}，终点计数器为 J_E。写出插补计算过程，并绘出插补轨迹。

解　因为 $\max(X_E,Y_E)=\max(5,3)$，所以寄存器可取三位二进制寄存器。

溢出判别系数 $q=2^3=(8)_{10}=(1000)_2$

插补运算过程见表 3-3，插补轨迹如图 3-16 所示。

表 3-3　数字积分法直线插补运算过程

累加次数	X 积分器			Y 积分器			终点计数器
	J_{VX}（X_e）	J_{RX}	Δx	J_{VY}（Y_e）	J_{RY}	Δy	J_E
0	101	000	0	011	000	0	000
1	101	101	0	011	011	0	001
2	101	010	1	011	110	0	010
3	101	111	0	011	001	1	011
4	101	100	1	011	100	0	100
5	101	001	1	011	111	0	101
6	101	110	0	011	010	1	110
7	101	011	1	011	101	0	111
8	101	000	1	011	000	1	000

（3）数字积分法圆弧插补（见图 3-17）　DDA 直线插补的物理意义是使动点沿速度矢量的方向前进，这同样适用于 DDA 圆弧插补。设第一象限逆时针圆弧，刀具沿圆弧 AB 移动，圆弧的圆心在原点，起点 $A(X_0,Y_0)$，终点 $B(X_e,Y_e)$，半径为 R，动点 $P(x_i,y_i)$ 在圆弧上，则有如下关系：

$$x_i^2+y_i^2=R^2$$

对时间 t 求导得

$$\frac{\dfrac{\mathrm{d}y_i}{\mathrm{d}t}}{\dfrac{\mathrm{d}x_i}{\mathrm{d}t}}=-\frac{x_i}{y_i}$$

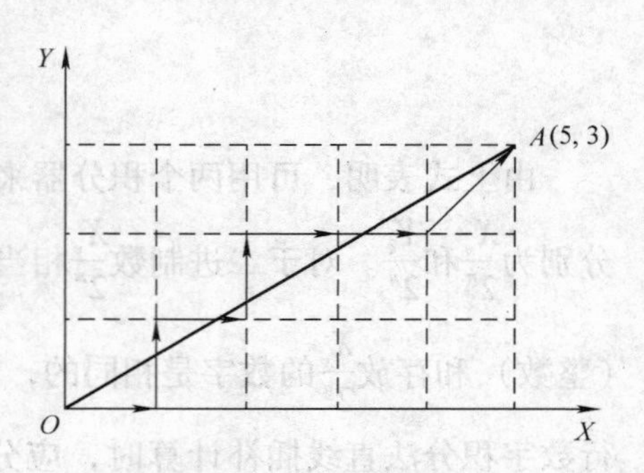

图 3-16　数字积分法直线插补轨迹

式中$\frac{dx_i}{dt}=v_x$为动点在x方向的分速度，$\frac{dy_i}{dt}=v_y$动点在y方向的分速度。写成参数方程为

$$\begin{cases}\frac{dx_i}{dt}=-ky_i\\ \frac{dy_i}{dt}=kx_i\end{cases}$$

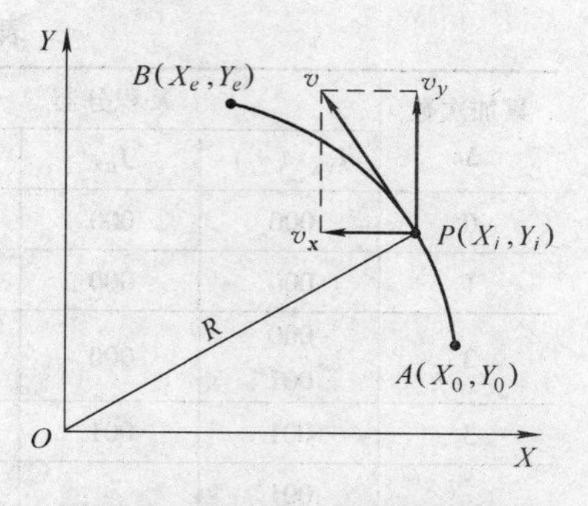

图3-17 数字积分法圆弧插补

式中k为比例系数。

对其求A点到B点区间的定积分，t_0和t_n分别对应起点和终点的时间，其积分值为A点到B点的坐标增量，即

$$\begin{cases}X_e-X_0=-\int_0^i ky_i\mathrm{d}t\\ Y_e-Y_0=-\int_0^i kx_i\mathrm{d}t\end{cases}$$

用累加和代替积分得

$$\begin{cases}X_e-X_0=-\sum_{i=1}^{n}ky_i\Delta t\\ Y_e-Y_0=-\sum_{i=1}^{n}kx_i\Delta t\end{cases}$$

取时间$\Delta t=1$，即Δt为一个脉冲时间间隔，则

$$\begin{cases}X_e-X_0=-\sum_{i=1}^{n}ky_i\\ Y_e-Y_0=-\sum_{i=1}^{n}kx_i\end{cases}$$

可见与直线插补类似，圆弧插补也可由数字积分器来实现。

圆弧插补与直线插补的不同点如下：

① 圆弧插补开始前，x坐标被积函数寄存器存入的是y坐标的起点值，y坐标被积函数寄存器存入的是x坐标的起点值。

② 圆弧插补时被积函数寄存器的数值kx_i和ky_i是动点的坐标值，是变量。

③ 在圆弧插补过程中，y坐标方向发出脉冲时，x方向被积函数寄存器内容加“1”；x坐标方向发出脉冲时，y方向被积函数寄存器内容减“1”。

④ 每当J_{RX}、J_{RY}有溢出时，需要及时修正J_{VY}和J_{VX}的x、y值，因此被积函数寄存器中存放的是坐标的瞬时值。

训练3-4 数字积分法圆弧插补

已知第一象限逆时针圆弧AB，起点$A(5,0)$，终点$B(0,5)$。取被积函数寄存器分别为J_{VX}、J_{VY}，余数寄存器分别为J_{RX}、J_{RY}，终点计数器为J_{EX}、J_{EY}。用数字积分法进行插补，并绘出插补轨迹。

解 因为$\max(X_A,Y_A,X_B,Y_B)=\max(5,0,0,5)$，所以寄存器可取三位二进制寄存器。

溢出判别系数$q=2^3=(8)_{10}=(1000)_2$

插补运算过程见表3-4，插补轨迹如图3-18所示。

表 3-4　数字积分法圆弧插补计算过程

累加次数	X 积分器			终点计数器	Y 积分器			终点计数器
Δt	J_{VX}（y_i）	J_{RX}	Δx	J_{EX}	J_{VY}（x_i）	J_{RY}	Δy	J_{EY}
0	000	000	0	101	101	000	0	101
1	000	000	0	101	101	101	0	101
2	000 001	000	0	101	101	010	1	100
3	001	001	0	101	101	111	0	100
4	001 010	010	0	101	101	100	1	011
5	010 011	100	0	101	101	001	1	010
6	011	111	0	101	101	110	0	010
7	011 100	010	1	100	101 100	011	1	001
8	100	110	0	100	100	111	0	001
9	100 101	010	1	011	100 011	011	1	000
10	101	111	0	011	011			
11	101	100	1	010	011 010			
12	101	001	1	001	010 001			
13	101	110	0	001	001			
14	101	011	1	000	001 000			

3.4.4　数据采样插补

1. 数据采样的概念

数据采样插补的插补运算分两步进行，第一步为粗插补，即在给定起点和终点的曲线用若干微小直线段来逼近给定曲线，每一微小直线段的长度 L 相等。每一微小直线段的长度 L 与进给速度 F 和插补周期 T 成正比，即 $L=FT$。第二步为精插补，它在粗插补计算出的每一微小直线段的基础上再作“数据点的密化”工作。这一步相当于对直线的基准脉冲插补。

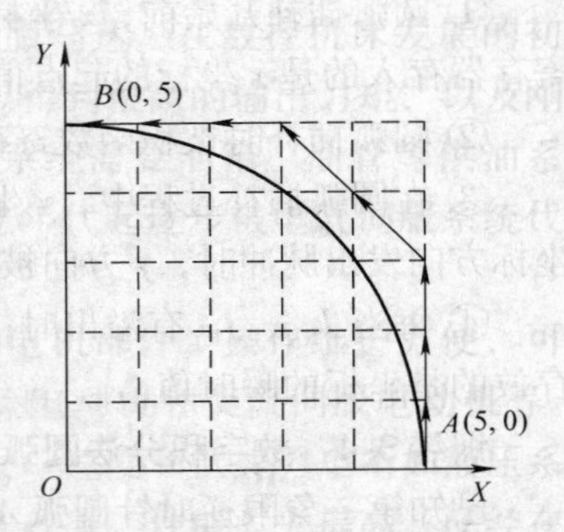

图 3-18　数字积分法圆弧插补轨迹

精插补，用硬件实现；粗插补，用软件实现。在每一插补周期中，调用一次插补程序，用软件粗插补计算出各坐标轴在下一插补周期内的位移增量（而不是单个脉冲），然后送到硬件插补器内，经过硬件插补器精插补后，再控制电动机驱动运动部件达到相应的位置。

数据采样插补方法很多，有直线插补函数法、扩展数字积分法、二阶递归扩展数字积分法等，其中应用较多的是直线函数法、扩展数字积分法。

2. 数据采样的原理

数据采样插补是根据用户程序的进给速度，将给定轮廓曲线分割为每一插补周期的进给段，即轮廓步长 L。每一个插补周期 T，执行一次插补运算，计算出下一个插补点（动点）坐标，从而计算出下一个周期各个坐标的进给量，从而得出下一插补点的指令位置。与基准脉冲插补法不同，由数据采样插补得出的不是进给脉冲，而是用二进制表示的进给量，即在下一插补周期中，轮廓曲线上的进给段在各坐标轴 $-\Delta x$ 上的分矢量。计算机定时对坐标的实际位置进行采样，采样数据与指令位置进行比较，得出位置误差，再根据位置误差对伺服系统进行控制，达到消除误差、使实际位置跟随指令位置的目的。插补周期可以等于采样周期，也可以是采样周期的整倍数。对于直线插补，动点在一个周期内运动的直线段与给定直线重合。对于圆弧插补，动点在一个插补周期运动的直线段以弦线（或切线、割线）逼近圆弧，如图 3-19 所示。

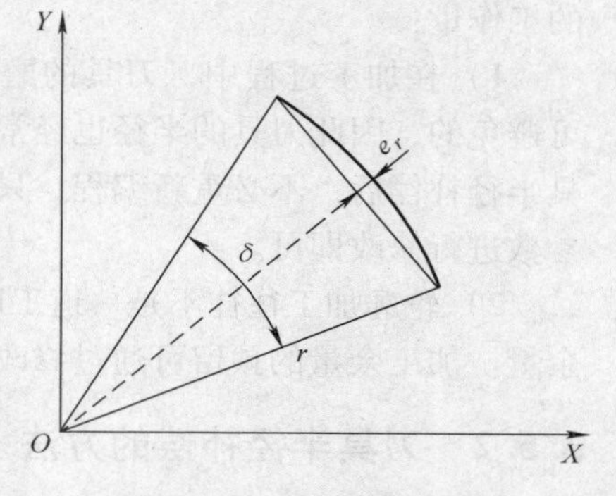

图 3-19　弦线逼近圆弧

逼近误差与速度、插补周期的平方成正比，与圆弧半径成反比，即 $e_r = \frac{(TF)^2}{8r}$。在一台数控机床上，允许的插补误差是一定的，它应小于数控机床的分辨率，即应小于一个脉冲当量。那么，较小的插补周期，可以在小半径圆弧插补时允许较大的进给速度。从另一角度讲，在进给速度、圆弧半径一定的条件下，插补周期越短，逼近误差就越小。但插补周期的选择要受计算机运算速度的限制。首先，插补计算比较复杂，需要较长时间。此外，计算机除执行插补计算之外，还必须实时地完成其他工作，如显示、监控、位置采样及控制等。所以，插补周期应大于插补运算时间与完成其他实时任务所需时间之和。插补周期一般是固定的。插补周期确定之后，一定的圆弧半径，应有与之对应的最大进给速度限定，以保证逼近误差不超过允许值。

3.5　刀具补偿原理

3.5.1　刀具补偿的基本概念

数控系统对刀具的控制是以刀架参考点为基准的，零件加工程序给出零件轮廓轨迹，如不作处理，则数控系统仅能控制刀架的参考点实现加工轨迹，但实际上是要用刀具的尖点实现加工的，这样需要在刀架的参考点与加工刀具的刀尖之间进行位置偏置。这种位置偏置就是刀具补偿，由两部分组成：刀具长度补偿及刀具半径补偿。

对铣刀而言，只有刀具半径补偿，对钻头而言，只有刀具长度补偿，但对车刀而言，却需要刀具长度补偿和刀具半径补偿。

刀具长度补偿比较简单，这里主要介绍刀具半径补偿的有关问题。

刀具半径补偿（见图 3-20）由机床的数控系统自动完成，根据 ISO 标准，当刀具中心轨迹在编程轨迹前进方向的左侧时称为左刀补，用 G41 表示，反之，当刀具中心轨迹处于轮廓前进方向右侧时称为右刀补，用 G42 表示。CNC 系统根据这些刀具补偿指令和被加工零件的轮廓尺寸及刀具半径的大小自动完成刀具半径补偿计算。

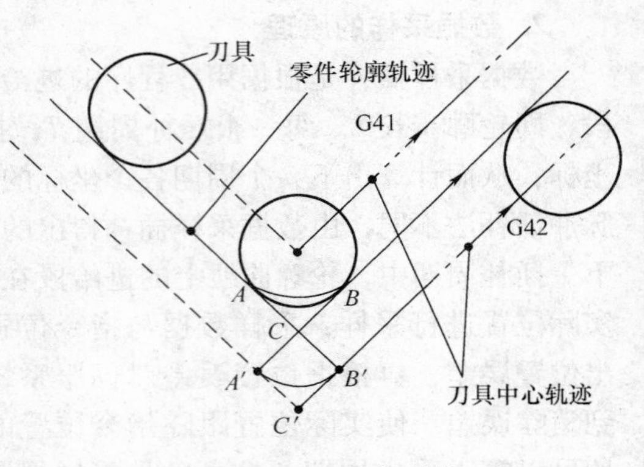

图 3-20　刀具半径补偿

在零件轮廓加工过程中，刀具半径补偿过程分为以下三个步骤：刀具半径补偿的建立；刀具半径补偿进行；刀具半径补偿注销（G40）。

采用刀具半径补偿功能，可以大大简化编程的工作量：

1）在加工过程中，刀具的磨损或更换是不可避免的，因此刀具的半径也经常变化。采用刀具半径补偿后，不必重新编程，只需要对相应的参数进行修改即可。

2）轮廓加工往往不是一道工序就能完成的，在粗加工时，要为精加工预留一定的加工余量。加工余量的预留可通过修改偏置参数实现，而不必为粗加工和精加工分别编程。

3.5.2　刀具半径补偿的方法

1. B 功能刀具半径补偿

B 功能刀具半径补偿为基本的刀具半径补偿，它仅根据本段程序的轮廓尺寸进行刀具半径补偿，计算刀具中心的运动轨迹。B 功能半径补偿要求编程轮廓的过渡为圆角过渡，如图 3-21 所示。

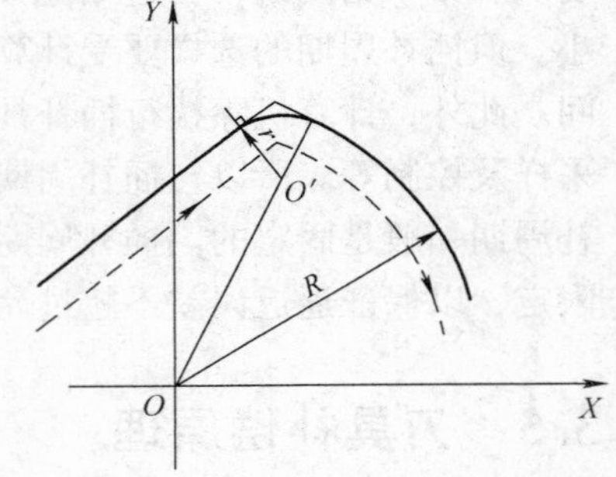

图 3-21　B 功能补圆角过渡

2. C 功能刀具半径补偿

C 功能刀补法采用一次对零件的两段轮廓进行处理的方法，即先预处理本段，然后根据下一段的方向，来确定刀具中心轨迹的段间过渡状态。

3. C 功能刀具半径补偿的转接形式

① 直线与直线转接。

② 直线与圆弧转接。

③ 圆弧与直线转接。

④ 圆弧与圆弧转接。

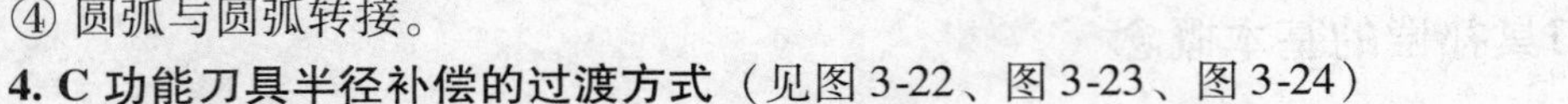

4. C 功能刀具半径补偿的过渡方式（见图 3-22、图 3-23、图 3-24）

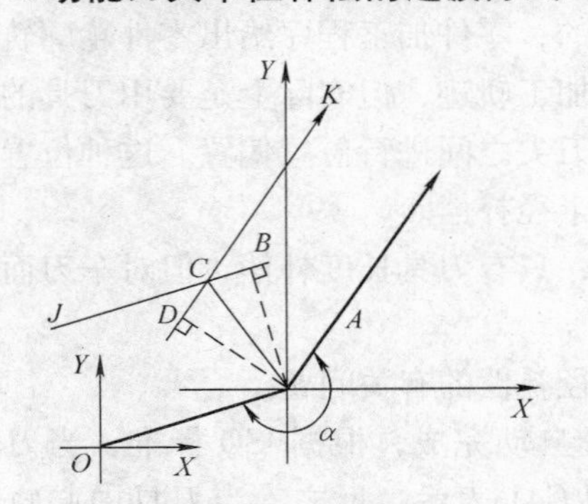

图 3-22　G41 直线与直线转接的“缩短型”

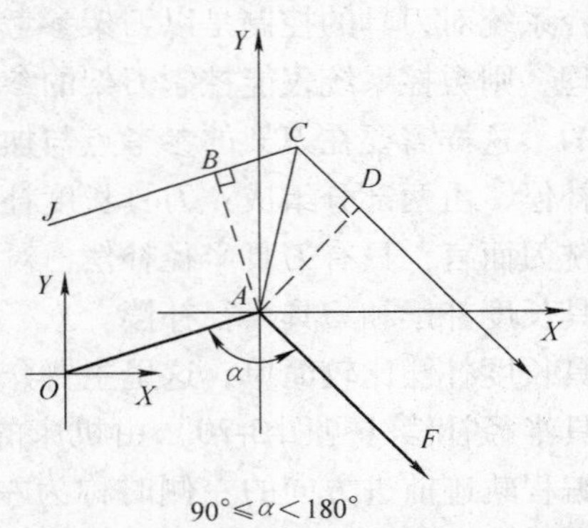

图 3-23　G41 直线与直线转接的“伸长型”

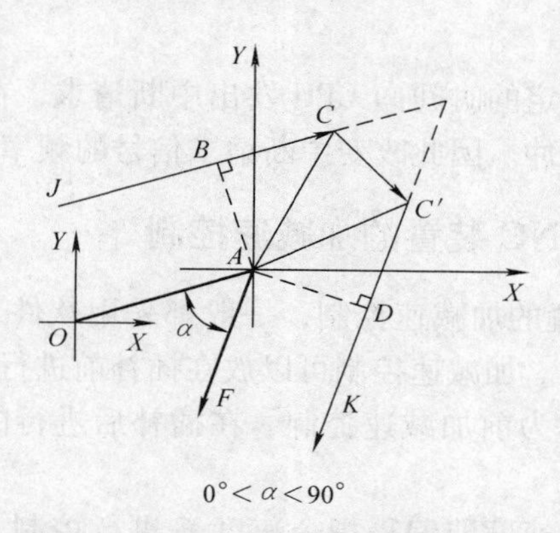

图3-24　G41 直线与直线转接的“插入型”

为了便于交点的计算和对各种编程情况进行分析，从中找出规律，C功能刀具补偿将所有的轨迹都当作矢量。显然，直线段本身就是一个矢量，而圆弧要将从圆心到起点、从圆心到终点的半径及起点到终点的弦长和刀具半径都看作矢量。其中刀具半径矢量是指在加工过程中，始终垂直于编程轨迹，大小等于刀具半径，方向指向刀具中心的一个矢量。转接矢量的计算可以采用平面几何方法或解方程组的方法。一般采用平面几何的方法，计算软件简单，不用进行复杂的判断。

3.6　CNC 装置的加减速控制

3.6.1　加减速控制的意义

对数控机床来说，进给速度（一般是用F代码编入程序）不仅直接影响到加工零件的粗糙度和精度，而且与刀具、机床的寿命和生产效率密切相关。

1）对不同材料零件的加工，需根据切削量、粗糙度和精度的要求，选择合适的进给速度，数控系统应能提供足够的速度范围和灵活的指定方法。

2）加工过程中可能发生事先不能确定或意外的情况，还应考虑能手动调节进给速度功能。

3）当速度高于一定值时，在起动和停止阶段，为了防止产生冲击、失步、超程或振荡，保证运动平稳和准确定位，也要有加减速控制功能。

3.6.2　开环 CNC 系统进给速度控制

在开环CNC系统中，速度控制是通过控制插补运算的频率来实现的，有程序延时方法、中断方法等。

1. 程序延时方法

先根据要求的进给频率，计算出两次插补运算间的时间间隔，用CPU执行延时子程序的方法控制两次插补之间的时间。改变延时子程序的循环次数，即可改变进给速度。

$$V=\delta f\times 60(\mathrm{mm/min})$$

2. 中断方法

用中断的方法，每隔规定的时间向 CPU 发出中断请求，在中断服务程序中进行一次插补运算，并发出一个进给脉冲。因此改变中断请求信号的频率，就等于改变了进给速度。

3.6.3　数据采样系统 CNC 装置的加减速控制

数据采样系统 CNC 装置的加减速控制，一般都采用软件来实现，这样系统就能根据需要灵活地对加减速进行控制。加减速控制可以放在插补前进行，也可以放在插补后进行。在插补前进行的加减速控制称为前加减速控制。在插补后进行的加减速度控制称为后加减速控制。

前加减速控制是对合成速度即编程指令速度 F 进行控制，其优点是不会影响实际插补输出的位置精度，缺点是要预测减速点，计算工作量较大。

后加减速控制是对各运动轴分别进行加减速控制，其优点是不需要专门预测减速点，而是在插补输出为零时开始减速，并通过一定的时间延迟逐渐靠近程序段的终点。缺点是在加减速控制过程中各坐标轴的实际合成位置可能不准确。下面对前加减速控制进行介绍。

（1）稳定速度　就是系统处于稳定状态时，每插补一次（一个插补周期）的进给量。

$$f_s = \frac{TKF}{60 \times 1000}(\text{mm})$$

式中　f_s—稳定速度；

F—命令速度（mm/min）；

K—速度系数，包括快速倍率、切削进给倍率等；

T—插补周期（ms）。

瞬时速度 f_i，即系统在每个插补周期的进给量。当系统处于稳定状态时，瞬时速度 f_i 等于稳定速度 f_s，当系统处于加速（或减速）状态时 $f_i < f_s$（或 $f_i > f_s$）。

（2）线性加减速处理　当机床起动、停止或在切削加工过程中改变进给速度时，系统自动进行线性加减速处理。加减速速率分为快速进给和切削进给两种，它们必须作为机床的参数预先设置好。设进给速度为 F（mm/min），系统每插补一次都要进行稳定速度、瞬时速度和加减速处理。当计算出的稳定速度大于原来的稳定速度时，则要加速。每加速一次，瞬时速度为加速到 F 所需要的时间为 t（ms），则加/减速度 α 可按下式计算：

$$\alpha = 1.67 \times 10^{-2}\frac{F}{t}[\mu m/(ms)^2]$$

$f_{i+1} = f_i + at$ 加速处理，新的瞬时速度 f_{i+1} 参加插补运算，对各坐标轴进行分配。这样，一直到新的稳定速度为止。

（3）减速处理　系统每进行一次插补运算，都要进行终点判别，计算出离开终点的瞬时距离 S_i，并根据本程序段的减速标志，检查是否已到达减速区域，若已到达，则开始减速。当稳定速度 f_s 和设定的加减速度 a 确定后，减速区域 S 可由下式求得：

$$S = \frac{f_s^2}{2a}$$

若本程序段要减速，且 $S_i \leqslant S$，则设置减速状态标志，开始减速处理。每减速一次，瞬时速度为

$$f_{i+1}=f_i-aT$$

新的瞬时速度f_{i+1}参加插补运算，对各坐标轴进行分配，一直减速到新的稳定速度或减到零。若要提前一段距离开始减速，则可根据需要，将提前量 ΔS 作为参数预先设置好，由下式计算：$S=\frac{f_s^2}{2a}+\Delta S$。

目前 CNC 系统中，常用的加减速控制算法有两种，一种是直线加减速控制算法，另一种是指数加减速控制算法。

直线加减速如图 3-25 所示，指数加减速如图 3-26 所示。

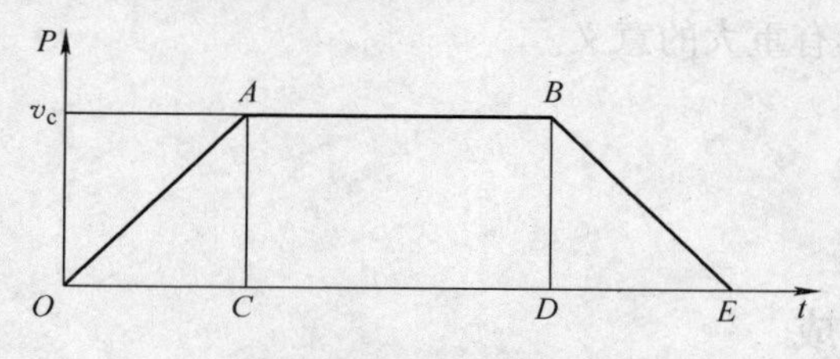

图 3-25　直线加减速

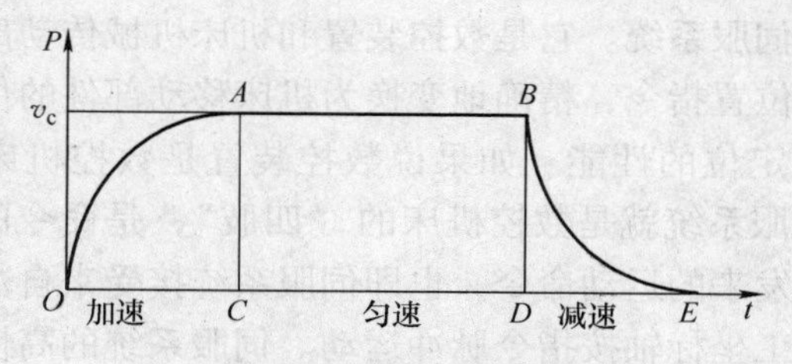

图 3-26　指数加减速

第4章　伺服系统

数控机床的伺服系统是数控装置和数控机床机械传动部件的联系环节，是数控机床的重要组成部分。它以数控机床移动部件的位置和速度为控制对象，接受来自数控装置的进给脉冲，经变换放大后，驱动各加工坐标轴按指令脉冲运动。因此，提高伺服系统的技术性能和可靠性，对于数控机床具有重大的意义。

4.1　概述

4.1.1　伺服系统的组成

伺服系统是指以机械位置或角度作为控制对象的自动控制系统。数控机床的伺服系统通常指的是各坐标轴的进给伺服系统。它是数控装置和机床机械传动部件间的连接环节，它把数控装置插补运算生成的位置指令，精确地变换为机床移动部件的位移，直接反映了机床坐标轴跟踪运动指令和实际定位的性能。如果说数控装置是数控机床的“大脑”，发布“命令”的指挥机构，那么伺服系统就是数控机床的“四肢”，是命令的“执行机构”。它忠实而准确地执行由数控装置发来的运动命令，也即伺服系统接受来自数控装置的进给脉冲，经变换和放大，再驱动各加工坐标轴按指令脉冲运动。伺服系统的高性能在很大程度上决定了数控机床的高效率、高精度，是数控机床的重要组成部分。

数控机床进给伺服系统包含机械、电子、电动机（早期产品还包含液压）等各种部件，并涉及强电与弱电控制，是一个比较复杂的控制系统，要使它成为一个既能使各部件互相配合协调工作，又能满足相当高的技术性能指标的控制系统，的确是一个相当复杂的任务。在现有技术条件下，数控装置的性能已相当优异，并正在迅速向更高水平发展，而数控机床的最高运动速度、跟踪及定位精度、加工表面质量、生产率及工作可靠性等技术指标，往往又主要取决于伺服系统的动态和静态性能。数控机床的故障也主要出现在伺服系统上。可见，提高伺服系统的技术性能和可靠性，对于数控机床具有重大意义，研究与开发高性能的伺服系统一直是现代数控机床的关键技术之一。

通常将进给伺服系统分为开环系统和闭环系统。开环系统通常主要以步进电动机作为控制对象，闭环系统通常以直流伺服电动机或交流伺服电动机作为控制对象。在开环系统中只有前向通路，无反馈回路，数控装置生成的插补脉冲经功率放大后直接控制步进电动机的转动；脉冲频率决定了步进电动机的转速，进而控制工作台的运动速度；输出脉冲的数量控制工作台的位移，在步进电动机轴上或工作台上无速度或位置反馈信号。在闭环伺服系统中，以检测元件为核心组成反馈回路，检测执行机构的速度和位置，由速度和位置反馈信号来调节伺服电动机的速度和位移，进而来控制执行机构的速度和位移。

数控机床闭环进给伺服系统一般结构如图4-1所示，由伺服电动机（M）、转换驱动、电流反馈、电流调解单元、速度调解单元、位置调解单元和相应的检测装置（如光电脉冲编码器G等）组成。这是一个三环结构系统，外环是位置环，中环是速度环，内环为电流环。

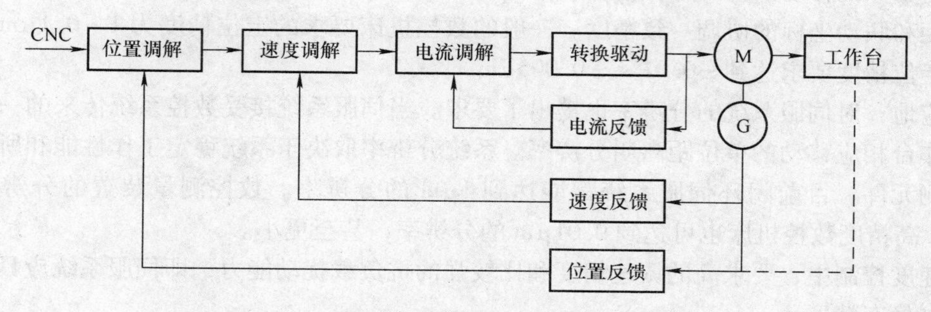

图4-1 数控机床闭环进给伺服系统一般结构

位置环由位置调节控制模块、位置检测和反馈控制部分组成。速度环由速度比较调节器、速度反馈和速度检测装置（如测速发电机、光电脉冲编码器等）组成。电流环由电流调节器、电流反馈和电流检测环节组成。电流反馈由驱动信号产生电路和功率放大器等组成。位置控制主要用于进给运动坐标轴，对进给轴的控制是要求最高的位置控制，不仅对单个轴的运动速度和位置精度的控制有严格要求，而且在多轴联动时，还要求各进给运动轴有很好的动态配合，才能保证加工精度和表面质量。

位置控制功能包括位置控制、速度控制和电流控制。速度控制功能只包括速度控制和电流控制，一般用于对主运动坐标轴的控制。

4.1.2 数控机床对伺服系统的要求

"伺服"一词在中文中的音、意和英文中的音、意是相同的，表示"伺候服侍"，即按照数控系统的指令，对数控机床进行忠诚的"伺候服侍"，使数控机床各坐标轴严格按照指令运动，加工出合格零件。也即伺服系统是把数控信息转化为数控机床进给运动的执行机构。数控机床将高效率、高精度和高柔性集于一身，对位置控制、速度控制、伺服电动机、机械传动等方面都有很高要求。

1. 数控机床进给伺服系统的基本性能

数控机床集中了传统的自动机床、精密机床和万能机床三者的优点，将高效率、高精度和高柔性集于一体。而数控机床技术水平的提高首先依赖于进给和主轴驱动特性的改善以及功能的扩大，为此数控机床对进给伺服系统的位置控制、速度控制、伺服电动机、机械传动等方面都有很高的要求。由于各种数控机床所完成的加工任务不同，因而各数控机床对进给伺服系统的要求也不尽相同。通常进给伺服系统应具有以下几方面的基本性能：

（1）可逆运行　可逆运行要求能灵活地正反向运行。在加工过程中，机床工作台处于随机状态，根据加工轨迹的要求，随时都可能实现正向或反向运动。同时要求在方向变化时，不应有反向间隙和运动的损失。从能量角度看，应该实现能量的可逆转换，即在加载运行时，电动机从电网吸收能量变为机械能；在制动时，应把电动机的机械惯性能量变为电能回馈给电网，以实现快速制动。

（2）高精度　为了满足数控加工精度的要求，关键是保证数控机床的定位精度和进给跟踪精度。这也是伺服系统静态特性和动态特性指标是否优良的具体表现。伺服系统的精度指输出量能够复现输入量的精确程度。由于数控机床执行机构的运动是由伺服电动机直接驱动的，为了保证移动部件的定位精度和零件轮廓的加工精度，要求伺服系统应具有足够高的定位精度和联动坐标的协调一致精度。一般的数控机床要求的定位精度为 1 ~ 0. 1μm，高档设备的定位精度要求达到 ±0. 01 ~ ±0. 005μm。

相应地，对伺服系统的分辨率也提出了要求。当伺服系统接受数控系统传来的一个脉冲时，工作台相应移动的单位距离叫分辨率。系统分辨率取决于系统稳定工作性能和所使用的位置检测元件。目前闭环伺服系统都能达到 1μm 的分辨率。数控测量装置的分辨率可达 0. 1μm。高精度数控机床也可达到 0. 01μm 的分辨率，甚至更小。

在速度控制中，要求高的调速精度和比较强的抗负载扰动能力，即伺服系统应具有比较好的动、静态精度。

（3）良好的稳定性　这就要求伺服系统具有优良的静态和动态特性，即伺服系统在不同的负载情况下或切削条件发生变化时，应使进给速度保持恒定。伺服系统的稳定性是指系统在给定输入作用下，经过短时间的调节后达到新的平衡状态；或在外界干扰作用下，经过短时间的调节后重新恢复到原有平衡状态的能力。稳定性直接影响数控加工的精度和表面粗糙度，为了保证切削加工的稳定均匀，数控机床的伺服系统应具有良好的抗干扰能力，以保证进给速度的均匀、平稳。

（4）动态响应速度快　为了保证轮廓切削形状精度和低的加工表面粗糙度，对位置伺服系统除了要求有较高的定位精度外，还要求有良好的快速动态响应特性。动态响应速度是伺服系统动态品质的重要指标，它反映了系统的跟踪精度。目前数控机床的插补时间一般在 20ms 以下，在如此短的时间内伺服系统要快速跟踪指令信号，要求伺服电动机能够迅速加减速，以实现执行部件的加减速控制，并且要求很小的超调量。

（5）调速范围宽　为了适应不同的加工条件，例如所加工零件的材料、类型、尺寸、部位、刀具的种类和冷却方式等的不同，要求数控机床进给能在很宽的范围内无级变化。这就要求伺服电动机有很宽的调速范围和优异的调速特性。经过机械传动后，电动机转速的变化范围即可转化为进给速度的变化范围。数控机床的调速范围 R_N 是指数控机床要求伺服电动机能够提供的最高转速 n_{max} 和最低转速 n_{min} 之比，即：

$$R_N = \frac{n_{max}}{n_{min}}$$

式中　n_{max} 和 n_{min}——额定负载时的电动机最高转速和最低转速，对于小负载的机械也可以是实际负载时最高和最低转速。

对一般数控机床而言，进给速度范围在 0 ~ 24m/min 时，都可满足加工要求。通常在这样的速度范围还可以提出以下更细致的技术要求。

① 在 1 ~ 24000mm/min 即 1 ∶ 24000 调速范围内，要求速度均匀、稳定、无爬行且速降小。

② 在 1mm/min 以下时具有一定的瞬时速度，但平均速度很低。

③ 在零速时，即工作台停止运动时，要求电动机有电磁转矩以维持定位精度，使定位误差不超过系统的允许范围，即电动机处于伺服锁定状态。

由于位置伺服系统是由速度控制单元和位置控制环节两大部分组成的，如果对速度控制系统也过分地追求像位置伺服控制系统那么大的调速范围而又要可靠稳定地工作，那么速度控制系统将会变得相当复杂，既提高了成本又降低了可靠性。

一般来说，对于进给速度范围为1：20000的位置控制系统，在总的开环位置增益为20l/s时，只要保证速度控制单元具有1：1000的调速范围就可以满足需要，这样可使速度控制单元线路既简单又可靠。当然，代表当今世界先进水平的实验系统，速度控制单元调速范围已达1：100000。

（6）低速大扭矩 数控机床的加工特点是低速时进行重切削，因此要求伺服系统应具有低速时输出大转矩的特性，以适应低速重切削的加工实际要求，同时具有较宽的调速范围以简化机械传动链，进而增加系统刚度，提高转动精度。一般情况下，进给系统的伺服控制属于恒转矩控制，而主轴坐标的伺服控制在低速时为恒转矩控制，高速时为恒功率控制。

数控车床的主轴伺服系统一般是速度控制系统，除了一般要求之外，还要求主轴和伺服驱动可以实现同步控制，以实现螺纹切削的加工要求。有的数控车床要求主轴具有恒线速功能。

（7）惯量匹配 移动部件加速和降速时都有较大的惯量，由于要求系统的快速响应性能好，因而电动机的惯量要与移动部件的惯量匹配。通常要求电动机的惯量不小于移动部件的惯量。

（8）较强的抗过载能力 由于电动机加减速时要求有很快的响应速度，因而使电动机可能在过载的条件下工作。这就要求电动机有较强的抗过载能力，通常要求在数分钟内过载4~6倍而不损坏。

（9）伺服系统对伺服电动机的要求 由于数控机床对伺服系统提出以上严格的技术要求，伺服电动机作为伺服系统的重要组成部分——执行机构，也必须要提出严格的要求，具有相应的高性能。

① 伺服电动机从最低速到最高速的调速范围内能够平滑运转，转矩波动要小，尤其是在低速（如0.1r/min或更低速）时要求无爬行现象。

② 伺服电动机应具有大的、长时间的过载能力，以满足低速大转矩的要求。一般直流伺服电动机要求数分钟内过载4~6倍而不烧毁。

③ 为了满足快速响应的要求，伺服电动机随着控制信号的变化，应能在较短的时间内达到规定的速度，即伺服电动机应具有较小的转动惯量和大的堵转转矩，并且具有尽可能小的时间常数和起动电压。伺服电动机应具有耐受4000rad/s^2以上角加速度的能力，才能保证电动机可在0.2s以内从静止起动到额定转速。

④ 电动机应能承受频繁起动、制动和反转的要求。

2. 位置控制系统和速度控制系统的主要技术指标

位置控制系统是保证伺服系统位置精度的重要环节。一般的位置控制包括位置环和速度环，具有位置控制环节的系统才是真正的伺服系统。速度控制系统是伺服系统的重要组成部分，它由速度控制单元、伺服电动机、速度检测装置等构成。速度控制系统的核心是速度控制单元，用来控制电动机转速。

位置控制系统和速度控制系统既有共同之处，也有不同之处。其共同之处是通过系统的执行元件直接或通过机械传动装置间接带动被控制对象，完成给定控制规律要求的动作。其不同之处可以用位移与速度之间的关系来理解。

（1）位置控制系统的主要技术指标

① 系统静态误差。测量值（或输入值）不随时间变化时，测量结果（输出值）会有缓慢的漂移，这种误差称为系统静态误差。位置控制系统一般要求是无静差系统。但由于测量元件的分辨率有限等实际因素均会造成系统静态误差。

② 速度误差 e_v 和正弦跟踪误差 e_{sin}。当位置控制系统处于等速跟踪状态时，系统输出轴与输入轴之间瞬时的位置误差（角度或角位移）称为速度误差 e_v；当系统正弦摆动跟踪时，输出轴与输入轴之间瞬时误差的振幅值称为正弦跟踪误差 e_{sin}。

③ 速度品质因数 K_v 和加速度品质因数 K_a。速度品质因数 K_v 指输入斜坡信号时，系统稳态输出角速度 ω_0 或线速度 v_0 与速度误差 e_v 的比值。加速度品质因数 K_a 指输入等加速度信号时，系统输出稳态角加速度 ε 或线加速度 a 与对应的系统误差 e_a 之比。

④ 最大跟踪角速度 ω_{max}（或线速度 v_{max}）、最低平滑角速度 ω_{min}（或线速度 v_{min}）、最大角加速度 ε_{max}（或线加速度 a_{max}）

⑤ 振幅指标 M 和频带宽度 ω_b。位置控制系统闭环幅频特性 $A(\omega)$ 的最大值 $A(\omega_p)$ 与 $A(0)$ 的比值称为振荡指标 M；当闭环幅频特性 $A(\omega_b)=0.707$ 时所对应的角频率 ω_b 称为系统的带宽。

⑥ 系统对阶跃信号输入的响应特性。当系统处于静止协调状态（零初始状态）下，突加阶跃信号时，系统最大允许超调量 $\sigma\%$、过渡过程时间 t_s 和振荡次数 N。

⑦ 等速跟踪状态下，负载扰动（阶跃或脉动扰动）所造成的瞬时误差和过渡过程时间。

⑧ 对系统工作制（长期运行、间歇循环运行或短时运行）、MTBF、可靠性以及使用寿命的要求。

（2）速度控制系统的主要技术要求

① 被控对象的最高运行速度，如最高转速 n_{max}、最高角速度 ω_{max} 或最高线速度 v_{max}。

② 最低平滑速度。通常用最低转速 n_{min}、最低角速度 ω_{min} 或最低线速度 v_{min} 来表示，也可用调速范围 R_N 来表示。

③ 速度调节的连续性和平滑性要求。在调速范围内是有级变速还是无级变速，是可逆还是不可逆。

④ 静差率 s 或转速降 Δn（或 $\Delta\omega$、Δv）。转速降 Δn 指控制信号一定的情况下，系统理想空载转速 n_0 与满载时转速 n_e 之差；静差率 s 则是控制信号一定的情况下，转速降与理想空载转速的百分比。

转速范围和静差率两项指标并不是彼此孤立的，只有对两者同时提出要求才能有意义。一个系统的调速范围是指在最低速时还能满足静差率要求的转速可调范围。离开了静差率要求，任何调速系统都可以做到很高的调速范围；反之，脱离了调速范围，要满足给定的静差率也很容易。调速范围与静差率有如下关系

$$R_N=\frac{n_0 s}{\Delta n(1-s)}$$

⑤ 对阶跃信号输入下系统的响应特性。当系统处于稳态时，把阶跃信号作用下的最大超调量 $\sigma\%$ 和响应时间 t_s 作为技术指标。

⑥ 负载扰动下的系统响应特性。负载扰动对系统动态过程的影响是调速系统的重要技术指标之一。转速降和静差率只能反映系统的稳态特性，衡量抗扰动能力一般取最大转速降（升）Δn_{max} 和响应时间 t_{st} 来度量。

⑦ 对系统工作制（长期运行、间歇循环运行或短时运行）、平均无故障工作时间 MTBF、可靠性以及使用寿命等要求。

4.1.3　伺服系统的分类

数控机床的伺服系统有多种分类依据，如按调节理论可分为开环伺服系统、闭环伺服系统和半闭环伺服系统；按使用的驱动元件可分为电液伺服系统和电气伺服系统；按用途和功能可分为进给驱动伺服系统和主轴伺服系统；按使用伺服电动机种类可分为直流伺服系统和交流伺服系统。下面具体介绍各分类方法。

1. 按调节理论分类

伺服系统按调节理论即按控制原理和有无位置检测反馈环节分类，可分为开环伺服系统、闭环伺服系统和半闭环伺服系统。

（1）开环伺服系统　开环伺服系统（见图4-2）即无位置反馈的系统，其驱动元件主要是功率步进电动机或电液脉冲马达。这两种驱动元件工作原理的实质是数字脉冲到角度位移的变换，它不用位置检测元件实现定位，而是靠驱动装置本身，转过的角度正比于指令脉冲的个数，运动速度由进给脉冲的频率决定。

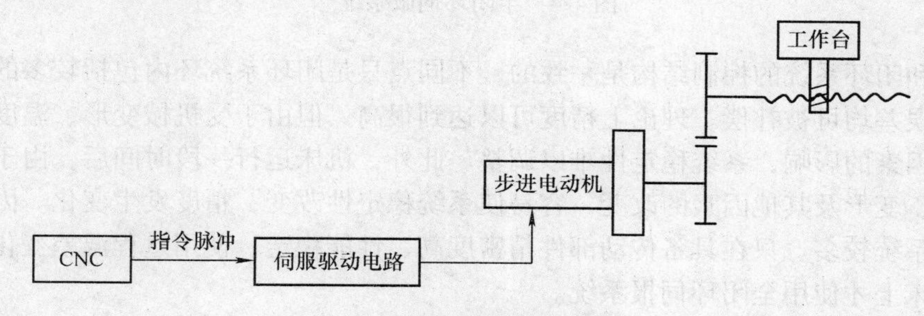

图4-2　开环伺服系统

开环系统的结构简单，易于控制，但精度低，低速不平稳，高速扭矩小。一般用于轻载负载变化不大或经济型数控机床上。

（2）闭环伺服系统　闭环伺服系统（见图4-3）是误差控制随动系统。数控机床进给系统的误差，是数控系统输出的位置指令和机床工作台（或刀架）实际位置的差值。闭环系统运动执行元件不能反映运动的位置，因此需要有位置检测装置。该装置测出实际位移量或者实际所处位置，并将测量值反馈给数控装置，与指令进行比较，求得误差，构成闭环位置控制。

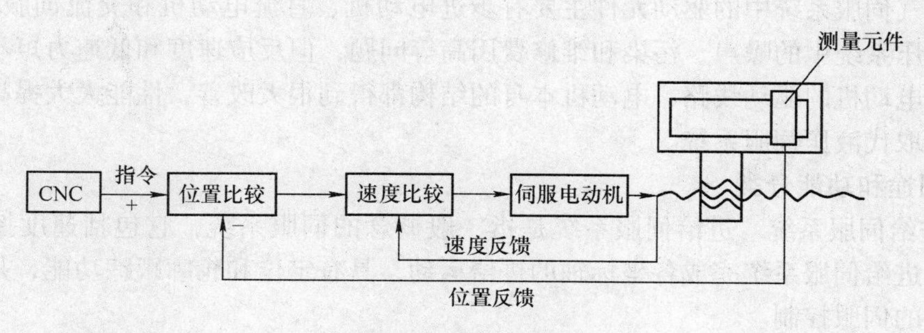

图4-3　闭环伺服系统

由于闭环伺服系统是反馈控制，反馈测量装置精度很高，所以系统传动链的误差、环内各元件的误差以及运动中造成的误差都可以得到补偿，从而大大提高了跟随精度和定位精度。目前闭环系统的分辨率多数为 1μm，定位精度可达 ±0.01 ~ ±0.005mm；高精度系统分辨率可达 0.1μm。系统精度只取决于测量装置的制造精度和安装精度。

(3) 半闭环伺服系统（见图 4-4） 位置检测元件不直接安装在进给坐标的最终运动部件上，而是中间经过机械传动部件的位置转换，称间接测量，即坐标运动的传动链有一部分在位置闭环以外，在环外的传动误差没有得到系统的补偿，因而这种伺服系统的精度低于闭环系统。

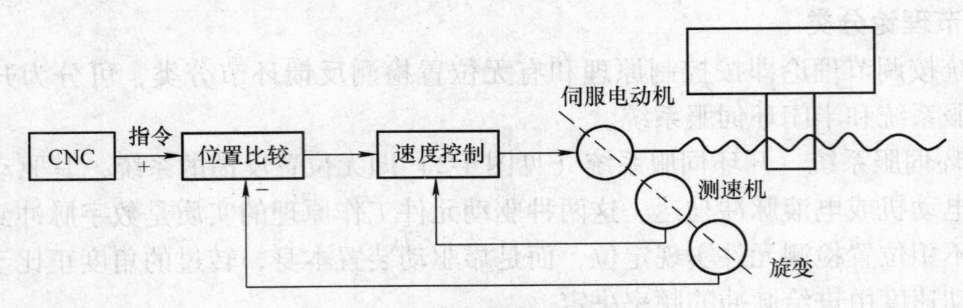

图 4-4 半闭环伺服系统

半闭环和闭环系统的控制结构是一致的，不同点只是闭环系统环内包括较多的机械传动部件，传动误差均可被补偿。理论上精度可以达到很高。但由于受机械变形、温度变化、振动以及其他因素的影响，系统稳定性难以调整。此外，机床运行一段时间后，由于机械传动部件的磨损、变形及其他因素的改变，容易使系统稳定性改变，精度发生变化。因此，目前使用半闭环系统较多。只在具备传动部件精密度高、性能稳定、使用过程温差变化不大的高精度数控机床上才使用全闭环伺报系统。

2. 按使用的驱动元件分类

(1) 电液伺服系统 电液伺服系统的执行元件为液压元件，其前一级为电气元件。驱动元件为液动机和液压缸，常用的有电液脉冲马达和电液伺服马达。在数控机床发展的初期，多数采用电液伺服系统。电液伺服系统具有在低速下可以得到很高的输出力矩，以及刚性好、时间常数小、反应快和速度平稳等优点。然而，液压系统需要油箱、油管等供油系统，体积大。此外，还有噪声、漏油等问题，故从 20 世纪 70 年代起逐步被电气伺服系统代替。只是具有特殊要求时，才采用电液伺服系统。

(2) 电气伺服系统 电气伺服系统全部采用电子器件和电机部件，操作维护方便，可靠性高、电气伺服系统中的驱动元件主要有步进电动机、直流电动机和交流伺服电动机等。它们没有液压系统中的噪声、污染和维修费用高等问题，但反应速度和低速力矩不如液压系统高。现在电动机的驱动线路、电动机本身的结构都得到很大改善，性能大大提高，已经在更大范围内取代液压伺服系统。

3. 按用途和功能分类

(1) 进给伺服系统 进给伺服系统是指一般概念的伺服系统，它包括速度控制环和位置控制环。进给伺服系统完成各坐标轴的进给运动，具有定位和轮廓跟踪功能，是数控机床中要求最高的伺服控制。

(2) 主轴伺服系统 严格来说，一般的主轴控制只是一个速度控制系统。主要实现主轴的旋转运动，提供切削过程中的转矩和功率，且保证任意转速的调节，完成在转速范围内的无级变速。具有C轴控制的主轴与进给伺服系统一样，为一般概念的位置伺服控制系统。

此外，刀库的位置控制是为了在刀库的不同位置选择刀具，与进给坐标轴的位置控制相比，性能要低得多，故称为简易位置伺服系统。

4. 按使用伺服电动机种类分类

（1）直流伺服系统　直流伺服系统常用的伺服电动机有小惯量直流伺服电动机和永磁直流伺服电动机（也称为大惯量宽调速直流伺服电动机）。小惯量伺服电动机最大限度地减少了电枢的转动惯量，所以能获得最好的快速性。在早期的数控机床上应用较多，现在也有应用。小惯量伺服电动机一般都设计成高额定转速和低惯量。所以应用时，要经过中间机械传动（如齿轮副）才能与丝杠相连接。

永磁直流伺服电动机能在较大过载转矩下长时间工作以及电动机的转子惯量较大，能直接与丝杠相连而不需中间传动装置。此外，它还有一个特点是可在低速下运转，如能在1r/min甚至在0.1r/min下平稳地运转。因此，这种直流伺服系统在数控机床上获得了广泛的应用。自20世纪70年代至80年代中期，在数控机机床上应用占绝对统治地位，至今，许多数控机床上仍使用这种电动机的直流伺服系统。永磁直流伺服电动机的缺点是有电刷，限制了转速的提高，一般额定转速为1000～1500r/min，而且结构复杂，价格较高。

（2）交流伺服系统　交流伺服系统使用交流异步伺服电动机（一般用于主轴伺服电机）和永磁同步伺服电动机（一般用于进给伺服电动机）。由于直流伺服电动机存在着一些固有的缺点，使其应用环境受到限制。交流伺服电动机没有这些缺点，且转子惯量比直流电动机小，使得动态响应好。另外，在相同的体积下，交流电动机的输出功率比直流电动机提高10%～70%。还有交流电动机的容量可以比直流电动机大，达到更高的电压和转速。因此，交流伺服系统得到了迅速发展，已经形成潮流。从20世纪80年代后期开始，大量使用交流伺服系统，现在，有些公司已经全部使用交流伺服系统。

4.2　检测装置

检测装置是闭环伺服系统的重要组成部分。它的作用是检测各种位移和速度，发送反馈信号，构成伺服系统的闭环控制。数控系统的位置控制是将插补计算的理论位置与实际反馈位置相比较，用其差值去控制进给电动机。而实际反馈位置的采集，则是由一些位置检测装置来完成的。位置检测系统能够测量出的最小位移量称为分辨率。分辨率不仅取决于检测装置本身，也取决于检测电路。因此，研制和选用性能优越的检测装置是很重要的。

4.2.1　概述

位置检测装置是数控机床伺服系统的重要组成部分。在半闭环控制系统的数控机床中，闭环路内不包括机械传动环节，它的位置检测装置一般采用旋转变压器或高分辨率的脉冲编码器，装在进给电动机或丝杠的端头，旋转变压器（或脉冲编码器）每旋转一定角度，都严格地对应着工作台移动的一定距离。测量了电动机或丝杠的角位移，也就间接地测量了工作台的直线位移。在闭环控制系统的数控机床中直接测量出工作台的实际直线位移，可采用感应同步器、光栅、磁栅等测量元件。

1. 位置检测装置的分类

位置检测装置可以检测数控机床工作台的位移、伺服电动机转子的角位移和速度。实际应用中，位置检测和速度检测可以采用各自独立的检测元件，例如速度检测采用测速发电机，位置检测采用光电编码器，也可以共用一个检测元件，例如均用光电编码器。根据位置检测装置安装形式和测量方式的不同，位置检测有直接测量和间接测量、增量式测量和绝对式测量、数字式测量和模拟式测量等方式。

（1）直接测量和间接测量　在数控机床中，位置检测的对象有工作台的直线位移及旋转工作台的角位移，检测装置有直线式和旋转式。典型的直线式测量装置有光栅、磁栅、感应同步器等。旋转式测量装置有光电编码器和旋转变压器等。

若位置检测装置测量的对象是被测量本身，即直线式测量直线位移，旋转式测量角位移，该测量方式称为直接测量。直接测量组成位置闭环伺服系统，其测量精度由测量装置和安装精度决定，不受传动精度的直接影响。但检测装置要和行程等长，这对大型机床是一个限制。

若位置检测装置测量出的数值通过转换才能得到，如用旋转式检测装置测量工作台的直线位移，要通过角位移与直线位移之间的线性转换求出工作台的直线位移。这种测量方式称为间接测量。间接测量组成位置半闭环伺服系统，其测量精度取决于测量元件和机床传动链二者的精度。因此，为了提高定位精度，常常需要对机床的传动误差进行补偿。间接测量的优点是测量方便可靠，且无长度限制。

（2）增量式测量和绝对式测量　增量式测量装置只测量位移增量，即工作台每移动一个基本长度单位，检测装置便发出一个检测信号，此信号通常是脉冲形式。增量式检测装置均有零点标志，作为基准起点。数控机床采用增量式检测装置时，在每次接通电源后要回参考点操作，以保证测量位置的正确。绝对式测量是指被测的任一点位置都从一个固定的零点算起，每一个测点都有一个对应的编码，常以二进制数据形式表示。

（3）数字式测量和模拟式测量　数字式测量是以量化后的数字形式表示被测量。得到的测量信号为脉冲形式，以计数后得到的脉冲个数表示位移量。其特点是便于显示、处理；测量精度取决于测量单位，与量程基本无关；抗干扰能力强。

模拟式测量是将被测量用连续的变量表示，模拟式测量的信号处理电路较复杂，易受干扰，数控机床中常用于小量程测量。

用于数控机床上的检测元件的类型很多，位置检测装置的分类，见表4-1。

表4-1　位置检测装置的分类

类　型	数字式		模拟式	
	增量式	绝对式	增量式	绝对式
回转型	增量式光电脉冲编码器、圆光栅	绝对式光电脉冲编码器	旋转变压器，圆形磁栅，圆感应同步器	多极旋转变压器、三速圆形感应同步器
直线型	长光栅、激光干涉仪	多通道透射光栅、编码尺	直线感应同步器、磁栅、光栅	三速直线感应同步器、绝对值式磁尺

2. 数控机床对检测装置的要求

检测装置检测各种位移和速度，并将发出反馈信号与数控装置发出的指令信号进行比较，若有偏差，经过放大后控制执行部件，使其向消除偏差的方向运动，直至偏差为零为止。闭环控制的数控机床的加工精度主要取决于检测系统的精度。因此，数控机床的精度是由检测装置的精度保证的。通常数控机床上使用的检测装置应满足以下要求：

（1）满足数控机床的精度和速度要求　随着数控机床的发展，其精度和速度要求越来越高。从精度上讲，通常要求其检测装置的检测精度在±（0.002～0.02）mm/m之间，测量系统分辨率在0.001～0.01mm之间；从速度上讲，进给速度已从10m/min提高到20～30m/min，主轴转速也达到10000r/min，有些高达100000r/min，因此要求检测装置必须满足数控机床高精度和高速度的要求。不同类型数控机床对检测装置的精度和适应的速度要求是不同的，对大型机床以满足速度要求为主。对中、小型机床和高精度机床以满足精度为主。

（2）具有高可靠性和高抗干扰性　检测装置应具有强的抗电磁干扰的能力，对温度、湿度敏感性低，工作可靠。

（3）使用维护方便，适合机床运行环境　测量装置安装时要达到安装精度要求，同时整个测量装置要有较好的防尘、防油污、防切屑等防护措施，以适应使用环境。

（4）成本低

3. 位置检测装置的性能指标

位置检测装置安装在伺服驱动系统中，由于所测量的各种物理量是不断变化的，因此传感器的测量输出必须能准确、快速地跟随并反映这些被测量的变化。位置检测装置的主要性能指标包括如下几项内容。

（1）精度　符合输出量与输入量之间特定函数关系的准确程度称为精度，数控机床用传感器要满足高精度和高速实时测量的要求。

（2）分辨率　位置检测装置能检测的最小位置变化量称作分辨率。分辨率应适应机床精度和伺服系统的要求。分辨率的高低，对系统的性能和运行平稳性具有很大的影响。一般按机床加工精度的1/3～1/10选取检测装置的分辨率（也就是说，位置检测装置的分辨率要高于机床加工精度）。

（3）灵敏度　输出信号的变化量相对于输入信号变化量的比值称为灵敏度。实时测量装置不但要灵敏度高，而且输出、输入关系中各点的灵敏度应该是一致的。

4.2.2 旋转变压器

旋转变压器是目前国内的专业名称，简称“旋变”。旋转变压器是一种精密控制微电机，是一种角度测量元件，是一种常用的电磁感应式位移检测装置。当旋转变压器的一次侧的是单相交流电压励磁时，其二次侧的输出电压将与转子转角严格保持某种函数关系。在控制系统中它可以作为解算元件，主要用于坐标变换、三角函数运算等；在伺服系统中，它可用于传输与转角相应的电信号；此外，还可用作移相器和角度—数字转换装置。

旋转变压器是一种间接测量装置，它具有结构简单、动作灵敏、工作可靠、对环境条件要求低、输出信号幅度大和抗干扰能力强等优点，因此在连续控制系统中得到了广泛应用。

随着电子工业的发展，电子元器件集成化程度的提高，元器件的价格大大下降；另外，信号处理技术的进步，旋转变压器的信号处理电路变得简单、可靠，价格也大大下降。而且，又出现了软件解码的信号处理，使得信号处理问题变得更加灵活、方便。这样，旋转变压器的应用得到了更大的发展，其优点得到了更大的体现。和光学编码器相比，旋转变压器有这样几点明显的优点：①无可比拟的可靠性，非常好的抗恶劣环境条件的能力。②可以运行在更高的转速下（在输出12bit的信号下，允许电动机的转速可达60，000r/min。而光学编码器，由于光电器件的频响一般在200kHz以下，在12bit时，速度只能达到3000r/min）。③方便的绝对值信号数据输出。

旋转变压器有多种分类方法。可按有无电刷和滑环之间的滑动接触来分，可以分为接触式旋转变压器和非接触式旋转变压器两类。在非接触式旋转变压器中又可再细分为有限转角和无限转角两种。通常当无特别说明时，均是指接触式旋转变压器。可按电动机的极对数的数量来分，又可分为单极对旋转变压器和多极对旋转变压器两类，通常无特别说明时，均是指单极对旋转变压器。可按使用要求来分，分为用于解算装置的旋转变压器和用于伺服系统的旋转变压器。

1. 旋转变压器的结构

旋转变压器是一种常用的转角检测元件，由于它结构简单，工作可靠，且其精度能满足一般的检测要求，因此被广泛地应用在数控机床上。旋转变压器在结构上和两相绕线式异步电动机相似，由定子和转子组成。定子绕组为变压器的原边，转子绕组为变压器的副边。定子绕组通过固定在壳体上的接线柱直接引出。转子绕组有两种不同的引出方式。根据转子绕组两种不同的引出方式，旋转变压器分有刷式和无刷式两种结构。

如图4-5a所示是有刷旋转变压器。它的转子绕组通过滑环和电刷直接引出，其特点是结构简单，体积小，但因电刷与滑环为机械滑动接触，所以可靠性差，寿命也较短。

如图4-5b所示是无刷旋转变压器。它没有电刷和滑环，由旋转变压器本体和附加变压器两大部分组成。附加变压器的原、副边铁心及其线圈均为环形，分别固定于转子轴和壳体上，径向留有一定的间隙。旋转变压器本体的转子绕组与附加变压器的原边线圈连在一起，在附加变压器原边线圈中的电信号，即转子绕组中的电信号，通过电磁耦合，经附加变压器副边线圈间接地送出去。这种结构避免了有刷旋转变压器电刷与滑环之间的不良接触造成的影响，提高了可靠性和使用寿命长，但其体积、质量和成本均有所增加。

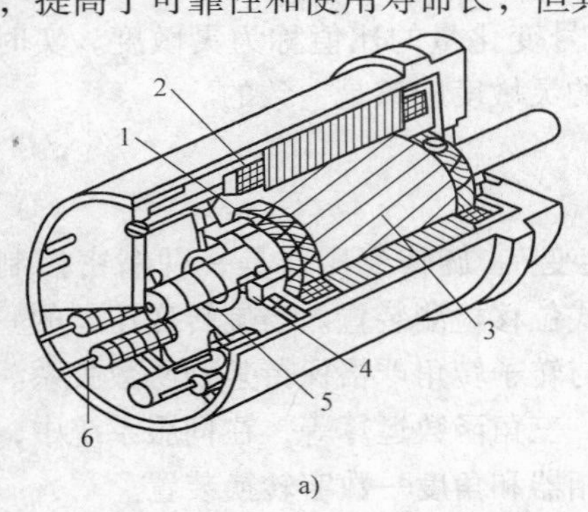

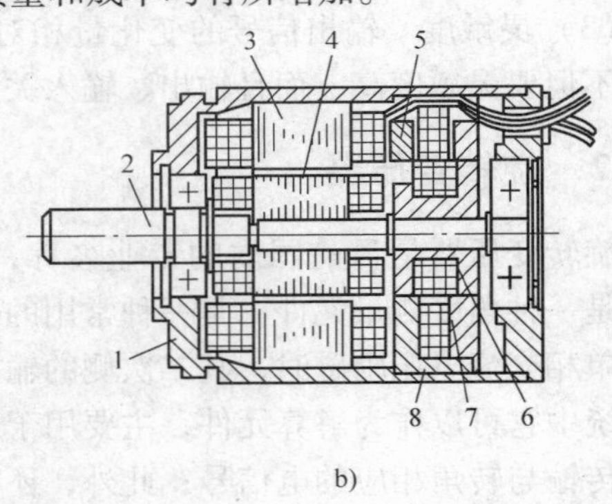

图4-5　旋转变压器结构图

a）有刷式旋转变压器
1—转子绕组　2—定子绕组　3—转子
4—整流子　5—电刷　6—接线柱

b）无刷式旋转变压器
1—壳体　2—转子轴　3—旋转变压器定子
4—旋转变压器转子　5—变压器定子　6—变压器转子
7—变压器一次绕组　8—变压器绕组

2. 旋转变压器的工作原理（见图4-6）

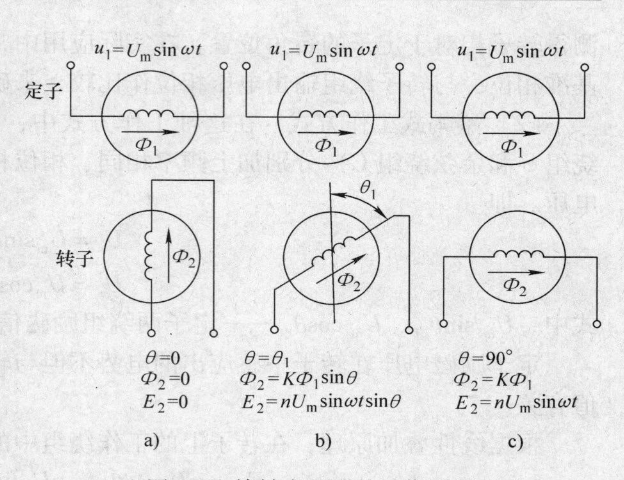

图4-6　旋转变压器的工作原理

旋转变压器是根据互感原理工作的。它的结构保证了其定子和转子之间的磁通呈正（余）弦规律。定子绕组加上励磁电压，通过电磁耦合，转子绕组产生感应电动势。其所产生的感应电动势的大小取决于定子和转子两个绕组轴线在空间的相对位置。二者平行时，磁通几乎全部穿过转子绕组的横截面，转子绕组产生的感应电动势最大；二者垂直时，转子绕组产生的感应电动势为零。感应电动势随着转子偏转的角度呈正（余）弦变化

$$E_2=nU_1\cos\theta=nU_m\sin\omega t\cos\theta$$

式中　E_2——转子绕组感应电动势；

U_1——定子励磁电压；

U_m——定子绕组的最大瞬时电压；

θ——两绕组之间的夹角；

n——电磁耦合系数变压比。

3. 旋转变压器的应用

旋转变压器作为位置检测装置，有两种工作方式：鉴相式工作方式和鉴幅式工作方式。

（1）鉴相式工作方式　在这种工作方式下，旋转变压器定子的两相正向绕组（正弦绕组S和余弦绕组C）分别加上幅值相同、频率相同、而相位相差90°的正弦交流电压，如图4-7所示为旋转变压器定子两相激磁绕组。

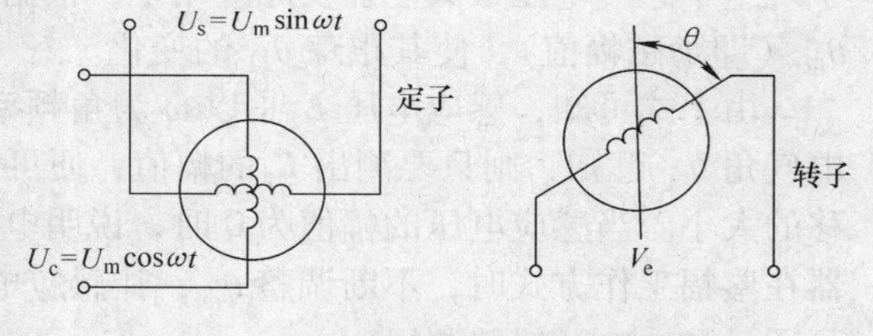

图4-7　旋转变压器定子两相激磁绕组

即

$$U_s=U_m\sin\omega t$$
$$U_c=U_m\cos\omega t$$

这两相励磁电压在转子绕组中会产生感应电压。当转子绕组中接负载时，其绕组中会有正弦感应电流通过，从而会造成定子和转子间的气隙中合成磁通畸变。为了克服这个缺点，转子绕组通常是两相正向绕组，二者相互垂直。其中一个绕组作为输出信号，另一个绕组接高阻抗作为补偿。根据线性叠加原理，在转子上的工作绕组中的感应电压为

$$\begin{aligned}E_2&=nU_s\cos\theta-nU_c\sin\theta\\&=nU_m(\sin\omega t\cos\theta-\cos\omega t\sin\theta)\\&=nU_m\sin(\omega t-\theta)\end{aligned}$$

式中　θ——定子正弦绕组轴线与转子工作绕组轴线之间的夹角；

ω——励磁角频率。

由上式可见，旋转变压器转子绕组中的感应电压E_2与定子绕组中的励磁电压频率相同，但是相位不同，其相位严格随转子偏角θ而变化。测量转子绕组输出电压的相位角θ，即可

测得转子相对于定子的转角位置。在实际应用中，把定子正弦绕组励磁的交流电压相位作为基准相位，与转子绕组输出电压相位作比较，来确定转子转角的位置。

（2）鉴幅式工作方式　在这种工作方式中，在旋转变压器定子的两相正向绕组（正弦绕组 S 和余弦绕组 C）分别加上频率相同、相位相同，而幅值分别按正弦、余弦变化的交流电压。即

$$U_s = U_m \sin\theta_{电} \sin\omega t$$

$$U_c = U_m \cos\theta_{电} \sin\omega t$$

式中　$U_m \sin\theta_{电}$、$U_m \cos\theta_{电}$——定子两绕组励磁信号的幅值。

定子励磁电压在转子中感应出的电势不但与转子和定子的相对位置有关，还与励磁的幅值有关。

根据线性叠加原理，在转子上的工作绕组中的感应电压为

$$\begin{aligned} E_2 &= nU_s\cos\theta_{机} - nU_c\sin\theta_{机} \\ &= nU_m\sin\omega t(\sin\theta_{电}\cos\theta_{机} - \cos\theta_{电}\sin\theta_{机}) \\ &= nU_m\sin(\theta_{电} - \theta_{机})\sin\omega t \end{aligned}$$

式中　$\theta_{机}$——定子正弦绕组轴线与转子工作绕组轴线之间的夹角；

$\theta_{电}$——电气角；

ω——励磁角频率。

若 $\theta_{机} = \theta_{电}$，则 $E_2 = 0$。

当 $\theta_{机} = \theta_{电}$ 时，表示定子绕组合成磁通 ϕ 与转子绕组平行，即没有磁力线穿过转子绕组线圈，因此感应电压为0。当磁通 ϕ 垂直于转子线圈平面时，即（$\theta_{机} - \theta_{电} = \pm 90°$）时，转子绕组中感应电压最大。在实际应用中，根据转子误差电压的大小，不断修正定子励磁信号 $\theta_{电}$（即励磁幅值），使其跟踪 $\theta_{机}$ 的变化。

由上式可知，感应电压 E_2是以 ω 为角频率的交变信号，其幅值为 $U_m\sin(\theta_{机} - \theta_{电})$。若电气角 $\theta_{电}$ 已知，则只要测出 E_2的幅值，便可以间接地求出 $\theta_{机}$ 的值，即可以测出被测角位移的大小。当感应电压的幅值为0时，说明电气角的大小就是被测角位移的大小。旋转变压器在鉴幅工作方式时，不断调整 $\theta_{电}$，让感应电压的幅值为0，用 $\theta_{电}$ 代替对 $\theta_{机}$ 的测量，$\theta_{电}$ 可通过具体电子线路测得。

在旋转变压器的鉴相式和鉴幅式工作方式中，感应信号 U 均是关于 θ 的周期性函数，在实际应用中，都需要将被测角位移 θ 角限定在 $\pm\pi$ 之内，只要 θ 在 $\pm\pi$ 之内，就能够被正确的检测出来。事实上，对于被测角位移大于 π 或小于 $-\pi$ 的情况，如用旋转变压器检测机床丝杠转角的情况，尽管总的机床丝杠转角 θ 可能很大，远远超出限定的 $\pm\pi$ 范围，但却是机床丝杠转过的若干次小角度 θ_i之和，即

$$\theta = \theta_1 + \theta_2 + \Lambda + \theta_n = \sum_{i=1}^{n}\theta_i$$

而 θ_i很小，在数控机床上一般不超过3°，符合 $-\pi \leqslant \theta_i \leqslant \pi$ 的要求，旋转变压器及其信号处理线路可以及时地将它们一一检测出来，并将结果输出。因此，这种检测方式属于动态跟随检测和增量式检测。

4.2.3　感应同步器

感应同步器和旋转变压器一样，是一种精密位移测量元件。感应同步器是利用电磁耦合

原理，将位移或转角转变为电信号的测量装置。从本质说来，它是多级旋转变压器的展开形式。

感应同步器按其运动方式和结构形式的不同，可分为旋转式感应同步器和直线式感应同步器两种。旋转式感应同步器用来检测转角位移，用于精密转台、各种回转伺服系统；直线式感应同步器用来检测直线位移，用于大型机床和精密机床的自动定位、位移数字显示和数控系统中。

1. 感应同步器的结构

感应同步器是一种电磁式的位置检测传感器，通常由定尺和滑尺两部分组成。定尺和滑尺以优质碳素钢为基体。一般选用导磁材料，其膨胀系数尽量与所安装的主机体相近。在基体上用绝缘的粘结剂贴上铜箔，用光刻或化学腐蚀的方法制成方形开口平面绕组。然后，喷涂一层耐腐蚀的绝缘清漆层，以保护尺面。在滑尺的绕组周围常贴一层铝箔，防止静电干扰。

感应同步器的定尺与滑尺平行安装，且保持一定间隙。在定尺表面制有连续平面绕组，滑尺上制有两组分段绕组，分别称为正弦绕组和余弦绕组，这两段绕组相对于定尺绕组在空间错开1/4节距（2τ）。安装时，定尺与滑尺分别安装在数控机床的固定部件和移动部件上，如图4-8所示为直线式感应同步器结构示意图。

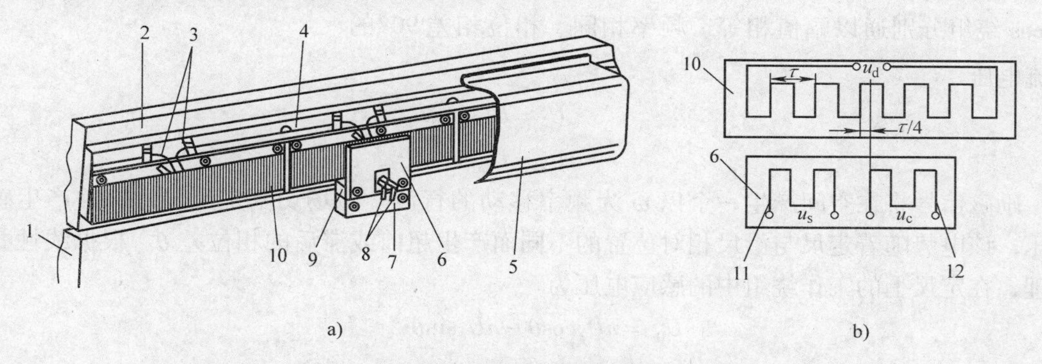

图4-8　直线式感应同步器结构示意图

a）外观及安装形式　b）绕组

1—定部件（床身）　2—运动部件（工作台或刀架）　3—定尺绕组引线　4—定尺座

5—防护罩　6—滑尺　7—滑尺座　8—滑尺绕组引线　9—调整垫

10—定尺　11—正弦励磁绕组　12—余弦励磁绕组

感应同步器有几伏的电压励磁，励磁电压的频率为10kHz，输出电压较小，一般为励磁电压的1/10～1/100。标准的直线式感应同步器定尺长度为250mm，宽度为40mm，尺上是单向、均匀、连续的感应绕组；滑尺长度为100mm，尺上有两组励磁绕组，一组为正弦励磁绕组，其电压的u_s，另一组为余弦励磁绕组，其电压为u_c。感应绕组和励磁绕组节距相同，均为2mm，用τ表示。当正弦励磁绕组与感应绕组对齐时，余弦励磁绕组与感应绕组相差$1/4\tau$。也就是滑尺上的两个绕组在空间位置上相差$1/4\tau$。在数控机床实际检测中，感应同步器常采用多块定尺连接，相邻定尺间隔通过调整，以使总长度上的累积误差不大于单块定尺的最大偏差。定尺和滑尺分别装在机床床身和移动部件上，两者平行放置，保持0.2～0.3mm间隙，以保证定尺和滑尺的正常工作。

2. 感应同步器的工作原理

感应同步器的工作原理与旋转变压器基本一致。使用时，在滑尺绕组通以一定频率的交流电压，由于电磁感应，在定尺的绕组中产生了感应电压，其幅值和相位取决于定尺和滑尺的相对位置。如图 4-9 的所示为滑尺在不同的位置时定尺上的感应电压。当定尺与滑尺重合时，如图中的 A 点，此时的感应电压最大。当滑尺相对于定尺平行移动后，其感应电压逐渐变小。在错开 1/4 节距的 B 点，感应电压为零。依次类推，在 1/2 节距的 C 点，感应电压幅值与 A 点相同，极性相反；在 3/4 节距的 D 点又变为零。当移动到一个节距的 E 点时，电压幅值与 A 点相同。这样，滑尺在移动一个节距的过程中，感应电压变化了一个余弦波形。滑尺每移动一个节距，感应电压就变化一个周期。

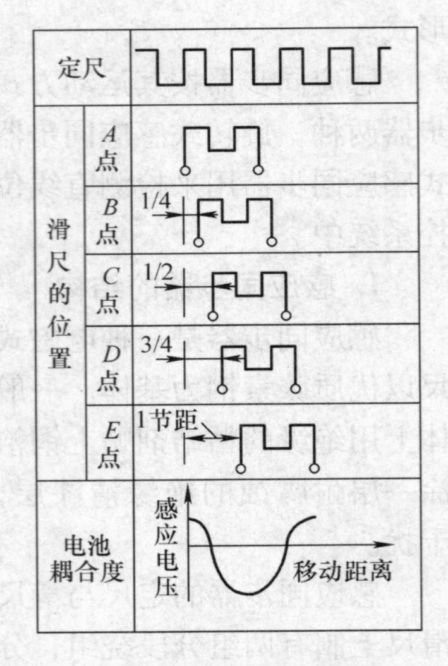

图 4-9　滑尺在不同的位置时定尺上的感应电压

按照供给滑尺两个正交绕组励磁信号的不同，感应同步器的测量方式分为鉴相式和鉴幅式两种工作方式。

（1）鉴相方式　在这种工作方式下，给滑尺的 sin 绕组和 cos 绕组分别通以幅值相等、频率相同、相位相差 90° 的交流电压

$$U_s = U_m \sin\omega t$$
$$U_c = U_m \cos\omega t$$

励磁信号将在空间产生一个以 ω 为频率移动的行波。磁场切割定尺导片，并产生感应电压，该电势随着定尺与滑尺相对位置的不同而产生超前或滞后的相位差 θ。根据线性叠加原理，在定尺上的工作绕组中的感应电压为

$$\begin{aligned} U_0 &= nU_s\cos\theta - nU_c\sin\theta \\ &= nU_m(\sin\omega t\cos\theta - \cos\omega t\sin\theta) \\ &= nU_m\sin(\omega t - \theta) \end{aligned}$$

式中　ω——励磁角频率；

n——电磁耦合系数；

θ——滑尺绕组相对于定尺绕组的空间相位角，$\theta = \dfrac{2\pi x}{P}$。

可见，在一个节距内 θ 与 x 是一一对应的，通过测量定尺感应电压的相位 θ，可以测量定尺对滑尺的位移 x。数控机床的闭环系统采用鉴相系统时，指令信号的相位角 θ_1 由数控装置发出，由 θ 和 θ_1 的差值控制数控机床的伺服驱动机构。当定尺和滑尺之间产生了相对运动，则定尺上的感应电压的相位发生了变化，其值为 θ。当 $\theta \neq \theta_1$ 时，使机床伺服系统带动机床工作台移动。当滑尺与定尺的相对位置达到指令要求值时，即 $\theta = \theta_1$，工作台停止移动。

（2）鉴幅方式　给滑尺的正弦绕组和余弦绕组分别通以频率相同、相位相同、幅值不同的交流电压：

$$U_s = U_m \sin\theta_{电} \sin\omega t$$

$$U_c = U_m \cos\theta_{电} \sin\omega t$$

若滑尺相对于定尺移动一个距离 x，其对应的相移为 $\theta_{机}$，$\theta_{机} = \frac{2\pi x}{P}$。

根据线性叠加原理，在定尺上工作绕组中的感应电压为：

$$\begin{aligned} U_0 &= nU_s\cos\theta_{机} - nU_c\sin\theta_{机} \\ &= nU_m\sin\omega t(\sin\theta_{电}\cos\theta_{机} - \cos\theta_{电}\sin\theta_{机}) \\ &= nU_m\sin(\theta_{机} - \theta_{电})\sin\omega t \end{aligned}$$

由以上可知，若电气角 $\theta_{电}$ 已知，只要测出 U_0 的幅值 $nU_m\sin(\theta_{机} - \theta_{电})$，便可以间接地求出 $\theta_{机}$。若 $\theta_{电} = \theta_{机}$，则 $U_0 = 0$。说明电气角 $\theta_{电}$ 的大小就是被测角位移 $\theta_{机}$ 的大小。采用鉴幅工作方式时，不断调整 $\theta_{电}$，让感应电压的幅值为 0，用 $\theta_{电}$ 代替对 $\theta_{机}$ 的测量，$\theta_{电}$ 可通过具体电子线路测得。

定尺上的感应电压的幅值随指令给定的位移量 $x_1(\theta_{电})$ 与工作台的实际位移 $x(\theta_{机})$ 的差值按正弦规律变化。鉴幅型系统用于数控机床闭环系统中时，当工作台未达到指令要求值时，即 $x \neq x_1$，定尺上的感应电压 $U_0 \neq 0$。该电压经过检波放大后控制伺服执行机构带动机床工作台移动。当工作台移动到 $x = x_1$（$\theta_{电} = \theta_{机}$）时，定尺上的感应电压 $U_0 = 0$，工作台停止运动。

3. 感应同步器的特点

（1）精度高　因为定尺的节距误差有平均补偿作用，所以尺子本身的精度能做得较高，其精度可以达到 ±0.001mm，重复精度可达 0.002mm。直线式感应同步器对机床位移的测量是直接测量，测量精度取决于尺子的精度。

感应同步器的灵敏度或称分辨力，取决于一个周期进行电气细分的程度，灵敏度的提高受到电子细分电路中信噪比的限制，但是通过线路的精心设计和采取严密的抗干扰措施，可以把电噪声降到很低，并获得很高的稳定性。

（2）对环境的适应性较强　因为感应同步器定尺和滑尺的绕组是在基板上用光学腐蚀方法制成的铜箔锯齿形的印制电路绕组，铜箔与基板之间有一层极薄的绝缘层。可在定尺的铜绕组上面涂一层耐腐蚀的绝缘层，以保护尺面；在滑尺的绕组上面用绝缘粘结剂粘贴一层铝箔，以防静电感应。定尺和滑尺的基板采用与机床床身热胀系数相近的材料，当温度变化时，仍能获得较高的重复精度。

（3）维修简单、寿命长　感应同步器的定尺和滑尺互不接触，因此无任何摩擦、磨损，使用寿命长，不怕灰尘、油污及冲击振动。同时由于它是电磁耦合器件，所以不需要光源、光敏元件，不存在元件老化及光学系统故障等问题。

（4）测量长度不受限制　当测量长度大于 250mm 时，可以采用多块定尺接长的方法进行测量。行程为几米到几十米的中型或大型机床中，工作台位移的直线测量大多数采用直线式感应同步器来实现。

（5）工艺性好，成本较低，便于成批生产。

（6）与旋转变压器相比，感应同步器的输出信号比较微弱　需要一个放大倍数很高的前置放大器。

4.2.4　脉冲编码器

编码器又称编码盘或码盘，它把机械转角转换成电脉冲，以测出轴的旋转角度、位置和速度的变化，是一种常用的角位移测量装置。编码器分为光电式、接触式和电磁感应式三种，光电式的精度和可靠性均优于其他两种，因而广泛用于数控机床上。光电式编码器可分为增量式光电脉冲编码器和绝对式光电脉冲编码器两种。增量式脉冲编码器能够把回转件的旋转方向、旋转角度和旋转角速度准确地测量出来。绝对式光电脉冲编码器可将被测转角转换成相应的代码来指示绝对位置而没有累计误差，是一种直接编码式的测量装置。

1. 增量式脉冲编码器

（1）光电脉冲编码器的结构　常用的增量式脉冲编码器为增量式光电脉冲编码器，其结构如图 4-10 所示。光电脉冲编码器由带聚光镜的发光二极管（LED）、光栅板、光电码盘、光敏元件及信号处理电路组成。其中，光电码盘是在一块玻璃圆盘上镀上一层不透光的金属薄膜，然后在上面制成圆周等距的透光和不透光相间的条纹，光栅板上具有和光电码盘相同的透光条纹。光电码盘也可由不锈钢薄片制成。当光电码盘旋转时，光线通过光栅板和光电码盘产生明暗相间的变化，由光敏元件接收。光敏元件将光电信号转换成电脉冲信号。光电编码器的测量精度取决于它所能分辨的最小角度，而这与光电码盘圆周的条纹数有关，即分辨角为

$$\alpha = \frac{360°}{条纹数}$$

如条纹数为 2048，则分辨角 $\alpha = \frac{360°}{2048} = 0.176°$

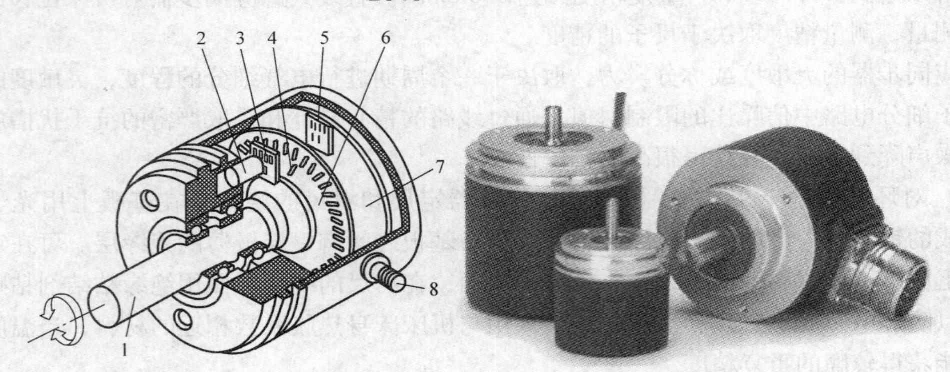

图 4-10　增量式光电脉冲编码器结构示意图

1—转轴　2—发光二极管　3—光栅板　4—零标志　5—光敏元件
6—光电码盘　7—印制电路板　8—电源及信号连接座

（2）光电脉冲编码器的工作原理　当光电脉冲编码器的光栅板旋转时，光线透过两个光栅的线纹部分，形成明暗相间的 3 组条纹 A 和 $\overline{A}$、B 和 $\overline{B}$ 及 C 和 $\overline{C}$（见图 4-11）。光电元件接收到这些光信号，并转化为交替变化的电信号，再经过放大和整形变成方波。其中，A、B 信号称为主计数脉冲，它们在相位上相差 90°；C 信号称为零标志脉冲（或称为一转信号），用以产生每转信号，即光电码盘每转一圈产生一个脉冲，作为测量基准。该信号与 A、B 信号严格同步。零标志脉冲的宽度是主计数脉冲宽度的一半，细分后同比例变窄。脉冲编

码器输出的信号有 A 和$\overline{A}$、B 和$\overline{B}$及 C 和$\overline{C}$等信号，这些信号作为位移测量脉冲，以及经过频率电压变换的作为速度反馈信号，进行速度调节。

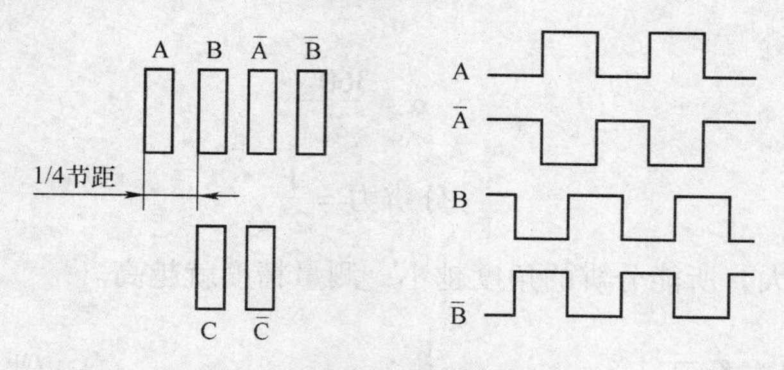

图 4-11　A、B 条纹位置及信号

当数控机床需要驱动电动机正反转时，为判断电动机转向，光电脉冲编码器的光栅板上产生 3 组条纹 A 和$\overline{A}$、B 和$\overline{B}$及 C 和$\overline{C}$。A 组和 B 组的条纹彼此错开 1/4 节距，两组条纹相对应的光敏元件所产生的信号彼此相差 90°，当光电码盘正转时，A 信号超前 B 信号 90°，当光电码盘反转时，B 信号超前 A 信号 90°。利用这一相位关系即可判断电动机转向。

光电脉冲编码器的输出信号 A 和$\overline{A}$、B 和$\overline{B}$及 C 和$\overline{C}$为差动信号。差动信号大大提高了传输的抗干扰能力。在数控系统中，分辨力是指一个脉冲所代表的基本长度单位。为进一步提高分辨力，常对上述 A、B 信号进行倍频处理。例如，配置 1000 脉冲/r 光电脉冲编码器的伺服电动机直接驱动 4mm 螺距的滚珠丝杠，经 4 倍频处理后，相当于 4000 脉冲/r 的角度分辨力，对应工作台的直线分辨力由倍频前的 0.004mm 提高到 0.001mm。

2. 绝对式编码器

增量式编码器只能进行相对测量，一旦在测量过程中出现计数错误，在以后的测量中都会出现计数误差。而绝对式编码器克服了其缺点。

（1）绝对式编码器的种类　绝对式编码器可直接将被测角度用数字代码表示出来，且每一个角度位置均有对应的测量代码，因此这种测量方式即使断电，只要再通电就能读出被测轴的角度位置，即具有断电记忆力功能。常用的编码器有编码盘和编码尺，统称位码盘。

从编码器使用的计数制来分类，有二进制编码、二进制循环码（葛莱码）、二-十进制码等编码器。从结构原理来分类，有接触式、光电式和电磁式等。常用的是光电式二进制循环码编码器。

① 接触式码盘。如图 4-12 所示为接触式码盘。如图 4-12b 所示为四位二进制码盘。它是在一个不导电基体上做出许多金属区使其导电，其中涂黑部分为导电区，用“1”表示，其他部分为绝缘区，用“0”表示。这样，在每一个径向上，都有由“1”、“0”组成的二进制代码。最内侧一圈是公用的，它和各码道所有导电部分连在一起，经电刷和电阻接电源正极。除公用圈以外，四位二进制码盘的 4 圈码道上也都装有电刷，电刷经电阻接地，电刷布置如图 4-12a 所示。由于码盘与被测轴连在一起，而电刷位置是固定的，当码盘随被测轴一起转动时，电刷和码盘的位置发生相对变化，若电刷接触的是导电区域，则经电刷、码盘、电阻和电源形成回路，该回路中的电阻上有电流流过，为“1”；反之，若电刷接触的是绝缘区域，则形不成回路，电阻上无电流流过，为“0”。由此可根据电刷的位置得到由“1”和“0”组成的四位二进制码。通过图 4-12b 可看到电刷位置与输出代码的对应关系。

码盘码道的圈数就是二进制的位数，且高位在内，低位在外。由此可以推断出，若是 n 位二进制码盘，就有 n 圈码道，且圆周均为 2^n 等分，即共有 2^n 个数来表示码盘的不同位置，所能分辨的角度为

$$\alpha = \frac{360°}{2^n}$$

$$分辨力 = \frac{1}{2^n}$$

显然，位数 n 越大，所能分辨的角度越小，测量精度就越高。

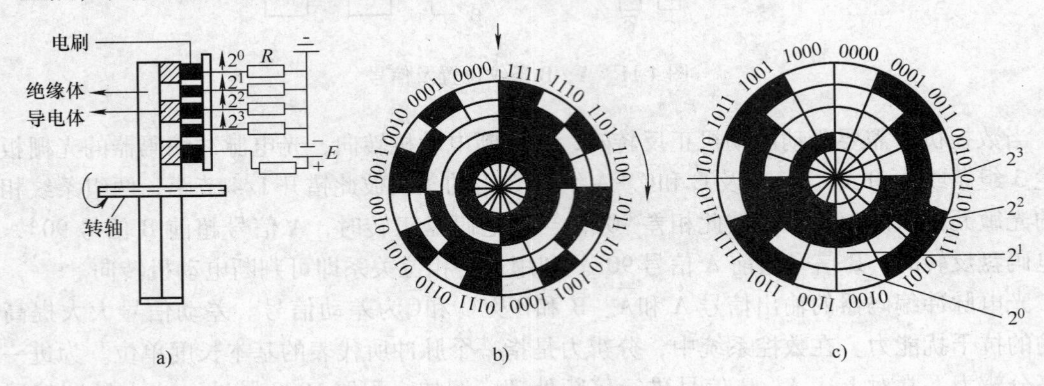

图 4-12　接触式码盘

a）电刷布置　b）四位二进制码盘　c）葛莱码盘

如图 4-12c 所示为葛莱码盘，码盘上有许多同心圆（码道），它代表某种计数制的一位，每个同心圆上有绝缘与导电的部分。导电部分为“1”，绝缘部分为“0”，这样就组成了不同的图案。每一径向，若干同心圆组成的图案代表了某一绝对计数值。二进制码盘的计数图案的改变按二进制规律变化。葛莱码盘的特点是任意两个相邻数码间只有一位是变化的，可消除非单值性误差。

接触式码盘可以做到 9 位二进制，优点是结构简单、体积小、输出信号强，不需放大。缺点是由于电刷的摩擦，使用寿命低，转速不能太高。

② 绝对式光电码盘。绝对式光电码盘与接触式码盘结构相似，只是其中的黑白区域不表示导电区和绝缘区，而是表示透光区和不透光区。其中黑的区域指不透光区，用“0”；白的区域指透光区，用“1”表示。如此，在任意角度都有“1”和“0”组成的二进制代码。另外，在每一码道上都有一组光敏元件，这样，不论码盘转到哪一角度位置，与之对应的各光敏元件受光的输出为“1”，不受光的输出为“0”，由此组成 n 位二进制编码。如图 4-13 所示为 8 码道光电码盘（1/4）。

图 4-13　8 码道光电码盘（1/4）

光电式码盘没有接触磨损，寿命长，转速高，精度高。单个码盘可以做到 18 位进制。缺点是结构复杂，价格高。

③ 电磁式码盘。电磁式码盘是在导磁性好的软铁等圆盘上，用腐蚀的方法做成相应码

制的凹凸图形，当磁通通过码盘时，由于磁导大小不一样，其感应电压也不同，因而可以区分“0”和“1”，达到测量的目的。该种码盘也是一种无接触式码盘，寿命长，转速高。

（2）绝对式编码器的工作原理　无论是接触式码盘、光电式码盘还是电磁式码盘，当被测对象带动码盘一起转动时，每转动一转，编码器按规定的编码输出数字信号。将编码器的编码直接读出，转换成二进制信息，送入计算机处理。

3. 混合式绝对式编码器

增量式编码器每转的输出脉冲多，测量精度高，但是能够产生计数误差。而绝对式编码器虽然没有计数误差，但是精度受到最低位（最外圆上）分段宽度的限制，其计数长度有限。为了得到更大的计数长度，将增量式编码器和绝对式编码器做在一起，形成混合式绝对式编码器。在圆盘的最外圆是高密度的增量条纹，中间有四个码道组成绝对式的四位葛莱码，每1/4同心圆被葛莱码分割为16个等分段。圆盘最里面有一发“一转信号”（零标志脉冲）的狭缝。

该码盘的工作原理是三级计数：粗、中、精计数。码盘的转速由“一转脉冲”（零标志脉冲）的计数表示。在一转内的角度位置由葛莱码的不同数值表示。每1/4圆葛莱码的细分由最外圆上的增量制码完成。

4. 编码器在数控机床中的应用

（1）位移测量　在数控机床中，编码器和伺服电动机同轴连接或连接在滚珠丝杠末端用于工作台和刀架的直线位移测量。在数控回转工作台中，通过在回转轴末端安装编码器，可直接测量回转工作台的角位移。

由于增量式光电编码器每转过一个分辨角就发出一个脉冲信号，因此，根据脉冲的数量、传动比及滚珠丝杠螺距即可得出移动部件的直线位移量。如某带光电编码器的伺服电动机与滚珠丝杠直连（传动比1∶1），光电编码器1024脉冲/r，丝杠螺距12mm，在一转时间内计数1024脉冲，则在该时间段里，工作台移动的距离为12(mm/r)÷1024(脉冲/r)×1024(脉冲)=12mm。

（2）主轴控制　当数控车床主轴安装有编码器后，则该主轴具有C轴插补功能，可实现主轴旋转与Z坐标轴进给的同步控制；恒线速切削控制，即随着刀具的径向进给及切削直径的逐渐减小或增大，通过提高或降低主轴转速，保持切削线速度不变；主轴定向控制等。

（3）测速　光电编码器输出脉冲的频率与其转速成正比，因此，光电编码器可代替测速发电机的模拟测速而成为数字测速装置。

（4）编码器　应用于交流伺服电动机控制中，用于转子位置检测；提供速度反馈信号；提供位置反馈信号。

（5）零标志脉冲用于回参考点控制　数控机床采用增量式的位置检测装置时，数控机床在接通电源后要做回参考点的操作。这是因为机床断电后，系统就失去了对各坐标轴位置的记忆，所以在接通电源后，必须让各坐标轴回到机床某一固定点上，这一固定点就是机床坐标系的原点或零点，也称机床参考点。使机床回到这一固定点的操作称为回参考点或回零操作。参考点位置是否正确与检测装置中的零标志脉冲有很大的关系。

4.2.5　光栅

在高精度的数控机床上，可以使用光栅作为位置检测装置，将机械位移转换为数字脉冲，反馈给 CNC 装置，实现闭环控制。由于激光技术的发展，光栅制作精度得到很大的提高，现在光栅精度可达微米级，再通过细分电路可以做到 0.1μm 甚至更高的分辨率。

1. 光栅的种类

根据形状可分为圆光栅和长光栅，长光栅主要用于测量直线位移，圆光栅主要用于测量角位移。

根据光线在光栅中是反射还是透射，分为透射光栅和反射光栅。透射光栅的基体为光学玻璃。光源可以垂直射入，光电元件直接接受光照，信号幅值大。光栅每毫米中的线纹多，可达 200 线/mm（0.005mm），精度高。但是由于玻璃易碎，热胀系数与机床的金属部件不一致，影响精度，不能工作太长时间。反射光栅的基体为不锈钢带（通过照相、腐蚀、刻线），反射光栅和机床金属部件一致，可以工作很长时间。但是反射光栅每毫米内的线纹不能太多。线纹密度一般为 25 ~50 线/mm。

2. 光栅的结构和工作原理

光栅（见图 4-14）是由标尺光栅和光学读数头两部分组成的。标尺光栅一般固定在机床的活动部件上，如工作台。光栅读数头装在机床固定部件上。指示光栅装在光栅读数头中。标尺光栅和指示光栅的平行度及二者之间的间隙（0.05 ~0.1mm）要严格保证。当光栅读数头相对于标尺光栅移动时，指示光栅便在标尺光栅上相对移动。

图 4-14　光栅

光栅读数头又叫光电转换器，它把光栅莫尔条纹变成电信号。如图 4-15 所示为垂直入射读数头。读数头由光源、聚光镜、指示光栅、光敏元件和驱动电路等组成。

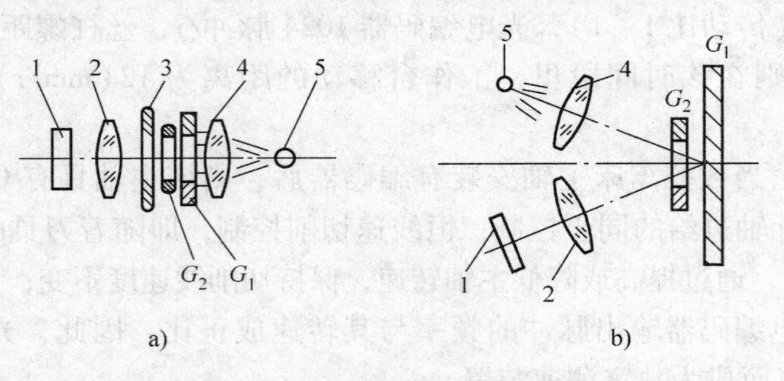

图 4-15　光栅垂直入射读数头

a）透射光栅　b）反射光栅

1—光敏元件　2、4—透镜　3—狭缝　5—光源　G_1—标尺光栅　G_2—指示光栅

当指示光栅上的线纹和标尺光栅上的线纹呈一小角度 θ 放置时，造成两光栅尺上的线纹交叉。在光源的照射下，交叉点附近的小区域内黑线重叠形成明暗相间的条纹，这种条纹称为“莫尔条纹”。“莫尔条纹”与光栅的线纹几乎成垂直方向排列。

3. 莫尔条纹的特点

1）当用平行光束照射光栅时，莫尔条纹（见图 4-16）由亮带到暗带，再由暗带到光带的透过光的强度近似于正（余）弦函数。

2）起放大作用：用 W 表示莫尔条纹的宽度，P 表示栅距，θ 表示光栅线纹之间的夹

角，则

$$W=\frac{P}{\sin\theta}$$

由于θ很小，$\sin\theta\approx\theta$则

$$W\approx\frac{P}{\theta}$$

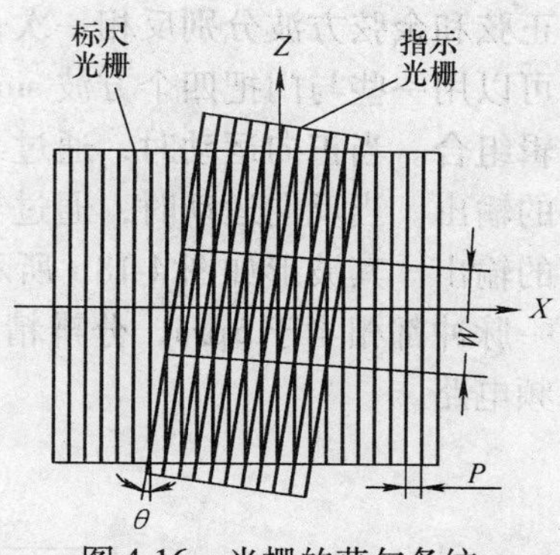

图4-16 光栅的莫尔条纹

3）起平均误差作用。莫尔条纹是由若干光栅线纹干涉形成的，这样栅距之间的相邻误差被平均化了，消除了栅距不均匀造成的误差。

4）莫尔条纹的移动与栅距之间的移动成比例。当干涉条纹移动一个栅距时，莫尔条纹也移动一个莫尔条纹宽度W，若光栅移动方向相反，则莫尔条纹移动的方向也相反。莫尔条纹的移动方向与光栅移动方向相垂直。这样测量光栅水平方向移动的微小距离就用检测垂直方向的宽大的莫尔条纹的变化代替。

4. 直线光栅尺检测装置的辨向原理

莫尔条纹的光强度近似呈正（余）弦曲线变化，光电元件所感应的光电流变化规律近似为正（余）弦曲线。经放大、整形后，形成脉冲，可以作为计数脉冲，直接输入到计算机系统的计数器中计算脉冲数，进行显示和处理。根据脉冲的个数可以确定位移量，根据脉冲的频率可以确定位移速度。

用一个光电传感器只能进行计数，不能辨向。如果要进行辨向，至少用两个光电传感器。如图4-17所示为光栅传感器的安装示意图。通过两个狭缝S_1和S_2的光束分别被两个光电传感器P_1、P_2接受。当光栅移动时，莫尔条纹通过两个狭缝的时间不同，波形相同，相位差90°。至于哪个超前，取决于标尺光栅移动的方向。如图4-16所示，当标尺光栅向右移动时，莫尔条纹向上移动，缝隙S_2的信号输出波形超前1/4周期；同理，当标尺光栅向左移动时，莫尔条纹向下移动，缝隙S_1的输出信号超前1/4周期。根据两狭缝输出信号的超前和滞后可以确定标尺光栅的移动方向。

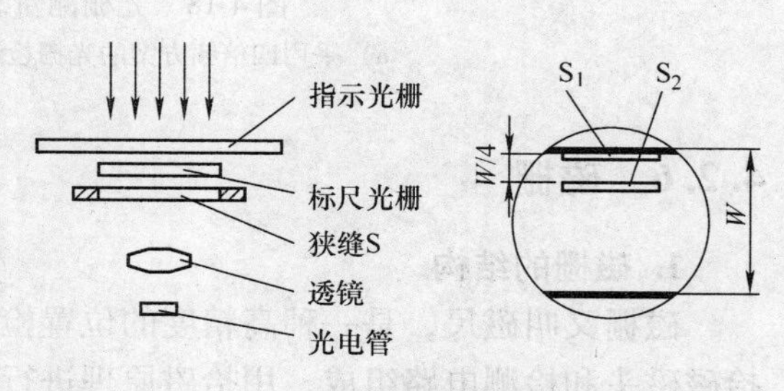

图4-17 光栅的辨向原理图

5. 提高光栅检测分辨精度的细分电路

为了提高光栅检测装置的精度，可以提高刻线精度和增加刻线密度。但是刻线密度大于200线/mm以上的细光栅刻线制造困难，成本高。为了提高精度和降低成本，通常采用倍频的方法来提高光栅的分辨精度，如图4-18a所示为采用四倍频方案的光栅检测电路的工作原理。光栅刻线密度为50线/mm，采用4个光电元件和4个狭缝，每隔1/4光栅节距产生一个脉冲，分辨精度可以提高四倍，并且可以辨向。

当指示光栅和标尺光栅相对运动时，硅光电池接受到正弦波电流信号。这些信号送到差动放大器，再通过整形，使之成为两路正弦及余弦方波。然后经过微分电路获得脉冲。由于脉冲是在方波的上升沿上产生，为了使0°、90°、180°、270°的位置上都得到脉冲，必须把

正弦和余弦方波分别反相一次，然后再微分，得到了 4 个脉冲。为了辨别正向和反向运动，可以用一些与门把四个方波 sin、-sin、cos 和 -cos（即 A、B、C、D）和四个脉冲进行逻辑组合。当正向运动时，通过与门 $Y_1 \sim Y_4$ 及或门 H_1 得到 $A'B + AD' + C'D + B'C$ 四个脉冲的输出。当反向运动时，通过与门 $Y_5 \sim Y_8$ 及或门 H_2 得到 $BC' + AB' + A'D + C'D$ 四个脉冲的输出。其波形如图 4-18b 所示，这样虽然光栅栅距为 0.02mm，但是经过四倍频以后，每一脉冲都相当于 5μm，分辨精度提高了四倍。此外，也可以采用八倍频，十倍频等其他倍频电路。

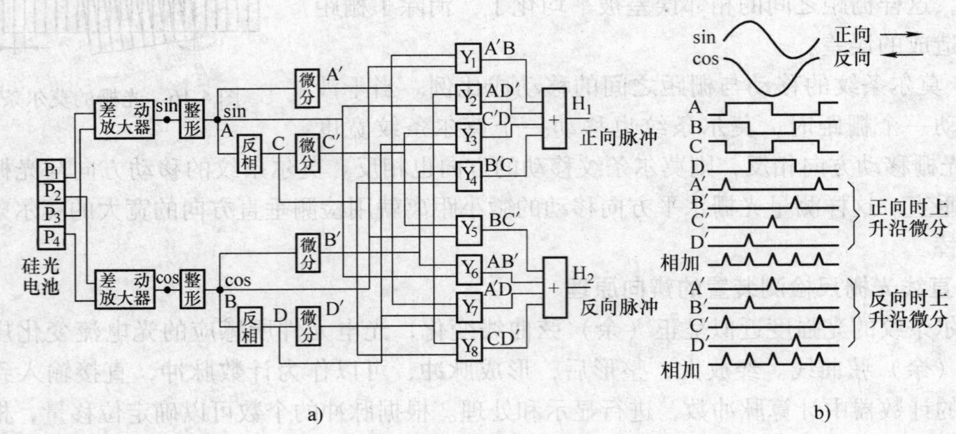

图 4-18 光栅测量装置的四细分电路与波形

a）采用四倍频方案的光栅检测电路的工作原理 b）四倍频波形

4.2.6 磁栅

1. 磁栅的结构

磁栅又叫磁尺，是一种高精度的位置检测装置，其结构如图 4-19 所示，它由磁性标尺、拾磁磁头和检测电路组成，用拾磁原理进行工作的。首先，用录磁磁头将一定波长的方波或正弦波信号录制在磁性标尺上作为测量基准，检测时根据与磁性标尺有相对位移的拾磁磁头所拾取的信号，对位移进行检测。磁栅可用于长度和角度的测量，精度高、安装调整方便，对使用环境要求较低，如对周围的电磁场的抗干扰能力较强，在油污和粉尘较多的场合使用有较好的稳定性。高精度的磁栅位置检测装置可用于各种精密机床和数控机床。

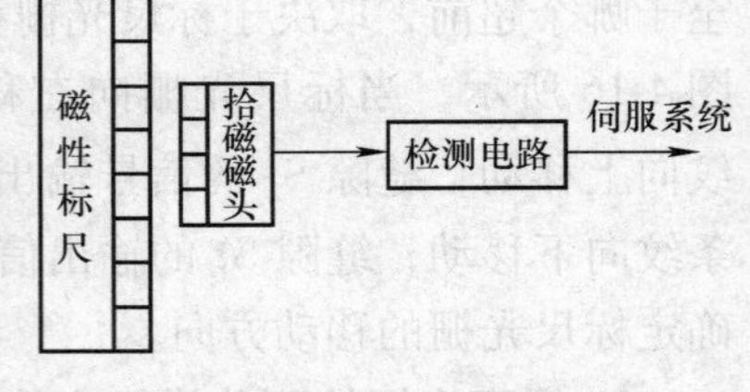

图 4-19 磁栅的结构

（1）磁尺 磁性标尺分为磁性标尺基体和磁性膜。磁性标尺的基体由非导磁性材料（如玻璃、不锈钢、铜等）制成。磁性膜是一层硬磁性材料（如 Ni-Co-P 或 Fe-Co 合金），用涂敷、化学沉积或电镀在磁性标尺上，呈薄膜状。磁性膜的厚度为 10 ~ 20μm，均匀地分布在基体上。磁性膜上有录制好的磁波，波长一般为 0.005mm、0.01mm、0.2mm、1mm 等几种。为了提高磁性标尺的寿命，一般在磁性膜上均匀地涂上一层 1 ~ 2μm 的耐磨塑料保护层。

按磁性标尺基体的形状，磁栅可以分为平面实体型磁栅、带状磁栅、线状磁栅和回转型磁栅。前三种磁栅用于直线位移的测量，后一种用于角度测量。磁栅长度一般小于600mm，测量长距离可以用几根磁栅接长使用。

（2）拾磁磁头 拾磁磁头是一种磁电转换器件，它将磁性标尺上的磁信号检测出来，并转换成电信号。普通录音机上的磁头输出电压幅值与磁通的变化率成正比，属于速度响应型磁头。而由于在数控机床上需要在运动和静止时都要进行位置检测，因此应用在磁栅上的磁头是磁通响应型磁头。它不仅在磁头与磁性标尺之间有一定相对速度时能拾取信号，而且在它们相对静止时也能拾取信号，其结构如图4-20所示。该磁头有两组绕组，绕在磁路截面尺寸较小的横臂上的激磁绕组和绕在磁路截面较大的竖杆上拾磁绕组。当对激磁绕组施加励磁电流 $i_a=i_0\sin\omega_0 t$ 时，在 i_a 的瞬时值大于某一数值以后，横臂上的铁芯材料饱和，这时磁阻很大，磁路被阻断，磁性标尺的磁通 Φ_0 不能通过磁头闭合，输出线圈不与 Φ_0 交链。当在 i_a 的瞬时值小于某一数值时，i_a 所产生的磁通 Φ_1 也随之降低。两横臂中磁阻也降低到很小，磁路开通，Φ_0 与输出线圈交链。由此可见，励磁线圈的作用相当于磁开关。

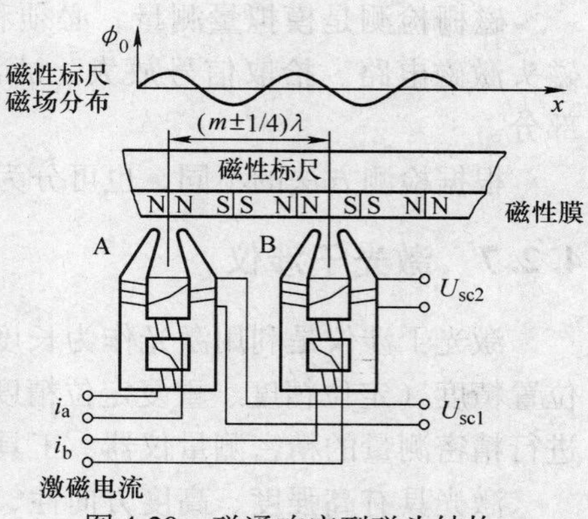

图4-20 磁通响应型磁头结构

2. 磁栅的工作原理

励磁电流在一个周期内两次过零、两次出现峰值。相应的磁开关通断各两次。磁路由通到断的时间内，输出线圈中交链磁通量由 $\Phi_0\to 0$；磁路由断到通的时间内，输出线圈中交链磁通量由 $0\to\Phi_0$。Φ_0 是由磁性标尺中的磁信号决定的，由此可见，输出线圈输出的是一个调幅信号

$$U_{sc}=U_m\cos\left(\frac{2\pi x}{\lambda}\right)\sin\omega t$$

式中 U_{sc}——输出线圈中输出感应电压；

U_m——输出电势的峰值；

λ——磁性标尺节距；

x——选定某一N极作为位移零点，x 为磁头对磁性标尺的位移量；

ω——输出线圈感应电压的幅值，它比励磁电流 i_a 的频率 ω_0 高一倍。

由上可见，磁头输出信号的幅值是位移 x 的函数。只要测出 U_{sc} 过0的次数，就可以知道 x 的大小。

使用单个磁头的输出信号小，而且对磁性标尺上的磁化信号的节距和波形要求也比较高。实际使用时，将几十个磁头用一定的方式串联，构成多间隙磁头使用。

为了辨别磁头的移动方向，通常采用间距为（$m+1/4$）λ 的两组磁头（$\lambda=1，2，3，\cdots$），并使两组磁头的励磁电流相位相差45°，这样两组磁头输出的电势信号相位相差90°。

第一组磁头输出信号如果是

$$U_{sc1}=U_m\cos\left(\frac{2\pi x}{\lambda}\right)\sin\omega t$$

则第二组磁头输出信号是

$$U_{sc2}=U_m\sin\left(\frac{2\pi x}{\lambda}\right)\sin\omega t$$

磁栅检测是模拟量测量，必须和检测电路配合才能进行检测。磁栅的检测电路包括：磁头激磁电路、拾取信号放大、滤波及辨向电路、细分内插电路、显示及控制电路等各部分。

根据检测方法的不同，也可分为幅值检测和相位检测两种。通常相位测量应用较多。

4.2.7 激光干涉仪

激光干涉仪是利用激光作为长度基准，对数控设备（加工中心、三坐标测量机等）的位置精度（定位精度、重复定位精度等）、几何精度（俯仰扭摆角度、直线度、垂直度等）进行精密测量的精密测量仪器。工具激光干涉仪有单频的和双频的两种。

激光具有高强度、高度方向性、空间同调性、窄带宽和高度单色性等优点。目前常用来测量长度的干涉仪，主要是以迈克尔逊干涉仪为主，并以稳频氦氖激光为光源，构成一个具有干涉作用的测量系统。激光干涉仪可配合各种折射镜、反射镜等来作线性位置、速度、角度、真平度、真直度、平行度和垂直度等测量工作，并可作为精密工具机或测量仪器的找正工作。

1. 激光干涉仪的功能特点

1）激光干涉仪可以同时测量线性定位误差、直线度误差（双轴）、偏摆角、俯仰角和滚动角等，以及测量速度、加速度、振动等参数，并评估机床动态特性等。

2）激光干涉仪的光源——激光，具有高强度、高度方向性、空间同调性、窄带宽和高度单色性等优点。

3）激光干涉仪可配合各种折射镜、反射镜等来使用。

4）仪器应放置在干燥、清洁以及无振动的环境中应用。

5）在移动仪器时，为防止导轨变形，应托住底座再进行移动。

6）仪器的光学零件在不用时，应在清洁干燥的器皿中进行存放，以防止发霉。

7）尽量不擦拭仪器的反光镜、分光镜等，如必须擦拭则应当小心擦拭，利用科学的方法进行清洁。

8）导轨、丝杠、螺母与轴孔部分等传动部件，应当保持良好的润滑。因此必要时要使用精密仪表油润滑。

9）在使用时应避免强旋、硬扳等情况，合理恰当地调整部件。

10）避免划伤或腐蚀导轨面丝杠，保持其不失油。

2. 激光干涉仪的主要特点

1）同时测量线性定位误差、直线度误差（双轴）、偏摆角、俯仰角和滚动角。

2）设计用于安装在机床主轴上的5D/6D传感器。

3）可选的无线遥控传感器最长的控制距离可到25m。

4）可测量速度、加速度、振动等参数，并评估机床动态特性。

5）全套系统质量仅15kg，设计紧凑、体积小，测量机床时不需三角架。

6）集成干涉镜与激光器于一体，简化了调整步骤，减少了调整时间。

4.3 驱动元件

驱动元件就是指伺服电动机，又称为执行电动机，它是数控机床伺服系统的重要组成部分。伺服系统的性能与电动机的选用有着密切的关系，直接影响伺服系统的静态和动态品质。数控机床常用的伺服电动机有步进电动机、直流伺服电动机和交流伺服电动机。在20世纪50年代，数控机床基本上都采用步进电动机，目前只应用于经济型数控机床。到了20世纪60、70年代，大多采用步进电动机和电液伺服电动机，现已基本被淘汰。到了20世纪70、80年代，直流伺服电动机得到了推广应用，其具有良好的调速性能，故目前仍在广泛使用。从20世纪80年代末开始，交流伺服电动机逐步取代了直流伺服电动机，由于其结构和控制原理的发展，性能得以大大提高，是目前主要使用和比较理想的驱动元件。

4.3.1 数控机床的动力源

机床的动力源可以是气动、液压或电动的，在数控机床中多使用电动机作为动力源。机床动力源根据用途分为三种类型：提供切削速度的主轴驱动动力源，进给驱动动力源及辅助运动驱动动力源。数控机床中多使用电动机作为动力源。

1. 主轴驱动动力源

主轴驱动动力源为主轴提供能量和较高的速度，因为电动机可以在很宽的工作范围内经济地提供足够的能量和速度，所以大部分数控机床的主运动由电动机驱动。

一般不采用交流电动机直接驱动主轴。在需要调速的场合，通常使用直流电动机。直流电动机可以在无级调速时输出足够的功率。

2. 进给驱动动力源

在普通机床中，通常由主轴带动齿轮链驱动进给运动。在数控加工中，进给运动就不能由主轴带动齿轮链驱动了。刀具或工件的运动有两种独立的要求：

1）在切削加工时，刀具或工件的实际位置总是要尽可能地接近参考信号的位置。

2）除了加工螺纹，进给速度不需要精确控制。

与主轴驱动动力源相比，进给驱动动力源的功率要小得多。此外，进给运动的速度比切削运动慢得多。尽管进给运动的速度不高，但是，进给驱动动力源的控制精度和响应速度必须很高。

3. 辅助运动驱动动力源

通常使用交流感应电动机作为辅助运动驱动动力源，包括冷却泵、除屑、驱动液压马达等，在这些应用场合，只需要进行开、关控制。

4.3.2 步进电动机

步进电动机伺服系统一般构成典型的开环伺服系统（见图4-2）。在这种开环伺服系统中，执行元件是步进电动机。步进电动机是一种可将电脉冲转换为机械角位移的控制电动机，并通过丝杠带动工作台移动。通常该系统中无位置、速度检测环节，其精度主要取决于步进电动机的步距角和与之相联传动链的精度。步进电动机的最高转速通常均比直流伺服电动机和交流伺服电动机低，且在低速时容易产生振动，影响加工精度。但步进电动机伺服系统的制造与控制比较容易，在速度和精度要求不太高的场合有一定的使用价值，同时步进电动机细分技术的应用，使步进电动机开环伺服系统的定位精度显著提高，并可有效地降低步进电动机的低速振动，从而使步进电动机伺服系统得到更加广泛的应用。特别适合于中、低精度的经济型数控机床和普通机床的数控化改造。

步进电动机伺服系统主要应用于开环位置控制中，该系统由环形分配器、步进电动机、驱动电源等部分组成。这种系统简单容易控制，维修方便且控制为全数字化（即数字化的输入指令脉冲对应着的数字化的位置输出），这完全符合数字化控制技术的要求，数控系统与步进电动机的驱动控制电路结为一体。

1. 步进电动机的分类

步进电动机根据不同的分类方式，可将步进电动机分为多种类型，见表4-2。

表4-2 步进电动机的分类

分类方式	具体类型
按力矩产生的原理	（1）反应式 转子无绕组，由被激磁的定子绕组产生反应力矩实现步进运行 （2）激磁式 定子、转子均有激磁绕组（或转子用永久磁钢），由电磁力矩实现步进运行
按输出力矩大小	（1）伺服式 输出力矩在百分之几到十分之几（N·m）只能驱动较小的负载，要与液压扭矩放大器配用，才能驱动机床工作台等较大的负载 （2）功率式 输出力矩在5~50 N·m以上，可以直接驱动机床工作台等较大的负载
按定子数	（1）单定子式。（2）双定子式。（3）三定子式。（4）多定子式
按各相绕组分布	（1）径向分相式 电动机各相按圆周依次排列 （2）轴向分相式 电动机各相按轴向依次排列

2. 步进电动机的工作原理

步进电动机是一种用电脉冲信号进行控制，并将电脉冲信号转换成相应的角位移的执行器。其角位移量与电脉冲数成正比，其转速与电脉冲频率成正比，通过改变脉冲频率就可以调节电动机的转速。如果停机后某些相的绕组仍保持通电状态，则还具有自锁能力。步进电动机每转一周都有固定的步数，从理论上说其步距误差不会积累。

步进电动机的最大缺点在于其容易失步。特别是在大负载和速度较高的情况下，失步更容易发生。但是，近年来发展起来的恒流斩波驱动、PWM驱动、微步驱动、超微步驱动及它们的综合运用，使得步进电动机的高频得到很大提高，低频振荡得到显著改善，特别是在随着智能超微步驱动技术的发展，必将把步进电动机性能提高到一个新的水平。它将以极佳的性能价格比，获得更为广泛的应用，在许多领域将取代直流伺服电动机及其相应伺服系统。

目前，步进电动机主要用于经济型数控机床的进给驱动，一般采用开环的控制结构。也有的采用步进电动机驱动的数控机床同时采用了位置检测元件，构成了反馈补偿型的驱动控制结构。

用于数控机床驱动的步进电动机主要有两类：反应式步进电动机和混合式步进电动机。反应式步进电动机也称为磁阻式步进电动机，如图4-21所示为一台三相反应式步进电动机的工作原理图。

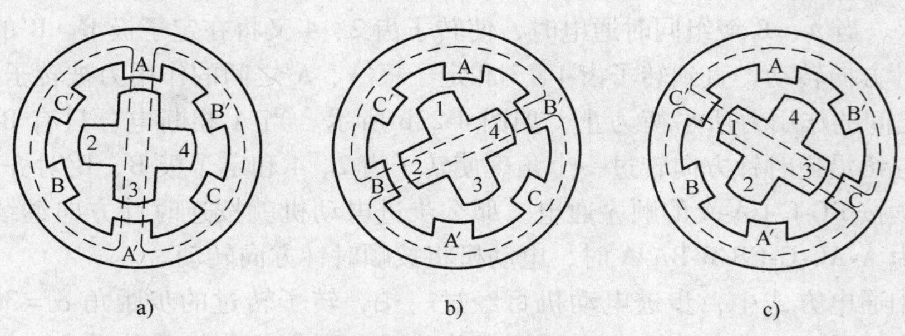

图4-21 反应式步进电动机工作原理

a）A相通电 b）B相通电 c）C相通电

它的定子上有6个极，每极上都装有控制绕组，每两个相对的极组成一相。转子是四个均匀分布的齿，上面设有绕组。当A相绕组通电时，因磁通总是沿着磁阻最小的路径闭合，将使转子齿1、3和定子极A、A′对齐，如图4-21a所示。A相断电，B相绕组通电时，转子将空间转过α角，$\alpha=30°$，使转子齿2、4和定子极B、B′对齐，如图4-21b所示。如果再使B相断电，C相绕组通电时，转子将空间转过30°角，使转子齿1、3和定子极C、C′对齐，如图4-21c所示。如此循环往复，并按A-B-C-A的顺序通电，电动机便按一定的方向转动。电动机的转速直接取决于绕组与电源接通或断开的变化频率。若按A-C-B-A的顺序通电，则电动机反向转动。电动机绕组与电源的接通或断开，通常是由电子逻辑电路来控制的。

电动机定子绕组每改变一次通电方式，称为一拍。此时电动机转子转过的空间角度成为步距角α。上述通电方式称为三相单三拍。“单”是指每次通电时，只有一相绕组通电；“三拍”是指经过三次切换绕组的通电状态为一个循环，第四拍通电时就重复第一拍通电的情况。可见，在这种通电方式时，三相步进电动机的步距角α应为30°。

三相步进电动机除了单三拍通电方式外，还经常工作在三相单、双六拍通电方式。这时通电顺序为：A-AB-B-BC-C-CA-A或A-AC-C-CB-B-BA-A。亦即先接通A相绕组；以后在同时接通A、B相绕组；然后断开A相绕组，使B相绕组单独接通；再同时接通B、C相绕组，依次进行。在这种通电方式时，定子绕组需经过六次切换才能完成一个循环，故称为“六拍”，而且在通电时，有时是单个绕组接通，有时又是两个绕组同时接通，因此称为“三相单、双六拍”。

在这种通电方式时，步进电动机的步距角与“单三拍”时的情况有所不同，如图4-22所示。

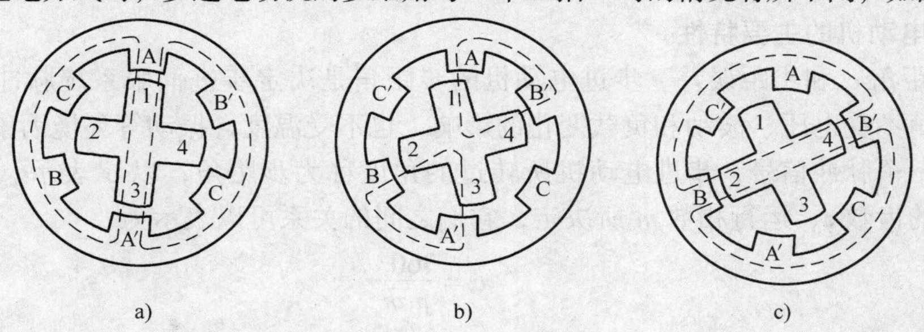

图4-22 单、双六拍工作示意图

a）A相通电 b）AB相通电 c）B相通电

当 A 相绕组通电时，和单三拍运行的情况相同，转子齿 1、3 和定子极 A、A′对齐，如图 4-22a 所示。当 A、B 绕组同时通电时，使转子齿 2、4 又将在定子极 B、B′的吸引下，使转子沿逆时针方向转动，直到转子齿 1、3 和定子极 A、A′之间的作用力被转子齿 2、4 和定子极 B、B′之间的作用力所平衡为止，如图 4-22b 所示。当 A 相断电，只有 B 相绕组通电时，转子将继续沿逆时针方向转过一个角度使转子齿 2、4 和定子极 B、B′对齐，如图 4-22c 所示。若继续按 BC-C-CA-A 的顺序通电，那么步进电动机就按逆时针方向继续转动，如果通电顺序改为 A-AC-C-CB-B-BA-A 时，电动机将按顺时针方向转动。

在单三拍通电方式中，步进电动机每经过一拍，转子转过的步距角 $\alpha = 30°$。采用单、双六拍通电方式后，步进电动机由 A 相绕组单独通电到 B 相绕组单独通电，中间还要经过 A、B 两相同时通电状态，也就是说要经过二拍，转子才转过 30°。所以在这种通电方式下，三相步进电动机的步距角 $\alpha = 30°/2 = 15°$。

同一台步进电动机，因通电方式不同，运行时的步距角也是不同的，采用单、双拍通电方式时，步距角要比单拍通电方式减少一半。

实际使用中，单三拍通电方式由于在切换时，一相绕组断电而另一相绕组开始通电容易造成失步。此外，由单一绕组通电吸引转子，也容易使转子在平衡位置附近产生振荡，运行的稳定性较差，所以很少采用。通常将它改成“双三拍”通电方式，即按 AB-BC-CA-AB 的通电顺序运行，这时每个通电状态均为两相绕组同时通电。在双三拍通电方式下步进电动机的转子位置与单、双六拍通电方式是两绕组同时通电的情况相同。所以步进电动机按双三拍通电方式运行时，它的步距角和单三拍通电方式相同也是 30°。

以上这种简单结构的反应式步进电动机的步距角较大，如在数控机床中应用就会影响到加工工件的精度。实际中采用的是小步距角的步进电动机。

3. 步进电动机的特点

1）步进电动机受脉冲的控制，其转子的角位移量和转速严格地与输入脉冲的数量和脉冲频率成正比，没有累积误差。控制输入步进电动机的脉冲数就能控制位移量，改变通电频率可改变电动机的转速。

2）当停止送入脉冲，只要维持控制绕组的电流不变，电动机便停在某一位置上不动，不需要机械制动。

3）改变通电顺序可改变步进电动机的旋转方向。

4）步进电动机的缺点是效率低，拖动负载的能力不大，脉冲当量（步距角）不能太大，调速范围不大，最高输入脉冲频率一般不超过 18kHz。

4. 步进电动机的主要特性

（1）步距角 α 和步距误差　步进电动机的步距角是决定步进伺服系统脉冲当量的重要参数。步距角不受电压、波动和负载变化的影响，也不受温度、振动等环境因素的干扰。

每输入一个脉冲信号，步进电动机所转过的角度称为步距角，以 α 表示。步距角 α 的大小由转子的齿数 z、运行相数 m 所决定，它们之间的关系可以表示为

$$\alpha = \frac{360°}{mzk}$$

式中　m——运行相数；

　　z——转子的齿数；

k——状态系数，相邻两次通电相数相同，$k=1$；相邻两次通电相数不同，$k=2$。

步距角 α 越小，精度越高。由上式可以看出，增加相数和增加转子齿数都可减小步距角，目前多用增加齿数方法减小步距角。

步距误差是指步进电动机运行时，转子每一步实际转过的角度与理论步距角的差值。连续走若干步时，上述步距误差的累积值称为步距的累积误差。影响步距误差的主要因素有：转子齿的分度精度、定子磁极与齿的分度精度，铁心叠压及装配精度，气隙的不均匀程度，各相励磁电流的不对称程度等。由于步进电动机转过一转后，将重复上一转的稳定位置，即步进电动机的步距累积误差将以一转为周期重复出现。

（2）步进电动机的转速 n　若步进电动机的通电脉冲频率为 f，则步进电动机的转速为

$$n=\frac{60f}{mzk}$$

式中　f——步进电动机的通电脉冲频率；

m——运行相数；

z——转子的齿数；

k——状态系数，相邻两次通电相数相同，$k=1$；相邻两次通电相数不同，$k=2$。

电动机的相数和齿数越多，电动机在一定的脉冲频率下，转速越低。但是相数越多，电源就越复杂，成本也就越高，因此，步进电动机最多为六相。

（3）静态矩角特性、最大静态转矩 M_{jmax} 和起动转矩 M_q　矩角特性是步进电动机的一个重要特性，它是指步进电动机产生的静态转矩 M_j 与失调角 θ 的变化规律。空载时，若步进电动机某相绕组通电，根据步进电动机的工作原理，电磁力矩会使得转子齿槽与该相定子齿槽相对齐，这时，转子上没有力矩输出。如果在电机轴上加一逆时针方向的负载转矩 M，则步进电动机转子就要逆时针方向转过一个角度 θ 才能重新稳定下来，这时转子上受到的电磁转矩 M_j 和负载转矩 M 相等。称为 M_j 为静态转矩，θ 为失调角。不断改变 M 值，对应的就有 M_j 值及 θ 角，得到 M_j 与 θ 的函数曲线，如图4-23所示为步进电动机静态矩角特性曲线。称 $M_j=f(\theta)$ 曲线为转矩—失调角特性曲线，或称为矩角特性。图中画出了三相步进电动机按照 A—B—C—A…方式通电时，A、B、C 各相的矩角特性曲线，三相矩角特性曲线在相位上互差1/3周期。曲线上峰值所对应的转矩叫做最大静态转矩，用 M_{jmax} 表示，它表示步进电动机承受负载的能力。M_{jmax} 越大，自锁力矩越大，静态误差越小。换句话说，最大静态转矩 M_{jmax} 越大，电动机带负载的能力越强，运行的快速性和稳定性越好。

图4-23中曲线 A 和曲线 B 的交点所对应的力矩 M_q 是电动机运行状态的最大起动转矩。当负载力矩 M_f 小于 M_q 时，电动机才能正常起动运行，否则，将造成失步，电动机也不能正常起动。一般地，随着电动机相数的增加，由于矩角特性曲线变密，相邻两矩角特性曲线的交点上移，会使 M_q 增加；改变 m 相 m 拍通电方式为 m 相 $2m$ 拍通电方式，同样会使 M_q 得以提高。

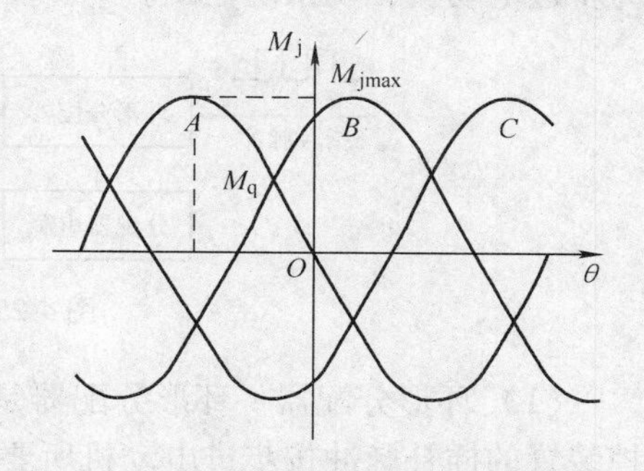

图4-23　步进电动机静态矩角特性曲线

（4）起动频率 f_q　空载时，步进电动机由静止突然起动而不丢步地进入正常运行状态所允许的最高起动频率称为起动频率或突跳频率。起动频率与机械系

统的转动惯量有关，随着负载转动惯量的增加，起动频率下降。若同时存在负载转矩则起动频率会进一步降低。在实际应用中，由于负载转矩的存在可采用的起动频率要比起动惯频特性中标出的数据低。

（5）连续运行的最高工作频率f_{max}　步进电动机起动以后，其运行速度能跟踪指令脉冲频率连续上升而不丢步的最高工作频率，称为连续运行最高工作频率f_{max}，在实际运用中，运行频率比起动频率高得多。通常用自动升降频的方式，即先在低频下使步进电动机起动，然后逐渐升至运行频率。当需要步进电动机停转时，则先将脉冲信号的频率逐渐降低至起动频率以下，再停止输入脉冲，步进电动机才能不失步地准确停止。影响连续运行频率的有负载性质和大小、步进电动机的绕组电感以及驱动电源。

（6）矩频特性与动态转矩　矩频特性是描述步进电动机连续稳定运行时输出的最大转矩与连续运行频率之间的关系曲线。如图 4-24 所示为步进电动机的矩频特性曲线，该特性曲线上每一频率f所对应的转矩为动态转矩M_d。可见，动态转矩的基本趋势是随连续运行频率的增大而降低。

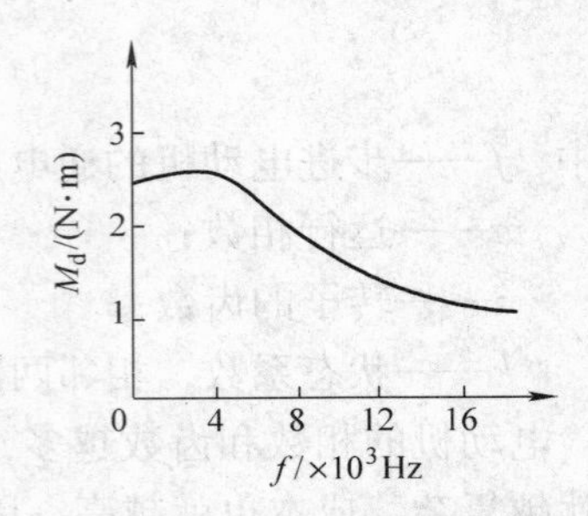

图 4-24　步进电动机的矩频特性曲线

步进电动机的最大输出转矩随连续运行频率的升高而下降。这是因为步进电动机的绕组是感性的，在绕组中通电时，电流上升缓慢，使有效转矩变小；绕组断电时，电流逐渐下降，产生与转向相反的转矩，输出转矩变小。随着连续运行频率的升高，电流波形的前后沿占通电时间的比例越来越大，输出转矩也就越来越小。步进电动机的绕组电感以及驱动电源对矩频特性影响很大。

除以上介绍的几种特性外，惯频特性和动态特性等也都是步进电动机很重要的特性。其中，惯频特性所描述的是步进电动机带动纯惯性负载时起动频率和负载转动惯量之间的关系；动态特性所描述的是步进电动机各相定子绕组通断电时的动态过程，它决定了步进电动机的动态精度。

5. 步进电动机驱动的驱动控制

数控装置根据进给速度指令，通过译码与脉冲发生器（硬件或软件）产生与进给速度相对应的一定频率的指令脉冲，再经环形脉冲分配器，按步进电动机的通电方式进行脉冲分配，并经功率放大后送给步进电动机的各相绕组，以驱动步进电动机旋转，如图 4-25 所示为步进电动机驱动系统框图。

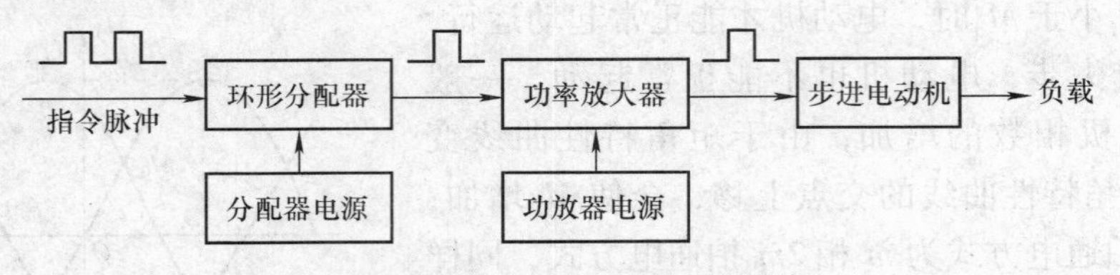

图 4-25　步进电动机驱动系统框图

（1）环形分配器　环形分配器是用于控制步进电动机通电运行方式的，其作用是将数控装置的插补脉冲按步进电动机所要求的规律分配给步进电动机驱动电路的各相输入端，以控制励磁绕组中电流的开通和关断。同时，由于电动机有正、反转要求，所以环形脉冲分配器的输出不仅是周期性的，而且是可逆的，因此称之为环形分配器。按是由硬件还是软件来完成环形脉冲分配功能，可将其分为硬件环形分配器和软件分配器两类，下面分别加以介绍。

① 硬件环形脉冲分配。早期设计硬件环形脉冲分配器电路时，都是根据步进电动机通电方式真值表或逻辑关系式采用逻辑门电路和触发器来实现的。如图4-26所示三相六拍脉冲分配器，当 $X=1$ 时，每来一个脉冲（cp）则电动机正转一步；当 $X=0$ 时，每来一个脉冲（cp）则电动机反转一步。其逻辑关系式如下：

$$Q_A = XQ_B + XQ_C$$

$$Q_B = XQ_C + XQ_A$$

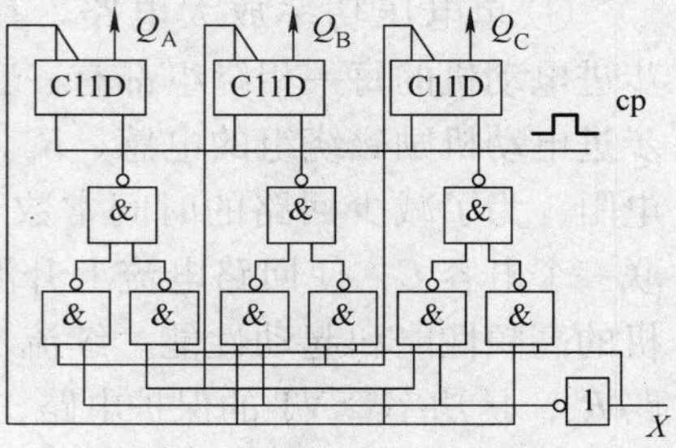

图4-26　三相六拍脉冲分配器

硬件脉冲分配器比较常用的是采用专用集成芯片进行环分。CH250是三相反应式步进电动机工作于单三拍、双三拍、三相六拍等方式。步进电动机的初始励磁相为A、B相，进给脉冲cp的上升沿有效，方向信号为1则正转，为0则反转。

当各个引脚连接好后，主要通过一个脉冲输入端控制步进的速度；一个输入端控制电动机的转向；并有与步进电动机相数同数目的输出端分别控制电动机的各相。这种硬件脉冲分配器通常直接包含在步进电动机驱动控制电源内。数控系统通过插补运算，得出每个坐标轴的位移信号，通过输出接口，只要向步进电动机驱动控制电源定时发出位移脉冲信号和正反转信号，就可实现步进电动机的运动控制。

② 软件环形脉冲分配。在计算机控制的步进电动机驱动系统中，可以采用软件的方法实现环形脉冲分配。软件环形分配器的设计方法有很多，如查表法、比较法、移位寄存器法等，它们各有特点，其中常用的是查表法。计算机的三相六拍环形分配表，见表4-3。

表4-3　计算机的三相六拍环形分配表

步序		导电相	工作状态	数值（16进制）	程序的数据表
正转	反转		CBA		TAB
↓	↑	A	0 0 1	01H	TAB0　DB　01H
		AB	0 1 1	03H	TAB1　DB　03H
		B	0 1 0	02H	TAB2　DB　02H
		BC	1 1 0	06H	TAB3　DB　06H
		C	1 0 0	04H	TAB4　DB　04H
		CA	1 0 1	05H	TAB5　DB　05H

采用软件进行脉冲分配虽然增加了软件编程的复杂程度，但它省去了硬件环形脉冲分配器，系统减少了器件，降低了成本，也提高了系统的可靠性。

（2）步进电动机伺服系统的功率驱动　环形分配器输出的电流很小（毫安级），需要功率放大后，才能驱动步进电动机。放大电路的结构对步进电动机的性能有着十分重要的作用。功放电路的类型很多，从使用元件来分，可以用功率晶体管、可关断晶闸管、混合元件来组成放大电路；从工作原理来分有单电压、高低电压切换、恒流斩波、调频调压、细分电路等。功率晶体管用得较为普遍，功率晶体管处于过饱和工作状态下。从工作原理上讲，目前用的多是恒流斩波、调频调压和细分电路等。

① 单电压功率放大电路。其原理图如图 4-27 所示，步进电动机的每一相绕组都有一套这样的电路。图中 L 为步进电动机励磁绕组的电感、R_a 为绕组的电阻，R_c 是限流电阻，为了减少回路的时间常数 $L/(R_a+R_c)$，电阻 R_c 并联一个电容 C，使回路电流上升沿变陡，提高了步进电动机的高频性能和起动性能。续流二极管 VD 和阻容吸收回路 R_c，是功率管 VT 的保护电路，在 VT 由导通到截止瞬间释放电动机电感产生的高的反电势。

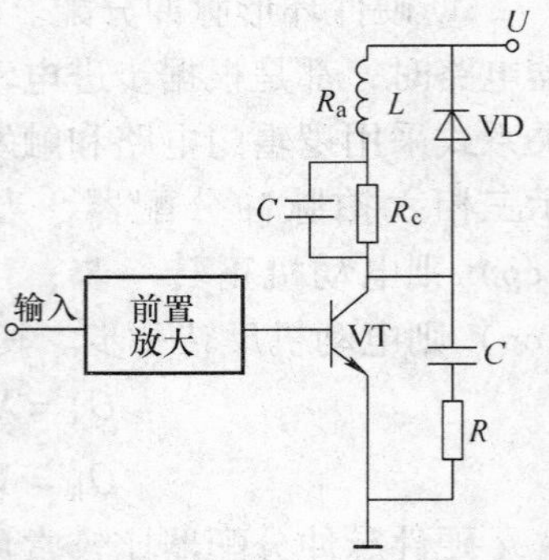

图 4-27　单电压功率放大电路原理图

此电路的优点是电路结构简单，不足之处是 R_c 消耗能量大，电流脉冲前后沿不够陡，在改善了高频性能后，低频工作时会使振荡有所增加，使低频特性变坏。

② 高低电压功率放大电路。其原理如图 4-28 所示。图中电压 U_1 为高电压，电压大约为 80 ~ 150V，U_2为低电压，大约为 5 ~ 20V。在绕组指令脉冲到来时，脉冲的上升沿同时使 VT_1 和 VT_2 导通。由于二极管 VD_1 的作用，使绕组只加上高电压 U_1，绕组的电流很快达到规定值。到达规定值后，VT_1的输入脉冲先变成下降沿，使 VT_1 截止，电动机由低电压 U_2 供电，维持规定电流值，直到 VT_2 输入脉冲下降沿到来 VT_2 截止。下一绕组循环这一过程。由于采用高压驱动，电流增长快，绕组电流前沿变陡，提高了电动机的工作频率和高频时的转矩。同时由于额定电流是由低电压维持，只需阻值较小的限流电阻 R_c，故功耗较低。不足之处是在高低压衔接处的电流波形在顶部有下凹，影响电动机运行的平稳性。

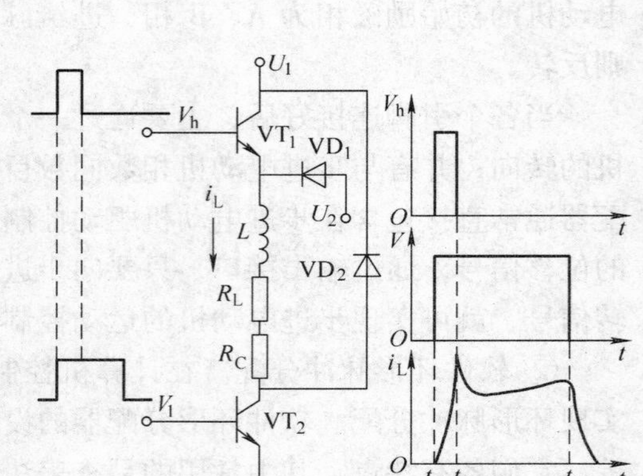

图 4-28　高低电压功率放大电路原理图

③ 斩波恒流功放电路。斩波恒流功放电路原理如图 4-29a 所示。该电路的特点是工作时 V_{in} 端输入方波步进信号：当 V_{in} 为"0"电平，由与门 A_2 输出 V_b 为"0"电平，功率管（达林顿管）VT 截止，绕组 W 上无电流通过，采样电阻上 R_3 上无反馈电压，A_1 放大器输出高电平；而当 V_{in} 为高电平时，由与门 A_2 输出的 V_b 也是高电平，功率管 VT 导通，绕组 W 上有电流，采样电阻上 R_3 上出现反馈电压 V_f，由分压电阻 R_1、R_2 得到设定电压与反馈电压相减，来决定 A_1 输出电平的高低，来决定 V_{in} 信号能

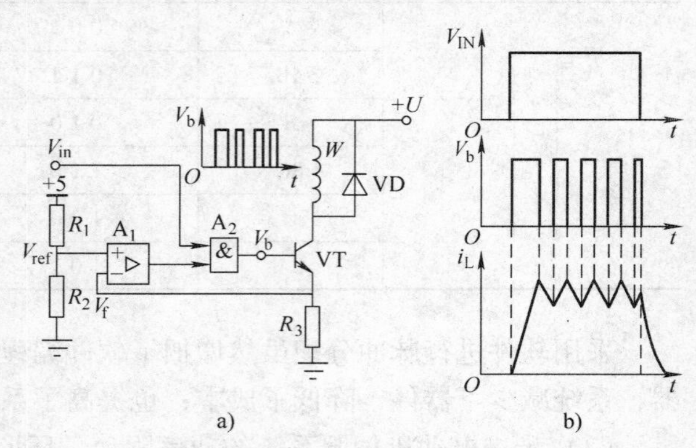

图 4-29　斩波恒流功放电路原理图

a）电路原理　b）电流波形

否通过与门 A_2。当 $V_{ref} > V_f$ 时，V_{in} 信号通过与门，形成 V_b 正脉冲，打开功率管 VT；反之，当 $V_{ref} < V_f$ 时，V_{in} 信号被截止，无 V_b 正脉冲，功率管 VT 截止。这样在一个 V_{in} 脉冲内，功率管 VT 会多次通断，使绕组电流在设定值上下波动。各点的波形如图 4-29b 所示。

在这种控制方法中，绕组上的电流大小和外加电压大小 $+U$ 无关，由于采样电阻 R_3 的反馈作用，使绕组上的电流可以稳定在额定的数值上，是一种恒流驱动方案，所以对电源的要求很低。

这种驱动电路中绕组上的电流不随步进电动机的转速而变化，从而保证在很大的频率范围内，步进电动机都输出恒定的转矩。这种驱动电路虽然复杂但绕组的脉冲电流边沿陡，由于采样电阻 R_3 的阻值很小（一般小于 1Ω），所以主回路电阻较小，系统的时间常数较小，反应较快，功耗小、效率高。这种功放电路在实际中经常使用。

④ 细分驱动电路。步进电动机励磁绕组中的电流为矩形波时，其步距角因通电控制方式不同，不是整步就是半步。而步距角是由步进电动机结构确定的，故可以用控制的方法来进行细分。为此，绕组电流由矩形波供电改为梯形波供电。矩形波供电时，绕组中的电流基本上是从零值跃到额定值，或从额定值降至零值。而梯形波供电时，绕组中的电流经若干个阶梯上升到额定值，或经若干个阶梯下降到零值，在每次输入脉冲换相时，不是将绕组电流全部通入或切除，而是改变相应绕组中额定电流的一部分。电流分成多少个台阶，转子就以同样的步数转一个步距角。这种将一个步距角细分成若干个的驱动方法称为细分驱动。电流的大小用脉冲宽度来控制。细分驱动电路的特点是使步距角减小，提高了匀速性和控制精度，并能减弱或消除振荡。

⑤ 调频调压驱动。从前面的几种方法可以看出：为了提高系统的高频响应，可以提高供电电压，加快电流上升前沿，但这样可能会引起步进电动机低频振荡加剧，甚至失步。

调频调压驱动是对绕组提供的电压和电动机运行频率之间直接建立联系，即为了减少低频振荡，低频时保证绕组电流上升的前沿较缓慢，使转子在到达新的平衡位置时不产生过冲；而在高频时使绕组中的电流有较陡的前沿，产生足够的绕组电流，提高电动机驱动负载能力。这就要求低频时用较低电压供电，高频时用较高电压供电。

4.3.3 交流伺服电动机

由于直流伺服电动机具有良好的调速性能，因此长期以来，在要求调速性能较高的场合，直流电动机调速系统一直占据主导地位。但由于电刷和换向器易磨损，需要经常维护；并且有时换向器换向时产生火花，电动机的最高速度受到限制；且直流伺服电动机结构复杂，制造困难，所用铜铁材料消耗大，成本高，所以在使用上受到一定的限制。由于交流伺服电动机无电刷，结构简单，转子的转动惯量较直流电动机小，使得动态响应好，且输出功率较大（比直流电动机提高 10% ~70%），因此在有些场合，交流伺服电动机已经取代了直流伺服电动机，并且在数控机床上得到了广泛的应用。

交流伺服电动机分为交流永磁式伺服电动机和交流感应式伺服电动机。交流永磁式电动机相当于交流同步电动机，其具有硬的机械特性及较宽的调速范围，常用于进给系统；感应式相当于交流感应异步电动机，它与同容量的直流电机相比，质量可轻 1/2，价格仅为直流电机的 1/3，常用于主轴伺服系统。

1. 交流伺服电动机工作原理

永磁交流伺服电动机属于同步型交流伺服电动机，具有响应快、控制简单的特点，因而被广泛应用于数控机床。它是一台机组，由永磁同步电动机、转子位置传感器、速度传感器等组成。

（1）交流伺服电动机的结构　如图4-30和图4-31所示为其横剖面和纵剖面，永磁交流伺服电动机主要由三部分组成：定子、转子和检测元件（转子位置传感器和测速发电机）。其中定子有齿槽，内装三相对称绕组，形状与普通异步电动机的定子相同。但其外圆多呈多边形，且无外壳，以利于散热，避免电动机发热对机床精度的影响。

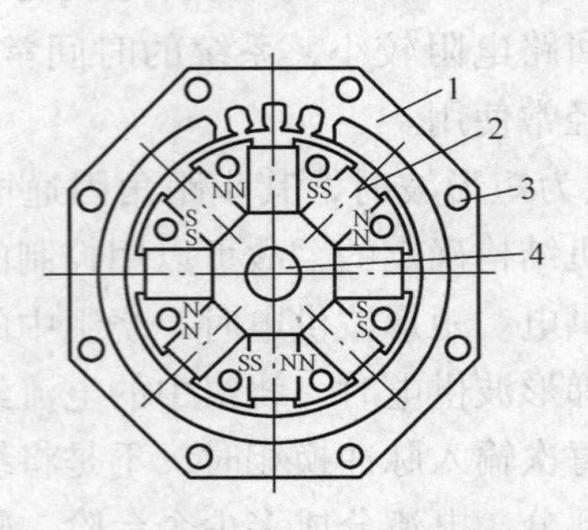

图4-30　永磁交流伺服电动机横剖面

1—定子　2—永久磁铁　3—轴向通风孔　4—转轴

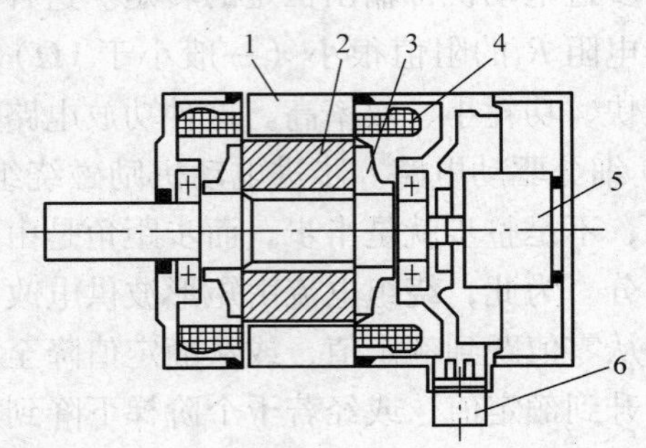

图4-31　永磁交流伺服电动机纵剖面

1—定子　2—转子　3—压板　4—定子三相绕组

5—脉冲编码器　6—出线盒

根据交流伺服电动机的转子形式的不同，又分为如下两类。

① 笼型转子交流伺服电动机。这种交流伺服电动机的笼型转子和三相异步电动机的笼型转子一样，但笼型转子的导条采用高电阻率的导电材料制造，如青铜、黄铜。另外，为了提高交流伺服电动机的快速响应性能，宜把笼型转子做得又细又长，以减小转子的转动惯量。

② 杯型转子交流伺服电动机。如图4-32所示，杯型转子交流伺服电动机有两个定子：外定子和内定子，外定子铁芯槽内安放有励磁绕组和控制绕组，而内定子一般不放绕组，仅作为磁路的一部分；空心杯转子位于内外绕组之间，通常用非磁性材料（如铜、铝或铝合金）制成，在电动机旋转磁场作用下，杯型转子内感应产生涡流，涡流再与主磁场作用产生电磁转矩，使杯型转子转动起来。由于使用内外定子，气隙较大，故励磁电流较大，体积也较大。

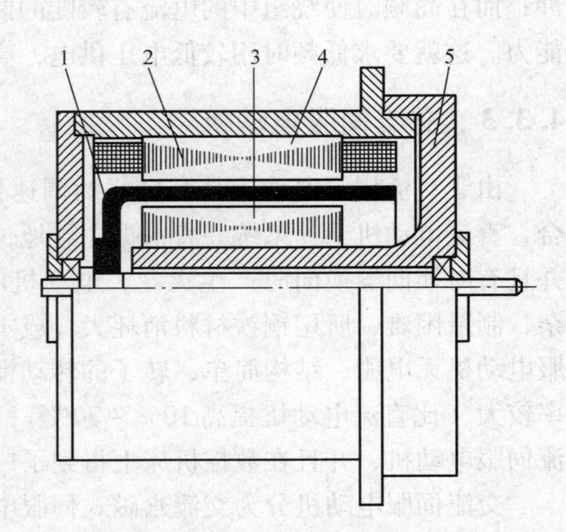

图4-32　杯型转子交流伺服电动机

1—空心杯转子　2—外定子　3—内定子

4—机壳　5—端盖

空心杯转子的壁厚约为0.2～0.6mm，因而其转动惯量很小，故电动机快速响应性能好，而且运转平稳平滑，无抖动现象，因此被广泛采用。

（2）交流伺服电动机的工作原理　交流伺

服电动机的工作原理与单相异步电动机相似，如图4-33所示。电动机定子上有两相绕组，一相叫作励磁绕组厂，接到交流励磁电压U上，另一相为控制绕组C，接入控制电压U_C，两绕组在空间上互差90°，励磁电压U和控制电压U_C频率相同。

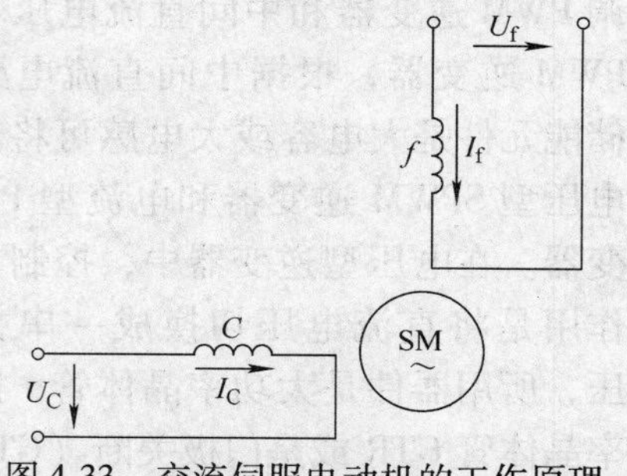

图4-33　交流伺服电动机的工作原理

当交流伺服电动机的励磁绕组接到励磁电源U_f，若控制绕组加上的控制电压U_C为零时（即无控制电压），这时定子内只有励磁绕组产生的脉动磁场，电动机无起动转矩，转子不能起动。当控制绕组加上控制电压，且产生的控制电流与励磁电流的相位不同时，则定子内产生椭圆形旋转磁场（若I_c与I_f，相位差为90°时，即为圆形旋转磁场），于是产生起动力矩，电动机的转子沿旋转磁场的方向转动起来。在负载恒定的情况下，电动机的转速将随控制电压的大小而变化，当控制电压的相位相反时，伺服电动机将反转。

与单相异步电动机相比，交流伺服电动机有以下三个特点：

① 当控制电压为零时，转子停止转动。这时，虽然励磁电压仍存在，似乎成单相运行状态，但和单相异步电动机不同。若单相电动机起动运行后，出现单相后仍转。伺服电动机则不同，单相电压时设备不能转。原因是在设计交流伺服电动机时，增大了转子电阻，所以当控制电压为零时，脉动磁场分成的正反向旋转磁场产生的转矩T'、T''的合成转矩T与单相异步机不同。合成转矩的方向与旋转方向相反，所以电动机在控制电压为零时，能立即停止，体现了控制信号的作用（有控制电压时转动，无控制电压时不转），以免失控。

② 交流伺服电动机的转子电阻设计得较大，起动迅速，稳定运行范围大，在转差率S从0到1的范围内，伺服电动机都能稳定运转。

③ 如图4-34所示为交流伺服电动机的机械特性曲线，当负载一定时，控制电压越高，转子的转速越高；当控制电压一定时，增加负载，则转子的转速下降。同时，当控制电压的极性改变时，转子的转向也随之改变。

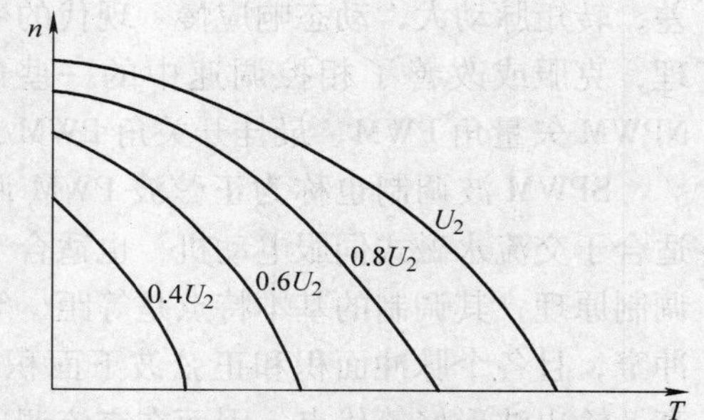

图4-34　交流伺服电动机的机械特性曲线

2. 交流伺服驱动装置

（1）交流伺服电动机调速主回路（见图4-35）　我国工业用电的频率是固定的50Hz，有些欧美国家工业用电的固有频率是60Hz，因此交流伺服电动机的调速系统必须采用变频的方法改变电动机的供电频率。常用的方法有两种：直接的交流-交流变频和间接的交流-直流-交流变频。交流-交流变频是用可控硅整流器直接将工频交流电直接变成频率较低的脉动交流电，正组输出正脉冲，反组输出负脉冲，这个脉动交流电的基波就是所需的变频电压。这种方法获得的交流电波动较大。而间接的交流-直流-交流变频是先将交流电整流成直流电，然后将直流电压变成矩形脉冲波动电压，这个脉动交流电的基波就是所需的变频电压。这种方法获得的交流电的波动小，调频范围宽，调节线性度好。数控机床常采用这种方法。

间接的交流-直流-交流变频中，根据中间直流电压是否可调，又可分为中间直流电压可调 PWM 逆变器和中间直流电压不可调 PWM 逆变器，根据中间直流电路上的储能元件是大电容或大电感可将其分为电压型 SPWM 逆变器和电流型 PWM 逆变器。在电压型逆变器中，控制单元的作用是将直流电压切换成一串方波电压，所用器件是大功率晶体管、巨型功率晶体管 GTR 或是门极关断（GTO）晶闸管。交流-直流-交流变频中典型的逆变器是固定电流型 SPWM 逆变器。

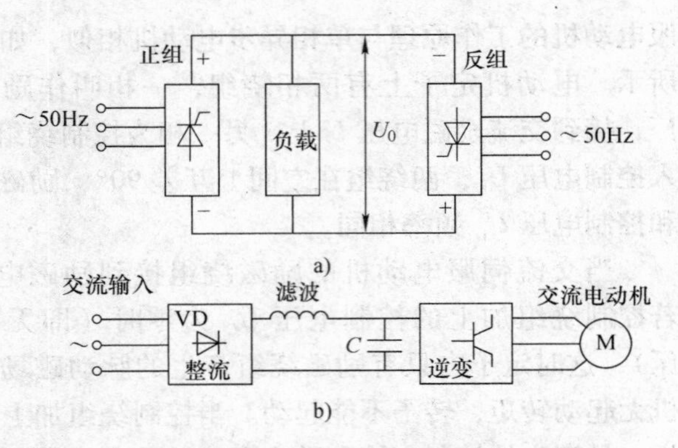

图 4-35　交流伺服电机的调速主回路

a）交流-交流变频　b）交流-直流-交流变频

通常交流-直流-交流变频器中交流-直流的变换是将交流电变成为直流电，而直流-交流变换是将直流变成为调频、调压的交流电，采用脉冲宽度调制逆变器来完成。逆变器分为晶闸管和晶体管逆变器，数控机床上的交流伺服系统多采用晶体管逆变器，它克服或改善了晶闸管相位控制中的一些缺点。

（2）交流伺服系统的控制回路　交流伺服电动机可以利用供电频率的改变来进行调速，因此交流伺服系统的核心是形成供电频率可变的变频器。过去的变频器采用的功率开关元件是晶闸管，利用相位控制原理进行控制，这种方法产生的电压谐波分量比较大，功率因数差，转矩脉动大，动态响应慢。现代的变频调速大量采用 PWM 型变频器，采用脉宽调制原理，克服或改善了相控调速中的一些缺点。常用的 PWM 型变频器有 SPWM、DMPWM、NPWM 矢量角 PWM、最佳开关角 PWM、交流跟踪 PWM 等十几种。

SPWM 波调制也称为正弦波 PWM 调制，是一种 PWM 调制。SPWM 波调制变频器不仅适合于交流永磁式伺服电动机，也适合于交流感应式伺服电动机。SPWM 采用正弦规律脉宽调制原理，其调制的基本特点是等距、等幅，但不等宽。它的规律总是中间脉冲宽而两边脉冲窄，且各个脉冲面积和正弦波下面积成比例。因其脉宽按正弦规律变化，具有功率因数高，输出波形好等优点，因而在交流调速系统中获得了广泛应用。

① 一相 SPWM 波调制原理（见图 4-36）。在直流电动机 PWM 调速系统中，PWM 输出电压是由三角载波调制电压得到的。同理，在交流 SPWM 中，输出电压是由三角载波调制的正弦电压得到。三角波和正弦波的频率比通常为 15～168 或更高。SPWM 的输出电压 U_0

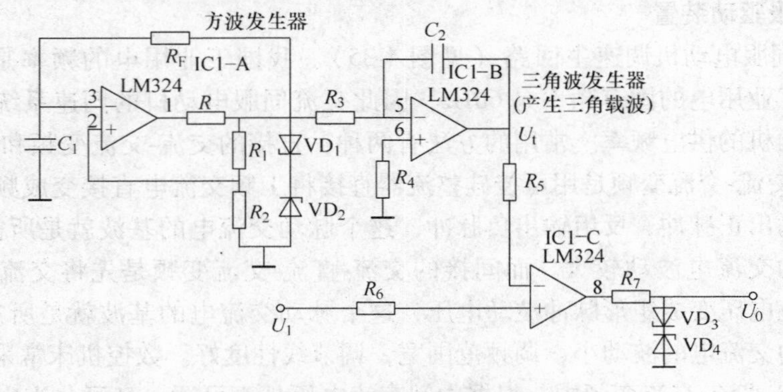

图 4-36　SPWM 波调制原理（一相）

是幅值相等、宽度不等的方波信号。其各脉冲的面积与正弦波下的面积成比例，其脉宽基本上按正弦分布，其基波是等效正弦波。用这个输出脉冲信号经功率放大后作为交流伺服电动机的相电压（电流）。改变正弦基波的频率就可以改变电动机相电压（电流）的频率，实现调频调速的目的。

在调制过程中可以是双极调制，也可以是单极调制。在双极性调制过程中，同时得到正负完整的输出SPWM波。当控制电压U_1高于三角波电压U_t时，比较器输出电压为“高”电平，反之输出“低”电平，只要正弦控制波U_1的最大值低于三角波的幅值，调制结果必然形成等幅、不等宽的SPWM脉宽调制波。双极性调制能同时调制出正半波和负半波。而单极性调制只能调制出正半波或负半波，再将调制波倒相得到另外半波形，然后相加得到一个完整的SPWM波。

② SPWM的同相调制和异相调制。将三角载波频率f_t与正弦控制波频率f_r之比称为载波比N，即$N = f_t/f_r$，N通常为3的整数倍，如15、18、21、30、36、42、60、72、84、120、168等，以保证调制波的对称性。

同步调制是N为常数，变频时三角波频率和输入正弦波控制信号频率同步变化，因此在一个正弦控制波周期内输出的矩形脉冲数量是固定的。若N为3的整数倍，则在同步调制中能够保证逆变器输出波形正负对称，且三相输出波形互差120°。同步调制的缺点是低频段相邻两脉冲的间距增大，谐波会显著增加，电动机会产生较大的脉动转矩和较大的噪声。

异步调制是N为变数，这种情况下是只改变正弦控制信号的频率f_r，保持三角调制波频率f_t保持不变，就可以实现N为变数的目的。这样在低频段时SPWM输出波在每个正弦控制波周期内有较多的脉冲个数，脉冲频率越低，脉冲个数越多，这样可以减少多次谐波和电动机转矩的波动及噪声。异步调制的优点是改善了低频工作特性，但输出的波形不对称，且有相位的变化，易引起电动机工作不平稳，在正弦控制波频率较高时比较明显，因此异步调制适用于频率较低的条件下。

除了上述两种调制方法外，还有分段同步调制。SWAP调制的实质是根据三角载波与正弦控制波的交点来确定功率开关的通断时刻，可以用模拟电子电路、数字电路或专用大规模集成电路等硬件来实现，也可以用计算机或单片机等通过软件方法来调制SWAP波形。

4.3.4 直线伺服电动机

直线伺服电动机是近年来国内外积极研究发展的新型电动机之一。长期以来，在各种工程技术中需要直线型驱动力时，主要是采用旋转电动机并通过曲柄连杆或蜗轮蜗杆等传动机构来获得的。但是，这种传动形式往往有结构复杂，质量重，体积大，啮合精度低，且工作不可靠等缺点。而采用直线伺服电动机不需要中间转换装置，能够直接产生直线运动。

各种新技术和需求的出现和拓展推动了直线伺服电动机的研究和生产，目前在交通运输、机械工业和仪器仪表工业中，直线伺服电动机已得到推广和应用。在自动控制系统中，采用直线伺服电动机作为驱动、指示和信号元件也更加广泛，例如在快速记录仪中，伺服电动机改用直线伺服电动机后，可以提高仪器的精度和频带宽度；在雷达系统中，用直线自整角机代替电位器进行直线测量可提高精度，简化结构；在电磁流速计中，可用直线测速机来测量导电液体在磁场中的流速；在高速加工技术中，采用直线伺服电动机可获得比传统驱动方式高几倍的定位精度和快速响应速度。另外，在录音磁头和各种记录装置中，也常用直线伺服电动机传动。

与旋转电动机传动相比，直线伺服电动机传动主要具有下列优点：

① 直线伺服电动机由于没有中间转换环节，因而使整个传动机构得到简化，提高了精度，降低了振动和噪声。

② 快速响应。用直线伺服电动机驱动时，不存在中间传动机构的惯量和阻力矩的影响，因而加速和减速时间短，可实现快速起动和正反向运行。

③ 仪表用的直线伺服电动机，可以省去电刷和换向器等易损零件，提高可靠性，延长使用寿命。

④ 直线伺服电动机由于散热面积较大，容易冷却，所以允许较高的电磁负荷，可提高电动机的容量定额。

⑤ 装配灵活性大，往往可将电动机和其他机件合成一体。

直线伺服电动机有多种形式。一般来讲，对每一种旋转电动机都有其相应的直线电动机型式。如直线感应电动机、直线直流电动机和直线同步电动机（包括直线步进电动机）。在伺服系统中，和传统元件相应，也可制成直线运动形式的信号和执行元件。

1. 直线伺服电动机的工作原理

（1）直线伺服电动机的原理

与旋转电动机不同，直线电动机是能够直接产生直线运动的电动机，但它却可以看成是从旋转电动机演化而来，如图 4-37 所示。设想把旋转电动机沿径向剖开，并将圆周展开成直线，就得到了直线电动机。旋转电动机的径向、周向和轴向，在直线电动机中对应地称为法向、纵向和横向；旋转电动机的定子、转子在直线电动机中称为初级和次级。

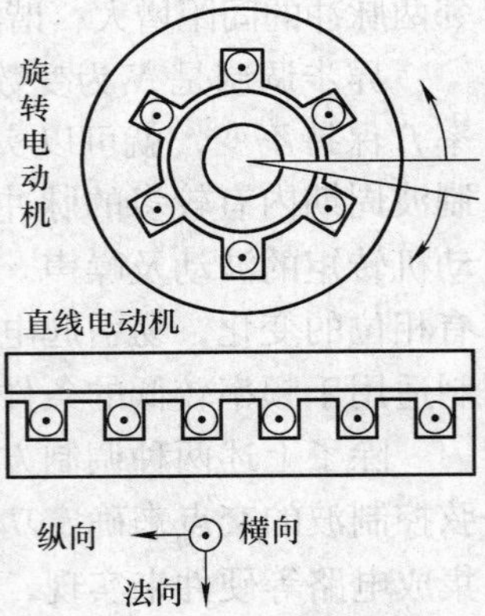

图 4-37　从旋转电动机到直线电动机的演化

当直线电动机初级的多相绕组中通入多相电流后，同旋转电动机一样，也会产生一个气隙基波磁场，只不过这个磁场的磁通密度波 B_δ 是沿直线运动的，故称之为行波磁场，如图 4-38 所示。显然，行波的移动速度与旋转磁场在定子内圆表面上的线速度是一样的，我们用 v_s 表示，称之为同步速度。

$$v_s = 2f\tau$$

式中　τ——为极距（cm）；

f——为电源频率（Hz）。

在行波磁场切割下，次级导条将产生感应电势和电流，所有导条的电流和气隙磁场相互作用，便产生切向电磁力。如果初级是固定不动的，那么次级就顺着行波磁场运动的方向做直线运动。若次级移动的速度用 v 表示，则滑差率 s 为

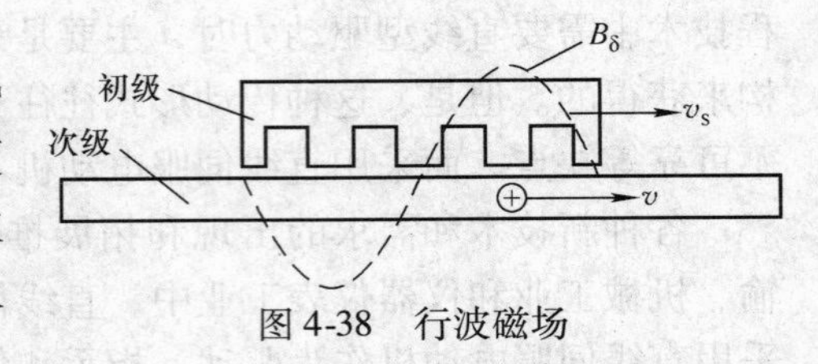

图 4-38　行波磁场

$$s = \frac{v_s - v}{v_s}$$

$$v = (1-s)v_s = 2f\tau(1-s)$$

从上面公式可以看出，直线感应电动机的速度与电动机极距及电源频率成正比，因此改

变极距或电源频率都可改变电动机的速度。

与旋转电动机一样，改变直线电动机初级绕组的通电相序，可改变电动机运动的方向，因而可使直线电动机作往复直线运动。

直线电动机的其他特性，如机械特性、调节特性等都与交流伺服电动机相似，通常也是通过改变电源电压或频率来实现对速度的连续调节，这里不再重复。

（2）直线电动机的结构与分类　如前所述，直线电动机由相应旋转电动机转化而来，因此与旋转电动机对应，直线电动机可分为直线感应电动机、直线同步电动机、直线直流电动机和其他直线电动机（如直线步进电动机）。旋转电动机的定子和转子，在直线电动机中称为初级和次级。直线电动机初级和次级的长短不同，这是为了保障在运动过程中初级和次级始终处于耦合状态。

在直线电动机中，直线感应电动机应用最广，因为它的次级可以是整块均匀的金属材料，即采用实心结构，成本较低，适宜做得较长。直线感应电动机由于存在纵向和横向边缘效应，其运行原理和设计方法与旋转电动机有所不同。

直线直流电动机由于可以做得惯量小、推力大（当采用高性能的永磁体时），在小行程场合有较多的应用。直线直流电动机的结构和运行方式都比较灵活，与旋转电动机相比差别较大。

直线同步电动机由于成本较高，目前在工业中应用不多，但它的效率高，适宜作为高速的水平或垂直运输的推进装置。它又可分成电磁式、永磁式和磁阻式三种，其中由电子开关控制的永磁式和磁阻式直线同步电动机具有很好的发展前景。直线步进电动机作为高精度的直线位移控制装置已有一些应用。

按结构来分，直线电动机可分为平板形、管形、弧形和盘形四种形式。如图4-39所示为从旋转电动机到管形直线电动机的演化。

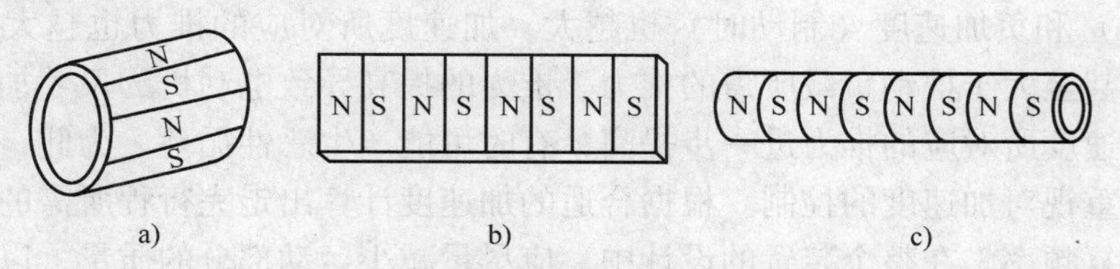

图4-39　从旋转电动机到管形直线电动机的演化

a）旋转电动机　b）平板形直线电动机　c）管形直线电动机

直线电动机按初级与次级之间的相对长度来分可分为短初级和短次级，按初级运动还是次级运动来分可分为动初级和动次级。

2. 直线电动机的应用原则

传动系统中，多数直线运动机械是由旋转电动机驱动的。这时必须配置由旋转运动转变为直线运动的机械传动机构，使得整个装置体积庞大、成本较高和效率较低。若采用直线感应电动机后，不但可省去早间机械传动机构，并可根据实际需要将直线感应电动机的初级和次级安放在适当的空间位置或直接作为运动机械的一部分，使整个装置紧凑合理，降低成本并提高效率。此外，在某些特殊应用场合，直线感应电动机的独特应用是旋转电动机无法代替的。因此，直线感应电动机能够直接产生直线运动，这一点对直线运动机械的设计者和使用者有很大的吸引力。但是，并不是在任何场合使用直线感应电动机都能取得良好效果。为此，必须首先了解直线感应电动机的应用原则，以便能恰到好处地应用它。下面给出几条主要的应用原则：

① 有合适的运动速度。直线感应电动机的运动速度与同步速有关，而同步速又正比于极距。因此运动速度的选择范围依赖于极距的选择范围。极距太小会降低槽的利用率、增大槽漏抗和减小品质因数，从而降低电动机的效率和功率因数。极距的下限通常取3cm。极距可以没有上限，但当电动机的输出功率一定时，初级铁芯的纵向长度是有限的，另外为了减小纵向边缘效应，电动机的极数不能太少，故极距不可能太大。对于工业用直线感应电动机，极距的上限一般取30cm。即在工频条件下，同步速的选择范围相应地为3～30m/s。考虑到直线感应电动机的转差率较大，运动速度的选择范围约为1～25m/s。当运动速度低于这一选择范围的下限时，一般不宜使用直线感应电动机，除非使用变频电源，通过降低电源的频率来降低运动速度。在某些场合，允许用点动的方法来达到很低的速度，这时可以避免使用变频电源。

② 要有合适的推力。旋转电动机可以适应很大的推力范围，将旋转电动机配上不同的变速箱，可以得到不同的转速和转矩。特别是在低速的场合，转矩可以扩大几十倍到几百倍，以至于用一个很小的旋转电动机就能推动一个很大的负载，当然功率是守恒的。对于直线感应电动机，由于它无法用变速箱改变速度和推力，因此它的推力不能扩大。要得到比较大的推力，只有依靠加大电动机的功率、尺寸，这不是很经济。一般来说，在工业应用中，直线感应电动机适用于推动轻负载，例如克服滚动摩擦来推动小车，这时电动机的尺寸不大，在制造成本、安装使用和供电耗电等方面都比较理想。

③ 要有合适的往复频率。在工业应用中，直线感应电动机都是往复运动的。为了达到较高的劳动生产率，要求有较高的往复频率。这意味着电动机要在较短的时间内走完整个行程，完成加速和减速的过程，也就是要起动一次和制动一次。往复频率越高，电动机的正加速度（起动时）和负加速度（制动时）也越大，加速度所对应的推力也越大。有时加速度所对应的推力甚至大于推动负载所需的推力。推力的提高导致电动机的尺寸加大，而其质量加大又引起加速度所对应的推力进一步提高，有时可能产生恶性循环。为此，在设计电动机时，应当充分重视对加速度的控制。根据合适的加速度计算出走完行程所需的时间，由此决定电动机的往复频率。在整个装置的设计中，应尽量减小运动部分的质量，以便减小加速度所对应的推力。

④ 要有合适的定位精度。在许多应用场合，电动机运动到位时由机械限位使之停止运动。为了在到位时冲击较小，可以加上机械缓冲装置。在没有机械限位的场合，可通过电气控制的方法来实现，如一个比较简单的定位办法是，在到位前通过行程开关控制，对电动机作反接制动或能耗制动，使在到位时停下来。但由于直线感应电动机的机械特性是软特性，电源电压变化或负载变化都会影响电动机在开始制动时的初速度，从而影响停止时的位置。当电源电压偏低或负载偏大时，电动机可能到不了位。反之可能超位。因此，这种定位办法只能用于电源电压稳定且负载恒定的场合。否则，应当配上带有测速传感器和可控交流调压器的自动控制装置。

在考虑了上述应用原则后，对所研制的采用直线电动机的直线运动机械方案还应当在制造成本、运行费用和使用维修等各方面与采用其他动力设备（如旋转电动机）的方案作全面对比后，来决定是否予以实施。

4.4　进给伺服系统

数控机床的进给伺服系统是以数控机床的各坐标为控制对象，以机床移动部件的位置和速度为控制量的自动控制系统，又称位置随动系统、进给伺服机构或进给伺服单元。这类系统控制电动机的转矩、转速和转角，将电能转换为机械能，实现运动机械的运动要求。在数控机床中，进给伺服系统是数控装置和机床本体的联系环节，它接收数控系统发出的位移、速度指令，经变换、放大后，由电动机经机械传动机构驱动机床的工作台或溜板沿某一坐标轴运动，通过轴的联动使刀具相对工件产生各种复杂的机械运动，从而加工出用户所要求的复杂形状的工件。

4.4.1　开环控制步进式伺服系统

开环伺服系统没有位置测量装置，信号流是单向的（即数控装置→进给系统），故系统稳定性好。但由于无位置反馈，精度相对于闭环系统较低，其精度主要取决于伺服驱动系统和机械传动机构的性能和精度。此系统一般以功率步进电动机作为伺服驱动元件，具有结构简单、工作稳定、调试方便、维修简单、价格低廉等优点，在精度和速度要求不高、驱动力矩不大的场合得到广泛应用。一般用于经济型数控机床和旧机床的数控化改造。

1. 步进电动机的升降速控制

(1) 步进电动机的控制

① 工作台位移量的控制。数控装置发出 N 个进给脉冲，经驱动线路放大后，变换成步进电动机定子绕组通、断电的次数 N，使步进电动机定子绕组的通电状态改变 N 次，因而也就决定了步进电动机的角位移。该角位移再经减速齿轮、丝杠、螺母之后转变为工作台的位移量 L。可见。这种对应关系可表示为：进给脉冲的数量 N→定子绕组通电状态变化次数 N→步进电动机转子角位移→机床工作台位移量 L。据此可得开环系统的脉冲当量 δ 为

$$\delta = \frac{\theta h}{360 i}$$

式中　θ——步进电动机步距角；

h——滚珠丝杠螺距；

i——减速齿轮的减速比。

需要指出的是，增设减速齿轮一方面可以调整速度，另一方面可以增大扭矩，降低电动机功率。

② 工作台进给速度的控制。系统中进给脉冲频率经驱动放大后，就转化为步进电动机定子绕组通、断电状态变化的频率，因而就决定了步进电动机的转速 w，该 w 经减速齿轮、丝杠、螺母之后，转化为工作台的进给速度 v。可见，这种对应关系可表示为：进给脉冲频率 f→定子绕组通、断电状态的变化频率 f→步进电动机转速 w→工作台的进给速度 v。据此可得开环系统进给速度 v 为

$$v = 60 f\delta$$

式中　f——输入到步进电动机的脉冲频率（Hz）。

③ 工作台运动方向的控制。改变步进电动机输入脉冲信号的循环顺序方向，就可以改

变步进电动机定子绕组中电流的通断循环顺序，从而使步进电动机实现正转和反转，相应的工作台的进给方向就被改变。

综上所述，在步进电动机驱动的开环数控系统中，输入的进给脉冲数量、频率、方向经驱动控制线路和步进电动机后，可以转化为工作台的位移量、进给速度和进给方向，从而满足了数控系统对位移控制的要求。

（2）步进电动机的升降速控制　步进电动机的转速取决于脉冲频率、转子齿数和拍数。其角速度与脉冲频率成正比，而且在时间上与脉冲同步。因而在转子齿数和运行拍数一定的情况下，只要控制脉冲频率即可获得所需速度。由于步进电动机是借助它的同步转矩而起动的，为了不发生失步，起动频率是不高的。特别是随着功率的增加，转子直径增大，惯量增大，起动频率和最高运行频率可能相差10倍之多。

为了充分发挥电动机的快速性能，通常使电动机在低于起动频率下起动，然后逐步增加脉冲频率直到所希望的速度，所选择的变化速率要保证电动机不发生失步，并尽量缩短起动加速时间。为了保证电动机的定位精度，在停止以前必须使电动机从最高速度逐步减小脉冲率降到能够停止的速度（等于或稍大于起动速度）。因此，步进电动机拖动负载高速移动一定距离并精确定位时，一般来说都应包括“起动—加速—高速运行（匀速）—减速—停止”五个阶段，速度特性通常为梯形，如果移动的距离很短，则为三角形速度特性，步进电动机的速度曲线如图4-40所示。

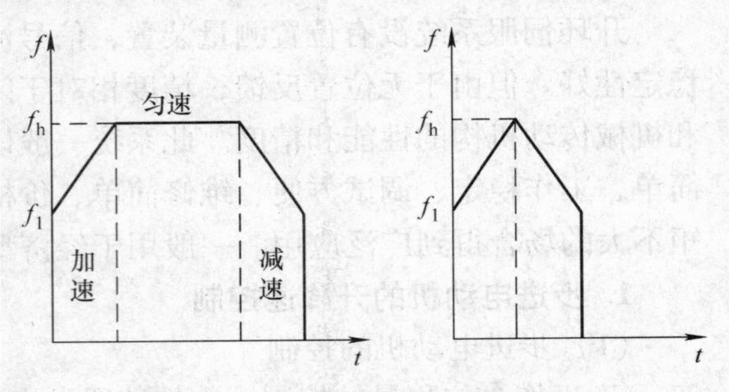

图4-40　步进电动机的速度曲线

2. 提高步进伺服系统精度的措施

步进式伺服系统是一个开环系统，在此系统中，步进电动机的质量、机械传动部分的结构和质量以及控制电路的完善与否，均影响到系统的工作精度。要提高系统的工作精度，应从这几个方面考虑：如改善步进电动机的性能，减小步距角；采用精密传动副，减少传动链中传动间隙等。但这些因素往往由于结构和工艺的关系而受到一定的限制。为此，需要从控制方法上采取一些措施，弥补其不足。

（1）反向间隙补偿　在进给传动结构中，提高传动元件的制造精度并采取消除传动间隙的措施，可以减小但不能完全消除传动间隙。机械传动链在改变转向时，由于间隙的存在，最初的若干个指令脉冲只能起到消除间隙的作用，造成步进电动机的空走，而工作台无实际移动，因此产生了传动误差。反向间隙补偿的基本方法是：事先测出反向间隙的大小并存储，设为N_d；每当接收到反向位移指令后，在改变后的方向上增加N_d个进给脉冲，使步进电动机转动越过传动间隙，从而克服因步进电动机的空走而造成的反向间隙误差。

（2）螺距误差补偿　在步进式开环伺服驱动系统中，丝杠的螺距累积误差直接影响着工作台的位移精度，若想提高开环伺服驱动系统的精度，就必须予以补偿。通过对丝杠的螺距进行实测，得到丝杠全程的误差分布曲线。误差有正有负，当误差为正时，表明实际的移动距离大于理论的移动距离，应该采用扣除进给脉冲指令的方式进行误差的补偿，使步进电动机少走一步；当误差为负时，表明实际的移动距离小于理论的移动距离，应该采取增加进给脉冲指令的方式进行误差的补偿，使步进电动机多走一步。具体的做法是：

① 安装两个补偿杆分别负责正误差和负误差的补偿。

② 在两个补偿杆上，根据丝杠全程的误差分布情况及螺距误差的补偿原理，设置补偿开关或挡块。

③ 当机床工作台移动时，安装在机床上的微动开关与挡块每接触一次，就发出了一个误差补偿信号，对螺距误差进行补偿，以消除螺距的积累误差。

4.4.2　闭环（半闭环）伺服系统

进给伺服系统是 CNC 系统中一个重要组成部分，它的性能直接决定与影响 CNC 系统的快速性、稳定性和精确性。进给伺服系统是以位置为控制对象的自动控制系统，对位置的控制是以对速度控制为前提的，而伺服电动机及其速度控制单元，只是伺服控制系统中的一个组成部分。对于进给闭环位置控制伺服系统，速度控制单元是位置环的内环，它接收位置控制器的输出，并将这个输出作为速度环路的输入命令，去实现对速度的控制；对于性能好的速度控制单元，它将包含速度控制及加速度控制，加速度控制环路是速度环路的内环；对速度控制而言，如果接收速度控制命令，接收反馈实际速度并进行速度比较以及速度控制器功能都是微处理器及相应软件来完成的，那么速度控制单元常称为速度数字伺服单元；对于加速度环路也是如此类推。

1. 进给运动闭环位置控制概述

由于开环控制的精度不能很好地满足机床的要求，为了提高伺服系统的控制精度，最基本的办法是采用闭环控制方式，即不但有前驱控制指令部分，而且还有检测反馈部分，指令信号与反馈信号相比较后得到偏差信号，实现以偏差控制的闭环控制系统。

在闭环控制中，对机床移动部件的移动用位置检测装置进行检测并将测量结果反馈到输入端与指令信号进行比较。如果二者存在偏差，将此偏差信号进行放大，控制伺服电动机带动机床移动部件向指令位置进给，只要适当地设计系统找正环节的结构与参数，就能实现数控系统所要求的精确控制。

闭环伺服系统结构框图如图 4-41 所示，从系统的结构来看，闭环控制系统可看成以位置调节为外环，速度调节为内环的双闭环控制系统，系统的输入是位置指令，输出是机床移动部件的位移。分析系统内部的工作过程，它是先把位置输入转换成相应的速度给定信号后，再通过速度控制单元驱动伺服电动机，再实现实际位移控制的。

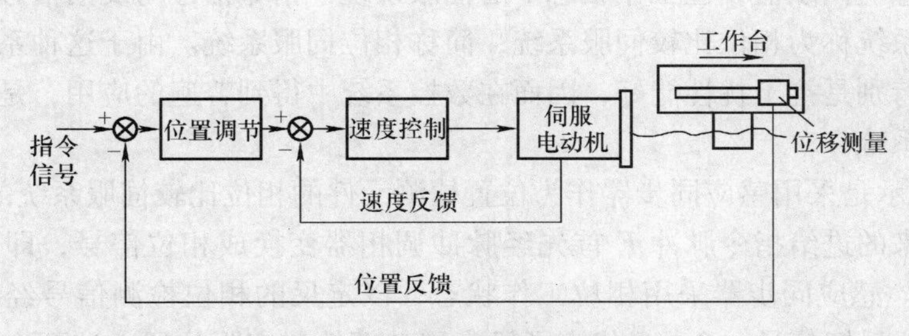

图 4-41　闭环伺服系统结构框图

闭环控制可以获得较高的精度和速度，但制造和调试费用大，适合于大、中型和精密数控机床应用。

2. 进给运动闭环位置控制的实现

（1）脉冲比较伺服系统　在数控机床中，插补器给出的指令信号是数字脉冲。如果选择磁尺、光栅、光电编码器等元件作为机床移动部件位移量的检测装置，输出的位置反馈信号也是数字脉冲。这样，给定量与反馈量的比较就是直接的脉冲比较，由此构成的伺服系统就称为脉冲比较伺服系统，简称脉冲比较系统。这里介绍应用透射光栅进行位置反馈及实现脉冲比较的原理和方法。

脉冲比较伺服系统的结构框图如图 4-42 所示。由图知，该系统由位置检测元件透射光栅产生的位置负反馈脉冲 P_f 与指令脉冲 F 相比较，得到位置偏差信号 e，从而实现偏差的闭环控制。

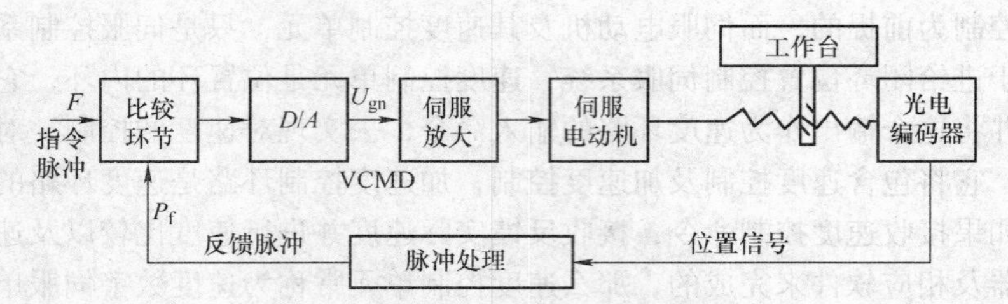

图 4-42　脉冲比较伺服系统结构框图

现假设指令脉冲 $F=0$，且工作台原来处于静止状态。这时反馈脉冲 P_f 也为零，经比较，环节可得偏差 $e=F-P_f=0$，则伺服系统的输入为零时，工作台保持静止不动。

然后，设有指令脉冲输入，$F\neq0$，则在工作台尚没有移动之前反馈脉冲 P_f 仍为零，经比较判别后 $e\neq0$。若设 F 为正，则 $e=F-P_f>0$，该系统驱动工作台按正向进给。随着电动机转动，光栅将输出反馈脉冲 P_f 进入比较环节。按负反馈原理，只有当指令脉冲 F 和反馈脉冲 P_f 的脉冲个数相当时，偏差 $e=0$，工作台才重新稳定在指令所规定的位置上。显而易见，上述比较后产生的偏差仍为数字量，只有经数模转换后得到对应的模拟电压，才能去控制伺服电动机运行。若 F 为负，则工作台作反向进给后准确地停止在指令所规定的位置上。

（2）相位比较伺服系统　根据感应同步器励磁信号的形式，它们可以是相位工作方式或是幅值工作方式。如果位置检测元件采用相位工作方式，在控制系统中要把指令信号与反馈信号都变成某个载波的相位，然后通过二者相位的比较，得到实际位置与指令位置的偏差。由此可见，感应同步器相位工作状态下的伺服系统，指令信号与反馈信号的比较采用相位比较方式，该系统称为相位比较伺服系统，简称相位伺服系统。由于这种系统调试比较方便，精度又高，特别是抗干扰性能好，因而在数控系统中得到普遍的应用，是数控机床常用的一种位置控制系统。

如图 4-43 所示是采用感应同步器作为位置检测元件的相位比较伺服系统的原理框图。

数控装置送来的进给指令脉冲 F 首先经脉冲调相器变换成相位信号，即变换为重复频率为 f_a 的 $P_A(\theta)$。感应同步器采用相位工作状态，以定尺的相位检测信号经整形放大后得到 $P_B(\theta)$ 作为位置反馈信号，$P_B(\theta)$ 代表了机床移动部件的实际位置。这两个信号在鉴相器中进行比较，它们的相位差 $\Delta\theta$ 反映了实际位置和指令位置的偏差。此偏差信号放大后驱动机床要移动部件朝指令位置进给，实现精确的位置控制。

该系统的工作原理概述如下：

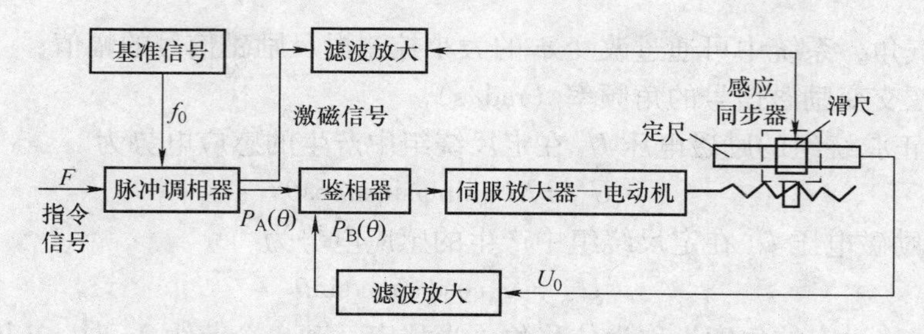

图4-43　相位比较伺服系统原理框图

设感应同步器安装在机床工作台上。当指令脉冲 $F=0$，即工作台处于静止状态时，$P_A(\theta)$ 和 $P_B(\theta)$ 是两个同频同相的脉冲信号，经鉴相器进行相位比较后，输出的相位差 $\Delta\theta=0$，此时伺服放大器输入为零，伺服电动机的输出也为零，工作台维持在静止状态。

当指令脉冲 $F\neq0$ 时，工作台将从静止状态向指令位置移动。如果设 F 为正，经过脉冲调相器 $P_A(\theta)$ 产生正的相移 θ_0，鉴相器的输出产生 $\Delta\theta=P_A-P_B=\theta_0-0=\theta>0$，此时，伺服电动机应按指令脉冲方向使工作台作正向移动以消除 $P_B(\theta)$ 和 $P_A(\theta)$ 的相位差。反之，若 F 为负，则 $P_A(\theta)$ 产生负的相移 $-\theta_0$，鉴相器的输出将产生 $\Delta\theta=-\theta_0-0=-\theta_0<0$，此外，伺服电动机应按指令脉冲方向使工作台作反向移动。因此，反馈脉冲 $P_B(\theta)$ 的相位必须跟随指令脉冲 $P_A(\theta)$ 的相位作相应的变化，直到 $\Delta\theta=0$ 为止。

位置控制系统要求 $P_A(\theta)$ 相位的变化应满足指令脉冲的要求，而伺服电动机应有足够大的驱动力矩使工作台向指令位置移动，位置检测元件应及时地反映实际位置的变化，改变反馈脉冲信号 $P_B(\theta)$ 的相位，满足位置闭环控制的要求。一旦 F 为零，正在运动着的工作台就应迅速制动，这样 $P_A(\theta)$ 和 $P_B(\theta)$ 在新的相位上保持同频同相的稳定状态。

（3）幅值比较伺服系统　幅值比较伺服系统中位置检测元件感应同步器采用幅值工作方式，输出的是模拟信号，其特点是幅值大小与机械位移量成正比。将此信号作为位置反馈信号与指令信号的比较而构成的闭环系统称为幅值比较伺服系统，简称幅值伺服系统。

显然，在幅值伺服系统中，必须把反馈通道的模拟量变换成相应的数字信号，才可以完成与指令脉冲的比较。幅值伺服系统实现闭环控制的过程与相应伺服系统有许多相似之处。

采用旋转变压器作为位置检测元件的幅值伺服系统原理框图如图4-44所示。

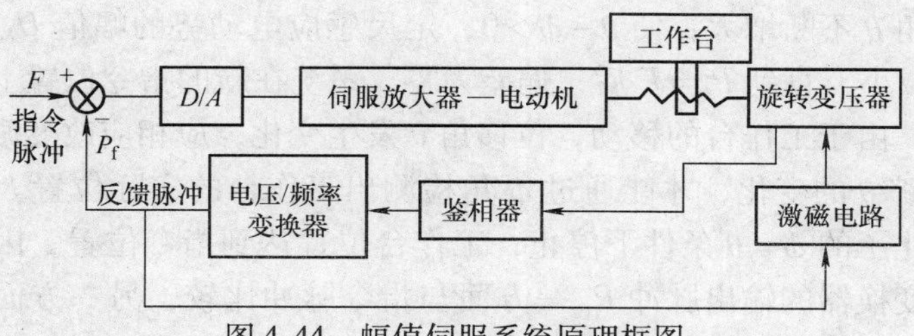

图4-44　幅值伺服系统原理框图

当旋转变压器在幅值工作方式时，滑尺的正、余弦两个绕组上分别施加频率相同、幅值不同的正弦电压。这两个正弦电压的幅值又分别与相角 ϕ 成正、余弦关系，即

$$U_s=U_m\sin\phi\sin\omega t$$

$$U_c=U_m\cos\phi\sin\omega t$$

$$\omega=2\pi f$$

式中　ϕ——电气角，系统中可通过改变 ϕ 的大小控制滑尺励磁信号的幅值；

ω——正弦交变励磁信号的角频率（rad/s）。

与此对应，正弦绕组的励磁电压 U_s 在定尺绕组中产生的感应电势为

$$U_{os} = KU_m \sin\phi \sin\omega t \cos\theta$$

余弦绕组的励磁电压 U_c 在定尺绕组中产生的感应电势为

$$U_{oc} = K_m \cos\phi \sin\omega t \sin\theta$$

式中　θ——与位移对应的角度，称为位移角，当移定、动一个节距 2τ 时，θ 从 0 到 2π。

当把励磁电压接到正弦绕组和余弦绕组时，注意使这两个绕组在定尺绕组中感应的电势是相减的。则

$$\begin{aligned} U_0 &= U_{os} - U_{oc} \\ &= KU_m(\sin\phi\cos\theta - \cos\phi\sin\theta)\sin\omega t \\ &= KU_m \sin(\theta - \phi)\sin\omega t \\ &= U_{om}\sin\omega t \end{aligned}$$

上式表明，感应同步器定尺绕组的输出信号是一个正弦波，其幅值 U_{om} 与电气角 ϕ 和位移角 θ 的相对关系成正比

$$U_{om} = KU_m \sin(\theta - \phi)$$

当 $\theta = \phi$ 时，$U_{om} = 0$，$U_0 = 0$。

在幅值伺服系统中，由鉴幅器检测出表示 ϕ 和 θ 相对关系的定尺输出幅值，经过电压/频率变换后得到相应的数字脉冲，然后与指令脉冲 F 相比较。同样，数字脉冲的比较可采用脉冲比较伺服系统中应用的可逆计数器。比较后的偏差 e 是一个数字量，再经过数/模转换变换成模拟量以驱动工作台的运动。

下面举例说明幅值比较的闭环控制过程。

当机床静止时，指令脉冲 $F = 0$，有 $\theta = \phi$，经鉴幅器测得定尺电势幅值为零，由电压/频率变换器所得的反馈脉冲也为零。经比较后的位置偏差 $e = F - P_f = 0$，工作台继续处于静止状态。

若设插补器送入正的进给指令脉冲时，$F > 0$。在伺服电动机尚未转动前，ϕ 和 θ 仍保持相等，所以反馈脉冲 P_f 仍为零，比较后的 $e = F - P_f > 0$，于是伺服电动机使工作台向正方向移动。此后，位移角 θ 不断增大，使 $\theta - \phi > 0$，定尺感应电动势的幅值 $U_{om} > 0$。随着 P_f 的出现，偏差 e 逐渐减小，直到 $P_f = F$ 后，偏差为零，系统在新的指令位置上达到平衡。

必须指出的是，由于工作台的移动，位移角 θ 发生变化，应相应改变励磁信号电气角 ϕ 的大小，使 ϕ 角跟踪 θ 的变化，才能通过 ϕ 角检测出工作台的实际位置。一旦指令脉冲停止，系统便能在变化了的 $\phi = \theta$ 条件下停止，工作台位置达到指令位置。因此，在幅值伺服系统中，电压频率变换器的输出脉冲 P_f 一方面与指令脉冲比较，另一方面要作为滑尺励磁信号 ϕ 值的设定输入，保证 ϕ 角对 θ 角的跟踪。

若进给指令脉冲 F 为负，系统使工作台反向运动，工作过程与上述相同。

值得一提的是，在幅值伺服系统中，励磁信号中的 ϕ 角是随着工作台的移动被动地变化的，因此，可以用这个 ϕ 值作为工作台实际位置的测量值，并通过数显装置将其显示出来。当工作台在进给后到达指令所规定的平衡位置并稳定下来时，数显装置所显示的是指令位置的实测值。

（4）全数字伺服系统（见图4-45）　随着微电子技术、计算机技术和伺服控制技术的发展，数控机床的伺服系统已开始采用高速、高精度的全数字伺服系统，使伺服控制技术从模拟方式、混合方式走向全数字方式。由位置、速度和电流构成的三环反馈全部数字化、软件处理数字 PID，柔性好，使用灵活。全数字控制使伺服系统的控制精度和控制品质大大提高。

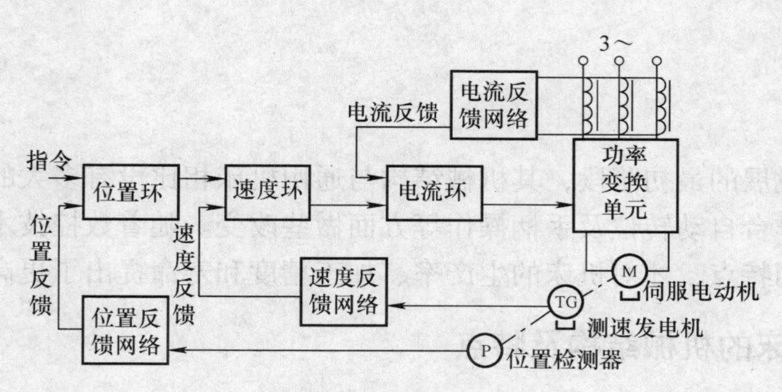

图4-45　全数字伺服系统

全数字伺服系统具有如下一些特点。

① 具有较高的动态特性。在检测灵敏度、时间温度漂移、噪声及外部干扰等方面都优于混合式伺服系统。

② 数字伺服系统的控制调节环节全部软件化，很容易引进经典和现代控制理论中的许多控制策略，如比例、比例积分和比例积分微分控制等。而这些控制调节的结构和参数以通过软件进行设定和修改。这样可以使系统的控制性能得到进一步提高，以达到最佳控制效果。

③ 引入前馈控制，实际上构成了具有反馈和前馈的复合控制的系统结构，这种系统在理论上以完全消除系统的位置误差，速度、加速度误差以及外界扰动引起的误差，即实现完全的“无误差调节”。

④ 由于是软件控制，在数字伺服系统中，可以预先设定数值进行反向间隙补偿。

进行定位精度的软件补偿，设置因热变形或机构受力变形所引起的定位误差，也可以在实测出数据后通过软件进行补偿；因机械传动件的参数（如丝杠的螺距）或因使用要求的变化而要求改变脉冲当量（即最小设定单位）时，可通过设定不同的指令脉冲倍率（CMR）或检测脉冲倍率（DMR）的办法来解决。

第 5 章　数控机床的机械机构

5.1　概述

在数控机床发展的最初阶段，其机械结构与通用机床相比没有多大的变化，只是在自动变速、刀架和工作台自动转位及手柄操作等方面做些改变。随着数控技术的发展，考虑到它的控制方式和使用特点，才对机床的生产率、加工精度和寿命提出了更高的要求。

5.1.1　数控机床的机械结构及特点

1. 数控机床的机械结构组成

（1）主传动系统　包括动力源、传动件及主运动执行件——主轴等。主传动系统的作用是将驱动装置的运动及动力传给执行件，实现主切削运动。

（2）进给传动系统　包括动力源、传动件及进给运动执行件——工作台、刀架等。进给传动系统的作用是将伺服驱动装置的运动和动力传给执行件，实现进给运动。

（3）基础支承件　包括床身、立柱、导轨、工作台等。基础支承件的作用是支承机床的各主要部件，并使它们在静止或运动中保持相对正确的位置。

（4）辅助装置　包括自动换刀装置、液压气动系统、润滑冷却装置等。

2. 数控机床主要结构特点

数控机床是高精度、高效率的自动化机床。几乎在任何方面均要求比普通机床设计得更为完善，制造得更为精密。数控机床的结构设计已形成自己的独立体系，其主要结构特点如下：

（1）静、动刚度高　机床刚度是指在切削力和其他力的作用下抵抗变形的能力。数控机床要在高速和重负荷条件下工作，机床床身、底座、立柱、工作台、刀架等支承件的变形都会直接或间接地引起刀具和工件之间的相对位移，从而引起工件的加工误差。因此，这些支承件均应具有很高的静刚度和动刚度。为了做到这一点，数控机床在设计上采取了以下措施：①合理选择结构形式；②合理安排结构布局；③采用补偿变形措施；④选用材料合理。

（2）抗震性好　机床工作时可能产生两种形态的振动：强迫振动和自激振动。机床的抗震性是指抵抗这两种振动的能力。数控机床在高速重切削情况下应无振动，以保证加工工件的高精度和高的表面质量，特别要注意的是避免切削时的自激振动，因此对数控机床的动态特性提出更高的要求。

（3）热稳定性好　数控机床的热变形是影响加工精度的重要因素。引起机床热变形的热源主要是机床的内部热源，如电动机发热、摩擦热以及切削热等。热变形影响加工精度的原因，主要是由于热源分布不均、各处零部件的质量不均形成各部位的温升不一致，从而产生不均匀的热膨胀变形，以致影响刀具与工件的正确相对位置。

机床的热稳定性好是多方面综合的结果，包括机床的温升小；产生温升后，使温升对机床的变形影响小；机床产生热变形时，使热变形对精度的影响较小。提高机床热稳定性的措施主要有：减少机床内部热源和发热量；改善散热和隔热条件；设计合理的机床结构和布局。

（4）灵敏度高　数控机床通过数字信息来控制刀具与工件的相对运动，它要求在相当大的进给速度范围内都能达到较高的精度，因而运动部件应具有较高的灵敏度。导轨部件通常用滚动导轨、塑料导轨、静压导轨等，以减小摩擦力，使其在低速运动时无爬行现象。工作台、刀架等部件的移动，由交流或直流伺服电动机驱动，经滚珠丝杠传动，减少了进给系统所需要的驱动转矩，提高了定位精度和运动平稳性。

（5）自动化程度高、操作方便　为了提高数控机床的生产率，必须最大限度地压缩辅助时间。许多数控机床采用了多主轴、多刀架以及带刀库的自动换刀装置等，以减少换刀时间。对于多工序的自动换刀数控机床，除了减少换刀时间之外，还大幅度地压缩多次装卸工件的时间。几乎所有的数控机床都具备快速运动的功能，使空程时间缩短。

数控机床是一种自动化程度很高的加工设备，在机床的操作性方面充分注意了机床各部分运动的互锁能力，以防止事故的发生。同时，最大限度地改善了操作者的观察、操作和维护条件，设有紧急停机装置，避免发生意外事故。此外，数控机床上还留有便于装卸的工件装夹位置。对于切屑量较大的数控机床，其床身结构设计成有利于排屑的结构，或者设有自动工件分离和排屑装置。

5.1.2　数控机床的支承件结构及特点

支承件是机床的基础部件，包括床身、立柱、横梁、底座、工作台、箱体、升降台等。它们之间有的互相固定连接，有的在导轨上运动。支承件在加工过程中受各种力和热的作用会产生变形，从而改变执行机构的正确位置或运动轨迹，影响加工精度和表面质量。因此必须采取一定的措施以提高支承件抵抗受力变形和受热变形的能力。

1. 在抵抗受力变形方面

为提高支承件刚度和抗震性，可采取合理设计其截面的形状尺寸以及合理布置筋板结构，选用吸振好的材料制造固定支承件，选用新型轻质材料制造移动支承件等措施。如图 5-1a 所示为加工中心的床身截面，在其箱形结构内部有两条斜筋支承导轨，形成三个三角形框架，从而获得较高的静刚度和较好的抗震性。如图 5-1b 所示是数控车床床身截面，采用封闭箱形结构，且内部有加强筋，具有很高的刚度。床身呈倾斜状，便于排屑和装卸工件。如图 5-1c 所示是数控车床底座截面，在床身底座腔内填充混凝土来增大阻尼，从而提

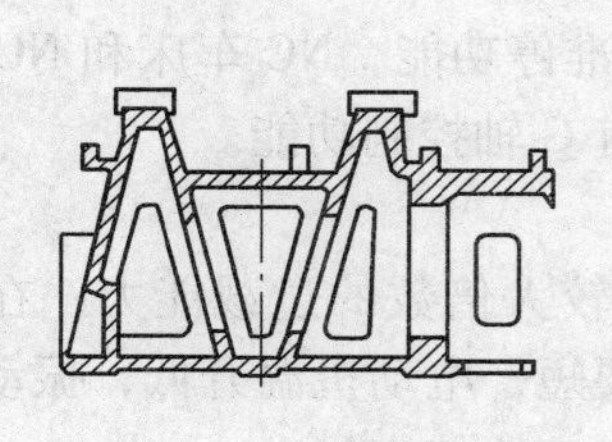

a)

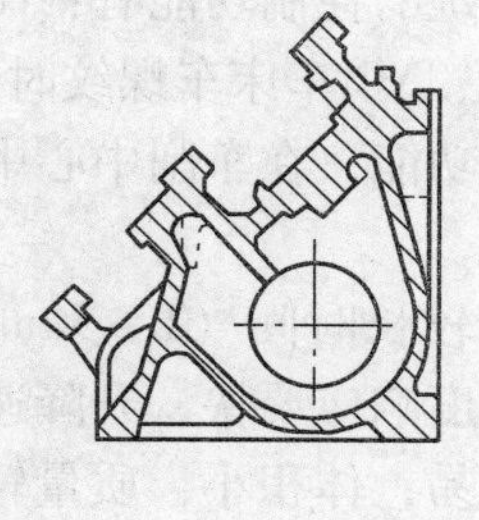

b)

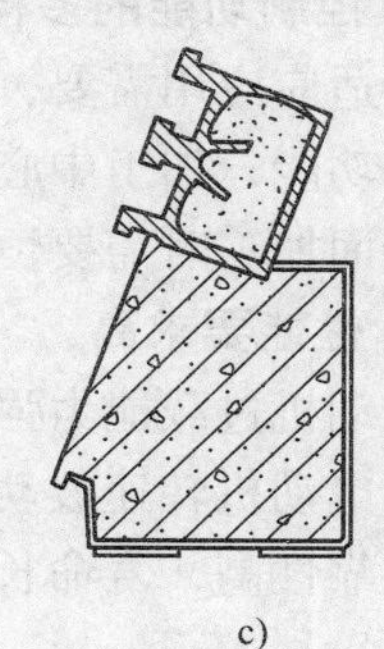

c)

图 5-1　几种数控机床支承件截面

a）加工中心床身截面　b）数控车床床身截面　c）数控车床底座截面

高其动刚度，减小振动。

2. 在抵抗受热变形方面

为了减小因支承件受热变形而产生的加工误差，可采取减小热源法、均匀热量法、采用热对称结构等措施。如图5-2a所示是采用隔热罩隔离热源来减小热源的影响。如图5-2b所示是采用热对称双立柱结构来减小热变形引起的主轴轴线的位置变动量，从而保证主轴的工作精度。

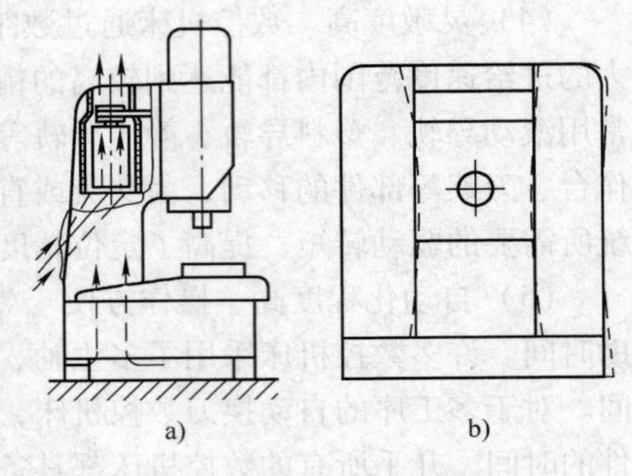

图5-2　减小热变形的措施

a）采用隔热罩　b）热对称双立柱结构

5.2　数控机床的主传动系统

5.2.1　主传动系统作用

数控机床和普通机床一样，主传动系统也必须通过变速，才能使主轴获得不同的传递，以适应不同的加工要求，并且在变速的同时，还要求传递一定的功率和足够的转矩，满足切削的需要。

主传动系统一般由动力源（电动机）、传动系统（定比传动机构、变速装置）和运动控制装置（离合器、制动器等）以及执行件（主轴）等组成。

5.2.2　对主传动系统的要求

1. 动力功率高

由于日益增长的对高效率要求，加之刀具材料和技术的进步，大多数NC机床均要求有足够高的功率来满足高速强力切削。一般NC机床的主轴驱动功率在3.7～250kW之间。

2. 调速范围宽

调速范围有恒转矩、恒功率调速范围之分。现在，数控机床的主轴的调速范围一般为100～10000r/min，且能无级调速。要求恒功率调速范围尽可能大，以便在尽可能低的速度下利用其全功率。变速范围负载波动时，速度应稳定。

3. 控制功能的多样化

为适应应用需要，主运动系统的控制功能有：NC车床车螺纹时主运动和进给运动的同步控制功能，加工中心自动换刀、NC车床车螺纹时用主轴准停功能，NC车床和NC磨床在进行端面加工时需要恒线速切削功能，在车削中心中需要有C轴控制功能。

4. 性能要求高

电动机过载能力强，要求有较长时间（1～30min）和较大倍数的过载能力；在断续负载下，电动机转速波动要小；速度响应要快，升降速时间要短；电动机温升低，振动和噪声小；可靠性高，寿命长，维护容易；体积小，质量轻，与机床连接容易。

5.2.3　主传动的配置方式

主传动的无极变速通常有以下三种方法：

1）采用交流主轴驱动系统实现无级变速传动，在早期的数控机床或大型数控机床（主轴功率超过 100kW）上，也有采用直流主轴驱动系统的情况。

2）在经济性、普及性数控机床上，为了降低成本，可以采用带变频电动机或普通交流电动机实现无级变速的方式。

3）伺服主轴驱动。

4）在高速加工机床上，广泛使用主轴和电动机一体化的新功能部件——电主轴。电主轴的电动机转子和主轴一体，无需任何传动件，可以使主轴达到每分钟数万转，甚至十几万转的高速旋转。

但是，不管采用任何形式，数控机床的主传动系统结构都要比普通机床简单得多。

5.2.4　主轴的连接形式

1. 用辅助机械变速机构连接

如图 5-3a 所示为带有变速齿轮的主传动，目前主要应用在普及型数控机床或要求较高的普通型数控机床上，为了使主轴在低速时获得大转矩和扩大恒功率调速范围，通常在使用无级变速传动的基础上，再增加两级或三级辅助机械变速机构作为补充。通过分段变速方式，确保低速时的大转矩，扩大恒功率调速范围，满足机床重切削时对转矩的要求。

辅助机械变速机构的结构、原理和普通机床相同，可以通过电磁离合器、液压或气动带动滑移齿轮等方式实现。辅助变速的动作控制，可以通过数控系统的“自动传动级变换”功能自动实现。辅助机械变速机构的变速比应根据实际机床的参数进行选择，并尽可能保持功率曲线的连续。

2. 定传动比的连接方式

在小型数控机床上，主电动机和主轴一般采用定传动比的连接形式，或是主电动机和主轴直接连接的形式。在使用定传动比传动时，为了降低噪声与振动，通常采用 V 带或同步带传动，如图 5-3b 所示为通过带传动的主传动。电动机和主轴直接连接的形式可以大大简化主轴传动系统的结构，有效提高主轴刚度和可靠性。但是，其主轴的输出转矩、功率、恒功率调速范围决定于主电动机本身。这种方案适用于需要无级调速但对低速和高速都不要求的场合。

3. 伺服主轴

这种配置方式主要应用于中、高档数控车床、数控铣床及加工中心。

4. 采用电主轴

在高速加工机床上，大多数使用电动机转子和主轴一体的电主轴，其主轴传动系统的结构更简单，刚性更好，如图 5-3c 所示。

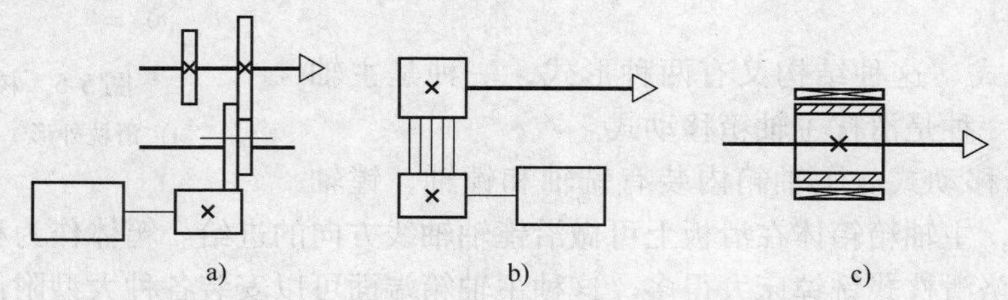

图 5-3　数控机床主传动的配置方式

a）带有变速齿轮的主传动　b）通过带传动的主传动　c）由主电动机直接驱动的主传动

5.2.5 主轴箱与主轴组件

1. 主轴箱

对于一般数控机床和自动换刀数控机床（加工中心）来说，由于采用了电动机无级变速，减少了机械变速装置，因此，主轴箱的结构比普通机床简化，但主轴箱材料要求较高，一般用 HT250 或 HT300，制造与装配精度也较普通机床要高。

对于数控落地铣镗床来说，主轴箱结构比较复杂，主轴箱可沿立柱上的垂直导轨做上下移动，主轴可在主轴箱内做轴向进给运动。除此以外，大型落地铣镗床的主轴箱结构还有携带主轴的部件做前后进给运动的功能，它的进给方向与主轴的轴向进给方向相同。此类机床的主轴箱结构通常有两种方案，即滑枕式和移动式。

（1）滑枕式　数控落地铣镗床有圆形滑枕、方形或矩形滑枕以及棱形或八角形滑枕。滑枕内装有铣轴和镗轴，除镗轴可实现轴向进给外，滑枕自身也可做沿镗轴轴线方向的进给，且两者可以叠加。滑枕进给传动的齿轮和电动机是与滑枕分离的，通过花键轴或其他系统将运动传给滑枕，以实现进给运动。

① 圆形滑枕又称套筒式滑枕，这种圆形断面的滑枕和主轴箱孔的制造工艺简便，使用中便于接近工件加工部位。但其断面面积小，抗扭断面惯性矩较小，且很难安装附件，磨损后修复调整困难，因而现已很少采用。

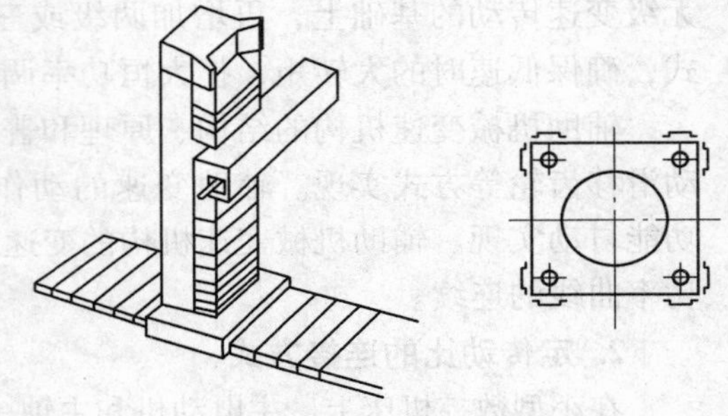

图 5-4　数控落地铣镗床的矩形滑枕

② 矩形或方形滑枕。滑枕断面形状为矩形，其移动的导轨面是其外表面的四个直角面，数控落地铣镗床的矩形滑枕如图 5-4 所示。这种形式的滑枕有比较好的接近工件性能，其滑枕行程可做得较长，端面有附件安装部位，工艺适应性较强，磨损后易于调整。抗扭断面惯性矩比同样规格的圆形滑枕大。这种滑枕国内外均有采用，尤以长方形滑枕采用较多。

③ 棱形、八角形滑枕（见图 5-5）。棱形、八角形滑枕的断面工艺性较差。与矩形或方形滑枕比较，在同等断面面积的情况下，虽然高度较大，但宽度较窄，这对安装附件不利，而且在滑枕表面使用静压导轨时，静压面小，主轴在工作过程中抗震能力较差，受力后主轴中心位移大。

图 5-5　棱形滑枕

a）滑枕外形　b）滑枕断面

（2）移动式　这种结构又有两种形式，一种是主轴箱移动式，另一种是滑枕主轴箱移动式。

① 主轴箱移动式。主轴箱内装有铣轴和镗轴，镗轴实现轴向进给，主轴箱箱体在滑板上可做沿镗轴轴线方向的进给。箱体作为移动体，其断面尺寸远比同规格滑枕式铣镗床大得多。这种主轴箱端面可以安装各种大型附件，使其工艺适应性增加，扩大了功能。缺点是接近工件性能差，箱体移动时对平衡补偿系统的要求高，主轴箱热变形后产生的主轴中心偏移大。

② 滑枕主轴箱移动式。这种形式的铣镗床本质仍属于主轴箱移动式，只不过是把大断面的主轴箱移动体尺寸做成同等主轴直径的滑枕式而已。这种主轴箱结构，铣轴和镗轴及其传动和进给驱动机构都装在滑枕内，镗轴实现轴向进给，滑枕在主轴箱内做沿镗轴轴线方向的进给。滑枕断面尺寸比同规格的主轴箱移动式的主轴箱小，但比滑枕移动式的大，其断面尺寸足可以安装各种附件。这种结构形式不仅具有主轴箱移动式的传动链短、输出功率大及制造方便等优点，同时还具有滑枕式的接近工件方便、灵活的优点，克服了主轴箱移动式的具有危险断面和主轴中心受热变形后位移大等缺点。

2. 主轴组件

数控机床主轴组件的精度、刚度和热变形对加工质量有着直接的影响，而且由于数控机床在加工过程中不进行人工调整，这些影响就更为严重。

(1) 主轴轴承的配置形式　目前主轴轴承的配置形式主要有三种，如图5-6所示。

① 前支承采用双列圆柱滚子轴承和双列60°角接触球轴承组合，后支承采用成对角接触球轴承(见图5-6a)。此种配置形式使主轴的综合刚度大幅度提高，可以满足强力切削的要求，因此普遍应用于各类数控机床的主轴中。

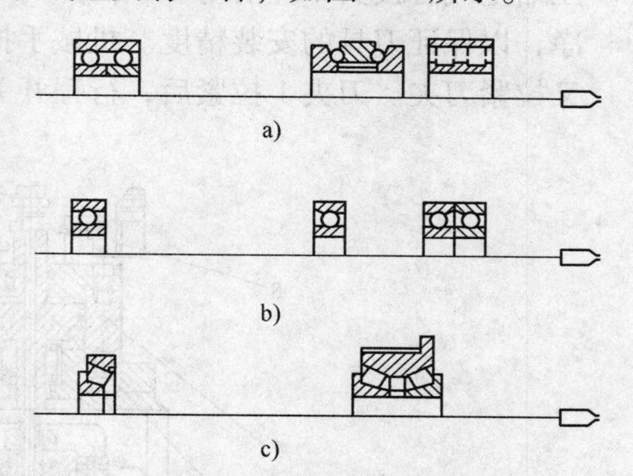

图5-6　数控机床主轴轴承配置形式

a) 双列圆柱滚子轴承和60°角接触球轴承及成对角接触球轴承　b) 高精度双列角接触球轴承　c) 双列和单列圆锥轴承

② 采用高精度双列角接触球轴承(见图5-6b)。角接触球轴承具有良好的高速性能，主轴最高转速可达4000r/min，但它的承载能力小，因而适用于高速、轻载和精密的数控机床主轴。在加工中心的主轴中，为了提高承载能力，有时应用3个或4个角接触球轴承组合的前支承，并用隔套实现预紧。

③ 采用双列和单列圆锥轴承(见图5-6c)。这种轴承径向和轴向刚度高，能承受重载荷，尤其能承受较强的动载荷，安装与调整性能好。但这种轴承配置限制了主轴的最高转速和精度，因此适用于中等精度、低速与重载的数控机床主轴。

随着材料工业的发展，在数控机床主轴中有使用陶瓷滚珠轴承的趋势。这种轴承的特点是：滚珠质量轻，离心力小，动摩擦力矩小；因温升引起的热膨胀小，使主轴的预紧力稳定；弹性变形量小，刚度高，寿命长。缺点是成本较高。

在主轴的结构上，要处理好卡盘或刀具的装夹、主轴的卸荷、主轴轴承的定位和间隙的调整、主轴组件的润滑和密封以及工艺上的一系列问题。如为了尽可能减少主轴组件温升引起的热变形对机床工作精度的影响，通常利用润滑油的循环系统把主轴组件的热量带走，使主轴组件和箱体保持恒定的温度。在某些数控铣镗床上采用专用的制冷装置，比较理想地实现了温度控制。近年来，某些数控机床的主轴轴承采用高级油脂润滑，每加一次油脂可以使用7~10年，简化了结构，降低了成本，且维护保养简单。但需防止润滑油和油脂混合，通常采用迷宫式密封方式。

对于数控车床主轴，因为在它的两端安装着动力卡盘和夹紧液压缸，主轴刚度必须进一步提高，并应设计合理的连接端，以改善动力卡盘与主轴端部的连接刚度。

(2) 主轴内刀具的自动夹紧和切屑清除装置　在带有刀库的自动换刀数控机床中，为实现刀具在主轴上的自动装卸，其主轴必须设计有刀具的自动夹紧机构。自动换刀数控立式铣镗床主轴的刀具夹紧机构如图 5-7 所示。刀夹 1 以锥度为 7∶24 的锥柄在主轴 3 前端的锥孔中定位，并通过拧紧在锥柄尾部的拉钉 2 拉紧在锥孔中。夹紧刀夹时，液压缸上腔接通回油，弹簧 11 推活塞 6 上移，处于图示位置，拉杆 4 在碟形弹簧 5 作用下向上移动；由于此时装在拉杆前端径向孔中的钢球 12 进入主轴孔中直径较小的 d_2 处（见图 5-7b），被迫径向收拢而卡进拉钉 2 的环形凹槽内，因而刀杆被拉杆拉紧，依靠摩擦力紧固在主轴上。切削转矩则由端面键 13 传递。换刀前需将刀夹松开时，压力油进入液压缸上腔，活塞 6 推动拉杆 4 向下移动，碟形弹簧被压缩；当钢球 12 随拉杆 4 一起下移至进入主轴孔直径较大的 d_1 处时，它就不再能约束拉钉 2 的头部，紧接着拉杆 4 前端内孔的台肩端面碰到拉钉 2，把刀夹 1 顶松。此时行程开关 10 发出信号，换刀机械手随即将刀夹取下。与此同时，压缩空气由压缩空气管接头 9 经活塞 6 和拉杆 4 的中心通孔吹入主轴 3 装刀孔内，把切屑或脏物清除干净，以保证刀具的安装精度。机械手把新刀装上主轴 3 后，液压缸 7 接通回油，碟形弹簧 5 又拉紧刀夹。刀夹 1 拉紧后，行程开关 8 发出信号。

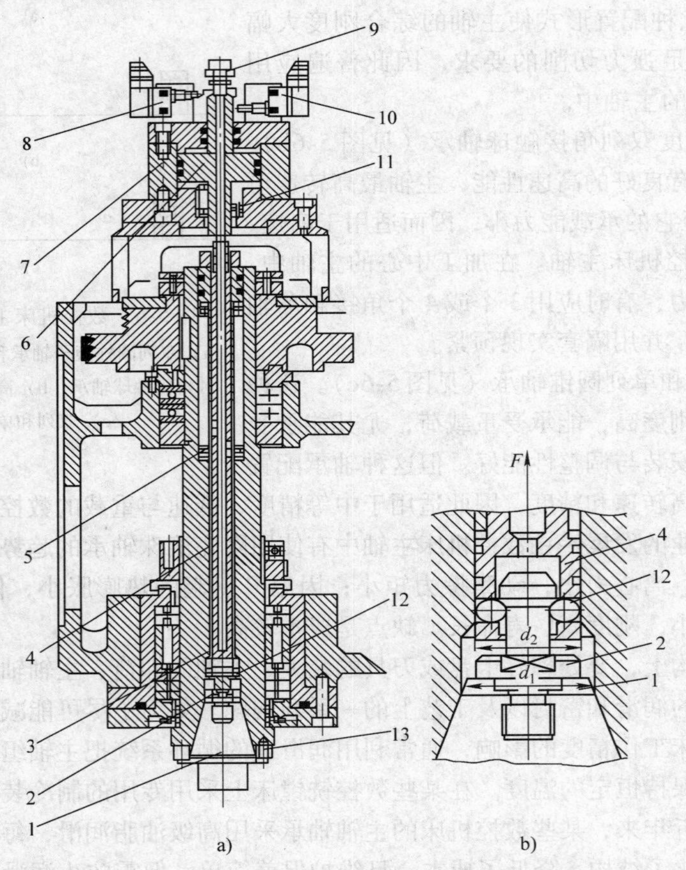

图 5-7　自动换刀数控立式铣镗床主轴的刀具夹紧机构

1—刀夹　2—拉钉　3—主轴　4—拉杆　5—碟形弹簧　6—活塞　7—液压缸
8、10—行程开关　9—压缩空气管接头　11—弹簧　12—钢球　13—端面键

自动清除主轴孔中切屑和灰尘是换刀操作中的一个不容忽视的问题。如果在主轴锥孔中

掉进了切屑或其他污物，在拉紧刀杆时，主轴锥孔表面和刀杆的锥柄就会被划伤，甚至使刀杆发生偏斜，破坏了刀具的正确定位，影响加工零件的精度，甚至使零件报废。为了保持主轴锥孔的清洁，常用压缩空气吹屑。图5-7中的活塞6的中心钻有压缩空气通道，当活塞向左移动时，压缩空气经拉杆4吹出，将主轴锥孔清理干净。喷气头中的喷气小孔要有合理的喷射角度，并均匀分布，以提高其吹屑效果。

3. 主轴准停装置

在自动换刀数控铣镗床上，切削转矩通常是通过刀杆的端面键来传递的，因此在每一次自动装卸刀杆时，都必须使刀柄上的键槽对准主轴上的端面键，这就要求主轴具有准确周向定位的功能。在加工精密坐标孔时，由于每次都能在主轴固定的圆周位置上装刀，就能保证刀尖与主轴相对位置的一致性，从而提高孔径的正确性，这是主轴准停装置带来的另一个好处。

主轴准停装置可分为机械准停和电气准停。如图5-8所示采用的是电气控制的主轴准停装置，这种装置利用装在主轴上的磁性传感器作为位置反馈部件，由它输出信号，使主轴准确停止在规定位置上，它不需要机械部件，可靠性好，准停时间短，只需要简单的强电顺序控制，且有高的精度和刚性。在带动主轴旋转的多楔带轮1的端面上装有一个厚垫片4，垫片4上装有一个体积很小的永久磁铁3。在主轴箱箱体对应于主轴准停的位置上，装有磁传感器2。当机床需要停车换刀时，数控系统发出主轴停转的指令，主轴电动机立即降速，当主轴以最低转速慢转、永久磁铁3对准磁传感器2时，传感器发出准停信号。此信号经放大后，由定向电路控制主轴电动机准确地停止在规定的周向位置上。

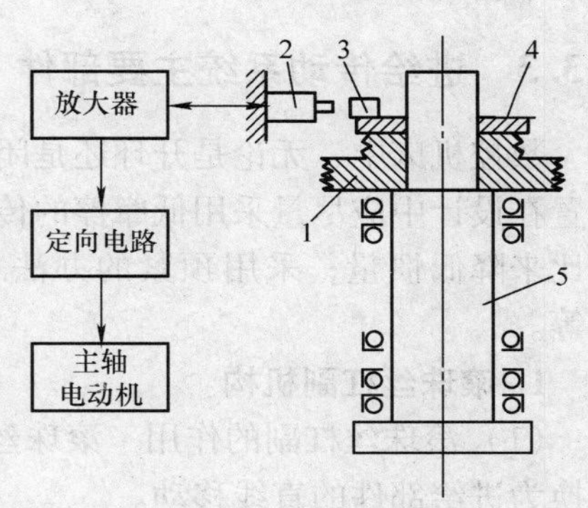

图5-8 电气控制的主轴准停装置

1—多楔带轮 2—磁传感器 3—永久磁铁 4—垫片 5—主轴

5.3 数控机床的进给传动系统

5.3.1 进给系统机械部分的作用及组成

进给系统机械部分指将驱动源的旋转运动变为工作台直线运动的整个机械传动链，包括减速装置、转动变移动的丝杠螺母副及导向元件等。具体来说，进给系统机械部分由传动机构、运动变换机构、导向机构和执行件（工作台）构成，其中传动机构可以是齿轮传动、同步带传动，运动变换机构可以是丝杠螺母副、蜗杆齿条副、齿轮齿条副等，导向机构由滑动导轨、滚动导轨、静压导轨构成。

5.3.2 对进给传动系统的要求

为确保数控机床进给系统的传动精度、灵敏度和工作的稳定性，在设计机械传动装置时，提出如下要求：

1. 减小摩擦力

采用摩擦力及动、静摩擦力差值较小的传动件及导轨，如滚珠丝杠、减摩滑动导轨、滚动导轨及静压导轨等。

2. 提高传动精度和刚度

数控机床进给传动装置的传动精度和定位精度对零件的加工精度起着关键性的作用。在设计时，要保证传动元件的加工精度，应采用合理的预紧、支承形式来提高传动系统的刚度；尽量消除齿轮、蜗轮等传动件的间隙，减少反向死区误差，提高位移精度等。另外，可在进给传动链中加入减速齿轮，以减小脉冲当量，提高机床分辨率。

3. 减小运动惯量

通过减小运动部件质量，选用最佳降速比，可以使系统折算到驱动轴上的惯量减少，以提高系统的快速响应性能。

5.3.3　进给传动系统主要部件

数控机床中，无论是开环还是闭环伺服进给系统，为了达到前述提出的要求，机械传动装置在设计中应尽量采用低摩擦的传动副，如滚珠丝杠等，以减小摩擦力；通过选用最佳降速比来降低惯量；采用预紧的办法来提高传动刚度；采用消隙的办法来减小反向死区误差等。

1. 滚珠丝杠副机构

（1）滚珠丝杠副的作用　滚珠丝杠副的主要作用是将进给机构驱动电动机的旋转运动转换为进给部件的直线移动。

（2）滚珠丝杠副的工作原理及特点　滚珠丝杠副的结构特点是具有螺旋槽的丝杠螺母间装有滚珠作为中间传动件，以减少摩擦。在丝杠和螺母上都有半圆形的螺旋槽，当它们套装在一起时便成了滚珠的螺旋滚道。螺母上有滚珠回珠滚道，将数圈螺旋滚道的两端连接成封闭的循环滚道，滚道内装满滚珠，当丝杠旋转时，滚珠在滚道内自转，同时又在封闭滚道内循环，使丝杠和螺母相对产生轴向运动。当丝杠（或螺母）固定时，螺母（或丝杠）即可以产生相对直线运动，从而带动工作台做直线运动。滚珠丝杠副如图 5-9 所示。

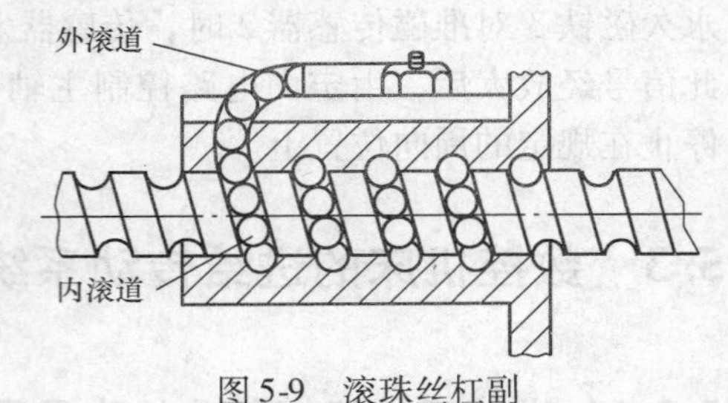

图 5-9　滚珠丝杠副

（3）滚珠循环方式　滚珠循环方式有两种。

① 外循环。如图 5-10 所示外循环式滚珠丝杠结构，回珠滚道布置在螺母外部，滚珠在

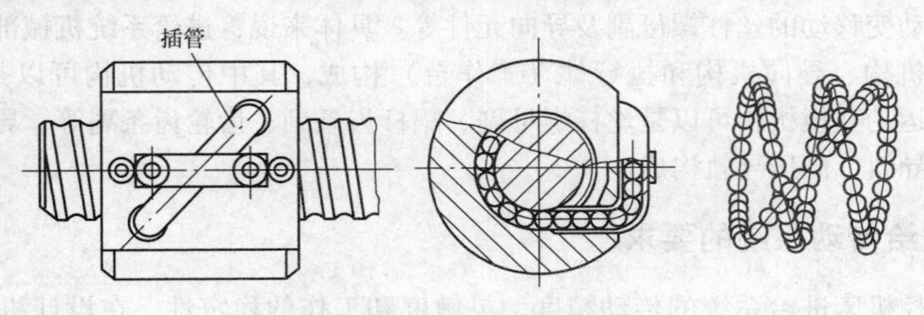

图 5-10　外循环式滚珠丝杠结构

循环过程中有部分时间滚珠与丝杠脱离接触，其制造工艺简单，缺点是对滚道接缝处的要求高，通常很难做到平滑，影响滚珠滚动的平稳性，严重时甚至会发生卡珠现象，噪声也较大。

② 内循环。如图5-11所示内循环式滚珠丝杠结构，回珠滚道布置在螺母内部，循环过程中滚珠始终与丝杠保持接触，其结构紧凑，定位可靠，刚性好，且不易发生磨损和滚珠堵塞现象，其缺点是结构复杂，制造较困难，且内循环结构的滚珠丝杠螺母不能做成多线螺纹传动。

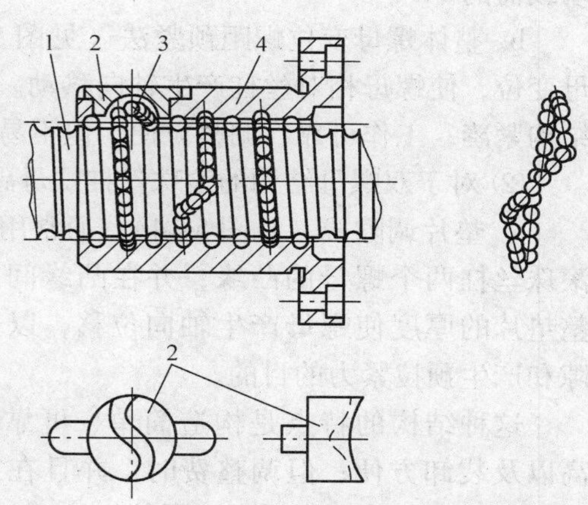

图5-11　内循环式滚珠丝杠结构

1—丝杠　2—反向器　3—滚珠　4—螺母

（4）滚珠丝杠副的特点

① 传动效率高，摩擦损失小。滚珠丝杠副的传动效率$\eta=0.92\sim0.96$，比常规的丝杠螺母副提高3~4倍。因此，功率消耗只相当于常规的丝杠螺母副的1/4~1/3。

② 给予适当预紧，可消除丝杠和螺母的螺纹间隙，反向时就可以消除空行程死区，定位精度高，刚度好。

③ 运动平稳，无爬行现象，传动精度高。

④ 运动具有可逆性，可以从旋转运动转换为直线运动，也可以从直线运动转换为旋转运动，即丝杠和螺母都可以作为主动件。

⑤ 磨损小，使用寿命长。

⑥ 制造工艺复杂。滚珠丝杠和螺母等元件的加工精度要求高，表面要求也高，故制造成本高。

⑦ 不能自锁。特别是对于垂直丝杠，由于自重惯性力的作用，下降时当传动切断后，不能立刻停止运动，故常需添加制动装置。

（5）滚珠丝杠副轴向间隙的调整和施加预紧力的方法　滚珠丝杠副除了对本身单一方向的进给运动精度有要求外，对其轴向间隙也有严格的要求，以保证反向传动精度。滚珠丝杠副的轴向间隙通常是指丝杠和螺母无相对转动时，丝杠和螺母之间的最大轴向窜动。除了结构本身的游隙之外，在施加轴向载荷之后，轴向间隙还包括弹性变形所造成的窜动。因此要把轴向间隙完全消除相当困难。通常采用双螺母预紧的方法，把弹性变形量控制在最小限度内。目前制造的外循环单螺母的轴向间隙达0.05mm，而双螺母经加预紧力后基本上能消除轴向间隙。应用这一方法来消除轴向间隙时需注意以下两点：

1）通过预紧力产生预拉变形以减少弹性变形所引起的位移时，该预紧力不能过大，否则会增加摩擦阻力，引起驱动力矩增大、传动效率降低和使用寿命缩短。

2）要特别注意减小丝杠安装部分和驱动部分的间隙。

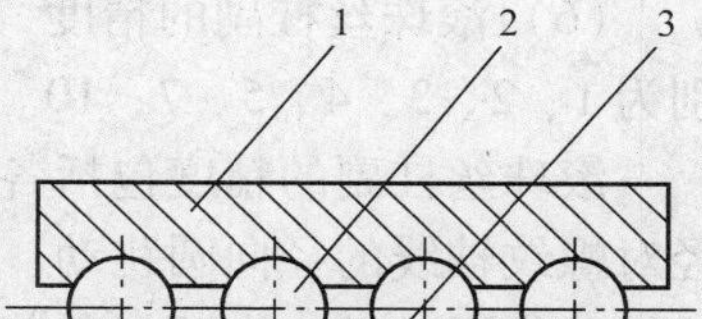

① 对于单螺母结构主要常用的有两种结构：

a. 增加滚珠直径预紧法（见图5-12）。通过筛选滚珠的

图5-12　增加滚珠直径预紧法

1—螺母　2—滚珠　3—丝杠

大小进行预紧，无需改变螺母结构，简单可靠，刚性好；但它一旦配好，就不能对预紧力再进行调整。当预紧力调整为额定动载荷的2%～5%时，性能最佳；允许最大预紧力为额定动载荷的5%。

b. 整体螺母变位螺距预紧法（见图5-13）。通过整体螺母变位，使螺母相对丝杠产生轴向移动。这种方法的特点是结构紧凑，工作可靠，调整方便；但不易调整位移量。

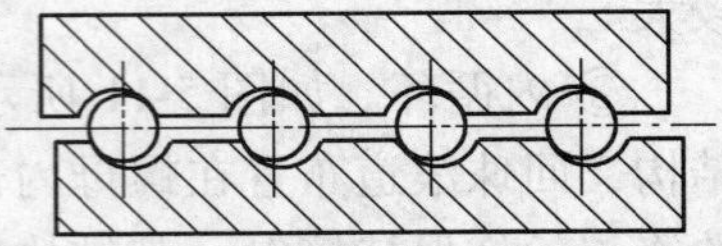

图5-13　整体螺母变位螺距预紧法

② 对于双螺母结构的滚珠丝杠螺母副有三种结构：

a. 垫片调隙式（见图5-14）。通常用螺钉来联接滚珠丝杠两个螺母的凸缘，并在凸缘间加垫片。调整垫片的厚度使螺母产生轴向位移，以达到消除间隙和产生预拉紧力的目的。

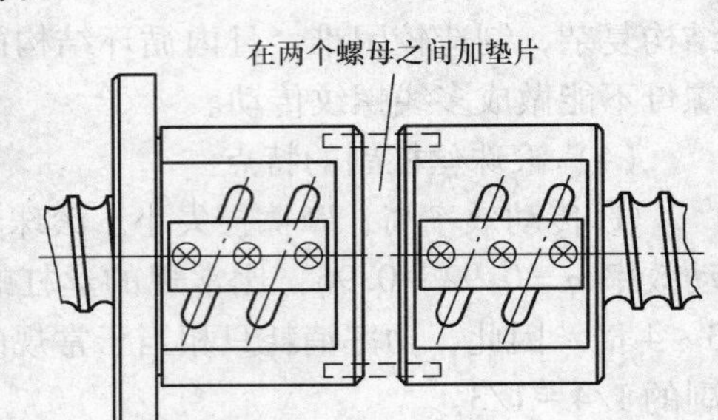

图5-14　垫片调隙式结构

这种结构的特点是构造简单、可靠性好、刚度高以及装卸方便；但调整费时，并且在工作中不能随意调整，除非更换厚度不同的垫片。

b. 螺纹调隙式（见图5-15）。其中一个螺母的外端有凸缘且另一个螺母的外端没有凸缘而制有螺纹，它伸出套筒外，并用两个圆螺母固定。旋转螺母即可消除间隙，并产生预拉紧力，调整好后再用另一个螺母把它锁紧。

c. 齿差调隙式（见图5-16）。在两个螺母的凸缘上各制有圆柱齿轮，两者齿数相差一个齿，并装入内齿圈中，内齿圈用螺钉或定位销固定在套筒上。调整时，先取下两端的内齿圈，当两个滚珠螺母相对于套筒同方向转动相同齿数时，一个滚珠螺母对另一个滚珠螺母产生相对角位移，从而使滚珠螺母相对于滚珠丝杠的螺旋滚道移动，达到消除间隙并施加预紧力的目的。

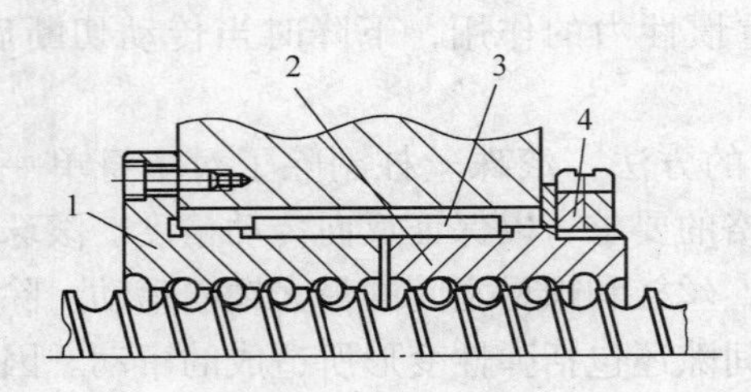

图5-15　螺纹调隙式结构

1、2—单螺母　3—平键　4—调整螺母

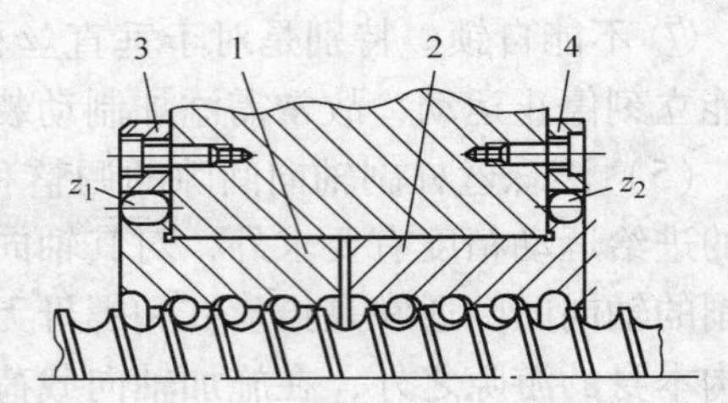

图5-16　齿差调隙式结构

1、2—单螺母　3、4—内齿圈

（6）滚珠丝杠副的精度　滚珠丝杠副的精度等级为1、2、3、4、5、7、10级，代号分别为1、2、3、4、5、7、10。其中1级为最高，依次逐级降低。

滚珠丝杠副的精度包括各元件的精度和装配后的综合精度，其中包括导程误差、丝杠大径对螺纹轴线的径向圆跳动、丝杠和螺母表面粗糙度、有预加载荷时螺母安装端面对丝杠螺纹轴线的圆跳动、有预加载荷时螺母安装直径对丝杠螺纹轴线的径向圆跳动以及滚珠丝杠名义直径尺寸变动量等。

在开环数控机床和其他精密机床中，滚珠丝杠的精度直接影响定位精度和随动精度。对于闭环系统的数控机床，丝杠的制造误差使得它在工作时负载分布不均匀，从而降低承载能力和接触刚度，并使预紧力和驱动力矩不稳定。因此，传动精度始终是滚珠丝杠最重要的质量指标。

(7) 滚珠丝杠副在机床上的安装方式

① 支承方式。螺母座、丝杠的轴承及其支架等刚性不足，将严重地影响滚珠丝杠副的传动刚度。因此，螺母座应有加强肋，以减少受力后的变形，螺母座与床身的接触面积越大，其联接螺钉的刚度也越高；定位销要紧密配合，不能松动。

滚珠丝杠常用推力轴承支承，以提高轴向刚度（当滚珠丝杠的轴向负载很小时，也可用深沟球轴承支承），滚珠丝杠的支承方式有以下几种：

a. 一端装推力轴承（见图 5-17a）。这种安装方式只适用于短丝杠，它的承载能力小、轴向刚度低，一般用于数控机床的调节环节或升降台式数控机床的立向（垂直）坐标中。

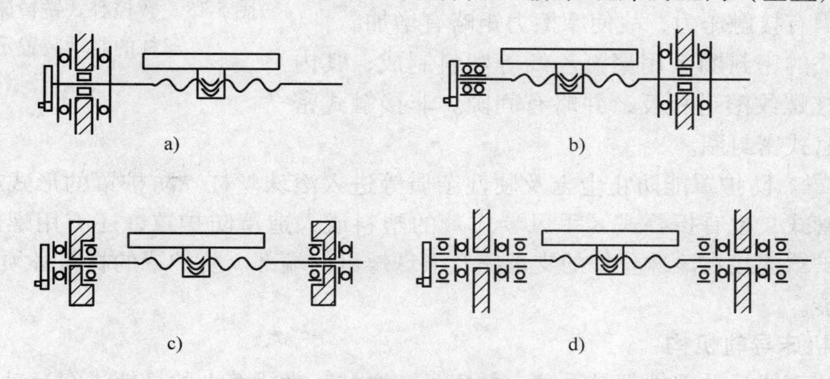

图 5-17 滚珠丝杠在机床上的支承方式

a) 一端装推力轴承 b) 一端装推力轴承，另一端装深沟球轴承
c) 两端装推力轴承 d) 两端装推力轴承及深沟球轴承

b. 一端装推力轴承，另一端装深沟球轴承（见图 5-17b）。当滚珠丝杠较长时，一端装推力轴承固定，另一自由端装深沟球轴承。应将推力轴承远离液压马达热源及丝杠上的常用段，以减少丝杠热变形的影响。

c. 两端装推力轴承（见图 5-17c）。把推力轴承装在滚珠丝杠的两端，并施加预紧力，这样有助于提高刚度，但这种安装方式对丝杠的热变形较为敏感。

d. 两端装推力轴承及深沟球轴承（见图 5-17d）。为使丝杠具有较大刚度，它的两端可用双重支承，即推力轴承加深沟球轴承，并施加预紧力。这种结构方式可使丝杠的温度变形转化为推力轴承的预紧力，但设计时要求提高推力轴承的承载能力和支架刚度。

② 制动装置。由于滚珠丝杠副的传动效率高，无自锁作用（特别是滚珠丝杠处于垂直传动时），故必须装有制动装置。

如图 5-18 所示为数控卧式铣镗床主轴箱进给丝杠的制动装置示意图。当机床工作时，电磁铁线圈通常吸住压簧，打开摩擦离合器。此时步进电动机接受控制机的指令脉冲后，将旋转运动通过液压转矩放大器及减速齿轮传动，带动滚珠丝杠副转换为主轴箱的立向（垂直）移动。当步进电动机停止转动时，电磁铁线圈也同时断电，在弹簧作用下摩擦离合器压紧，使得滚珠丝杠不能自由转动，主轴箱就不会因自重而下沉了。

超越离合器有时也用作滚珠丝杠的制动装置。

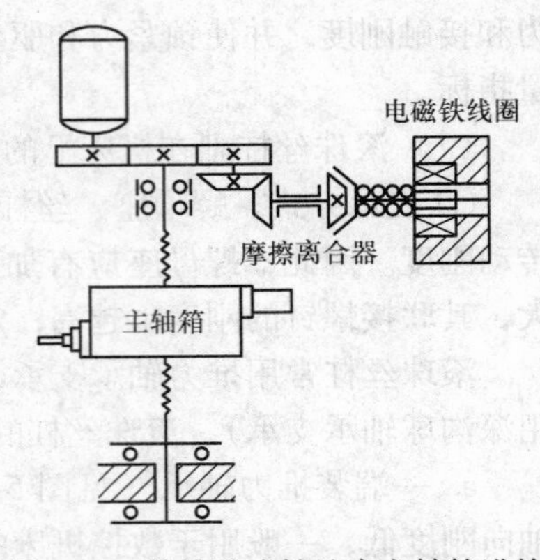

图 5-18 数控卧式铣镗床主轴箱进给丝杠的制动装置示意图

（8）滚珠丝杠副的润滑与密封　滚珠丝杠副也可用润滑剂来提高耐磨性及传动效率。润滑剂可分为润滑油及润滑脂两大类。润滑油为一般机油或 90 ~ 180 号汽轮机油或 140 号主轴油。润滑脂可采用锂基油脂。润滑脂加在螺纹滚道和安装螺母的壳体空间内，而润滑油则经过壳体上的油孔注入螺母的空间内。

滚珠丝杠副常用防尘密封圈和防护罩。

① 密封圈。密封圈装在滚珠螺母的两端。接触式的弹性密封圈系用耐油橡皮或尼龙等材料制成，其内孔制成与丝杠螺纹滚道相配合的形状。接触式密封圈的防尘效果好，但因有接触压力，故使摩擦力矩略有增加。

非接触式的密封圈系用聚氯乙烯等塑料制成，其内孔形状与丝杠螺纹滚道相反，并略有间隙。非接触式密封圈又称迷宫式密封圈。

② 防护罩。防护罩能防止尘土及硬性杂质等进入滚珠丝杠。防护罩的形式有锥形套管式、伸缩套管式，也有折叠式（手风琴式）的塑料或人造革防护罩，还有用螺旋式弹簧钢带制成的防护罩连接在滚珠丝杠的支承座及滚珠螺母的端部。防护罩的材料必须具有耐腐蚀及耐油的性能。

2. 数控机床导轨机构

机床上的直线运动部件都是沿着它的床身、立柱、横梁等上的导轨进行运动的，导轨的作用概括地说是对运动部件起导向和支承作用，导轨的制造精度及精度保持性对机床加工精度有着重要的影响。

数控机床对导轨的要求主要有：

① 一定的导向精度。导向精度主要是指导轨沿支承导轨运动的直线度或圆度。影响导向精度的主要因素有：导轨的几何精度、导轨的接触精度、导轨的结构形式、数控机床动导轨及支承导轨的刚度和热变形、装配质量以及动压导轨和静压导轨之间油膜的刚度。

② 良好的摩擦特性。在低速运动时，由于动、静摩擦因数的差异，容易导致运动部件的动导轨产生爬行。摩擦因数小，动、静摩擦因数之差小的导轨对提高低速运动的平稳性，防止产生低速爬行，提高机床运动精度是比较重要的。

③ 阻尼特性好（高速时不振动）。在高速加工时，阻尼性能好的导轨具有吸收振动能力，可减小振动和噪声。

④ 足够的刚度和强度。导轨要有足够的刚度，保证在载荷作用下不产生过大的变形，从而保证各部件间的相对位置和导向精度。

⑤ 良好的精度保持性。动导轨沿支承导轨面长期运行会引起导轨的不均匀磨损，从而影响机床的加工精度。导轨的耐磨性决定了导轨的精度保持性。

此外，导轨结构工艺性要好，便于制造和装配，便于检验、调整和维修，而且要有合理的导轨防护和润滑措施等。

导轨按接触面的摩擦性质可以分为滑动导轨、滚动导轨和静压导轨三种，其中，数控机床最常用的是镶粘塑料滑动导轨和滚动导轨。

（1）滑动导轨　滑动导轨具有结构简单、制造方便、刚度好、抗震性高等优点，是机床上使用最广泛的导轨形式。但普通的铸铁、淬火钢滑动导轨，存在的缺点是静摩擦因数大，而且动摩擦因数随速度变化而变化，摩擦损失大，低速（1～60mm/min）时易出现爬行现象，降低了运动部件的定位精度。

数控机床常采用铸铁—塑料滑动导轨和镶钢—塑料滑动导轨。导轨上的塑料常用聚四氟乙烯导轨软带和环氧型耐磨导轨涂层两类。

聚四氟乙烯导轨软带以聚四氟乙烯为基体，加入青铜粉、二硫化钼和石墨等填充剂混合烧结，并做成软带状，特点：

① 摩擦特性好。

② 耐磨。

③ 减振性好。

④ 工艺性好。

如图5-20所示镶粘塑料—金属导轨结构，首先，将导轨粘贴面加工至表面粗糙度值为 $Ra3.2\sim1.6\mu m$ 的表面，为了对软带起定位作用，导轨粘贴面应加工成0.5～1.0mm深的凹槽，用汽油或金属清洁剂或丙酮清洗粘接面后，用胶粘剂粘合，加压初固化1～2h后再合拢到配对的固定导轨或专用夹具上，施以一定压力，并在室温下固化24h，取下清除余胶，即可开油槽和进行精加工。

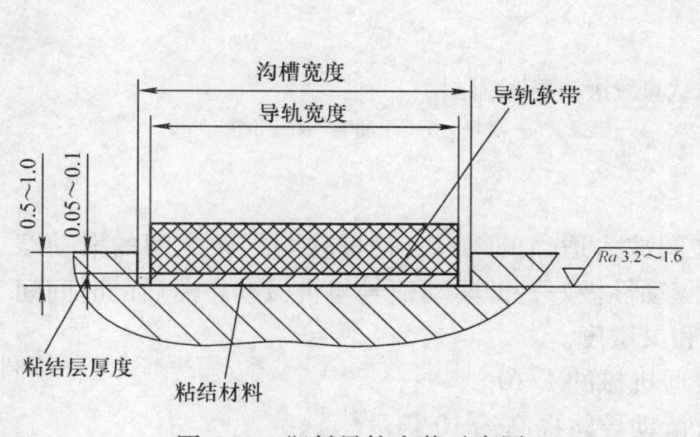

图5-19　塑料导轨安装示意图

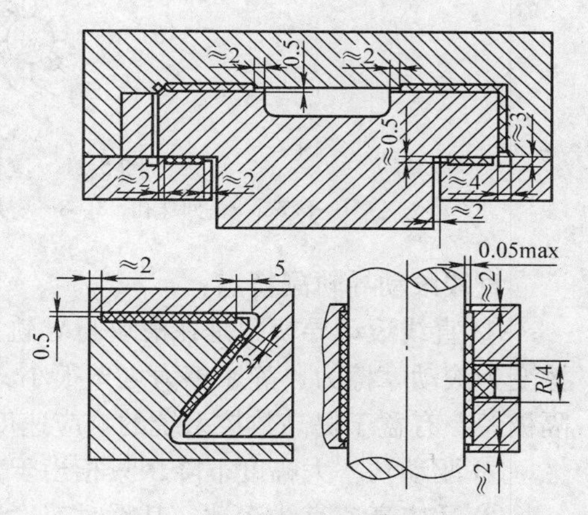

图5-20　镶粘塑料—金属导轨结构

镶粘塑料—金属导轨不仅可以满足机床对导轨的低摩擦、耐磨、无爬行、高刚度的要求，同时又具有生产成本低、应用工艺简单、经济效益显著等特点，因此，在数控机床上得到了广泛的应用。

（2）滚动导轨　滚动导轨的最大优点是摩擦因数小（一般在0.0025～0.005的范围内），灵敏度高；动、静摩擦因数基本相同，因而运动平稳，不易出现爬行现象；低速运动平稳性好，运动精度和定位精度高，重复定位误差可达0.2μm；精度保持性好，寿命长。滚动导轨的缺点是抗震性差，对防护要求高，结构比较复杂，制造比较困难，成本较高。直线滚动导轨常用的有直线滚动导轨副和滚动导轨块。近年来数控机床越来越多地采用由专业厂家生产的直线滚动导轨副或滚动导轨块。这种导轨组件本身制造精度很高，对机床的安装基面要求不高，安装、调整都非常方便。滚动导轨的滚动体可以是滚珠、滚柱或滚针。滚珠导轨的承载能力小，刚度低，适用于运动部件质量不大、切削力和颠覆力矩都较小的机床。滚柱导轨的承载能力和刚度都比滚珠导轨大，适用于载荷较大的机床。滚针导轨的特点是滚针尺寸小，结构紧凑，适用于导轨尺寸受到限制的机床。

直线滚动导轨副是由导轨、滑块、钢球、返向器、保持架、密封端盖及挡板等组成，如图 5-21 所示。当导轨与滑块做相对运动时，钢球就沿着导轨上的经过淬硬和精密磨削加工而成的四条滚道滚动，在滑块端部钢球又通过返向装置（返向器）进入返向孔后再进入滚道，钢球（或滚柱、滚针）就这样周而复始地进行滚动。返向器两端装有防尘密封端盖，可有效地防止灰尘、屑末进入滑块内部。

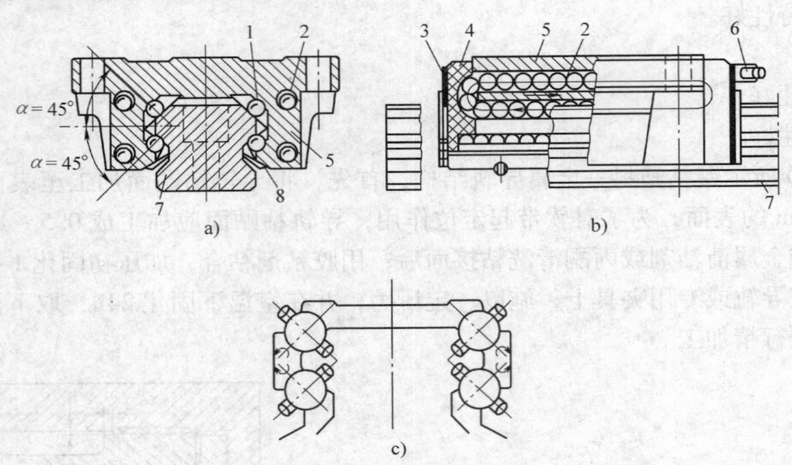

图 5-21　滚珠式直线滚动导轨副结构

1—滚珠　2—回珠孔　3、8—密封垫　4—挡板　5—滑块　6—注油嘴　7—导轨

直线滚动导轨副特点：

① 直线滚动导轨副是在滑块与导轨之间放入适当的钢球，使滑块与导轨之间的滑动摩擦变为滚动摩擦力、静摩擦力之差很小，随动性极好，即驱动信号与机械动作滞后的时间间隔极短，有益于提高数控系统的响应速度和灵敏度。

② 驱动功率大幅度下降，只相当于普通机械的 1/10。

③ 适应高速直线运动，其瞬时速度比滑动导轨提高约 10 倍。

④ 能实现高定位精度和重复定位精度。

⑤ 成对使用导轨副时，具有“误差均化效应”，从而降低对基础件（导轨安装面）的加工精度要求，降低基础件的机械制造成本与难度。

⑥ 导轨副滚道截面采用合理比值的圆弧沟槽，接触应力小，承接能力及刚度比平面与钢球点接触时大大提高，滚动摩擦力比双圆弧滚道有明显降低。

⑦ 导轨采用表面硬化处理，使导轨具有良好的可校性；心部保持良好的力学性能。简化了机械结构的设计和制造。

滚动导轨块具有刚度高、承载能力大以及便于拆装等优点，可直接装在任意行程长度的运动部件上。目前，滚动导轨块已做成独立的标准部件，其结构如图 5-22 所示。1 为防护板，端盖 2 与导向片 4 引滚动体返回，5 为保护架。当运动部件移动时，滚柱 3 在支承部件的导轨面与本体 6 之间滚动，滚柱 3 与运动部件的导轨面并不接触，因而该导轨面不需要淬硬磨光。每一导轨上使用导轨块的数量可根据导轨的长度和负载的大小确定。

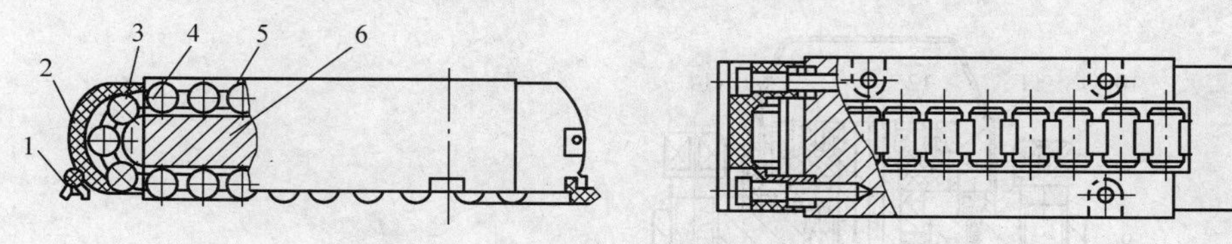

图5-22　滚动导轨块结构

1—防护板　2—端盖　3—滚柱　4—导向片　5—保护架　6—本体

（3）静压导轨　静压导轨的滑动面之间开有油腔，将通过节流输入油腔，形成压力油膜，浮起运动部件，使导轨工作表面处于纯液体摩擦，不产生磨损，精度保持性好。同时摩擦因数也极低（0.0005），使驱动功率大大降低；低速无爬行，承载能力大，刚度高；此外，油液有吸振作用，抗震性好。其缺点是结构复杂，要有供油系统，油的清洁度要求高，成本较高。

静压导轨横截面的几何形状一般有V形和矩形两种。采用V形便于导向和回油，采用矩形便于做成闭式静压导轨。另外，油腔的结构对静压导轨性能影响很大。

静压导轨较多应用在大型、重型数控机床上。由于承载的要求不同，静压导轨分为开式和闭式两种。开式静压导轨只能承受垂直方向的负载，承受颠覆力矩的能力差；而闭式静压导轨能承受较大的颠覆力矩，导轨刚度也较高。

5.4　自动换刀装置

5.4.1　自动换刀装置的作用

储备一定数量的刀具并完成刀具的自动交换功能的装置称为自动换刀装置。使用自动换刀装置可以显著缩短非切削时间，提高生产率，可使非切削时间减少到20%～30%。另外，工件在一次装夹中就可完成多道加工工序，缩短辅助时间，减少多次装夹工件所引起的误差，提高加工精度，扩大数控机床的工艺范围。

5.4.2　对自动换刀装置的基本要求

数控机床对自动换刀装置的要求是：换刀迅速、时间短，重复定位精度高，刀具储存量足够，所占空间位置小，工作稳定可靠。

5.4.3　自动换刀装置的形式

1. 回转刀架换刀

数控车床上使用的回转刀架是一种最简单、最常用的自动换刀装置，根据不同加工对象，可以设计成四方刀架和六角刀架等多种形式。回转刀架上分别安装着四把、六把或更多的刀具，并按数控装置的指令换刀。

数控车床回转刀架换刀动作要经过四个过程：刀架抬起、刀架转位、刀架定位和夹紧刀架。为完成上述动作，要有相应的机构来实现，下面数控车床方刀架结构分别以WZD4型刀架（见图 5-23）和 MJ-50 型刀架（见图 5-24）为例说明。

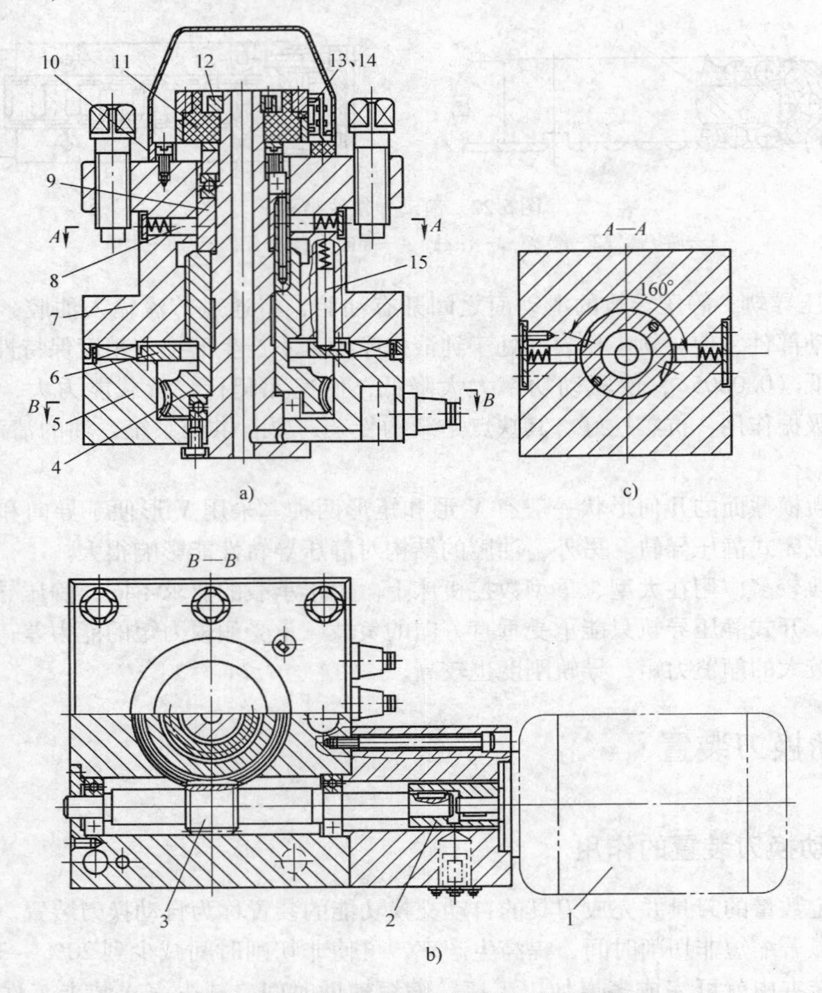

图 5-23　数控车床方刀架结构（WZD4 型）

1—电动机　2—联轴器　3—蜗杆轴　4—蜗轮丝杠　5—刀架底座　6—粗定位盘　7—刀架体　8—球头销　9—转位套　10—电刷座　11—发信体　12—螺母　13、14—电刷　15—粗定位销

该刀架可以安装四把不同的刀具，转位信号由加工程序指定。当换刀指令发出后，驱动电动机 1 起动正转，通过平键套筒联轴器 2 使蜗杆轴 3 转动，从而带动蜗轮丝杠 4 转动。刀架体 7 内孔加工有螺纹，与丝杠连接，蜗轮与丝杠为整体结构。当蜗轮开始转动时，由于加工在刀架底座 5 和刀架体 7 上的端面齿处在啮合状态，且蜗轮丝杠 4 轴向固定，这时刀架体 7 抬起。当刀架体抬至一定距离后，端面齿脱开。转位套 9 用销钉与蜗轮丝杠 4 连接，随蜗轮丝杠 4 一同转动。当端面齿完全脱开时，转位套正好转过 160°（见图 5-23 中 *A*—*A* 剖示图），球头销 8 在弹簧力的作用下进入转位套 9 的槽中，带动刀架体转位。刀架体 7 转动时带着电刷座 10 转动，当转到程序指定的刀号时，粗定位销 15 在弹簧的作用下进入粗定位盘 6 的槽中进行粗定位，同时电刷 13 接触导体使电动机 1 反转，由于粗定位槽的限制，刀架体 7 不能转动，使其在该位置垂直落下，刀架体 7 和刀架底座 5 上的端面齿啮合实现精确定

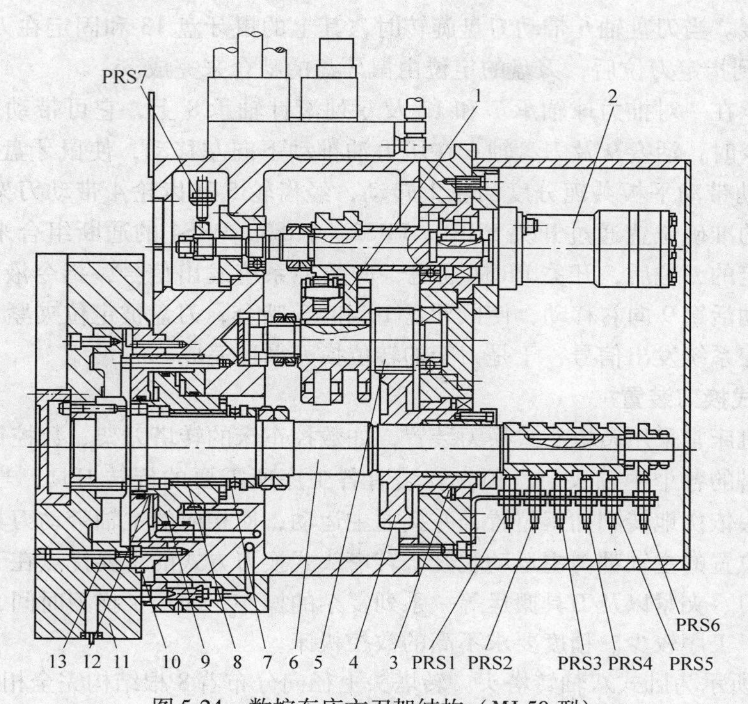

图 5-24　数控车床方刀架结构（MJ-50 型）

1—平板共轭分度凸轮　2—液压马达　3—锥套　4、5—齿轮　6—刀盘轴
7、12—推力球轴承　8—双列滚针轴承　9—活塞　10、13—鼠牙盘　11—刀盘

位。电动机 1 继续反转，此时蜗轮停止转动，蜗杆轴 3 自身转动，当两端面齿增加到一定夹紧力时，电动机 1 停止转动。

译码装置由发信体 11，电刷 13、14 组成，电刷 13 负责发信，电刷 14 负责位置判断。当刀架定位出现过位或不到位时，可松开螺母 12 调好发信体 11 与电刷 14 的相对位置。

这种刀架在经济型数控车床及卧式车床的数控化改造中得到广泛的应用。回转刀架一般采用液压缸驱动转位和定位销定位，也有采用电动机—马氏机构转位和鼠盘定位，以及其他转位和定位机构的。

MJ-50 型刀架采用卧式回转刀架。卧式回转刀架的回转轴与机床主轴平行，可在刀盘的径向和轴向安装刀具。径向刀具多用作外圆柱面及端面加工；轴向刀具多用作内孔加工。回转刀架的工位数最多可达 20 个，常用的有 8、10、12、14 四种工位。刀架回转及松开、夹紧的动力采用全电动、全液压、电动回转松开碟形弹簧夹紧、电动回转液压松开夹紧等。刀位记数采用光电编码器。回转刀架机械结构复杂，使用中故障率相对较高，因此在选用及使用维护中要给予足够重视。

如图 5-24 所示为 MJ-50 数控车床方刀架结构（MJ-50 型），其转位换刀过程为：刀盘脱开接收到数控系统的换刀指令→活塞 9 右腔进油→活塞推动推力球轴承 12 连同刀盘轴 6 左移→动、静鼠牙盘 10、13 脱开，刀盘解除定位、夹紧，刀盘转位液压马达 2 起动→推动平板共轭分度凸轮 1→推动齿轮 5、4→刀盘轴 6 连同刀盘旋转，刀盘转位，刀盘定位夹紧活塞 9 左腔进油→刀盘轴 6 右移，动、静鼠牙盘啮合，实现定位夹紧。该回转刀架的夹紧与松开、刀盘的转位均由液压系统驱动、PLC 顺序控制来实现。11 是安装刀具的刀盘，它与刀盘轴 6 固定连接。当刀盘轴 6 带动刀盘旋转时，其上的鼠牙盘 13 和固定在刀架上的鼠牙盘 10 脱开，旋转到指定刀位后，刀盘的定位由鼠牙盘的啮合来完成。

活塞 9 支承在一对推力球轴承 7 和 12 及双列滚针轴承 8 上，它可带动刀架主轴移动。当接到换刀指令时，活塞 9 及刀盘轴 6 在压力油推动下向左移动，使鼠牙盘 13 与 10 脱开，液压马达 2 起动带动平板共轭分度凸轮 1 转动，经齿轮 5 和齿轮 4 带动刀架主轴及刀盘旋转。刀盘旋转的准确位置通过开关 PRS1、PRS2、PRS3、PRS4 的通断组合来检测确认。当刀盘旋转到指定的刀位后，开关 PRS7 通电，向数控系统发出信号，指令液压马达 2 停转，这时压力油推动活塞 9 向右移动，使鼠牙盘 10 和 13 啮合，刀盘被定位夹紧。开关 PRS6 确认夹紧并向数控系统发出信号，于是刀架的转位换刀循环完成。

2. 转塔头式换刀装置

一般数控机床常采用转塔头式换刀装置，如数控车床的转塔刀架、数控钻镗床的多轴转塔头等。在转塔的各个主轴头上，预先安装有各工序所需要的旋转刀具，当发出换刀指令时，各种主轴头依次地转到加工位置，并接通主运动，使相应的主轴带动刀具旋转，而其他处于不同加工位置的主轴都与主运动脱开。转塔头式换刀方式的主要优点在于省去了自动松夹、卸刀、装刀、夹紧以及刀具搬运等一系列复杂的操作，缩短了换刀时间，提高了换刀可靠性，它适用于工序较少、精度要求不高的数控机床。

如图 5-25 所示为卧式八轴转塔头。转塔头上径向分布着 8 根结构完全相同的主轴 1，主轴 1 的回转运动由齿轮 15 输入。当数控装置发出换刀指令时，通过液压拨叉将移动齿轮 6 与齿轮 15 脱离啮合，同时在中心液压缸 13 的上腔通压力油。由于活塞杆和活塞口固定在底座上，因此中心液压缸 13 带着有两个推力轴承 9 和 11 支承的转塔刀架 10 抬起，鼠牙盘 7 和 8 脱离啮合，压力油进入转位液压缸推动活塞齿条，再经过惰轮使大齿轮 5 与转塔刀架体 10 一起回转 45°，将下一工序的主轴转到工作位置。转位结束后，压力油进入中心液压缸

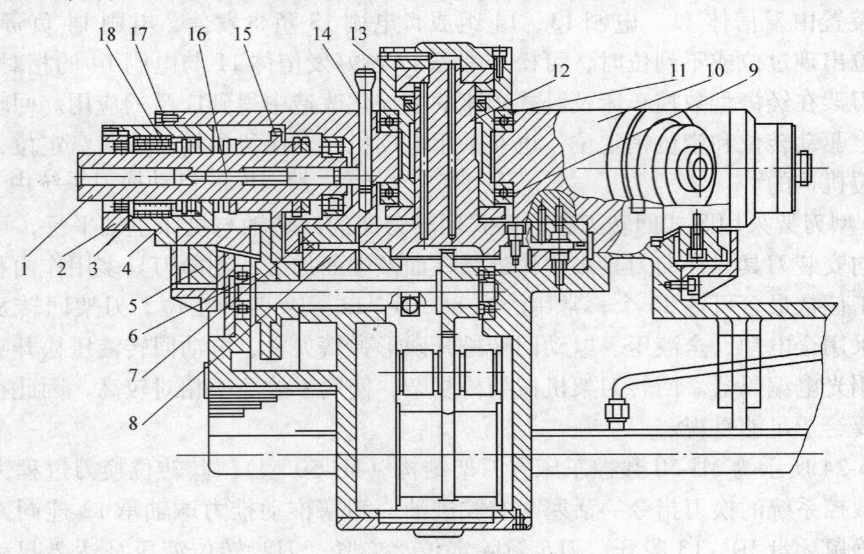

图 5-25　卧式八轴转塔头

1—主轴　2—端盖　3—螺母　4—套筒　5、6、15—齿轮　7、8—鼠牙盘　9、11—推力轴承　10—转塔刀架体　12—活塞　13—中心液压缸　14—操纵杆　16—顶杆　17—螺钉　18—轴承

13 的下腔使转塔头下降，鼠牙盘 7 和 8 重新啮合，实现了精确的定位。在压力油的作用下，转塔头被压紧，转位液压缸退回原位。最后通过液压拨叉拨动移动齿轮 6，使它与新换上的主轴齿轮 15 啮合。

为了改善主轴结构的装配工艺性，整个主轴部件装在套筒 4 内，只要卸去螺钉 17，就可以将整个部件抽出。主轴前轴承 18 采用锥孔双列圆柱滚子轴承，调整时先卸下端盖 2，然后拧动螺母 3，使内环做轴向移动，以便消除轴承的径向间隙。

为了便于卸出主轴锥孔内的刀具，每根主轴都有操纵杆 14，只要按压操纵杆，就能通过斜面推动顶出刀具。

转塔主轴头的转位、定位和压紧方式与鼠牙盘式分度工作台极为相似，但因为在转塔上分布着许多回转主轴部件，使结构更为复杂。由于空间位置的限制，主轴部件的结构不可能设计得十分坚固，因而影响了主轴系统的刚度。为了保证主轴的刚度，主轴的数目必须加以限制，否则将会使尺寸大为增加。

3. 车削中心用动力刀架

如图 5-26 所示为意大利 Baruffaldi 公司生产的适用于全功能数控车床及车削中心的动力转塔刀架。刀盘上既可以安装各种非动力辅助刀夹（车刀夹、镗刀夹、弹簧夹头、莫氏刀柄），夹持刀具进行加工，还可安装动力刀夹进行主动切削，配合主轴完成车、铣、钻、镗等各种复杂工序，实现加工程序自动化、高效化。

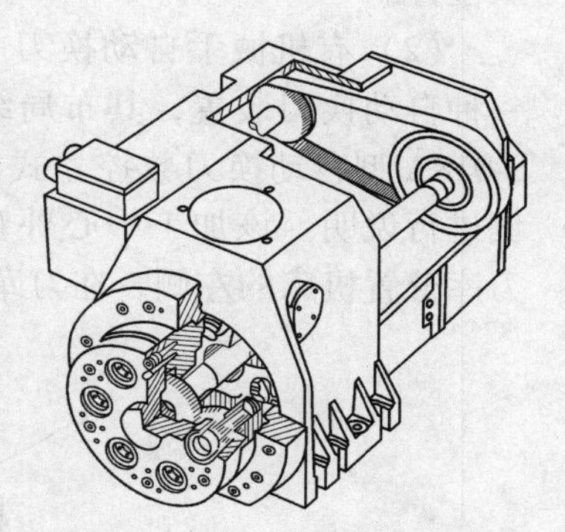

图 5-26　动力转塔刀架

刀架采用端齿盘作为分度定位元件，刀架转位由三相异步电动机驱动，电动机内部带有制动机构，刀位由二进制绝对编码器识别，并可双向转位和任意刀位就近选刀。动力刀具由交流伺服电动机驱动，通过同步带、传动轴、传动齿轮、端面齿离合器将动力传递到动力刀夹，再通过刀夹内部的齿轮传动，刀具回转，实现主动切削。

4. 带刀库的自动换刀系统

由于回转刀架、转塔头式换刀装置容纳的刀具数量不能太多，满足不了复杂零件的加工需要，自动换刀数控机床多采用刀库式自动换刀装置。带刀库的自动换刀系统由刀库和刀具交换机构组成，它是多工序数控机床上应用最广泛的换刀方法。整个换刀过程较为复杂，把加工过程中需要使用的全部刀具分别安装在标准的刀柄上，在机外进行尺寸预调整之后，按一定的方式放入刀库。换刀时先在刀库中进行选刀，并由刀具交换装置从刀库和主轴上取出刀具。在进行刀具交换之后，将新刀具装入主轴，把旧刀具放入刀库。存放刀具的刀库具有较大的容量，它既可安装在主轴箱的侧面或上方，也可作为单独部件安装到机床以外。

带刀库的自动换刀装置的数控机床主轴箱内只有一个主轴，设计主轴部件时就尽可能充分地增强它的刚度，因而能够满足精密加工的要求。另外，刀库可以存放数量很大的刀具（可以多达 100 把以上），因而能够进行复杂零件的多工序加工，这样就明显地提高了机床的适应性和加工效率。所以带刀库的自动换刀装置特别适用于数控钻床、数控镗铣床和加工中心，其换刀形式很多，以下介绍两种典型换刀方式。

（1）无机械手自动换刀　这种换刀装置只具备一个刀库，刀库中储存着加工过程中需使用的各种刀具，利用机床本身与刀库的运动实现换刀过程。如图 5-27 所示为自动换刀数控立式车床的示意图，刀库 7 固定在横梁 4 的右端，它可做回转以及上下方向的插刀和拔刀运动。机床自动换刀的过程如下：

① 刀架快速右移，使其上的装刀孔轴线与刀库上空刀座的轴线重合，然后刀架滑枕向下移动，把用过的刀具插入空刀座。

② 刀库下降，将用过的刀具从刀架中拔出。

③ 刀库回转，将下一工步所需使用的新刀具轴线对准刀架上装刀孔轴线。

④ 刀库上升，将新刀具插入刀架装刀孔，接着由刀架中自动夹紧装置将其夹紧在刀架上。

⑤ 刀架带着换上的新刀具离开刀库，快速移向加工位置。

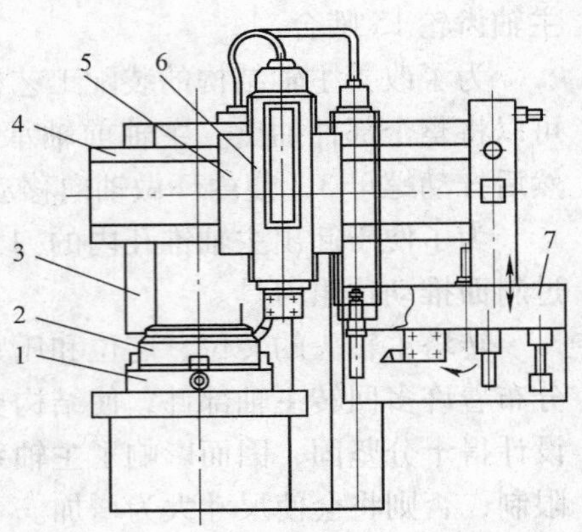

图 5-27　自动换刀数控立式车床示意图

1—工作台　2—工件　3—立柱　4—横梁　5—刀架滑座　6—刀架滑枕　7—刀库

（2）有机械手自动换刀　这是目前用得最普遍的一种自动换刀装置，其布局结构多种多样，下面以 JCS-018A 型自动换刀数控立式加工中心所用换刀装置为例进行说明。该加工中心外观图如图 5-28 所示，盘式刀库分置机床的左侧，在刀库和主轴之间有回转式单臂双爪机械手进行换刀。

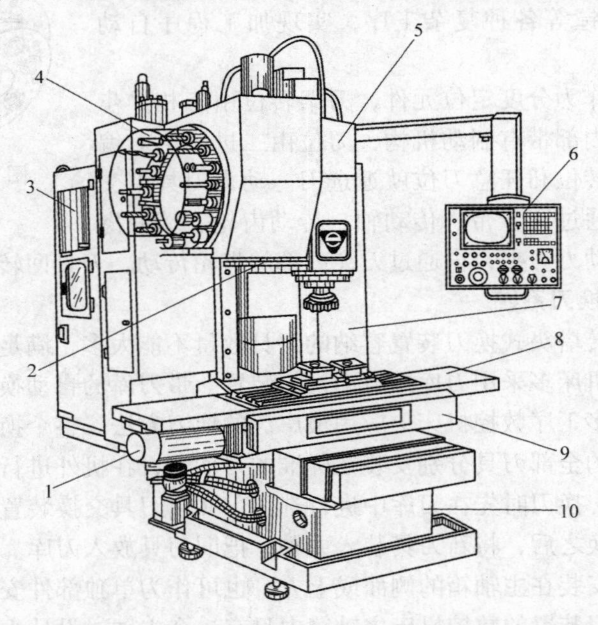

图 5-28　JCS-018A 型自动换刀数控立式加工中心外观图

1—X 轴驱动电动机　2—换刀机械手　3—数控柜　4—盘式刀库　5—主轴箱　6—操作面板　7—驱动电源柜　8—工作台　9—滑座　10—床身

自动换刀装置的工作过程：上一工序加工完毕，主轴在“准停”位置，由自动换刀装置换刀，自动换刀动作分解示意图如图 5-29 所示，其过程如下：

① 刀套下转 90°。

② 机械手转 75°。

③ 刀具松开。

④ 机械手拔刀。

⑤ 机械手插刀。

⑥ 刀具夹紧。

⑦ 液压缸复位。

⑧ 机械手反转 75°。

⑨ 刀套上转 90°。

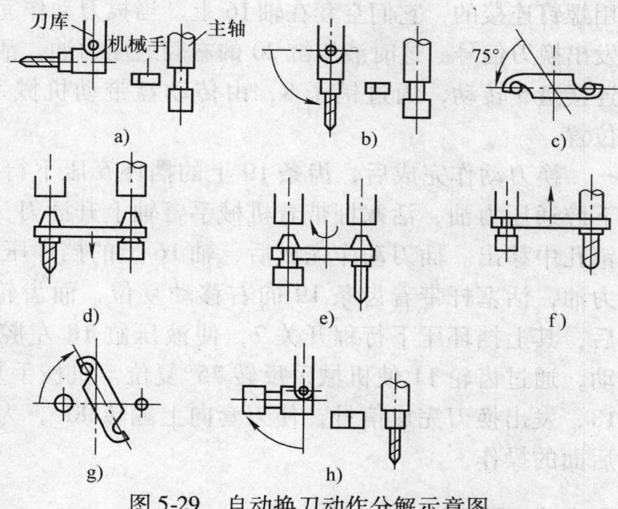

图 5-29　自动换刀动作分解示意图

该机床上使用的换刀机械手为回转式单臂双手机械手，其动作全部由液压驱动，其加工中心机械手传动结构示意图如图 5-30 所示，它主要由以下部件构成：

① 驱动装置：分别是使机械手回转 75°的液压缸 18，用于拔刀、装刀的液压缸 15，用于交换刀具（机械手旋转 180°）的液压缸 20。

② 传动装置：齿轮 4、11，齿条 17、19，连接盘 5，传动盘 10，机械手臂轴 16。其中只有传动盘与轴 16 为花键联接，并能随轴 16 上下移动，能够直接随轴 16 旋转，其余的齿轮或连接盘必须借助于传动盘才能够旋转。

③ 行程控制装置：包括挡环 2、6、12，行程开关 1、3、7、9、13、14。

④ 执行机构：机械手 21。

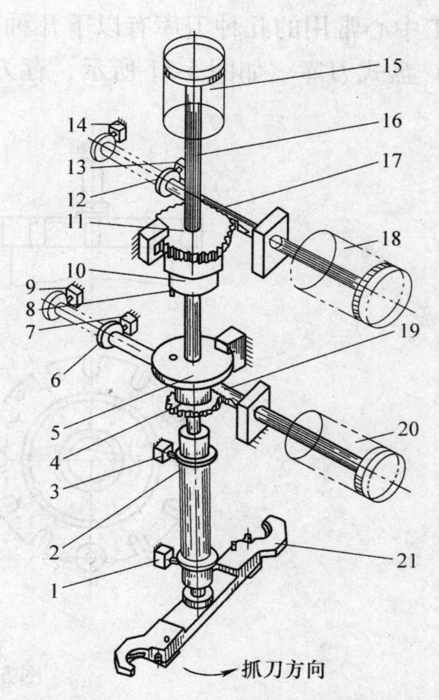

图 5-30　JCS-018A 型加工中心机械手传动结构示意图

1、3、7、9、13、14—行程开关　2、6、12—挡环　4、11—齿轮　5—连接盘　8—销子　10—传动盘　15、18、20—液压缸　16—机械手臂轴　17、19—齿条　21—机械手

在自动换刀过程中，机械手 21 要完成抓刀、拔刀、交换主轴上和刀库上的刀具位置、插刀、复位等动作。如前面介绍刀库结构时所述，当刀套向下转 90°后，压下上行程位置开关，发出机械手抓刀信号。此时，机械手 21 的手臂中心线与主轴中心到换刀位置的刀具中心的连线成 75°位置，液压缸 18 右腔通压力油，活塞杆推着齿条 17 向左移动，使得齿轮 11 转动。

抓刀动作结束时，齿条 17 上的挡环 12 压下行程开关 14，发出拔刀信号，于是液压缸 15 的上腔通压力油，活塞杆推动机械手臂轴 16 下降拔刀。在轴 16 下降时，传动盘 10 随之下降，其下端的销子 8 插入连接盘 5 的销孔中，连接盘 5 和其下面的齿轮 4 也是用螺钉连接的，它们空套在轴16上。当拔刀动作完成后，轴16上的挡环2压下行程开关1，发出换刀信号。这时液压缸20的右腔通压力油，活塞杆推着齿条19向左移动，使齿轮4和连接盘5转动，通过销子8，由传动盘带动机械手转180°，交换主轴上和刀库上的刀具位置。

换刀动作完成后，齿条19上的挡环6压下行程开关9，发出插刀信号，使液压缸15下腔通压力油，活塞杆带着机械手臂轴上升插刀，同时传动盘下面的销子8从连接盘5的销孔中移出。插刀动作完成后，轴16上的挡环压下行程开关3，使液压缸20的左腔通压力油，活塞杆带着齿条19向右移动复位，而齿轮4空转，机械手无动作。齿条19复位后，其上挡环压下行程开关7，使液压缸18左腔通压力油，活塞杆带着齿条17向右移动，通过齿轮11使机械手反转75°复位。机械手复位后，齿条17上的挡环压下行程开关13，发出换刀完成信号，使刀套向上翻转90°，为下次选刀做好准备，同时机床继续执行后面的操作。

5.4.4 刀库

刀库用于存放刀具，它是自动换刀装置中的主要部件之一。根据刀库存放刀具的数量和取刀方式，刀库可设计成不同类型。

加工中心常用的几种刀库有以下几种形式：

（1）盘式刀库　如图5-31所示，存刀量少则6～8把，多则50～60把，有多种形式。

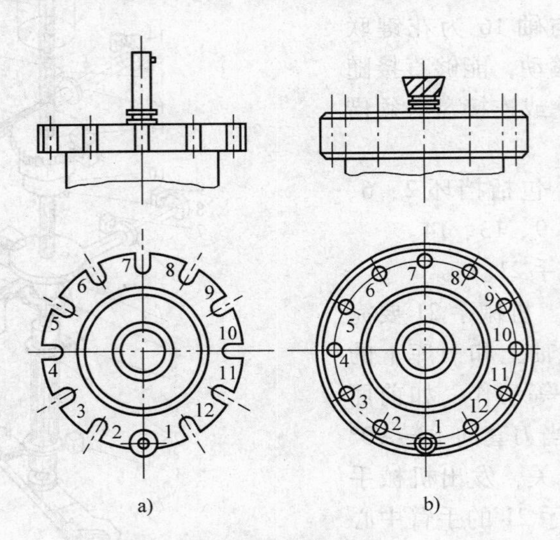

图5-31　盘式刀库

a）径向取刀　b）轴向取刀

如图5-31a所示刀库，刀具径向布置，常置于主轴侧面，刀库轴线可垂直放置，也可以水平放置，较多使用。

如图5-31b所示刀库，刀具轴向布置，占有较大空间，一般置于机床立柱上端。

（2）鼓式刀库　如图5-33所示鼓式刀库，刀具为伞状布置，多斜放于立柱上端。

为进一步扩充存刀量，有的机床使用多层盘式刀库（见图5-32）。

图 5-32　多层盘式刀库

图 5-33　鼓式刀库

(3) 链式刀库　链式刀库是较常用的形式，有单排链式刀库（见图 5-34a)、加长链条的链式刀库（见图 5-34c）和多层链式刀库（见图 5-34c)。链式刀库容刀量比前两种大大提高，主要用于大型加工中心。

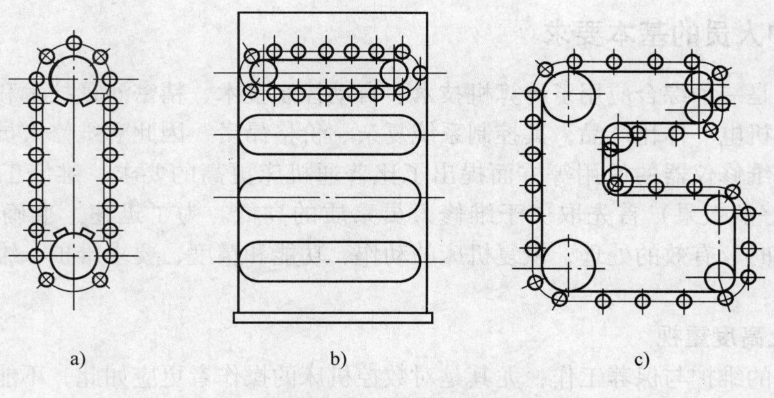

a)　　b)　　c)

图 5-34　链式刀库

第 6 章　数控机床的调试与维护

6.1　概述

数控机床在运行一定时间后，某些电气元件或机械部件难免会出现一些损坏或故障，对于这种高精度、高效益且又昂贵的设备，如何延长电气元件的使用寿命和零部件的磨损周期，预防各种故障，特别是将恶性事故消灭在萌芽状态，从而提高机床的无故障工作时间和使用寿命，一个重要的方法就是要做好预防性维护工作。数控机床通常都是企业较为关键的设备，运行中出现一些不正常现象，不一定影响运行，往往让机床带病工作，没有及时做预防维护工作，这样长时间使用之后，必然造成机床产生较大故障，影响车间的设备使用调度，甚至延误生产。在现代设备管理理念中，应做到事前维护而不是事后抢修。最大限度地发挥机床效率，同时也节约维修费用。

6.1.1　维护人员的基本要求

数控机床是一种综合应用了计算机技术、自动控制技术、精密测量技术和机床设计等先进技术的典型机电一体化产品，其控制系统复杂、价格昂贵，因此对维修人员的素质、维修资料的准备、维修仪器的使用等方面提出了比普通机床更高的要求。维修工作开展的好坏（高的效率和好的效果）首先取决于维修人员素质的高低。为了迅速、准确地判断故障原因，并进行及时、有效的处理，恢复机床的动作、功能和精度，要求维护、维修人员应具备以下基本素质：

1. 思想上高度重视

数控机床的维护与保养工作，尤其是对数控机床的操作者更应如此，不能只管操作，而忽视对数控机床的日常维护与保养。

2. 提高操作人员的综合素质

由于数控机床是典型的机电一体化产品，它牵涉的知识面较宽，操作者应具有机、电、液、气等专业知识；另外，由于其电气控制系统中的 CNC 系统升级、更新换代比较快，如果不定期参加专业理论培训学习，则不能熟练掌握新的 CNC 系统应用。因此对操作人员提出的素质要求是很高的。

3. 要为数控机床创造一个良好的使用环境

由于数控机床中含有大量的电子元件，阳光直接照射、潮湿、粉尘、振动等均可使电子元件受到腐蚀变坏或造成元件间的短路，引起机床运行不正常。为此，对数控机床的使用环境应做到保持清洁、干燥、恒温和无振动；对于电源应保持稳压，一般只允许 ±10% 波动。

4. 严格遵循正确的操作规程

无论是什么类型的数控机床，它都有一套自己的操作规程，这既是保证操作人员人身安全的重要措施之一，也是保证设备安全、使用产品质量等的重要措施。因此，使用者必须按照操作规程正确操作，如果机床在第一次使用或长期没有使用时，应先使其空转几分钟；并要特别注意使用中开机、关机的顺序和注意事项。

5. 在使用中，尽可能提高数控机床的开动率

对于新购置的数控机床应尽快投入使用，设备在使用初期故障率相对来说往往大一些，用户应在保修期内充分利用机床，使其薄弱环节尽早暴露出来，在保修期内得以解决。如果在缺少生产任务时，也不能空闲不用，要定期通电，每次空运行 1h 左右，利用机床运行时的发热量来去除或降低机内的湿度。

6. 制定并且严格执行数控机床管理的规章制度

除了对数控机床的日常维护外，还必须制定并且严格执行数控机床管理的规章制度。主要包括定人、定岗和定责任的“三定”制度，定期检查制度，规范的交接班制度等。这也是数控机床管理、维护与保养的主要内容。

7. 具备必要的知识储备

由于数控机床是集机械、电气、液压、气动等为一体的加工设备，组成机床的各部分之间具有密切的联系，其中任何一部分发生故障都有可能影响其他部分的正常工作。而根据故障现象，对故障的真正原因和故障部位尽快进行判断是机床维修的第一步，也是维修人员必须具备的素质，同时如何快速地判断也对维修人员素质提出了很高的要求。主要有以下方面：①掌握或了解计算机原理、电子技术、电工原理、自动控制与电动机拖动、检测技术、机械传动及机加工工艺方面的基础知识。②既要懂电、又要懂机。维修人员还必须经过数控技术方面的专门学习和培训，掌握数字控制、伺服驱动及 PLC 的工作原理，懂得 NC 和 PLC 编程。此外，维修时为了对某些电路与零件进行现场测试，作为维修人员还应当具备一定的工程识图能力。

8. 具有一定的外语基础和专业外语基础

一个高素质的维修人员，需要能对国内、外多种数控机床进行维修。但国外数控系统的配套说明书、资料往往使用原文资料，数控系统的报警文本显示也以外文居多。为了能迅速根据说明书的所提供信息与系统的报警提示，确认故障原因，加快维修进程，故要求具备专业外语的阅读能力，以便分析、处理问题。

9. 善于学习，勤于学习，善于思考

作为数控机床维修人员不仅要注重分析问题与经验积累，还应当善于学习，勤于学习，善于思考。国外、国内数控系统种类繁多，而且每种数控系统的说明书内容通常也很多，包括操作、编程、连接、安装调试、维护维修、PLC 编程等多种说明书。资料内容多，不善于学习，不勤于学习，很难对各种知识融会贯通。而每台数控机床，其内部各部分之间的联系紧密，故障涉及面很广，而且有些现象不一定反映出了故障产生的原因，作为维修人员，一定要透过故障的表象，通过分析故障产生的过程，针对各种可能产生的原因，仔细思考分析排除，迅速找出发生故障的根本原因并予以排除。应做到“多动脑，慎动手”，切忌草率下结论，盲目更换元器件。故障若属于操作原因，操作人员要及时吸取经验，避免下次犯同样的错误。

10. 有较强的动手能力和实验技能

数控系统的维修离不开实际操作，首先要求能熟练地操作机床，而且维修人员要能进入一般操作者无法进入的特殊操作模式，如：各种机床以及有些硬件设备自身参数的设定与调整，利用 PLC 编程器监控等等。此外，为了判断故障原因，维修过程可能还需要编制相应的加工程序，对机床进行必要的运行试验与工件的试切削。其次，还应该能熟练地使用维修所必需的工具、仪器和仪表。

11. 应养成良好的工作习惯

需要胆大心细，动手必须要有明确目的、完整的思路、细致的操作。做到如下几点：

1）动手前应仔细思考、观察，找准切入点。

2）动手过程要做好记录，尤其是对于电气元件的安装位置、导线号、机床参数、调整值等都必须做好明显的标记，以便恢复。

3）维修完成后，应做好“收尾”工作，如将机床、系统的罩壳、紧固件安装到位；将电线、电缆整理整齐等。

6.1.2　数控机床故障的分类

数控机床全部或部分丧失了规定的功能的现象称为数控机床的故障。数控机床的故障也是多种多样、各不相同，故障原因一般都比较复杂，这给数控机床的故障诊断和维修带来不少困难。

1. 按数控机床发生的故障性质分类

（1）系统性故障　这类故障是指只要满足一定的条件，机床或者数控系统就必然出现的故障。例如电网电压过高或者过低，系统就会产生电压过高报警或者过低报警；切削量过大时，就会产生过载报警等。

训练 6-1

一台采用 SINUMERIK 810 系统的数控机床在加工过程中，系统有时自动断电关机，重新起动后，还可以正常工作。根据系统工作原理和故障现象，怀疑故障原因是系统供电电压波动，测量系统电源模块上的 24V 输入电源，发现为 22.3V 左右，当机床加工时，这个电压还向下波动，特别是切削量大时，电压下降就大，有时接近 21V，这时系统自动断电关机。为了解决这个问题，更换容量大的 24V 电源变压器将这个故障彻底消除。

（2）随机故障　这类故障是指在同样条件下，只偶尔出现一次或者两次的故障。要想人为地再现同样的故障则是不容易的，有时很长时间也很难再遇到一次。这类故障的分析和诊断是比较困难的。一般情况下，这类故障往往与机械结构的松动、错位，数控系统中部分元件工作特性的漂移、机床电气元件可靠性下降有关。

训练 6-2

一台数控沟槽磨床，在加工过程中偶尔出现问题，磨沟槽的位置发生变化，造成废品。分析这台机床的工作原理，在磨削加工时首先测量臂向下摆动到工件的卡紧位置，然后工件开始移动，当工件的基准端面接触到测头时，数控装置记录下此时的位置数据，然后测量臂抬起，加工程序继续运行。数控装置根据端面的位置数据，在距端面一定距离的位置磨削沟槽，所以沟槽位置不准与测量的准确与否有非常大的关系。因为不经常发生，所以很难观察到故障现象。因此根据机床工作原理，对测头进行检查并没有发现问题；对测量臂的转动检查时发现旋转轴有些紧，可能测量臂有时没有精确到位，使测量产生误差。将旋转轴拆开检查发现已严重磨损，制作新备件，更换上后再也没有发生这个故障。

2. 按故障类型分类

按照机床故障的类型区分，故障可分为机械故障和电气故障。

（1）机械故障　这类故障主要发生在机床主机部分，还可以分为机械部件故障、液压系统故障、气动系统故障和润滑系统故障等。

训练 6-3

一台采用 SINUMERIK 810 系统的数控淬火机床开机回参考点、走 *X* 轴时，出现报警 1680“SERVOENABLETRAV. AXISX”，手动走 *X* 轴也出现这个报警，检查伺服装置，发现有过载报警指示。根据西门子说明书，产生这个故障的原因可能是机械负载过大、伺服控制电源出现问题、伺服电动机出现故障等。本着先机械后电气的原则，首先检测 *X* 轴滑台，手动盘动 *X* 轴滑台，发现非常沉，盘不动，说明机械部分出现了问题。将 *X* 轴滚珠丝杠拆下检查，发现滚珠丝杠已锈蚀，原来是滑台密封不好，淬火液进入滚珠丝杠，造成滚珠丝杠的锈蚀，更换新的滚珠丝杠，故障消除。

（2）电气故障　电气故障是指电气控制系统出现的故障，主要包括数控装置、PLC 控制器、伺服单元、CRT 显示器、电源模块、机床控制元件以及检测开关的故障等。这部分的故障是数控机床的常见故障，应该引起足够的重视。

3. 按数控机床发生的故障后有无报警显示分类

按故障产生后有无报警显示，可分为有报警显示故障和无报警显示故障两类。

（1）有报警显示故障　这类故障又可以分为硬件报警显示和软件报警显示两种。

① 硬件报警显示的故障。硬件报警显示通常是指各单元装置上的指示灯的报警指示。在数控系统中有许多用以指示故障部位的指示灯，如控制系统操作面板、CPU 主板、伺服控制单元等部位，一旦数控系统的这些指示灯指示故障状态后，根据相应部位上的指示灯的报警含义，均可以大致判断故障发生的部位和性质，这无疑会给故障分析与诊断带来极大便利。因此维修人员在日常维护和故障维修时应注意检查这些指示灯的状态是否正常。

② 软件报警显示的故障。软件报警显示通常是指数控系统显示器上显示出的报警号和报警信息。由于数控系统具有自诊断功能，一旦检查出故障，即按故障的级别进行处理，同时在显示器上显示报警号和报警信息。

软件报警又可分为 NC 报警和 PLC 报警，前者为数控部分的故障报警，可通过报警号，在《数控系统维修手册》上找到报警的原因与处理方法的内容，从而确定可能产生故障的原因。PLC 报警的报警信息来自机床制造厂家编制的报警文本，大多属于机床侧的故障报警，遇到这类故障，可根据报警信息，或者 PLC 用户程序确诊故障。

（2）无报警显示的故障　这类故障发生时没有任何硬件及软件报警显示，因此分析诊断起来比较困难。对于没有报警的故障，通常要具体问题具体分析。遇到这类问题，要根据故障现象、机床工作原理、数控系统工作原理、PLC 梯形图以及维修经验来分析诊断故障。

训练 6-4

一台采用 SINUMERIK 810 系统的数控沟槽磨床，在自动磨削完工件、修整砂轮时，带动砂轮的 *Z* 轴向上运动，停下后砂轮修整器并没有修整砂轮，而是停止了自动循环，但屏幕上没有报警指示。根据机床的工作原理，在修整砂轮时，应该喷射切削液，冷却砂轮修整器，但多次观察发生故障的过程，却发现没有切削液喷射。切削液电磁阀控制原理图，在出现故障时利用数控系统的 PLC 状态显示功能，观察控制切削液喷射电磁阀的输出 Q4. 5，其状态为“1”，没有问题，根据电气原理图它是通过直流继电器 K45 来控制电磁阀的，检查直流继电器 K45 也没有问题。接着检查电磁阀，发现电磁阀的线圈上有电压，说明问题是出在电磁阀上，更换电磁阀，机床故障消除。

4. 按故障发生部位分类

按机床故障发生的部位可把故障分为如下几类：

（1）数控装置部分的故障　数控装置部分的故障又可以分为软件故障和硬件故障。

① 软件故障。有些机床故障是由于加工程序编制出现错误造成的，有些故障是由于机床数据设置不当引起的，这类故障属于软件故障。只要将故障原因找到并修改后，这类故障就会排除。

② 硬件故障。有些机床故障是因为控制系统硬件出现问题，这类故障必须更换损坏的器件或者维修后才能排除故障。

训练 6-5

一台数控冲床出现故障，屏幕没有显示，检查机床控制系统的电源模块的 24V 输入电源，没有问题，NC－ON 信号也正常，但在电源模块上没有 5V 电压，说明电源模块损坏，维修后，机床恢复正常使用。

（2）PLC 部分的故障　与 PLC 有关的故障的特点：

① 与 PLC 有关的故障首先确认 PLC 的运行状态，判断是自动运行方式还是停止方式。

② 在 PLC 正常运行情况下，分析与 PLC 相关的故障时，应先定位不正常的输出结果，定位了不正常的结果即故障查找的开始。

③ 大多数有关 PLC 的故障是外围接口信号故障，所以在维修时，只要 PLC 有些部分控制的动作正常，都不应该怀疑 PLC 程序。如果通过诊断确认运算程序有输出，而 PLC 的物理接口没有输出，则为硬件接口电路故障。

④ 硬件故障多于软件故障，例如当程序执行 M07（切削液开），而机床无此动作，大多是由外部信号不满足，或执行元件故障，而不是 CNC 与 PLC 接口信号的故障。

PLC 部分的故障也分为软件和硬件故障两种。

① 软件故障。由于 PLC 用户程序编制有问题，在数控机床运行时满足一定的条件即可发生故障。另外，PLC 用户程序编制得不好，经常会出现一些无报警的机床侧故障，所以 PLC 用户程序要编制得尽量完善。

② 硬件故障。由于 PLC 输入输出模块出现问题而引起的故障属于硬件故障。有时个别输入输出口出现故障，可以通过修改 PLC 程序，使用备用接口替代出现故障的接口，从而排除故障。

训练 6-6

一台采用 SIEMENS 810 系统的数控磨床，自动加工不能连续进行，磨削完一个工件后，主轴砂轮不退回修整，自动循环中止。分析机床的工作原理，机床的工作状态是通过机床操作面板上的钮子开关设定的，钮子开关接入 PLC 的输入 E7. 0，利用数控系统的 PLC 状态显示功能，检查其状态，但不管怎样拨动钮子开关，其状态一直为“0”，不发生变化，而检查开关没有发现问题，将该开关的连接线连接到 PLC 的备用输入接口 E3. 0 上，这时观察这个状态的变化，正常跟随钮子开关的变化，没有问题，由此证明 PLC 的输入接口 E7. 0 损坏，因为没有备件，将钮子开关接到 PLC 的 E3. 0 的输入接口上，然后通过编程器将 PLC 程序中的所有 E7.0 都改成 E3.0，这时机床恢复了正常使用。

（3）伺服系统故障　数控机床的伺服系统一般由驱动单元、机械传动部件、执行件和检测反馈环节等组成。驱动控制单元和驱动元件组成伺服驱动系统，机械传动部件和执行元件组成机械传动系统，检测元件和反馈电路组成检测装置，也称检测系统，如图 6-1 所示。

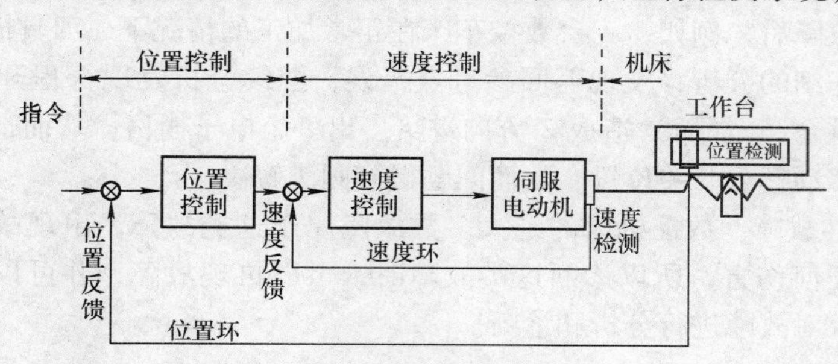

图 6-1　伺服系统

伺服系统是一个反馈控制系统，它以指令脉冲为输入给定值与反馈脉冲进行比较，利用比较后产生的偏差值对系统进行自动调节，以消除偏差，使被调量跟踪给定值。

数控机床的伺服系统主要有主轴伺服和进给伺服两种。

① 主轴伺服的故障及诊断主轴伺服系统故障表现形式：一是在 CRT 或操作面板上显示报警内容或报警信息；二是在主轴驱动装置上用报警灯或数码管显示主轴驱动装置的故障；三是主轴工作不正常，但无任何报警信息。

常见的主轴单元的故障有：主轴不转、电动机转速异常或转速不稳定、主轴转速与进给不匹配、主轴异常噪声或振动、主轴定位抖动等。

② 进给伺服系统的任务是完成各坐标轴的位置控制，在整个系统中它又分为：位置环、速度环、电流环。

进给伺服系统出现故障三种表现形式：一是在 CRT 或操作面板上显示报警内容或报警信息；二是进给伺服驱动单元上用报警灯或数码管显示驱动单元的故障；三是运动不正常，但无任何报警。

进给伺服的常见故障有：超程、过载、窜动、爬行、振动、伺服电动机不转、位置误差、漂移、回基准点故障等。故障的维修方法：模块交换法、外界参考电压法。

伺服系统的故障一般都是由于伺服控制单元、伺服电动机、测速装置、编码器等出现问题引起的。

训练 6-7

一台数控车床使用 FANUC 0*i* TC 系统，系统出现 417 报警，报警信息为“SERVO A-LARM：2 – TH AXIS PARAMETER INCORRECT”，检查伺服系统参数设置发现，参数 NO：2023 被人为修改成为负值。修改此参数，系统报警解除。

（4）机床主体部分的故障　这类故障大多数是由于外部原因造成的，机械装置不到位、液压系统出现问题、检查开关损坏、驱动装置出现问题。机床主轴、导轨、丝杠、轴承、刀库等由于种种原因，会出现丧失精度、爬行、过载等问题。这些问题往往会造成数控系统的报警。因此，数控系统的故障判断是一个综合问题。

5. 按故障发生的破坏程度分类

按故障发生时的破坏程度分为破坏性故障和非破坏性故障。

（1）破坏性故障　这类故障出现会对操作者或设备造成伤害或损害，如超程运行、飞车、部件碰撞等。

发生破坏性故障后，例如，一台数控车床在正常加工的情况下，刀具撞到工件，造成重大的损失，经过仔细的分析，发现返回参考点错误，继续分析发现行程开关（挡块）位置与电子栅格位置重合，（偶而）造成 Z 方向进给多出一个电子栅格，从而造成刀具工件相撞的破坏性故障。移动行程开关位置，从而问题得到圆满解决。

（2）非破坏性故障　数控机床的绝大多数故障属于这类故障，出现故障时对机床和操作人员不会造成任何伤害，所以诊断这类故障时，可以再现故障，并可以仔细观察故障现象，通过故障现象对故障进行分析和诊断。

6.2　预防性维护方法

数控机床预防性维护主要是指对机床各个重要部位进行定期维护和保养，给机床各部件创造一个良好的运行环境，预防一些机床故障产生。其内容一般在机床的随机使用和维护手册中都有明确规定，现就一些共性问题做简易介绍。

1. 严格遵守操作规程

数控机床的编程、操作和维修人员必须经过专门的技术培训，熟悉所用机床的机械、数控系统、强电设备、液压、气动部分的有关知识以及机床的使用环境、加工条件等。能按机床和数控系统使用说明书的要求正确、合理地使用，应尽量避免因操作不当引起的故障。通常，数控机床的故障相当一部分是由于操作、编程人员对机床的掌握程度太低而造成的，同时设备管理人员应编制出完善合理的操作规程，要求操作人员严格按照操作规程的要求进行正常维护工作，做好交接班记录，填写好点检卡。

2. 防止数控系统和驱动单元过热

由于数控机床结构复杂、精度高，因此对温度控制较严，一般数控机床都要求环境温度为20℃左右，同时机床本身也有较好的散热通风系统，在保证环境温度的同时，也应保证机床散热系统的正常工作。要定期检查电气柜各冷却风扇的工作状态，应根据车间环境状况每半年或每一季度检查清扫一次。数控及驱动装置过热往往会引起许多故障，如控制系统失常，工作不稳定，严重的还能造成模块烧坏。

3. 监视数控系统的电网电压

通常数控系统允许的电网电压波动范围在85%～110%，如果超出此范围，轻则数控系统工作不稳定，重则造成重要的电子元器件损坏。因此要经常注意电网电压的波动，对于电网质量比较恶劣的地区，应及时配置合适的稳压电源，可降低故障。

4. 机床要求有良好的接地

现在有很多企业仍在使用三相四线制，机床零地共接。这样往往会给机床带来诸多隐患。有些数控系统对地线要求很严格。如一台五轴联动加工中心，由于没有使用单独接地线，多次造成机床误动作甚至烧毁了一套驱动系统。因此，为了增强数控系统的抗干扰能力，最好使用单独的接地线。

5. 机床润滑部位的定期检查

为了保证机械部件的正常传动，润滑工作就显得非常重要。要按照机床使用说明书上规定的内容对各润滑部位定期检查，定期润滑。

6. 定期清洗液压系统中的过滤器

过滤器如果堵塞，往往会引起故障。如液压系统中的压力传感器、流量传感器信号不正常，导致机床报警。有些油缸带动的执行机构动作缓慢，导致超时报警或执行机构动作不到位等情况。

7. 定期检查气源情况

数控设备基本上都要使用压缩空气，来清洁光栅尺、吹扫主轴及刀具，油雾润滑以及用气缸带动一些机械部件传动等。要求气源达到一定的压力并且要经过干燥和过滤。如果气源湿度较大或气管中有杂质，会对光栅尺造成极大的影响甚至会损坏光栅尺。同时油雾润滑中的气源中如含有水或杂质会直接影响润滑，尤其是高精度高转速的主轴。

8. 液压油和切削液要定期更换

由于液压系统是封闭网路，液压油使用一定时间后，油质会有所改变，影响液压系统的正常工作。因此必须按规定定期更换。

9. 定期检查机床精度

机床使用一段时间后，其精度肯定有所下降，甚至有可能出废品。通过对机床几何精度的检测，有可能发现机床的某些隐患，如某些部件松动等。用激光干涉仪对位置精度定期检测，如发现精度有所下降，可通过数控系统的补偿功能对位置精度进行补偿，恢复机床精度，提高效率。

10. 定期检查和更换直流电动机电刷

一些老数控机床上，使用的大部分是直流电动机，其电刷的过渡磨损会影响其性能。必须定期检查电刷。数控车床、数控铣床、加工中心等应每年检查一次，频繁加速机床（如冲床等）应每两个月检查一次，对接触不良的电刷应及时更换。

11. 要注意电控柜的防尘和密封

车间内空气中飘浮着灰尘和金属粉末，电控柜如果防尘措施不好，金属粉末很容易积聚在电路板上，使电气元件间绝缘电阻下降，从而出现故障甚至使元件损坏。这一点对于电火花加工设备和火焰切割设备尤为重要。另外，有些车间卫生较差，老鼠较多，如果电控柜密封不好，会经常出现老鼠钻进电控柜内咬断控制线，甚至将车间内肥皂、水果皮等带到线路板上，这样不仅会造成元器件损坏，严重的会使数控系统完全不能工作，这一点在日常维修中已多次遇到，应引起足够重视。

12. 存储器用电池要定期检查和更换

通常数控系统中部分 CMOS 存储器中的存储内容在断电时靠电池供电保持，一般采用可充电电池。当电池电压下降到一定值就会造成参数丢失，因此要定期检查电池，及时更换。更换电池时一般要在数控系统通电状态下进行，以免造成参数丢失。

13. 注意机床数据的备份和技术资料的收集

数控机床尤其是较为复杂的加工中心仅机床参数就有几千个，还有 PLC 程序以及宏程序等。而数控机床有时会发生主板或硬盘故障或者由于外界干扰等原因造成数据丢失。如果没有备份数据的话，将是一件非常麻烦的事，有可能造成系统瘫痪。同时对数控设备的维修，技术资料显得非常重要，有些机床生产厂家提供的资料不全，给维修工作带来很多不便。因此平时的维修工作中一定要注意相关技术资料的收集。

14. 定期检查机床制冷单元运行情况

很多机床尤其是加工中心都配有制冷单元，制冷单元运行的好坏，直接影响机床精度和使用寿命。

训练 6-8

瑞士 DIXI 公司生产的五轴联动加工中心使用 GE FANUC 181 系统，机床 CRT 屏幕上可以随时调出机床关键部位以及空调的温度变化情况。如果制冷单元效果不好，主轴在高速旋转时温度曲线表中主轴温升就非常快。此时操作人员如果不及时采取措施，轻则影响产品精度，重则损坏主轴。因此要经常清洗制冷单元进出风口的过滤网，注意空调高低压保护情况，防止制冷剂的泄漏等。

6.3　常用的故障检测方法

数控机床故障的诊断是数控机床维修的关键。一般来说，随着故障类型的不同，采取的故障诊断的方法也就不同。

当机床出现故障时，从管理的角度，应使操作人员停止机床运行、保留现场，除非系统电气严重的故障都不应切断机床的电源。由维修人员到现场分析机床当时的运行状态，对故障进行确认，在此过程中应注意以下的故障信息。

1）故障发生时报警号和报警提示是什么？哪些指示灯和发光管指示了什么报警？

2）如无报警，系统处于何种状态？系统的工作方式诊断结果是什么？

3）故障发生在哪一个程序段？执行何种指令？故障发生前进行了何种操作？

4）故障发生在何种速度下？轴处于什么位置？与指令的误差量有多大？

5）以前是否发生过类似故障？现场有无异常现象？故障是否重复发生？

6）有无其他偶然因素，如突然停电，外线电压波动较大，某部位进水等。

在调查故障现象，掌握第一手材料的基础上分析故障的起因，故障分析可采用归纳法和演绎法。归纳法是从故障原因出发寻找其功能联系，调查原因对结果的影响，即根据可能产生该故障的原因分析，看其最后是否与故障现象相符来确定故障点。演绎法是从所发生的故障现象出发，对故障原因进行分割式的分析方法。即从故障现象开始，根据故障机理，列出可能产生该故障的原因；然后对这些原因逐点进行分析，排除不正确的原因，最后确定故障点。

1. 数控机床故障诊断内容

故障诊断的内容：

1）动作诊断。监视机床各动作部分，判定动作不良的部位。诊断部位是 ATC、APC 和机床主轴。

2）状态诊断。当机床电动机带动负载时，观察运行状态。

3）点检诊断。定期点检液压元件、气动元件和强电柜。

4）操作诊断。监视操作错误和程序错误。

5）数控系统故障自诊断：不同的数控系统虽然在结构和性能上有所区别，但随着微电子技术的发展，在故障诊断上有它的共性。

2. 数控机床故障诊断原则

1）先外部后内部。数控机床是集机械、液压、电气为一体的机床，故其故障的发生也会由这三者综合反映出来。维修人员应先由外向内逐一进行排查，尽量避免随意地启封、拆卸，否则会扩大故障，使机床大伤元气，丧失精度，降低性能。

2）先机械后电气。一般来说，机械故障较易发觉，而数控系统故障的诊断则难度较大些。在故障检修之前，首先注意排除机械性的故障，往往可达到事半功倍的效果。

3）先静后动。先在机床断电的静止状态，通过了解、观察测试、分析确认为非破坏性故障后，方可给机床通电。在运行工况下，进行动态的观察、检验和测试，查找故障。而对破坏性故障，必须先排除危险后，方可通电。

4）先简单后复杂。当出现多种故障互相交织掩盖，一时无从下手时，应先解决容易的问题，后解决难度较大的问题。往往简单问题解决后，难度大的问题也可能变得容易。

5）先一般后特殊。在排除某一故障时，要首先考虑最常见的可能原因，然后在分析很少发生的特殊原因。

6.3.1　直观法

数控机床直观检查是维修开始的第一步，它是利用人的感觉器官通过问、看、听、触、嗅、振的方法来大致寻找故障的原因和部位。"先外后内"的维修原则要求维修人员在数控机床故障诊断时应先采用问、看、听、嗅、振等方法，由外向内逐一进行检查。

1. 问

向故障现场人员仔细询问故障产生的经过、故障现象及故障对机床产生什么后果等。

2. 看

就是用肉眼仔细检查机床各部分工作状态是否处于正常状态，各电控装置有无报警指示，局部查看有无保险烧断，元器件烧焦、开裂、电线电缆脱落，各操作元件位置正确与否等，线路上有无异物，以此判断板内有无过流、过压、短路等问题。观察主传动速度快慢的变化，主传动齿轮否跳、摆，传动轴是否弯曲、晃动。首先应当将待检的各部位做反复仔细的外观查看，特别要注意观察电路板的元器件及线路是否有烧伤、裂痕、腐蚀迹象，如电阻爆裂、集成电路外壳变形、晶体管裂开、电解电容漏液、熔丝烧断等，这些现象尤其在功率电路板上更为多见。还有应注意电路板上有否短路、断路、插头座倒置或歪斜，插座、插槽的簧片损坏，芯片接触不良，元器件管脚折断或脱焊等现象。对于他人已经维修过的电路板，更要注意有无缺件、错件及断线等情况。这类明显的故障点用眼睛或借助放大镜仔细观察时可很快发现。

在找出故障点后，还应仔细分析、查找引发故障的原因。在大多数情况下，引发的原因是肉眼看不到的，如晶体管、二极管击穿、电容击穿或漏电等。如电路板局部发黑碳化，则需将碳化部分仔细刮除，并修补好已损的印制导线，否则碳化的基板会引起通电。

经验证明，直观检查找出上述故障所花费的时间，要比用仪器测试少得多，在大多情况下，可以取得事半功倍的效果。直观检查不仅在维修开始时是必要的，就是在维修过程中往往也有效。一般在遇到疑难故障时，可将电路板再仔细、反复查看，并从原理角度分析。

例如，数控机床加工过程中，突然出现停机。打开数控柜检查发现 Y 轴电动机主电路保险管烧坏，经仔细观察，检查与 Y 轴有关的部件，最后发现 Y 轴电动机动力线外皮被硬物划伤，损伤处碰到机床外壳上，造成短路烧断保险，更换 Y 轴电动机动力线后，故障消除，机床恢复正常。

3. 听

利用人体的听觉功能，可听到数控机床因故障而产生的各种异常声响的声源。如电气部分常见的异常声响有：电源变压器、阻抗变换器或电抗器等因为铁芯松动、锈蚀等原因引起的铁片振动的吱吱声；继电器、接触器等的磁回路间隙过大，短路环断裂、动静铁芯或镶铁轴线偏差，线圈欠压运行等原因引起的嗡嗡声或者触点接触不良的嗡嗡声以及元器件因为过磨或过压运行失常引起的击穿爆裂声。伺服电动机、电控器件或液控器件等发生的异常声响基本上和机械故障方面的异常声响相同，主要表现在机械的摩擦声、振动声与撞击声等。

4. 触

当 CNC 系统出现时有时无的故障现象时，宜采用此方法。CNC 系统是由多块线路板组成的，板上有许多焊点，板与板之间或模块与模块之间又通过插件或电缆相连。所以，任何一处的虚焊或接触不良，就合成为产生故障的主要原因。检查时，用绝缘物轻轻敲打可疑部位（即虚焊、接触不良等）。如果确实是因虚焊或接触不良而引起的故障，则该故障会重复出现。

5. 嗅

在数控机床电气设备诊断或各种易挥发物体的器件查看时采用此方法效果较好。因剧烈摩擦或电气元件绝缘处破损短路，使附着的油脂或其他可燃物质发生蒸发或燃烧而产生的烟气、焦煳气等。

6. 振

当 CNC 系统出现时有时无的故障现象时，宜采用此方法。CNC 系统是由多块线路扳组成的，板上有许多焊点，板与板之间或模块与模块之间又通过插件或电缆相连。所以，任何一处的虚焊或接触不良，就会成为产生故障的主要原因。检查时，用绝缘物轻轻敲打可疑部位（即虚焊、接触不良等）。如果确实是因虚焊或接触不良而引起的故障，则该故障会重复出现。

6.3.2　参数检查法

数控系统、PLC 及伺服驱动系统都设置许多可修改的参数以适应不同机床、不同工作状态的要求。这些参数不仅能使各电气系统与具体机床相匹配，而且更是使机床各项功能达到最佳化所必需的。因此，任何参数的变化（尤其是模拟量参数）甚至丢失都是不允许的；参数通常是存放在磁泡存储器或需由电池保持的 CMOS RAM 中，一旦电池不足或由于外界的某种干扰等因素，会使个别参数丢失或变化，发生混乱，打破最初的匹配状态和最佳化状态。此类故障需要重新调整相关的一个或多个参数方可排除。这种方法对维修人员的要求是很高的，不仅要对具体系统主要参数十分了解，既知晓其地址熟悉其作用，又要有较丰富的电气调试经验。

训练 6-9

一台采用 SIEMENS 810 系统的数控磨床，在磨削加工时发现有时输入的刀具补偿的数据在工件上反映的尺寸没有变化或者变化过小。根据机床工作原理在磨削加工时 Z 轴带动砂轮对工件进行径向磨削，X轴正常时不动，只有要调整球心时才进行微动，一般在往复0.02mm范围内运动。因为移动距离较小，可能丝杠反向间隙会影响尺寸变化。

在测量机床的往返精度时发现，X轴在从正向到反向转换时，让其走0.01mm，而从千分表上没有变化，X轴在从反向到正向转换时，也是如此。因此，怀疑滚珠丝杠的反向间隙有问题，研究系统说明书发现，数控系统本身对滚珠丝杠的反向间隙具有补偿功能，根据数据说明，调整机床数据2200反向间隙的补偿数值，使机床恢复了正常工作。

6.3.3　试探交换法

试探交换法即在分析出故障大致起因的情况下，维修人员可以利用备用的印刷电路板、集成电路芯片或元器件替换有疑点的部分，从而把故障范围缩小到印刷线路板或芯片一级。采用此法之前应注意以下几点：

1）更换任何备件都必须在断电情况下进行。

2）许多印制电路板上都有一些开关或短路棒的设定以匹配实际需要，因此在更换备件板上一定要记录下原有的开关位置和设定状态，并将新板作好同样的设定，否则会产生报警而不能工作。

3）某些印制电路板的更换还需在更换后进行某些特定操作以完成其中软件与参数的建立。这一点需要仔细阅读相应电路板的使用说明。

4）有些印制电路板是不能轻易拔出的，例如含有工作存储器的板，或者备用电池板，它会丢失有用的参数或者程序。必须更换时也必须遵照有关说明操作。

鉴于以上条件，在拔出旧板更换新板之前一定要先仔细阅读相关资料，弄懂要求和操作步骤之后再动手，以免造成更大的故障。

训练6-10

TH6350加工中心旋转工作台抬起后旋转不止，且无减速，无任何报警信号出现。对这种故障，可能是由于旋转工件台的简易位控器故障造成的，为进一步证实故障部位，考虑到该加工中心的刀库的简易位控器与转台的基本一样。于是采用交换法进行检查，交换刀库与转台的位控器后，并按转台位控器的设定对刀库位控器进行了重新设定，交换后，刀库则出现旋转不止，而转台运行正常，证实了故障确实出在转台的位控器上。

6.3.4　自诊断功能法

数控系统的自诊断功能已经成为衡量数控系统性能特性的重要指标，数控系统的自诊断功能随时监视数控系统的工作状态。一旦发生异常情况，立即在CRT上显示报警信息或用发光二极管指示故障的大致起因，这是维修中最有效的一种方法。

训练6-11

AX15Z数控车床，配置FANUC1 0TE-F系统，故障显示：

FS10TE 1399B

ROM　TEST：END

RAM　TEST：

CRT的显示表明ROM测试通过，RAM测试未能通过。RAM测试未能通过，不一定是RAM故障，可能是RAM中参数丢失或电池接触不良一起的参数丢失，经检查故障原因是由于更换电池后电池接触不良，所以一开机就出现上述故障现象。

6.3.5　隔离法

有些故障，如轴抖动，爬行，一时难以确定是数控部分还是伺服系统或机械部分故障，就可以采用隔离法，将机电分离，伺服和数控分离，或将位置闭环做开环处理，这样就可以化整为零，将复杂问题简化，尽快找出故障原因。

训练 6-12

中星数控 6125 + 980T + DA98，在加工过程中 *X* 轴驱动器出现 4 号报警。关机重新通电，移动 *X* 轴就出现报警。检查驱动器说明书 4 号报警为位置超差报警。原因有：①电路板故障；②电动机 U，V，W 引线接错；③编码器电缆引线接错；④编码器故障；⑤设定位置超差检测范围太小；⑥转矩不足等。由于是在加工过程出现报警，所以②、③和⑤的可能性先排除，余下的①、④和⑥。①和④的可能是电气故障，而⑥的可能是由于机械卡死而使转矩不足，为了弄清是电气故障或机械故障，可以把电动机和丝杠分开，通电移动 *X* 轴观察电机是否转动，若转动则说明是机械卡死，否则是电气故障。通电观察电动机是可以转动，后来拆下丝杠的钣金，发现丝杠的螺母座有很多切屑。用扳手也转不动丝杠，说明是机械卡死。把螺母座用汽油清洗一次重新装好后通电一切正常。

6.3.6　功能程序测试法

所谓机床功能程序测试法就是将数控系统的常用功能和重要的特殊功能，如直线定位、圆弧插补、螺纹切削、固定循环、用户宏程序等用手工编程或自动编程方法，编制成一个功能测试程序，然后起动数控系统运行这个功能测试程序。用它来检查机床执行这些功能的准确性和可靠性，从而快速判断系统哪个功能不良，进而判断出故障发生的原因。

数控机床功能程序测试法常见应用场合。

1）机床加工造成废品而一时无法确定是编程操作不当还是数控系统故障引起的。

2）数控系统出现随机性故障时，又一时难以区别是外来干扰，还是因为系统稳定性不好。

3）数控机床闲置时间较长，在投入使用前对数控机床进行定期检修时可用。

数控机床功能程序测试法是数控机床常用的故障诊断方法，也是比较有效的方法之一。

训练 6-13

一台 FANUC 6M 系统的数控铣床，在对工件进行曲线加工时出现爬行现象，用自编的功能测试程序，机床能顺利运行完成各种预定动作，说明机床数控系统工作正常，于是对所用曲线加工程序进行检查，发现在编程时采用了 G61 指令，即每加工一段就要进行一次到位停止检查，从而使机床出现爬行现象，将 G61 指令改用 G64（连续切削方式）指令代替之后，爬行现象就消除了。

6.3.7　测试比较法

CNC 系统生产厂在设计制电路板时，为了调整与维修的方便，在印制电路板上设计了多个检测用端子。维修人员可利用这些检测端子，可以测量、比较正常的印制电路板和有故障的印制电路板之一的电压或波形的差异，进而分析、判断故障原因及故障所在位置，通过测量比较法，有时还可以纠正他人在印制电路板上调整、设定不当而造成的故障。甚至，有时还可对正常的印制电路人为地制造“故障”，如断开连线或短路，拔去组件等，以判断真实故障的起因。为此，维修人员应在平时积累印制电路板上关键部位或易出故障部位在正常时的正确波形和电压值，因为 CNC 系统生产厂往往不提供有关这方面的资料。

6.3.8　原理分析法

根据 CNC 组成原理，从逻辑上分析各点的逻辑电平和特征参数，从系统各部件的工作原理着手进行分析和判断，确定故障部位的维修方法。这种方法的运用，要求维修人员对整个系统或每个部件的工作原理都有清楚的、较深的了解，才可能对故障部位进行定位。

训练 6-14

PNE710 数控车床 *Y* 轴进给失控，无论是点动或是程序进给，导轨一旦移动起来就不能停下来，直到按下紧急停止为止。

根据数控系统位置控制的基本原理，可以确定故障出在 *X* 轴的位置环上，并很可能是位置反馈信号丢失，这样，一旦数控装置给出进给量的指令位置，反馈的实际位置始终为零，位置误差始终不能消除，导致机床进给的失控，拆下位置测量装置脉冲编码器进行检查，发现编码器里灯丝已断，导致无反馈输入信号，更换 *Y* 轴编码器后，故障排除。

附　录

附录 A　FANUC0*i*-mate 数控指令

1. 数控铣床、加工中心 G 功能格式

代　码	分　组	意　义	格　式
G00	01	快速进给、定位	G00 X_Y_Z_
G01		直线插补	G01X_Y_Z_
G02		圆弧插补 CW（顺时针）	*XY* 平面内的圆弧： $G17\begin{Bmatrix}G02\\G03\end{Bmatrix}X\_Y\_\begin{Bmatrix}R\_\\I\_J\_\end{Bmatrix}$ *ZX* 平面的圆弧： $G18\begin{Bmatrix}G02\\G03\end{Bmatrix}X\_Z\_\begin{Bmatrix}R\_\\I\_K\_\end{Bmatrix}$ *YZ* 平面的圆弧： $G19\begin{Bmatrix}G02\\G03\end{Bmatrix}Y\_Z\_\begin{Bmatrix}R\_\\J\_K\_\end{Bmatrix}$
G03		圆弧插补 CCW（逆时针）	
G04	00	暂停	G04 ［P｜X］单位 s，增量状态单位 ms，无参数状态表示停止
G15	17	取消极坐标指令	G15 取消极坐标方式
G16		极坐标指令	Gxx Gyy G16 开始极坐标指令 G00 IP_极坐标指令 Gxx：极坐标指令的平面选择（G17，G18，G19） Gyy：G90 指定工件坐标系的零点为极坐标的原点 G91 指定当前位置作为极坐标的原点 IP：指定极坐标系选择平面的轴地址及其值 第 1 轴：极坐标半径 第 2 轴：极角
G17	02	*XY* 平面	G17 选择 *XY* 平面 G18 选择 *XZ* 平面 G19 选择 *YZ* 平面
G18		*ZX* 平面	
G19		*YZ* 平面	
G20	06	英制输入	
G21		米制输入	
G30	00	回归参考点	G30X_Y_Z_
G31		由参考点回归	G31X_Y_Z_
G40	07	刀具半径补偿取消	G40
G41		左半径补偿	$\begin{Bmatrix}G41\\G42\end{Bmatrix}$ Dnn
G42		右半径补偿	

（续）

代　码	分　组	意　义	格　式
G43	08	刀具长度补偿 +	{G43 / G44} Hnn
G44		刀具长度补偿 -	
G49		刀具长度补偿取消	G49
G50	11	取消缩放	G50 缩放取消
G51		比例缩放	G51 X_Y_Z_P_：缩放开始 X_Y_Z_：比例缩放中心坐标的绝对值指令 P_：缩放比例 G51 X_Y_Z_I_J_K_：缩放开始 X_Y_Z_：比例缩放中心坐标值的绝对值指令 I_J_K_：*X*，*Y*，*Z* 各轴对应的缩放比例
G52	00	设定局部坐标系	G52 IP_：设定局部坐标系 G52 IP0：取消局部坐标系 IP：局部坐标系原点
G53		机械坐标系选择	G53 X_Y_Z_
G54	14	选择工作坐标系 1	GXX
G55		选择工作坐标系 2	
G56		选择工作坐标系 3	
G57		选择工作坐标系 4	
G58		选择工作坐标系 5	
G59		选择工作坐标系 6	
G68	16	坐标系旋转	（G17/G18/G19）G68 a_ b_R_：坐标系开始旋转 G17/G18/G19：平面选择，在其上包含旋转的形状 a_ b_：与指令坐标平面相应的 *X*，*Y*，*Z* 中的两个轴的绝对指令，在 G68 后面指定旋转中心 R_：角度位移，正值表示逆时针旋转。根据指令的 G 代码（G90 或 G91）确定绝对值或增量值 最小输入增量单位：0.001deg 有效数据范围：-360.000 到 360.000
G69		取消坐标轴旋转	G69：坐标轴旋转取消指令
G73	09	深孔钻削固定循环	G73 X_Y_Z_R_Q_F_
G74		左旋攻螺纹固定循环	G74 X_Y_Z_R_P_F_
G76		精镗固定循环	G76 X_Y_Z_R_Q_F_
G90	03	绝对方式指定	GXX
G91		相对方式指定	
G92	00	工作坐标系的变更	G92X_Y_Z_
G98	10	返回固定循环初始点	GXX
G99		返回固定循环点 *R*	

（续）

代　码	分　组	意　义	格　式
G80	09	固定循环取消	
G81		钻削固定循环、钻中心孔	G81 X_Y_Z_R_F_
G82		钻削固定循环、锪孔	G82 X_Y_Z_R_P_F_
G83		深孔钻削固定循环	G83 X_Y_Z_R_Q_F_
G84		攻螺纹固定循环	G84 X_Y_Z_R_F_
G85		镗削固定循环	G85 X_Y_Z_R_F_
G86		退刀形镗削固定循环	G86 X_Y_Z_R_P_F_
G88		镗削固定循环	G88 X_Y_Z_R_P_F_
G89		镗削固定循环	G89 X_Y_Z_R_P_F_

2. 数控车床 G 功能格式

代　码	分组	意　义	格　式
G00	01	快速进给、定位	G00X_Z_
G01		直线插补	G01X_Z_
G02		圆弧插补 CW（顺时针）	{G02 / G03} X_Z_{R_ / I_K_}
G03		圆弧插补 CCW（逆时针）	
G04	00	暂停	G04［X | U | P］X，U 单位：s；P 单位：ms（整数）
G20	06	英制输入	
G21		米制输入	
G30	0	回归参考点	G30X_Z_
G31	01	由参考点回归	G31X_Z_
G34		螺纹切削（由参数指定绝对和增量）	Gxx X | U... Z | W... F | E...　F 指定单位为 0.01mm/r 的螺距。E 指定单位为 0.0001mm/r 的螺旋
G40	07	刀具半径补偿取消	G40
G41		左半径补偿	{G41 / G42} Dnn
G42		右半径补偿	
G50	00		设定工件坐标系：G50 X　Z 偏移工件坐标系：G50 U　W
G53		机械坐标系选择	G53 X_Z_
G54	12	选择工作坐标系 1	GXX
G55		选择工作坐标系 2	
G56		选择工作坐标系 3	
G57		选择工作坐标系 4	
G58		选择工作坐标系 5	
G59		选择工作坐标系 6	

（续）

代　码	分组	意　义	格　式
G70	00	精加工循环	G70 P*ns*　Q*nf*
G71		外圆粗车循环	G71 UΔd　R*e* G71 P_{ns}　Q_{nf}　$U_{\Delta u}$　$W_{\Delta w}$　F_f
G72		端面粗切削循环	G72 W（Δd）R（e） G72 P（ns）Q（nf）U（Δu）W（Δw）F（f）S（s）T（t） Δd：吃刀量 e：退刀量 ns：精加工形状的程序段组的第一个程序段的顺序号 nf：精加工形状的程序段组的最后程序段的顺序号 Δu：X 方向精加工余量的距离及方向 Δw：Z 方向精加工余量的距离及方向
G73		封闭切削循环	G73 Ui　WΔk　Rd G73Pns　Qnf　UΔu　WΔw　Ff
G74		端面切断循环	G74 R（e） G74 X（U）_Z（W）_P（Δi）Q（Δk）R（Δd）F（f） e：返回量 Δi：X 方向的移动量 Δk：Z 方向的切深量 Δd：孔底的退刀量 f：进给速度
G75		内径/外径切断循环	G75 R（e） G75 X（U）_Z（W）_P（Δi）Q（Δk）R（Δd）F（f）
G76		复合形螺纹切削循环	G76 P（m）（r）（a）Q（Δd_{min}）R（d） G76 X（u）_Z（W）_R（i）P（k）Q（Δd）F（l） m：最终精加工重复次数为 1～99 r：螺纹的精加工量（倒角量） a：刀尖的角度（螺牙的角度）可选择 80，60，55，32，31，0 六个种类 m，r，a；同用地址 P 一次指定 Δd_{min}：最小吃刀量 i：螺纹部分的半径差 k：螺牙的高度 Δd：第一次的吃刀量 l：螺纹导程
G90	01	直线车削循环加工	G90 X（U）_Z（W）_F_ G90 X（U）_Z（W）_R_F_
G92		螺纹车削循环	G92 X（U）_Z（W）_F_ G92 X（U）_Z（W）_R_F_
G94		端面车削循环	G94 X（U）_Z（W）_F_ G94 X（U）_Z（W）_R_F_

（续）

代　码	分组	意　义	格　式
G98	05	每分钟进给速度	
G99		每转进给速度	

注：1. 本系统中车床采用直径编程。
　　2. G20，G21，G40，G41，G42，G54-G59 与 FANUC 数控铣相同。

3. M 功能格式

代　码	意　义	格　式
M00	停止程序运行	
M01	选择性停止	
M02	结束程序运行	
M03	主轴正向转动开始	
M04	主轴反向转动开始	
M05	主轴停止转动	
M06	换刀指令	M06 T_
M08	切削液开启	
M09	切削液关闭	
M32	结束程序运行且返回程序开头	
M98	子程序调用	M98Pxxnnnn 调用程序号为 Onnnn 的程序 xx 次
M99	子程序结束	子程序格式： Onnnn … … … M99

附录 B　SIEMENS 802S/C 数控指令格式

1. G 代码

分　类	分组	代 码	意　义	格　式	备　注
插补	1	G0	快速线性移动（笛卡儿坐标）	G0 X... Y... Z...	
		G1	带进给率的线性插补（笛卡儿坐标）	G1 X... Y... Z...	
		G2	顺时针圆弧（笛卡儿坐标，终点＋圆心）	G2 X... Y... Z... I... J... K...	XYZ 确定终点，IJK 确定圆心

（续）

分　类	分组	代　码	意　义	格　式	备　注
插补	1	G2	顺时针圆弧（笛卡儿坐标，终点＋半径）	G2 X... Y... Z... CR =...	XYZ 确定终点，CR 为半径（大于0 为优弧，小于0 为劣弧）
			顺时针圆弧（笛卡儿坐标，圆心＋圆心角）	G2 AR = ... I... J... K...	AR 确定圆心角（0 到 360°），IJK 确定圆心
			顺时针圆弧（笛卡儿坐标，终点＋圆心角）	G2 AR = ... X... Y... Z...	AR 确定圆心角（0 到 360°），XYZ 确定终点
		G3	逆时针圆弧（笛卡儿坐标，终点＋圆心）	G3 X... Y... Z... I... J... K...	
			逆时针圆弧（笛卡儿坐标，终点＋半径）	G3 X... Y... Z... CR =...	
			逆时针圆弧（笛卡儿坐标，圆心＋圆心角）	G3 AR = ... I... J... K...	
			逆时针圆弧（笛卡儿坐标，终点＋圆心角）	G3 AR = ... X... Y... Z...	
		G5	通过中间点进行圆弧插补	G5 Z... X... KZ... IX...	通过起始点和终点之间的中间点位置确定圆弧的方向 G5 一直有效，直到被 G 功能组中其他的指令取代为止
		G33	加工定螺距螺纹	G33 Z... K...	圆柱螺纹
				G33 Z... X... K...	锥螺纹（锥角小于 45°）
				G33 Z... X... I...	锥螺纹（锥角大于 45°）
				G33 X... I...	端面螺纹
				G33 Z... K... SF =... Z... X... K... Z... X... K...	多段连续螺纹 SF =：起始点偏移值
暂停	2	G4	通过在两个程序段之间插入一个 G4 程序段，可以使加工中断给定的时间	G4 F... G4 S...	G4 F...：暂停时间（s） G4 S...：暂停主轴转速
平面	6	G17*	指定 *XY* 平面	G17	
		G18	指定 *ZX* 平面	G18	
		G19	指定 *YZ* 平面	G19	
主轴运动	3	G25	通过在程序中写入 G25 或 G26 指令和地址 S 下的转速，可以限制特定情况下主轴的极限值范围	G25 S...	主轴转速下限
		G26		G26 S...	主轴转速上限
增量设置	14	G90*	绝对尺寸	G90	
		G91	增量尺寸	G91	
单位	13	G70	英制单位输入	G70	
		G71*	米制单位输入	G71	

（续）

分　类	分组	代 码	意　义	格　式	备　注
可设定的零点偏移	9	G53	取消可设定零点偏移（程序段方式有效）	G53	
		G500	取消可设定零点偏移（模态有效）	G500	
	8	G54	第一可设定零点偏移值	G54	
		G55	第二可设定零点偏移值	G55	
		G56	第三可设定零点偏移值	G56	
		G57	第四可设定零点偏移值	G57	
进给	15	G94 *	进给率	F	mm/min
		G95	主轴进给率	F	mm/r
可编程的零点偏移	3	G158	对所有坐标轴编程零点偏移	G158	后面的 G158 指令取代先前的可编程零点偏移指令；在程序段中仅输入 G158 指令而后面不跟坐标轴名称时，表示取消当前的可编程零点偏移
	2	G74	回参考点（原点）	G74X... Y... Z...	G74 之后的程序段原先"插补方式"组中的 G 指令将再次生效；G74 需要一独立程序段，并按程序段方式有效
		G75	返回固定点	G75 X... Y... Z...	G75 之后的程序段原先"插补方式"组中的 G 指令将再次生效；G75 需要一独立程序段，并按程序段方式有效
刀具补偿	7	G40 *	取消刀尖半径补偿	G40	进行刀尖半径补偿时必须有相应的 D 号才能有效；刀尖半径补偿只有在线性插补时才能选择
		G41	左侧刀尖半径补偿	G41	
		G42	右侧刀尖半径补偿	G42	
	18	G450 *	刀补时拐角走圆角	G450	圆弧过渡 刀具中心轨迹为一个圆弧，其起点为前一曲线的终点，终点为后一曲线的起点，半径等于刀具半径 圆弧过渡在运行下一个，带运行指令的程序段时才有效
		G451	刀补时到交点时再拐角	G451	交点 回刀具中心轨迹交点，以刀具半径为距离的等距线交点

注：加"＊"号功能程序启动时生效

2. M 代码

代　码	意　义	格　式	功　能
M0	编程停止		
M1	选择性暂停		
M2	主程序结束返回程序开头		
M3	主轴正转		
M4	主轴反转		
M5	主轴停转		
M6	换刀（默认设置）	M6	选择第×号刀，×范围：0～32000，T0 取消刀具 T 生效且对应补偿 D 生效 H 补偿在 Z 轴移动时才有效
M17	子程序结束		若单独执行子程序，则此功能同 M2 和 M30 相同
M30	主程序结束且返回		

3. 其他指令

指　令	意　义	格　式
IF	有条件程序跳跃	IF expression GOTOB LABEL 或 IF expression GOTOF LABEL LABEL: IF 跳转条件导入符 GOTOB 带向后跳跃目的的跳跃指令（朝程序开头） GOTOF 带向前跳跃目的的跳跃指令（朝程序结尾） LABEL 目的（程序内标号） LABEL:　跳跃目的；冒号后面的跳跃目的名 == 等于 <> 不等于；> 大于；< 小于 >= 大于或等于；<=　小于或等于 例： N100 IF R1 >1 GOTOF MARKE2 ... N1000 IF R45 == R7 +1 GOTOB MARKE3
COS	余弦	cos（x）
SIN	正弦	sin（x）
SQRT	开方	SQRT（x）
GOTOB	向后跳转	GOTOB LABEL 向程序开始的方向跳转 LABEL：所选的标记符
GOTOF	向前跳转	GOTOF LABEL 向程序结束的方向跳转 参数意义同上

(续)

指　令	意　义	格　式
LCYC82	钻削，深孔加工	R101 R102 R103 R104 R105 LCYC82 R101：退回平面（绝对平面） R102：安全距离 R103：参考平面（绝对平面） R104：最后钻深（绝对值） R105：在此钻削深度停留时间 例： N10 G0 G18 G90 F500 T2 D1 S500 M4 N20 Z110 X0 N25 G17 N30 R101 = 110 R102 = 4 R103 = 102 R104 = 75 N35 R105 = 2 N40 LCYC82 N50 M2
LCYC83	深孔钻削	R101 R102 R103 R104 R105 R107 R108 R109 R110 R111 R127 LCYC83 R107：钻削进给率 R108：首钻进给率 R109：在起始点和排屑时停留时间 R110：首钻深度 R111：递减量，无符号 R127：加工方式：断屑 = 0，排屑 = 1 其他参数意义同 LCYC82 例： N100 G0 G18 G90 T4 S500 M3 N110 Z155 N120 X0 N125 G17 R101 = 155 R102 = 1 R103 = 150 R104 = 5 R109 = 0 R110 = 150 R111 = 20 R107 = 500 R127 = 1 R108 = 400 N140 LCYC83 N199 M2
LCYC84	无补偿卡盘攻螺纹	R101 R102 R103 R104 R105 R106 R112 R113 LCYC84 R106：螺纹导程值 R112：攻螺纹速度 R113：对刀速度 例： N10 G0 G90 G17 T4 D4 N20 X30 Y35 Z40 N30 R101 = 40 R102 = 2 R103 = 36 R104 = 6 R105 = 0 N40 R106 = -0.5 R112 = 100 R113 = 500 N50 LCYC84 N60 M2

（续）

指　令	意　义	格　式
LCYC85	镗孔	R101 R102 R103 R104 R105 R107 R108 LCYC85 R107：确定钻削时的进给率大小 R108：确定退刀时的进给率大小 其余参数意义同 LCYC82 例： N10 G0 G90 G18 F1000 S500M3 T1 D1 N20 Z110 X0 N25 G17 N30 R101 = 105 R102 = 2 R103 = 102 R104 = 77 N35 R105 = 0 R107 = 200 R108 = 400 N40 LCYC85 N50 M2
LCYC840	带补偿夹具内螺纹切削	R101 R102 R103 R104 R106 R126 LCYC840 R106：螺纹导程值（0.001 ~ 20000.000mm） R126：攻螺纹时主轴旋转方向（3 用于 M3；4 用于 M4） 其余参数意义同 LCYC82 例： N10 G0 G17 G90 S300 M3 D1 T1 N20 X35 Z60 N30 R101 = 60 R102 = 2 R103 = 56 R104 = 15 R105 = 1 N40 R106 = 0.5 R126 = 3 N45 LCYC840 N50 M2
LCYC60	行列孔	R115 R116 R117 R118 R119 R120 R121 LCYC60 R115：钻孔或攻螺纹循环号 R116：横坐标参考点 R117：纵坐标参考点 R118：第一孔到参考点的距离 R119：孔数 R120：平面中孔排列直线的角度 R121：空间距离 例： N10 G0 G18 G90 S500 M3 T1 D1 N20 X50 Z50 Y110 N30 R101 = 105 R102 = 2 R103 = 102 R104 = 22 N40 R107 = 100 R108 = 50 R109 = 1 N50 R110 = 90 R111 = 20 R127 = 1 N60 R115 = 83 R116 = 30 R117 = 20 R119 = 0 R120 = 20 R121 = 20 N70 LCYC60 ; Call cycle for row of holes N80... N90 R106 = 0.5 R112 = 100 R113 = 500 N100 R115 = 84 N110 LCYC60 N120 M2

（续）

指　令	意　义	格　式
LCYC61	圆周孔	R115 R116 R117 R118 R119 R120 R121 LCYC6061 R118：孔所在圆周半径 R120：起始角度 R121：孔间角度 其余参数意义同 LCYC60 例： N10 G0 G17 G90 F500 S400M3 T3 D1 N20 X50 Y45 Z5 N30 R101 = 5 R102 = 2 R103 = 0 R104 = - 30 R105 = 1 N40 R115 = 82 R116 = 70 R117 = 60 R118 = 42 R119 = 4 N50 R120 = 33 R121 = 0 N60 LCYC61 N70 M2
LCYC75	矩形或圆形的套、槽	R101 R102 R103 R104 R116 R117 R118 R119 R120 R121 R122 R123 R124 R125 R126 R127 LCYC75 R104：槽深 R116：横坐标参考点 R117：纵坐标参考点 R118：槽的长度 R119：槽的宽度 R120：圆角半径 R121：最大进给深度 R122：深度进给的进给率 R123：表面加工的进给率 R124：表面加工的精加工量，无符号 R125：深度加工的精加工量，无符号 R126：铣削方向（2 = G2；3 = G3） R127：加工方式（1；2） 其余参数意义同 LCYC60 例： N10 G0 G17 G90 F200 S300 M3 T4 D1 N20 X60 Y40 Z5 N30 R101 = 5 R102 = 2 R103 = 0 R104 = －17.5 R105 = 2 N40 LCYC82 N50... N60 R116 = 60 R117 = 40 R118 = 60 R119 = 40 R120 = 8 N70 R121 = 4 R122 = 120 R123 = 300 R124 = 0.75 R125 = 0.5 N80 R126 = 2 R127 = 1 N90 LCYC75 N100... N110 R127 = 2 N120 LCYC75 N130 M2

（续）

指 令	意 义	格 式
LCYC93	切槽循环	R100 R101 R105 R106 R107 R108 R114 R115 R116 R117 R118 R119 LCYC93 R100：横向坐标轴起始点 R101：纵向坐标轴起始点 R105：加工类型（1～8） R106：精加工余量，无符号 R107：刀具宽度，无符号 R108：切入深度，无符号 R114：槽宽，无符号 R115：槽深，无符号 R116：角，无符号（0～83.999 度） R117：槽沿倒角 R118：槽底倒角 R119：槽底停留时间 例： N10 G0 G90 Z100 X100 T2 D1 S300M3 G23 N20 G95 F0.3 R100 = 35 R101 = 60 R105 = 5 R106 = 1 R107 = 12 R108 = 10 R114 = 30 R115 = 25 R116 = 20 R117 = 0 R118 - 2 R119 = 1 N60 LCYC93 N70 G90 G0 Z100 X50 N100 M2
LCYC94	凹凸切削循环	R100 R101 R105 R107 LCYC94 R105：形状定义（值 55 为形状 E；值 56 为形状 F） R107：刀具的刀尖位置定义（值 1～4 对应于位置 1～4） 其余参数意义同 LCYC93 例： N50 G0 G90 G23 Z100 X50 T25 D3 S300M3 N55 G95 F0.3 R100 = 20 R101 = 60 R105 = 55 R107 = 3 N60 LCYC94 N70 G90 G0 Z100 X50 N99 M02
LCYC95	毛坯切削循环	R105 R106 R108 R109 R110 R111 R112 LCYC95 R105：加工类型（1～12） R106：精加工余量，无符号 R108：切入深度，无符号 R109：粗加工切入角 R110：粗加工时的退刀量 R111：粗切进给率 R112：精切进给率 例： N10 T1 D1 G0 G23 G95 S500M3 F0.4 N20 Z125 X162

（续）

指　令	意　义	格　式
LCYC95	毛坯切削循环	_CNAME = " TESTK1" R105 = 9 R106 = 1. 2 R108 = 5 R109 = 7 R110 = 1. 5 R111 = 0. 4 R112 = 0. 25 N20 LCYC95 N30 G0 G90 X81 N35 Z125 N99 M30 N10 G1 Z100 X40 ； Starting point N20 Z85 ； P1 N30 X54 ； P2 N40 Z77 X70 ； P3 N50 Z67 ； P4 N60 G2 Z62 X80 CR = 5 ； P5 N70 G1 Z62 X96 ； P6 N80 G3 Z50 X120 CR = 12 ； P7 N90 G1 Z35 ； P8 M17
LCYC97	螺纹切削	R100 R101 R102 R103 R104 R105 R106 R109 R110 R111 R112 R113 R114 LCYC97 R100：螺纹起始点直径 R101：纵向轴螺纹起始点 R102：螺纹终点直径 R103：纵向轴螺纹终点 R104：螺纹导程值，无符号 R105：加工类型（1，2） R106：精加工余量，无符号 R109：空刀导入量，无符号 R110：空刀退出量，无符号 R111：螺纹深度，无符号 R112：起始点偏移，无符号 R113：粗切削次数，无符号 R114：螺纹头数，无符号 例： N10 G23 G95 F0. 3 G90 T1 D1 S1000 M4 N20 G0 Z100 X120 R100 = 42 R101 = 80 R102 = 42 R103 = 45 R105 = 1 R106 = 1 R109 = 12 R110 = 6 R111 = 4 R112 = 0 R113 = 3 R114 = 2 N50 LCYC97 N100 G0 Z100 X60 N110 M2

附录 C　FANUC 0*i*-mate MDI 键盘

如附图 1 所示为 FANUC 0*i*-mate 系统的 CRT 界面（左半部分）和 MDI 键盘（右半部

分）。MDI 键盘用于程序编辑、参数输入等功能。MDI 键盘上各个键的功能见表附 1。

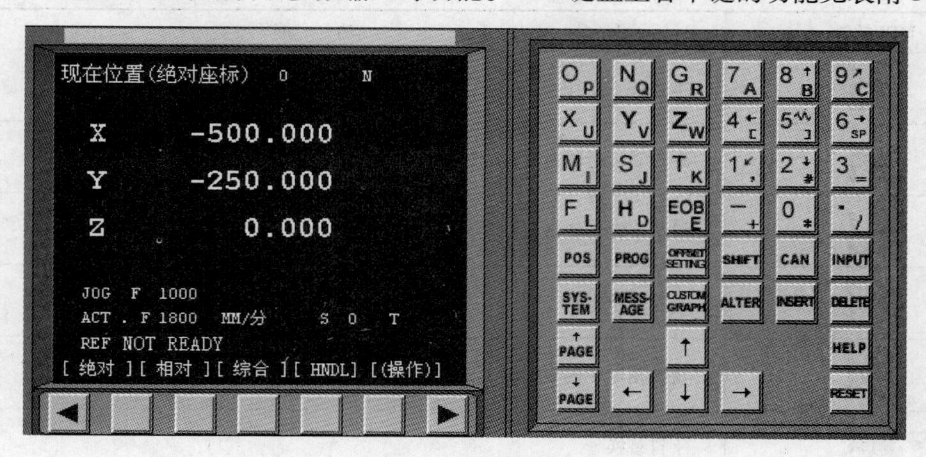

附图 1　FANUC 0*i*-mate MDI CRT 界面和键盘

附表 1　MDI 键盘按键说明

MDI 软键	功　能
↑PAGE ↓PAGE	软键↑PAGE实现左侧 CRT 中显示内容的向上翻页；软键↓PAGE实现左侧 CRT 显示内容的向下翻页
↑ ← ↓ →	移动 CRT 中的光标位置。软键↑实现光标的向上移动；软键↓实现光标的向下移动；软键←实现光标的向左移动；软键→实现光标的向右移动
OP N Q G R X U Y V Z W M I S J T K F L H D EOB E	实现字符的输入，点击SHIFT键后再点击字符键，将输入右下角的字符。例如：点击O P将在 CRT 的光标所处位置输入“O”字符，点击软键SHIFT后再点击O P将在光标所处位置处输入 P 字符；软键中的“EOB”将输入“；”号表示换行结束
7 A 8 B 9 C 4 [5] 6 SP 1 , 2 # 3 = - + 0 * . /	实现字符的输入，例如：点击软键5将在光标所在位置输入“5”字符，点击软键SHIFT后，再点击5将在光标所在位置处输入“]”
POS	在 CRT 中显示坐标值
PROG	CRT 将进入程序编辑和显示界面
OFFSET SETTING	CRT 将进入参数补偿显示界面
SYS-TEM	本软件不支持

（续）

MDI 软键	功　能
MESSAGE	本软件不支持
CUSTOM GRAPH	在自动运行状态下将数控显示切换至轨迹模式
SHIFT	输入字符切换键
CAN	删除单个字符
INPUT	将数据域中的数据输入到指定的区域
ALTER	字符替换
INSERT	将输入域中的内容输入到指定区域
DELETE	删除一段字符
HELP	本软件不支持
RESET	机床复位

附录 D　FANUC A 类宏程序

用户宏程序是 FANUC 数控系统及类似产品中的特殊编程功能。用户宏程序的实质与子程序相似，它也是把一组实现某种功能的指令，以子程序的形式预先存储在系统存储器中，通过宏程序调用指令执行这一功能。在主程序中，只要编入相应的调用指令就能实现这些功能。

宏程序与普通程序相比较，普通程序的程序字为常量，一个程序只能描述一个几何形状，所以缺乏灵活性和适用性。而在用户宏程序的本体中，可以使用变量进行编程，还可以用宏指令对这些变量进行赋值、运算等处理。通过使用宏程序能执行一些有规律变化的动作。

用户宏程序分为 A、B 两类。通常情况下，FANUC 0TD 系统采用 A 类宏程序，而 FANUC 0*i* 系统则采用 B 类宏程序。

（1）A 类宏程序的变量　在常规的主程序和子程序内，总是将一个具体的数值赋给一个地址，为了使程序更加具有通用性、灵活性，故在宏程序中设置了变量。

① 变量的表示。一个变量由符号“#”和变量序号组成，如：#i（i = 1，2，3，…）。例：#5，#109，#501。

② 变量的引用。将跟随在地址符后的数值用变量来代替的过程称为引用变量。

例：如表示 G01 X100 Y-50F80；的内容可以用如下宏程序段。

#100 = 100；

#101 = 50；

#102 = 80；

G01 X#100 Y - #101 F#102；

③ 变量的种类。变量分为局部变量、公共变量（全局变量）和系统变量三种。在 A、B 类宏程序中，其分类均相同。

a. 局部变量（#1 ~ #33）　它是在宏程序中局部使用的变量。当宏程序 1 调用宏程序 2 而且都有变量#1 时，由于变量#1 服务于不同的局部，所以 1 中的#1 与 2 中的#1 不是同一个变量，因此可以赋于不同的值，且互不影响。

b. 公共变量（#100 ~ #149、#500 ~ #549）　它贯穿于整个程序过程。同样，当宏程序 1 调用宏程序 2 而且都有变量#100 时，由于#100 是全局变量，所以 1 中的#100 与 2 中的#100 是同一个变量。其中，#100 ~ #149 公共变量在电源断电后即清零，重新开机时被设置为“0”，故称为非保持性变量；#500 ~ #549 公共变量断电后，其值保持不变，故称为保持型变量。

c. 系统变量　它是指有固定用途的变量，它的值决定系统的状态。系统变量包括刀具偏置值变量、接口输入与接口输出信号变量及位置信号变量等。例如，接口输入信号 #1000 ~ #1015，#1032。通过阅读这些系统变量，可以知道各输入口的情况。当变量值为“1”时，说明接点闭合；当变量值为“0”时，表明接点断开。这些变量的数值不能被替换。阅读变量#1032，所有输入信号一次读入。

（2）A 类用户宏程序的格式及调用

① 用户宏程序格式。用户宏程序与子程序相似。以程序号 O 及后面的 4 位数字组成，以 M99 指令作为结束标记。

例如：

O0060；

G65H01P#100Q100；（将值 100 赋给#100）

G00X#100Y0；

M99；（宏程序结束）

② A 类用户宏程序的调用。用户宏程序的调用有两种形式：一种与子程序调用方法相同，即用 M98 进行调用。另一种用指令 G65 进行调用。

用宏指令 G65 调用可以实现丰富的宏功能，包括算术运算、逻辑运算等处理功能。

一般形式：G65 Hm P#i Q#j R#k；

式中：m：宏程序功能，数值范围 01 ~ 99；

#i：运算结果存放处的变量名；

#j：被操作的第一个变量，也可以是一个常数；

#k：被操作的第二个变量，也可以是一个常数。

例如，实现加法运算。

P#100 Q#101 R#102；（#100 = #101 + #102）

P#100 Q－#101 R#102；（#100＝－#101＋#102）

P#100 Q#101 R15；（#100＝#101＋15）

（3）A 类用户宏功能指令（见附表2）

附表2　A 类用户宏程序指令表

类型	G码	H码	功　能	定　义
算术运算指令	G65	H01	定义，替换	#i＝#j
	G65	H02	加	#i＝#j＋#k
	G65	H03	减	#i＝#j－#k
	G65	H04	乘	#i＝#j×#k
	G65	H05	除	#i＝#j/#k
	G65	H21	平方根	$\#i=\sqrt{\#j}$
	G65	H22	绝对值	#i＝| #j |
	G65	H23	求余	#i＝#j-trunc（#j/#k）＊#k，其中 trunc：小数部分舍去
	G65	H24	BCD（十进制）码→二进制码	#i＝BIN（#j）
	G65	H25	二进制码→BCD（十进制）码	#i＝BCD（#j）
	G65	H26	复合乘/除	#i＝（#i×#j）/#k
	G65	H27	复合平方根1	$\#i=\sqrt{\#j^2+\#k^2}$
	G65	H28	复合平方根2	$\#i=\sqrt{\#j^2-\#k^2}$
逻辑运算指	G65	H11	逻辑“或”	#i＝#j · OR · #k
	G65	H12	逻辑“与”	#i＝#j · AND · #k
	G65	H13	异或	#i＝#j · XOR · #k
三角函数指令	G65	H31	正弦	#i＝#j · SIN（#k）
	G65	H32	余弦	#i＝#j · COS（#k）
	G65	H33	正切	#i＝#j · TAN（#k）
	G65	H34	反正切	#i＝ATAN（#j/#k）
控制指令	G65	H80	无条件转移	GO TO n
	G65	H81	条件转移1	IF#j＝#k，GOTO n
	G65	H82	条件转移2	IF#j≠#k，GOTO n
	G65	H83	条件转移3	IF#j＞#k，GOTO n
	G65	H84	条件转移4	IF#j＜#k，GOTO n
	G65	H85	条件转移5	IF#j≥#k，GOTO n
	G65	H86	条件转移6	IF#j≤#k，GOTO n
	G65	H99	产生P/S报警	出现P/S报警号：500＋n

1）变量的定义和替换，#i＝#j

编程格式：G65 H01 P#i Q#j；

例：G65 H01 P#101 Q1005；（#101 = 1005）

G65 H01 P#101 Q - #112；（#101 = - #112）

2）加法，#i = #j + #k

编程格式：G65 H02 P#i Q#j R#k；

例：G65 H02 P#101 Q#102 R#103；（#101 = #102 + #103）

3）减法，#i = #j - #k

编程格式：G65 H03 P#i Q#j R#k；

例：G65 H03 P#101 Q#102 R#103；（#101 = #102 - #103）

4）乘法，#i = #j × #k

编程格式：G65 H04 P#i Q#j R#k；

例：G65 H04 P#101 Q#102 R#103；（#101 = #102 × #103）

5）除法，#i = #j/#k

编程格式：G65 H05 P#i Q#j R#k；

例：G65 H05 P#101 Q#102 R#103；（#101 = #102/#103）

6）平方根，$\#i = \sqrt{\#j}$

编程格式：G65 H21 P#i Q#j；

例：G65 H21 P#101 Q#102；（$\#101 = \sqrt{\#102}$）

7）绝对值，#i = ｜#j｜

编程格式：G65 H22 P#i Q#j；

例：G65 H22 P#101 Q#102；（#101 = ｜#102｜）

8）复合平方根 1，$\#i = \sqrt{\#j^2 + \#k^2}$

编程格式：G65 H27 P#i Q#j R#k；

例：G65 H27 P#101 Q#102 R#103；（$\#101 = \sqrt{(\#102)^2 + (\#103)^2}$）

9）复合平方根 2，$\#i = \sqrt{\#j^2 - \#k^2}$

编程格式：G65 H28 P#i Q#j R#k；

例 G65 H28 P#101 Q#102 R#103；（$\#101 = \sqrt{(\#102)^2 - (\#103)^2}$）

10）逻辑或，#i = #j OR #k

编程格式：G65 H11 P#i Q#j R#k；

例：G65 H11 P#101 Q#102 R#103；（#101 = #102 OR #103）

11）逻辑与，#i = #j AND #k

编程格式：G65 H12 P#i Q#j R#k；

例：G65 H12 P#101 Q#102 R#103；（#101 = #102 AND #103）

12）逻辑异或，#i = #j XOR #k

编程格式：G65 H13 P#i Q#j R#k；

例：G65 H13 P#101 Q#102 R#103；（#101 = #102 XOR #103）

13）正弦函数，#i = #j × SIN [#k]

编程格式：G65 H31 P#i Q#j R#k；（单位:°）

例：G65 H31 P#101 Q#102 R#103；（#101 = #102 × SIN [#103]）

14）余弦函数，#i = #j × COS［#k］

编程格式：G65 H32 P#i Q#j R#k；（单位:°）

例：G65 H32 P#101 Q#102 R#103；（#101 = #102 × COS［#103］）

15）正切函数，#i = #j × TAN［#k］

编程格式：G65 H33 P#i Q#j R#k；（单位:°）

例：G65 H33 P#101 Q#102 R#103；（#101 = #102 × TAN［#103］）

16）反正切，#i = ATAN［#j/#k］

编程格式：G65 H34 P#i Q#j R#k；（单位：度，0°≤#j≤360°，且#k≠0°）

例：G65 H34 P#101 Q#102 R#103；（#101 = ATAN［#102/#103］）

17）无条件转移

编程格式：G65 H80 Pn；（n 为程序段号）

例：G65 H80 P120；（转移到 N120）

18）条件转移 1，#j EQ #k，（ = ）

编程格式：G65 H81 Pn Q#j R#k；（n 为程序段号）

例：G65 H81 P1000 Q#101 R#102；（当#101 = #102，转移到 N1000 程序段；若#101≠#102，执行下一程序段）

19）条件转移 2，#j NE #k，（≠）

编程格式：G65 H82 Pn Q#j R#k；（n 为程序段号）

例：G65 H82 P1000 Q#101 R#102；（当#101≠#102，转移到 N1000 程序段；若#101 = #102，执行下一程序段）

20）条件转移 3，#j GT #k，（ > ）

编程格式：G65 H83 Pn Q#j R#k；（n 为程序段号）

例：G65 H83 P1000 Q#101 R#102；（当#101 > #102，转移到 N1000 程序段；若#101≤#102，执行下一程序段）

21）条件转移 4，#j LT #k，（ < ）

编程格式：G65 H84 Pn Q#j R#k；（n 为程序段号）

例：G65 H84 P1000 Q#101 R#102；（当#101 < #102，转移到 N1000；若#101≥#102，执行下一程序段）

22）条件转移 5，#j GE #k，（≥）

编程格式：G65 H85 Pn Q#j R#k；（n 为程序段号）

例：G65 H85 P1000 Q#101 R#102；（当#101≥#102，转移到 N1000；若#101 < #102，执行下一程序段）

23）条件转移 6，#j LE #k，（≤）

编程格式：G65 H86 Pn Q#j Q#k；（n 为程序段号）

例：G65 H86 P1000 Q#101 R#102；（当#101≤#102，转移到 N1000；若#101 > #102，执行下一程序段）

24）P/S 报警 1

G65 H99 P15；产生 P/S 报警 P/S 报警号 500 + n 出现

编程格式：G65 H99 Pi；（i + 500 为 P/S 报警号）

例：G65 H99 P15；（出现 P/S 报警号 515）

（4）使用注意事项

① 由 G65 规定的 H 码不影响偏移量的任何选择。

② 如果用于各算术运算的 Q 或 R 未被指定，则作为 0 处理。

③ 在 MDI 方式下，也能执行宏指令，但 G65 以外的地址数据不能显示和输入。

④ 宏指令中，H、P、Q 和 R 必须在 G65 之后指定，只有 O 和 N 可在 G65 之前指定。

⑤ 在分支转移目标地址中，如果序号为正值，则检索过程是先向大程序号查找，如果序号为负值，则检索过程是先向小程序号查找。

⑥ 单步运行。通常在宏指令执行过程中，接通单步运行开关时，程序仍继续执行，但当 11 号参数的 SBRM 为 1，单步运行开关接通时，程序停止执行，此功能一般用于检查宏程序。

⑦ 转移目标序号可以是变量。

⑧ 宏指令的执行时间因条件不同，其平均值为 10ms。

参考文献

[1] 宋昌才．数控电火花加工培训教程［M］．北京：化学工业出版社，2008.
[2] 景海平．数控加工仿真与实训［M］．北京：人民邮电出版社，2010.
[3] 王细洋．机床数控技术［M］．北京：国防工业出版社，2011.
[4] 杨贺来．数控机床［M］．北京：北京交通大学出版社，2009.
[5] 李莉芳．数控技术及应用［M］．北京：清华大学出版社，2012.
[6] 蒋丽．数控原理与系统［M］．北京：国防工业出版社，2011.
[7] 朱建平．数控编程与加工一体化教程［M］．北京：清华大学出版社，2009.
[8] 严育才，张福润．数控技术［M］．2 版．北京：清华大学出版社，2012.
[9] 龚仲华．数控技术［M］．北京：机械工业出版社，2004.
[10] 彭永忠，张永春．数控技术［M］．北京：北京航空航天大学出版社，2009.
[11] 唐友亮，佘勃．数控技术［M］．北京：北京大学出版社，2013.
[12] 刘雄伟，冯培锋，等．数控机床操作与编程培训教程［M］．北京：机械工业出版社，2001.
[13] 邓奕．现代数控机床及应用［M］．北京：国防工业出版社，2008.
[14] 唐健．模具数控加工及编程［M］．北京：机械工业出版社，2001.
[15] 马靖然．数控原理与应用［M］．北京：冶金工业出版社，2011.
[16] 毕承恩，丁乃建．现代数控机床［M］．北京：机械工业出版社，1991.
[17] 魏斯亮，张克义．机床数控技术［M］．大连：大连出版社，2012.
[18] 王爱玲．数控编程技术［M］．北京：机械工业出版社，2006.
[19] 蒋丽．数控原理与系统［M］．北京：国防工业出版社，2011.
[20] 韩鸿鸾，荣维芝．数控机床加工程序的编制［M］．北京：机械工业出版社，2008.
[21] 顾京．数控机床加工程序编制［M］．北京：机械工业出版社，1999.
[22] 孙竹．数控机床编程与操作［M］．北京：机械工业出版社，1996.
[23] 宋小春，等．数控车床编程与操作［M］．广州：广东经济出版社，2003.
[24] 罗良玲，刘旭波．数控技术及应用［M］．北京：清华大学出版社，2005.
[25] 宋放之，等．数控工艺培训教程（数控车部分）［M］．北京：清华大学出版社，2002.
[26] 杨伟群，等．数控工艺培训教程（数控铣部分）［M］．北京：清华大学出版社，2002.
[27] 袁峰．全国数控大赛试题精选［M］．北京：机械工业出版社，2005.
[28] 毕敏杰．机床数控技术［M］．北京：机械工业出版社，1997.
[29] 刘跃南．机床计算机数控应用［M］．北京：机械工业出版社，1997.
[30] 王明红．数控技术［M］．北京：清华大学出版社，2009.